PLC 실무 제어 기술 및 Trouble 대책

최 완 호 저

동일출판사

:: 머리말 PREFACE

자동화 설비의 핵심인 PLC는 시퀀스제어에서 불가능한 모든 제어를 실현하는 아주 중요한 제어기기이다.
PLC 1969년 GM사가 자동차 조립라인에 새로운 제어장치를 구매하기 위하여 다음과 같은 10가지 조건을 제시한 것이 출현 동기가 되었다.

1. 프로그램 작성 및 변경이 용이하여 현장에서도 동작시퀀스를 작성 변경할 수 있을 것
2. 점검 및 보수가 용이하고 부품은 플러그인(plug-in) 방식을 기본으로 할 것
3. unit은 릴레이 제어반보다 신뢰성이 높을 것
4. unit은 릴레이 제어반보다 소형일 것
5. unit은 상위 컴퓨터와 데이터 전송이 가능할 것
6. unit은 릴레이 제어반이나 무접점 제어반이나 가격면에서 유리할 것
7. 전입력은 교류 115V를 표준으로 할 것
8. 전출력은 교류 115V, 2A를 공급할 수 있을 것
9. 전체 시스템의 변경을 최소화하면서 확장이 가능할 것
10. unit은 4000 WORD까지 가능한 프로그램 메모리를 가지고 있을 것

10가지 조건을 충족하기 위하여 마이크로프로세스 기능을 갖춘 새로운 형태의 제어장치가 미국의 알렌브레들리나 모디콘 사에 의해 1969년부터 개발되었으며 1978년 정식으로 PLC라는 이름으로 태어났다.
그리하여 80년도 중반에는 PLC, CNC, ROBOT, COMPUTER 등을 통합한 CIM(Computer Integrated Manufacturing) 시스템으로 발전되었으며, 90년도에는 퍼지 이론을 도입한 퍼지 모듈과 퍼지제어 기기가 등장하였고, 현재에는 스마트팩토리 시스템과 연계된 자동화 설비의 구축에 대응하는 PLC 제어가 실현되고 있다.

전 세계에는 수십 기종의 PLC가 있지만, 하드웨어적인 시스템은 거의 같다고 볼 수 있다.
그러므로 본 저자는 현장에서 다년간 경험을 바탕으로 PLC 설계기술, 구축기술, 프로그램, 고장진단까지 PLC를 접하는 엔지니어의 길잡이가 되도록 하였으며, 특히 PLC고장의 핵심인 Noise에 대하여 그간의 많은 경험을 토대로 심도있게 기술한바 Maintenance를

담당하는 엔지니어분들께는 큰 도움이 되리라 생각한다.
최선을 다하는 마음으로 집필하였지만 미흡하고 부족한 점이 많으리라 생각한다. 이러한 점들은 앞으로 계속 수정 보완하여 이 책을 구입하신 여러분들에게 더욱 도움이 되도록 최선을 다하겠습니다. 끝으로 이 책이 출판되기까지 애써주신 동일출판사 임직원 여러분께 진심으로 감사를 드립니다.

저자 씀

::목차 Contents

Programmable Logic Controller

PLC 실무 제어 기술 및 Trouble 대책

1장 PLC 구성과 개요

Programmable Logic Controller

1.1 PLC 구성과 개요

PLC는 전원 장치부, 입력부, CPU, 출력부 및 주변기기로 구성되어 있다. 〈그림 1-1〉은 PLC의 기본 구성도이다.

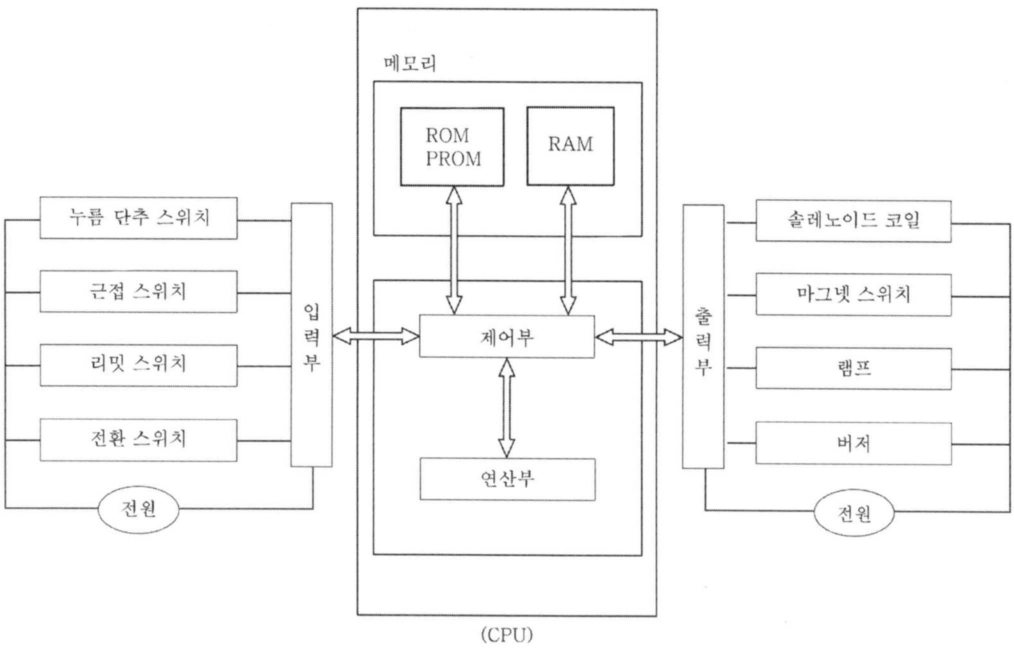

〈그림 1-1〉 PLC 구성

PLC는 입력기기를 입력 모듈에 배선하고 출력기기를 출력 모듈에 배선한 다음 입력기기가 동작하면 입력 data를 data 메모리 입력 영역에 리프레시한다. 그리고 제어·연산부에서는 프로그램 메모리에 들어 있는 program은 0번 step부터 마지막 step 명령까지 연산하여 그 결과를 data 메모리 출력 영역에 리프레시하면 출력기기가 제어된다.

2장 PLC I/O 설계기술과 선정기술

Programmable Logic Controller

2.1 PLC 입력부

(1) 입력기기

① 각종 스위치

② 각종 센서

㉮ 디지털 센서

㉯ 아날로그 센서(온도 · 압력 · 속도 · 유량 센서)

③ 각종 보호계 접점(EOCR, THR 등) 및 검출 신호

④ 각종 계측기 및 컴퓨터 신호

(2) 입력 모듈의 종류와 회로

Type	종 류	
디지털 입력 모듈	• AC 입력 모듈	• DC 입력 모듈
특수 모듈	• A/D 변환 모듈 • PID 제어 모듈 • 측온 저항체 모듈	• 고속 카운터 모듈 • 열전대 입력 모듈

① AC 입력 모듈

푸시 버튼 스위치나 리밋 스위치가 동작될 때 AC 입력 전원을 통해 입력되는 전류는 정류기(정류 다이오드)에서 직류 신호로 변환되고, 이 전류에 의하여 포토 커플러의 발광 다이오드를 발광시킨다.

AC 입력의 경우에는 입력 신호의 코먼 선을 직류 전원(통상 DC 5V)으로 동작시키는 내부 회로의 신호 접지계 코먼 선과는 접속할 수 없다. 이 때문에 AC 입력은 필연적으로 포토 커플러나 절연 트랜스 등을 사용한 절연 형식의 사양으로 된다. 또한, AC 입력 모듈의 종류에는 입력 전압의 정격에 따라서 110V, 220V나 110/220V 겸용의 것도 있다. 〈그림 2-1〉는 포토 커플러 절연 형식의 AC 입력 모듈의 회로이고 〈표 2-1〉은 AC 입력 모듈의 사양 예를 나타낸 것이다.

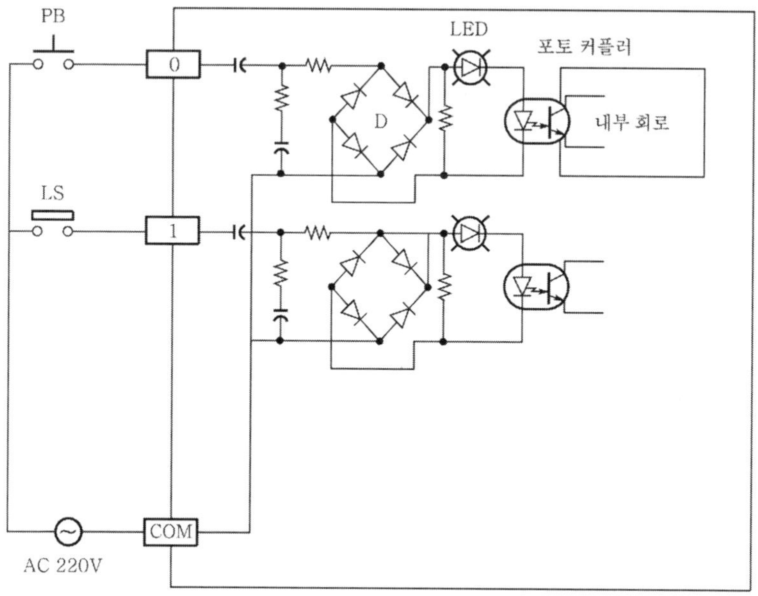

〈그림 2-1〉 AC 입력 모듈

〈표 2-1〉 AC 입력 모듈의 사양 예

사 양 \ 모델명		AC 입력 유닛
입력 점수		16점
절연 방식		photo coupler 절연
정격 입력 전압		110/220V AC(50/60Hz)
정격 입력 전류		7mA(60Hz)/1점
사용 전압		AC 95~240V
최소 ON 전압		65V
최대 OFF 전압		30V
응답 시간	OFF → ON	10ms 이하
	ON → OFF	10ms 이하
절연 전압		5,000V rms
코먼 방식		16점/1COM
동작 표시		LED 점등

② DC 입력 모듈

DC 입력 모듈에는 입력 전압의 정격에 따라 12V, 24V, 48V 등의 3종류가 가장 많이 사용 되고 있으며, 코먼 방식에 따라서도 싱크 입력(+ 코먼) 방식과 소스 입력(- 코먼) 방식이 있다. 또한, 절연 형식과 비절연 형식 등 그 종류가 많다.

〈그림 2-2〉에 나타낸 것은 싱크 입력 접속의 절연 형식 DC 입력 모듈의 예로, 회로도

에서 입력기기의 리밋 스위치 단자나 센서 단자는 제어・연산부와 직접 접속되어 있는 내부 회로와는 전기적으로 완전히 분리(절연)되어 있는 회로이다. 리밋 스위치나 센서를 통해 입력되는 신호는 포토 커플러의 발광 다이오드를 발광시켜 이 광에 의하여 수광소자(포트 트랜지스터)를 통전시킨다.

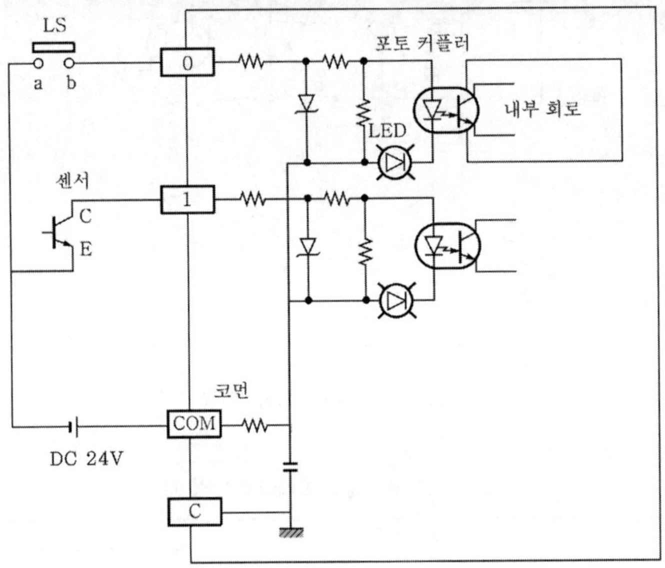

〈그림 2-2〉 DC 입력 모듈

〈표 2-2〉 DC 입력 모듈의 사양 예

사 양 \ 모델명		DC 입력 모듈 8점 DC 24V 싱크 입력 유닛
입력 점수		8점
절연 방식		photo coupler 절연
정격 입력 전압		DC 24V
정격 입력 전류		5mA(DC 14V), 13mA(DC 24V)
사용 전압		DC 12~26V
최대 동시 동작 점수		8점
최소 ON 전압		10V
최대 OFF 전압		8V
응답 시간	OFF → ON	16ms 이하
	ON → OFF	16ms 이하
내부 소비 전류		DC 5V, 140mA
사용 전압		2,500V rms
코먼 방식		8점/1COM
동작 표시		LED 점등

③ A/D 변환 모듈

전압, 전류, 온도, 속도, 압력, 유량 등과 같이 연속해서 변화하는 물리량을 아날로그 신호라고 부른다. 온도를 예를 들면, 〈그림 2-3〉과 같이 시간과 함께 물리량이 연속해서 변화한다. 그러나 이와 같이 변화하는 물리량(온도)을 직접 PLC에 입력할 수 없으므로 동일한 아날로그 값의 직류 전압 0~±10V, 또는 전류 4~20mA로 변환하는 신호 변환기(트랜스듀서)를 경유하여 PLC의 아날로그 모듈에 입력하여야 한다.

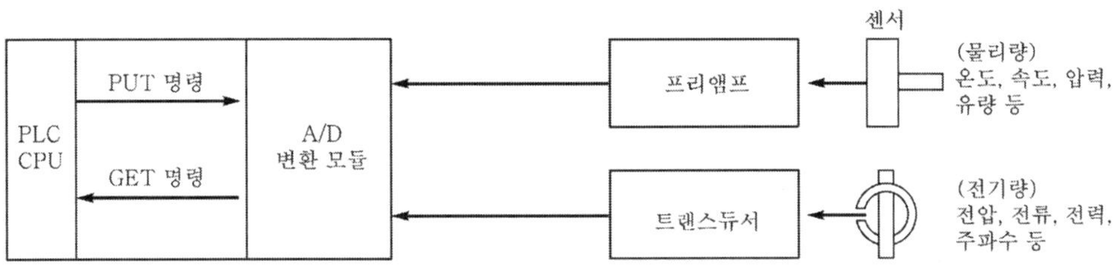

〈그림 2-3〉 A/D 변환 모듈 적용 방식

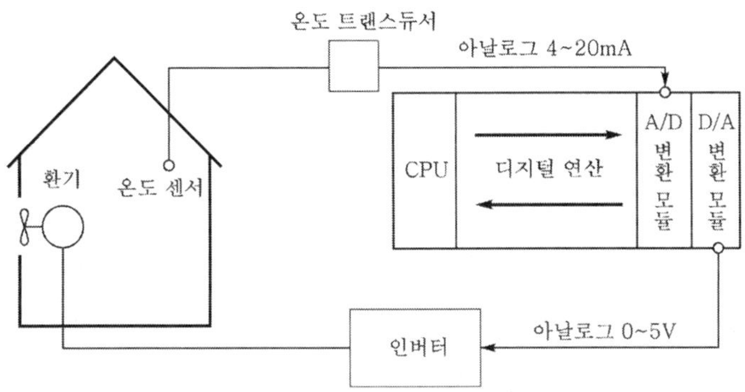

〈그림 2-4〉 A/D, D/A 모듈 적용 사례

〈표 2-3〉 A/D 변환 모듈의 사양 예

항 목	사 양
아날로그 입력	• DC 4~±20mA(입력 저항 250Ω) • DC 0~±10V(입력 저항 30kΩ) } 선택 사용
디지털 출력	±부호 binary 11bit(−2,048~+2,047)
분해능	• 전류 20μA(±1/1,000) • 전압 5mV(±1/2,000)
총합 정도	±1% 이하
변환 속도	2.5ms/channel
채널 수	8channel/unit
절연	포토 커플러 절연, 채널 간은 비절연

④ 고속 카운터 모듈

PLC CPU의 카운터는 스캔 타임의 관계로 인해 1초당 10~20회 정도의 계수가 한계이다. 그러므로 이 이상의 고속 카운트는 CPU와는 독립적으로 설계된 고속 카운터 모듈을 사용해야 계수가 가능하다.

고속 카운터 모듈을 사용하면 메이커의 기종에 따라서 1,000카운트/s에서 50,000카운트/s까지 가능하므로 펄스 인코더 등에서 발신하는 신호를 수신할 수 있다.

〈표 2-4〉 고속 카운터 모듈의 사양 예

항 목	사 양
계수 범위	1~16, 772, 216
계수 입력	1상, 2상 DC 5/12/24V, 2~5mA
절연 방식	포토 커플러
계수 속도	1상, 2상 입력 공통 $t = 5\mu s$ ……50kpps
내부 비교	설정값(카운트 값, 설정값=카운트 값, 설정값) 카운트 값
외부 출력	설정값=카운트 값에서 ON 트랜지스터 출력, DC 12/24V, 0.5A
채널 수	2채널

(3) 입력 모듈 선정 기술

입력 모듈 선정 시 검토 항목은 다음과 같다.

① 디지털 입력 모듈 선정 기술

디지털 입력 모듈은 AC 입력 모듈과 DC 입력 모듈이 있다. 입력 모듈은 입력기기, 제어 설비, 주위 환경적인 요인에 따라 입력 모듈을 달리하여야 한다. 스위치와 같이 접촉 신뢰성이 높아야 되거나 입력기기 배선 길이가 장거리인 경우 및 AC 센서인 경우에는 AC 입력 모듈을 사용하는 것이 바람직하다. 반면에 조작반 스위치나 DC 센서인 경우 및 습기 및 결로가 많은 장소에서는 DC 입력 모듈이 좋다.

② 정격 전압

AC 입력 모듈 전원은 110V와 220V가 있다. 유접점 입력기기일 경우 어느 전압을 사용하여도 접점의 접촉 신뢰성에는 큰 문제는 없다. 다만, 이 경우에는 접촉 신뢰성보다 오히려 작업자의 감전 등을 고려한 안전성이나 접점의 ON/OFF 시 서지에 의한 PLC의 영향을 고려할 때에는 AC 110V를 사용하는 것이 바람직하나 배선 길이가 장거리일 때는 220V를 사용하는 것이 좋다.

DC 입력으로는 DC 5V, 12V, 24V, 48V 등이 많이 사용되고 있다. 앞서 설명했듯이 유접점의 접촉 신뢰성은 고전압이 더 유리하므로 입력기기의 정격 전압에 사용상 문제가 없다면 DC 24V나 48V를 채용하는 것이 바람직하다.
다만, 주의해야 할 점은 하나의 입력 전원으로 유접점이나 무접점 입력기기를 사용할 경우에는 당연히 정격 전압이 낮은 입력기기에 맞추어 입력 전원 전압을 선택하여야 한다는 것이다.

③ 정격 전류

PLC 입력 모듈의 한 점당 허용 전류로서, 5~10mA 정도이다. 한 점당 정격 전류는 클수록 안정적이며, 입력기기가 ON/OFF될 때 한 점당 정격 전류보다 큰 전류가 흐를 때는 저항을 접속하여 전류를 줄이거나 입력기기를 릴레이 방식으로 중계하여야 한다.

④ 절연 방식

PLC 입력 모듈은 입력부에 접속되는 외부기기와 전기적으로 절연된 절연 타입과 외부기기가 코먼 선을 통하여 제어 연산부와 전기적으로 이어져 있는 비절연 타입이 있다.
입력부와 외부 입력기기 간의 거리가 긴 경우나 모터나 전자 개폐기 등의 강전 회로의 영향을 받기 쉽고, 노이즈에 의하여 오신호가 발생할 염려가 있는 경우에는 절연 타입을 선택하여야 한다. 제어반 상의 조작 패널과 같이 짧은 배선으로 입력부에 접속할 수 있는 경우와 노이즈 환경이 양호한 경우에는 비절연 타입을 채용하여도 된다.
최근 PLC는 절연 타입으로 포토 커플러나 포토 다이오드 방식으로 대부분 절연되어 있다.

⑤ 입력 신호 표시 유・무

입력기기의 동작 상태를 표시해 주는 장치로서 표시 기능이 있는 모듈을 사용함으로써 입력기기, 입력기기 배선의 고장 유・무를 확인할 수 있어서 좋다.

⑥ 응답 시간

입력 모듈의 응답 시간은 프로그램 처리 속도인 스캔 시간보다 늦다. 그러므로 고속 정밀 제어 시는 입력 신호를 고속으로 수신하여야 하는데 이때 고속 카운터 모듈을 사용하여야 하며, 일반 제어 시에는 한 스캔씩 연산할 수 있는 명령어를 사용하여야 한다.
예를 들어 OFF → ON의 응답 시간이 5~10ms의 경우 푸시 버튼 스위치를 누르고 나서, 또는 트랜지스터를 ON하고 나서 5~10ms 후에 입력 모듈이 푸시 버튼 스위치와 트랜지스터가 ON한 것을 감지한다는 것이다. 즉, 푸시 버튼 스위치를 누르고 나서 입력 유닛이 입력 신호를 받을 때까지 요하는 시간 지연을 표시하고 있다.
또한, ON → OFF 응답 시간이 10~30ms인 경우에는 이 앞의 경우와 반대로 푸시 버튼 스위치를 OFF하여도 10~30ms 후에는 푸시 버튼 스위치가 OFF 상태로 된 것을 감지할 수 없다는 뜻이다.

이와 같이 입력 모듈은 입력 신호의 계속 시간(입력 신호의 폭)이 10ms 이하인 경우에는 입력 모듈이 입력기기 신호를 확실하게 받을 수 없을 우려가 있다. 특히, 신호폭이 10ms 이하의 펄스상의 신호 입력인 경우에는 더욱 고속 응답 시간을 갖는 모듈을 선택할 필요가 있다.

⑦ DC 입력 모듈 접속 방식

DC 입력 모듈에는 코먼 라인이 +측에 있는가, −측에 있는가에 따라 싱크(sink) 입력형과 소스(source) 입력 형식으로 나누어진다.

〈그림 2-5〉와 같이 싱크 입력은 외부 입력기기가 ON할 때 전류가 입력 단자에서 입력기 측으로 흘러나가는 형식이다. 또한, 소스 입력은 이와 반대로 코먼 단자에 전압을 인가함으로써 입력 단자로 향하여 전류가 흘러 들어가는 형식이다.

이 두 가지 방식의 차이점은 입력 신호선이 지락(地絡)했을 때 그림 (a)에서는 푸시 버튼 스위치가 눌려져 있지 않아도 입력 신호가 ON 상태로 되는 일이 발생한다. 이에 반해 그림 (b)는 ON 상태로 되는 일은 없다. 이것은 지락 사고의 측면에서는 소스 입력 방식이 싱크 입력 방식보다 안전성이 높다는 것을 의미한다. 따라서 PLC 설치 환경이 습기나 부식성 가스가 많아 절연성이 떨어지거나 신호선을 가동 상태로 사용해야만 하는 경우 등에는 소스 입력 방식을 채용하는 것이 바람직하다.

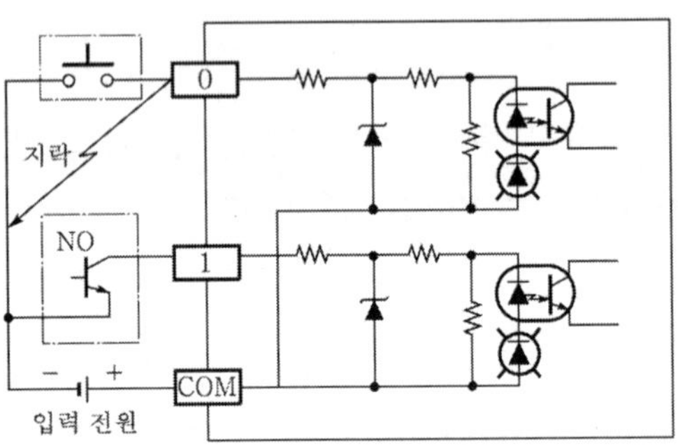

(a) 싱크 입력 방식

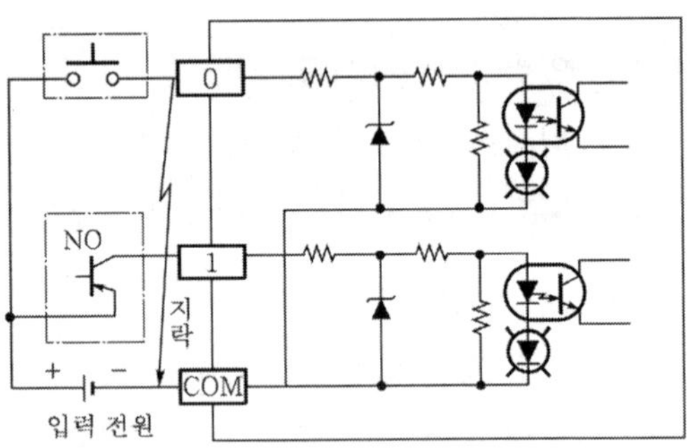

(a) 소스 입력 방식

〈그림 2-5〉 DC 입력 모듈 접속 방식

한편, DC 입력 모듈에 접속되는 주된 입력기기로는 근접 센서나 광전 센서 등의 무접점 입력기기로, DC용 센서는 NPN 출력형과 PNP 출력 형식으로 나뉜다.

따라서 NPN 출력 형식의 센서는 코먼 라인이 + 측으로 되어 있는 싱크 입력의 DC 입력 모듈에만 접속되고, 소스 입력형의 모듈에는 직접 접속이 불가능하다. 반대로 PNP 출력 형식의 센서는 코먼 라인이 − 측으로 되어 있는 소스 입력의 DC 입력 모듈에만 접속이 가능하다. 최근에는 싱크 입력과 소스 입력형이 겸용으로 되어 있는 모듈이 있는데, 이 경우에는 PNP형 센서나 NPN형 센서를 다 이용할 수 있다.

(4) AC용 센서와 DC 센서의 배선 기술

여기서는 AC용 센서와 DC용 센서를 배선 시 직접 배선 기술과 릴레이 중계 방식으로 나누어 배선하는 방법에 대하여 나타내고 있다.

① AC용 센서 직접 배선 기술

AC용 센서를 입력 모듈에 직접 배선할 때에 AC 입력 모듈을 사용하여야 하며, 배선 방식은 〈그림 2-6〉에 나타낸 바와 같다.

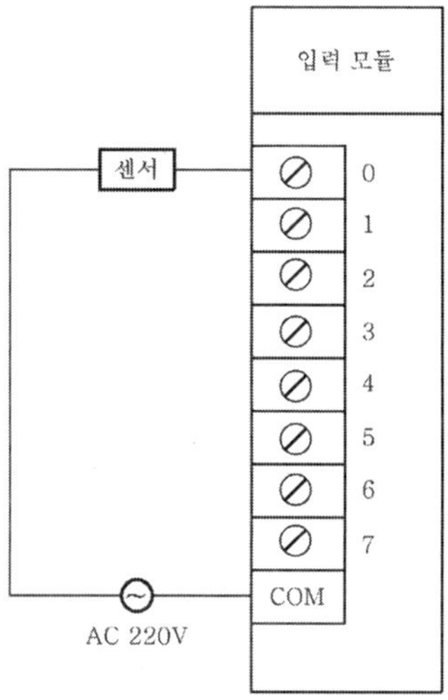

〈그림 2-6〉 AC용 센서 직접 배선 방식

② AC용 센서 릴레이 중계 방식

AC용 센서를 릴레이를 이용하여 중계할 때에는 AC용 입력 모듈, DC 입력 모듈 모두 사용 가능하며 DC 입력 모듈의 경우 소스 입력, 싱크 입력 모두 사용할 수 있다. 릴레이 중계 방식은 noise 영향 및 AC, DC 입력 모듈을 다 이용할 수 있다는 장점이 있는 반면, 응답이 늦고 설비비가 비싸다는 단점이 있다.

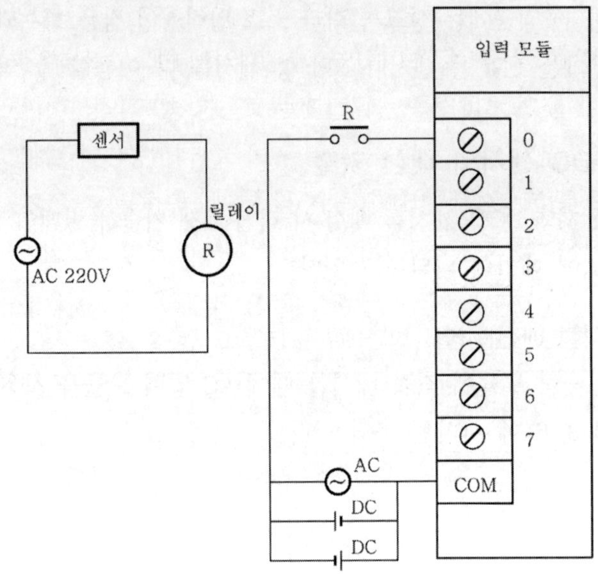

〈그림 2-7〉 AC용 센서 릴레이 중계 방식

③ DC용 센서 직접 배선 기술

DC용 센서를 직접 배선 시 PNP형 센서는 소스 입력형, NPN형 센서는 싱크 입력형 모듈을 사용하여야 한다.

릴레이 중계 방식에서는 AC용 입력 모듈, DC용 입력 모듈 모두 사용 가능하며 싱크 입력형, 소스 입력형도 모두 사용이 가능하다.

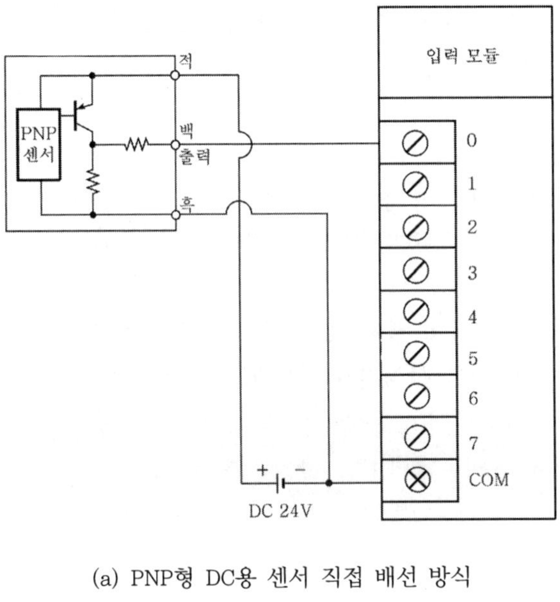

(a) PNP형 DC용 센서 직접 배선 방식

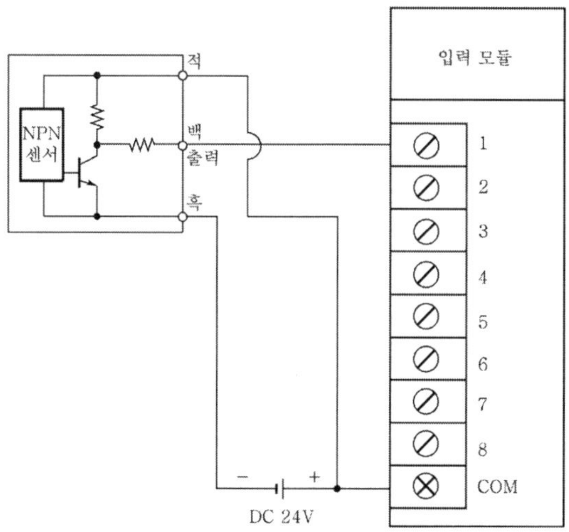

(b) NPN형 DC용 센서 직접 배선 방식

〈그림 2-8〉 DC용 센서 직접 배선 방식

④ DC용 센서 릴레이 중계 방식

릴레이 중계 방식은 PLC 입력 모듈을 AC용 모듈, DC용 모듈을 모두 사용할 수 있다.

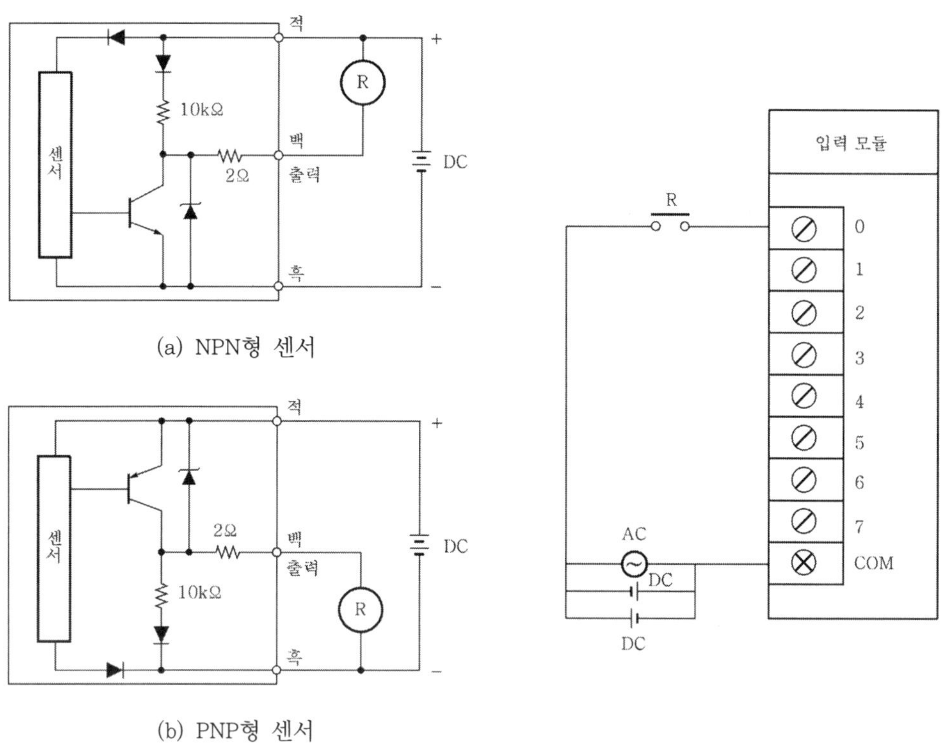

〈그림 2-9〉 DC용 센서 릴레이 중계 방식

(5) 입력부 구축 시 주의점과 Trouble 대책

① 입력기기 배선 시 한 bit에 입력기기를 병렬 접속하지 말고 각각의 bit에 단독 접속하여 배선한다.

② DC 입력기기를 AC 입력 모듈에 배선하고자 할 때 릴레이 중계 방식으로 배선하면 된다.

③ 입력기기를 직접 배선 시 특정 bit가 고장이 빈번한 경우에는 릴레이 중계 방식으로 배선해 보는 것도 바람직하다.

④ 입력기기 배선 길이가 장거리인 경우에는 리모트 방식으로 제어하는 것이 효율적이다.

⑤ PLC 입력 모듈 전원은 다른 기기 전원과 공용하지 않아야 된다.

⑥ 차후 고장에 대비하여 한 모듈당 한 bit는 여유를 주는 것이 좋다.

⑦ 입력기기 배선과 다른 전력선을 근접시키지 말아야 한다.

2.2 PLC 출력부

(1) 출력기기

PLC 출력기기는 크게 AC용, DC용으로 분류되고, 수 mA에서 수십 kW까지 다양하다. 대표적으로 전자 접촉기, 솔레노이드 밸브, 전자 클러치, 전자 브레이크, 버저, 표시등, 릴레이와 아날로그 제어 방식으로 제어되는 인버터 제어 신호, 제어용 전동기 드라이버 제어 신호 등이 있다.

(2) 출력 모듈의 종류와 회로

Type	종류	
디지털 출력 모듈	• 릴레이 출력 모듈 • 트라이액 출력 모듈	• 트랜지스터 출력 모듈
특수 모듈	• D/A 변환 모듈 • 음성 출력 모듈	• 위치 제어용 모듈

(3) 디지털 출력 모듈

① 릴레이 출력 모듈

릴레이 출력 모듈은 내부 릴레이에 의해 출력기기를 구동하는 방식으로, AC·DC 출력기기 모두 이용 가능하며, 응답 속도는 느리지만 대전류 출력기기에 적합하다. 다만, 릴레이는 수명이 정해져 있기 때문에 다른 방식에 비해 수명이 짧지만 출력기기로부터 유입되는 noise에 대하여 절연되기 때문에 일반 제어 설비에서 많이 이용되고 있다.

출력기기 동작이 빈번하거나 AC용 출력기기는 서지 킬러가 부착되어 있는 type으로 이용하는 것이 좋으며 서지 킬러가 부착되어 있지 않을 때에는 외부에 서지 킬러를 부착하여야 한다.

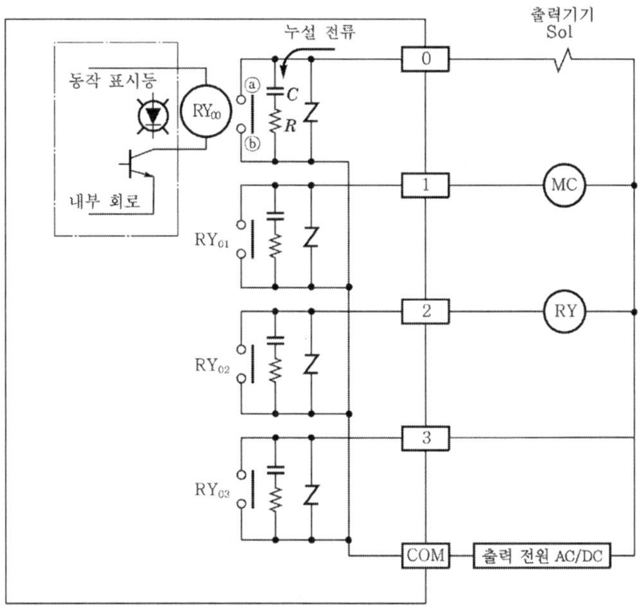

〈그림 2-10〉 릴레이 출력 모듈

〈표 2-5〉 릴레이 출력 모듈 사양

항 목 \ 형 명			KY10	KY11
1	출력 형식		접점 출력	접점 출력
2	출력 점수		16점	16점
3	절연 방식		릴레이 절연	릴레이 절연
4	정격 부하 전압		AC 220V DC 24V	AC 220V DC 100V
5	최대 인가 전압		AC 230V DC 100V	AC 230V DC 100V
6	최대 부하 전류	1점당	2A	2A
		4점당	8A	8A
7	응답 시간	OFF → ON	5ms	5ms
		ON → OFF	20ms	20ms
8	누설 전류		–	AC 220V, 2mA
9	동작 표시		LED 표시	LED 표시
10	외부 접속		단자 대 커넥터	단자 대 커넥터
11	코먼 접속		4점/1COM	4점/1COM
12	보호 방식		스파크 킬러 없음.	스파크 킬러 부착

② 트랜지스터 출력 모듈

트랜지스터 출력 모듈은 반도체 소자인 트랜지스터에 의해 출력기기를 ON/OFF시키는 모듈이다. 다른 방식에 비하여 수명이 길고, 개폐 빈도가 고빈도에 용이하다. 다만, 한 점당 정격 전류가 소전류이므로 약전류 출력기기 및 고속 정밀 제어기기에 적합하다.

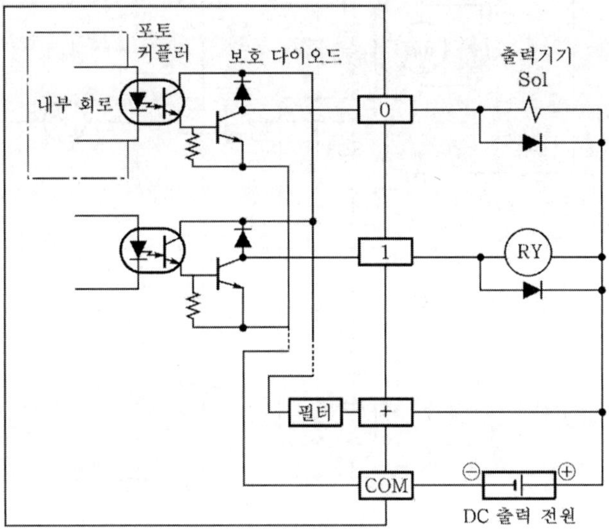

〈그림 2-11〉 트랜지스터 출력 모듈

〈표 2-6〉 트랜지스터 출력 모듈 사양

항 목		모델명	AY40
1	입력 점수		16점
2	절연 방식		포토 커플러 절연
3	정격 부하 전압		DC 12/24V
4	사용 부하 전압 범위		DC 10.2~40V
5	정격 부하 전류		0.1A/1점
6	최대 돌입 전류		0.4A
7	응답 시간	OFF → ON	2ms 이하
		ON → OFF	2ms 이하
8	서지 킬러		서지 흡수용 다이오드
9	코먼 방식		8점/1COM
10	동작 표시		LED 점등

③ 트라이액 출력 모듈

트라이액 출력 모듈은 출력 증폭 요소로 트라이액을 사용한 것으로, 응답 속도가 통상 1ms 이하로 접점 출력에 비해 10배 이상 고속이며, 구동 개폐 부하 용량도 비교적 크다. 따라서 개폐 빈도가 큰 부하나 전자 솔레노이드 등의 코일 부하로 대용량 부하인 경우는 트라이액 출력 모듈을 사용하는 것이 바람직하다.

〈그림 2-12〉는 트라이액 출력 모듈 회로의 예로서, 포토 커플러에 의해 내부 회로와 절연된 상태를 보여 주고 있다. 일반적으로 트라이액 출력에 접속하는 부하는 서지 전압이 발생하기 쉬운 전자 접촉기나 전자 개폐기, 전자 솔레노이드, 대용량의 릴레이 등과 같은 유도 부하이다. 이들 기기에서 부하 전류가 200V에서 5A를 넘는 경우에는 노이즈를 발생시켜 외부에 영향을 줄 뿐만 아니라 출력 전원에까지도 영향을 끼칠 수 있으므로 배리스터가 부착된 출력 모듈을 채용하는 쪽이 좋다.

서지 킬러가 부착되어 있는 모듈은 누설 전류에 의해 출력기기가 오작동할 수 있으므로 주의하여야 한다.

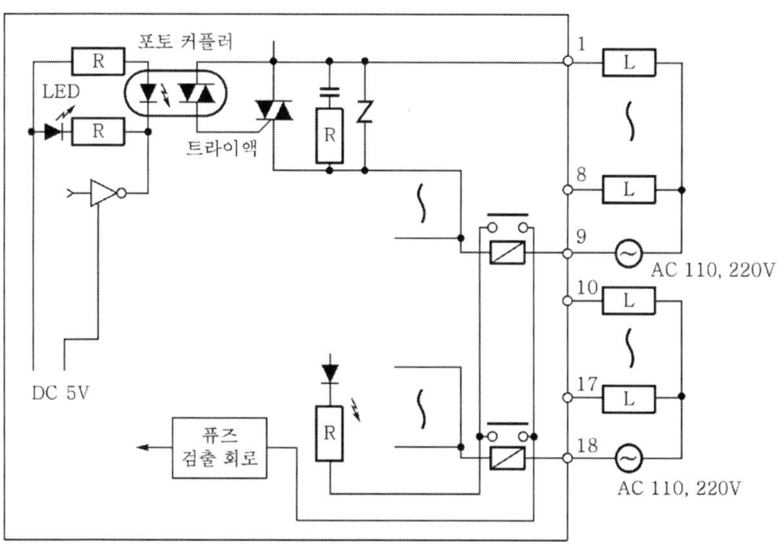

〈그림 2-12〉 트라이액 출력 모듈

〈표 2-7〉 트라이액 출력 모듈 사양

항 목 \ 모델명			AY22
1	입력 점수		16점
2	절연 방식		포토 커플러 절연
3	정격 부하 전압		AC 100~240V, 50/60Hz
4	최대 부하 전압		AC 264V
5	최대 부하 전류		2A/1점
6	응답 시간	OFF → ON	1ms 이하
		ON → OFF	1ms 이하
7	서지 킬러		CR 업소버 및 배리스터
8	코먼 방식		8점/1COM
9	동작 표시		LED 점등

④ 디지털 출력 모듈 특성 비교

항목 \ Type		릴레이 출력 모듈	트랜지스터 출력 모듈	트라이액 출력 모듈
1	출력 모듈 전원	AC·DC 겸용	DC 전용	AC 전용
2	정격 전류	크다.	작다.	크다.
3	서지 및 노이즈 영향	작다.	크다.	크다.
4	환경적인 영향	작다.	크다.	크다.
5	응답 시간	늦다.	빠르다.	가장 빠르다.
6	보호 장치	AC용 유도기기는 서지 킬러가 부착될 것	유도성 출력기기는 플라이휠 다이오드를 부착할 것	서지 킬러 및 배리스터가 내장될 것
7	용도	일반 제어 설비에 적합	DC 정밀 고속 제어에 적합	AC 정밀 고속 제어에 적합
8	고장 빈도	크다.	작다.	작다.

(4) 특수 모듈

① D/A 변환 모듈

PLC CPU는 디지털 제어 연산 방식이기 때문에 AC·DC 제어용 전동기, 인버터, 유량 및 온도 조절을 제어하기 위해서는 디지털 신호를 아날로그 신호로 변환해야 된다. D/A 변환 모듈은 전압 출력 type과 전류 출력 type으로 구분되며, 전압 출력형의 전압은 −10~+10V, 전류 출력형은 4~20mA 등이 이용되고 있다.

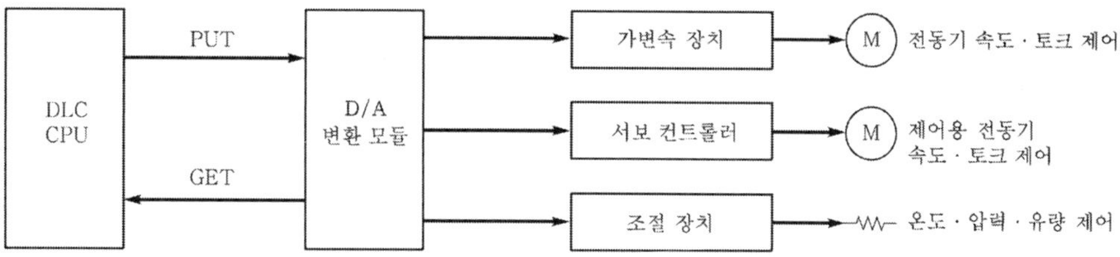

〈그림 2-13〉 D/A 변환 모듈 적용기기

〈표 2-8〉 GM 4/6 아날로그 출력 모듈 사양

항 목		G4F-DA 1A	G4F-DA 2V	G4F-DA 3V	G4F-DA 2I	G4F-DA 3I	G6F-DA 2V	G6F-DA 2I
적용 CPU		GM4-CPUA					G6M-CPUA	
아날로그 출력	전압	DC -10~10V	DC -10~10V		-	-	DC -10~10V	-
	전류	DC 4~20mA	-	-	DC 4~20mA		-	DC 4~20mA
	전압/전류 선택	출력 단자 선택	-	-	-	-	-	-
디지털 입력		-192~16191 -8092~8191	-48~4047					
최대 분해능	DC 1~5V	-	5μA(1/4,000)		-	-	5mV (1/4,000)	-
	DC -10~10V	1.25mA (1/16,000)	-	-	-	-	-	-
	DC 4~20mA	2.5μA (1/16,000)	-	-	4μA(1/4,000)		4μA(1/4,000)	
정밀도		±0.3% 이내 (full scale)	± 0.5% 이내(full scale)					
최대 변환 속도		3ms/ 전 채널	10ms/ 전 채널	15ms/ 전 채널	10ms/ 전 채널	15ms/ 전 채널	-	-
절대 최대 출력	전압	DC 15V	-	-	-	-	DC 15V	-
	전류	DC 24mA	-	-	-	-	-	DC 24mA
아날로그 입력 점수		2채널	4채널	8채널	4채널	8채널	4채널	
절연 방식		입력 단자와 PLC 전원 간 photo-coupler 절연(채널 간 비절연)						
외부 공급 전원	전압	-	-	-	-	DC 21.6~26.4V	-	-
	전류	-	-	-	-	230mA	-	-
내부 소비 전류(5V)		450mA	400mA	700mA	680mA	60mA	5V(40mA) 15V(80mA) -15V(60mA)	5V(40mA) 15V(120mA) -15V(25mA)

② 위치 결정 모듈

위치 결정 모듈은 서보 모터나 스테핑 모터를 제어하여 위치 결정을 하는 것이다. 서보 모터, 스테핑 모터를 사용하여 위치 결정을 하는 방식에는 〈표 2-9〉에 나타낸 것과 같은 종류가 있고 각 방식에 대한 특성은 다음과 같다.

〈표 2-9〉 위치 결정 방식의 종류

방식		구성	특징
오픈 루프		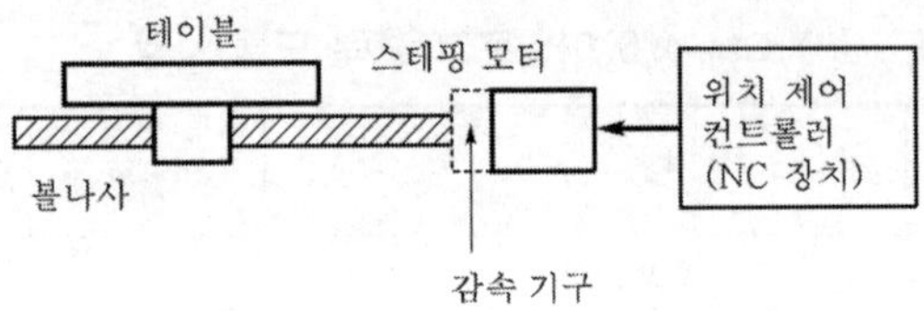	• 구조 간단 • 백 래시, 피치 오차 보정 곤란 • 소 용량 • 스피드 : 느림. • 과부하로 탈조의 염려 가 있음.
세미 클로즈드 루프	모터축 검출	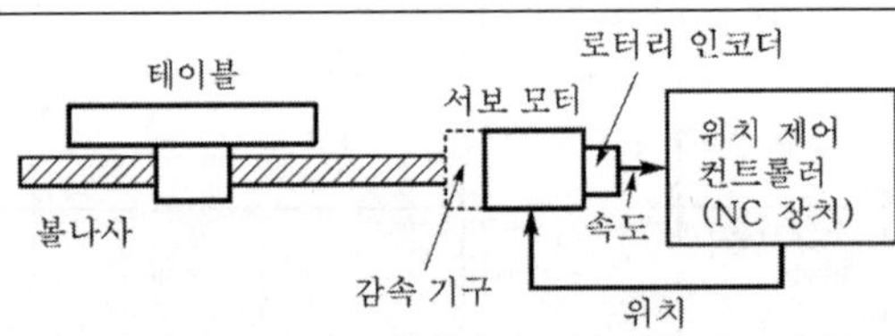	• 스피드 : 빠름. • 백 래시, 피치 오차 보정 가능 • 구조가 약간 복잡 • 제어계 안정
	이송 나사단 검출	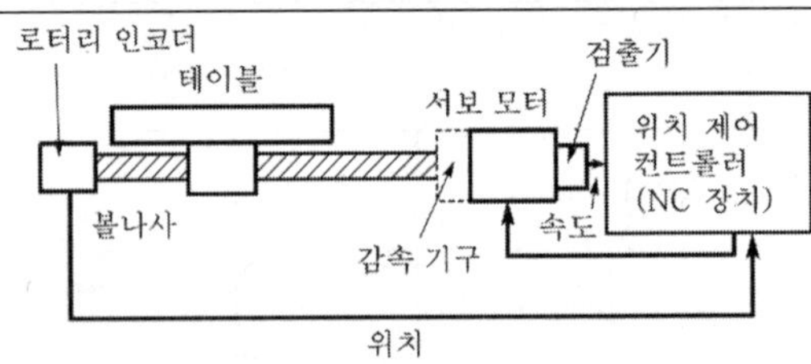	• 스피드 : 빠름. • 백 래시, 피치 오차 보정 가능 • 백 래시의 영향이 적음. • 구조가 약간 복잡 • 제어가 약간 복잡
풀 클로즈드 루프		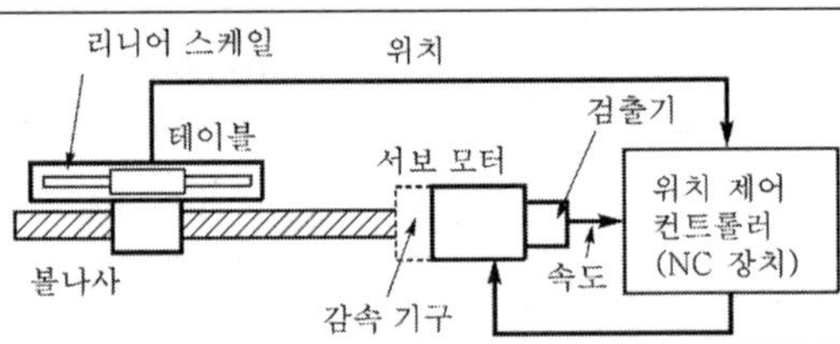	• 백 래시, 피치 오차 보정 불필요 • 스피드 : 빠름. • 구조 복잡 • 제어 복잡

㉮ 오픈 루프 방식 : 스테핑 모터로 대표되는 방식이다. 시스템의 특성으로 피드백이 없기 때문에 위치 결정 시스템의 안정성에 대한 배려가 필요 없고, 취급이 간단하지만 급격한 가·감속으로 모터가 탈조되거나 특정 속도에서 공진할 수도 있으므로 주의할 필요가 있다. 요구 정밀도가 낮고 저 코스트, 저속으로 부하 변동이 적은 용도에 적합하다.

㉯ 세미 클로즈드 루프 방식 : 서보 모터로 대표되는 방식이다. 특히 검출기를 구동 모터에 직접 접속하는 방식은 기계의 비틀림이나 백 래시의 영향을 별로 받지 않으므로 위치 결정계가 안정되어 있으며 가장 많이 보급되었다.

이 방식에서는 보다 고정도의 위치 결정을 얻기 위하여 이송 나사단에 검출기를 접속하는 방식이 채용되고 있는데, 기계를 제어 루프에 포함시키기 때문에 오픈 루프 방식에 비해 코스트가 높고 구조가 복잡하지만 고속도에서 고정밀도의 위치 결정이 가능하다.

㉰ **클로즈드 루프 방식** : 세미 클로즈드 루프 방식 이상의 고정밀도를 얻기 위하여 기계의 이송단에 검출 센서를 접속하고, 기계의 오차를 모두 제어 루프로 보정하는 방식이다. 그러나 이 방식은 기계 전체의 강성이나 공정의 영향을 제어계가 직접 받기 때문에 제어 루프가 불안정하게 되어 헌팅 현상이 일어나기 쉬우므로 시스템 구성에 있어서는 충분히 주의할 필요가 있다.

PLC의 위치 결정 유닛은 이들 가운데 오픈 루프 방식과 검출기를 모터 축에 접속하는 세미 클로즈드 루프 방식이 적용된다. 그 이유는 위치 결정계에 충분한 안정성이 있고 제어성이 좋아 널리 보급되고 있기 때문이다.

㉱ **위치 결정의 원리** : 위치 결정 유닛은 제어 출력의 형태에 따라서 전압 출력 형식과 펄스 열 출력 형식으로 대별된다.

㉠ 전압 출력 형식은 〈그림 2-14〉에 나타낸 바와 같이 내부에 편차 카운터라 불리는 일종의 리버시블 카운터를 가지고 있으며, 지령값과 피드백 값의 편차를 제어 출력으로써 모터 드라이브에 출력하는 구조로 되어 있다.

위치 결정에 있어서는 먼저 편차 카운터에 지령값을 설정하면 이 값이 체류량이 된다. 이 체류량이 D/A 컨버터에 의해 전압으로 변환되고 드라이버에의 속도 지령이 되어 서보 모터에 회전 지시를 한다. 모터가 회전하면 모터 축에 접속된 로터리 인코더도 동시에 회전하므로 모터의 회전각에 따른 양의 피드백 펄스가 발생된다. 이 피드백 펄스는 편차 카운터에 되돌아가 체류량을 감소시킨다.

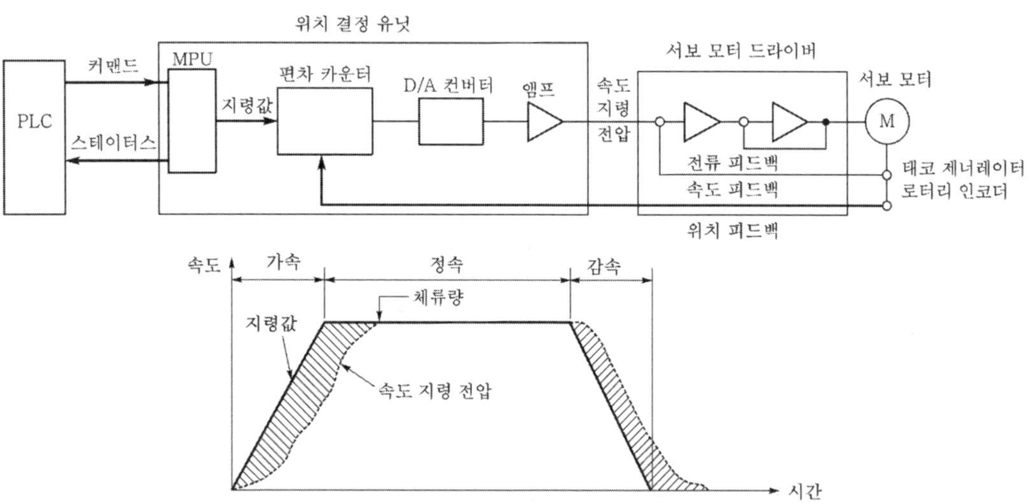

〈그림 2-14〉 전압 출력형 위치 결정 모듈의 구성 블록도

이와 같이 편차 카운터의 체류 량이 감소되어 최종적으로 지령 값 분의 체류량이 0이 되면 위치 결정이 완료된다. 이 편차 카운터에 주어지는 지령 값을 시분할로 제어함으로써 가속, 정속, 감속의 사다리꼴 가·감속이 가능해지는 것이다.

ⓛ 펄스 열 출력 형식은 〈그림 2-15〉에 나타낸 바와 같이 미리 설정된 데이터에 따라 규정된 주파수, 펄스 수의 펄스 열을 드라이버에 출력하도록 되어 있다. 이 형식의 위치 결정 유닛은 대상으로 하는 모터에 따라 오픈 루프 방식과 세미 클로즈드 루프 방식 두 가지로 사용할 수 있다.

오픈 루프 방식의 경우 대상은 스테핑 모터이고, 지령 펄스를 줄 때마다 어떤 정해진 각도만큼 모터가 회전하면서 위치 결정을 한다.

세미 클로즈드 방식의 경우 대상이 서보 모터이고 드라이버에 편차 카운터를 내장하고 있어 모터와의 사이에 제어 루프를 형성하는 구조로 되어 있다.

위치 결정 방법은 전압 출력형 위치 결정 유닛과 마찬가지이나 편차 카운터에 대한 지령 값이 지령 펄스로 바뀐 점이 다르다.

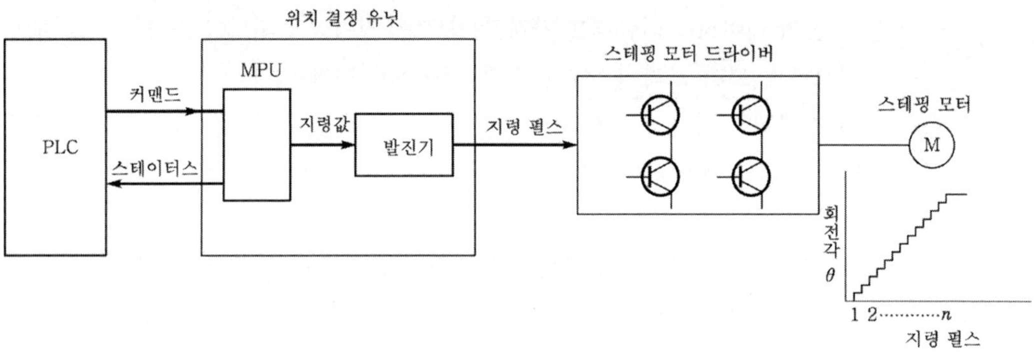

(a) 오픈 루프 방식

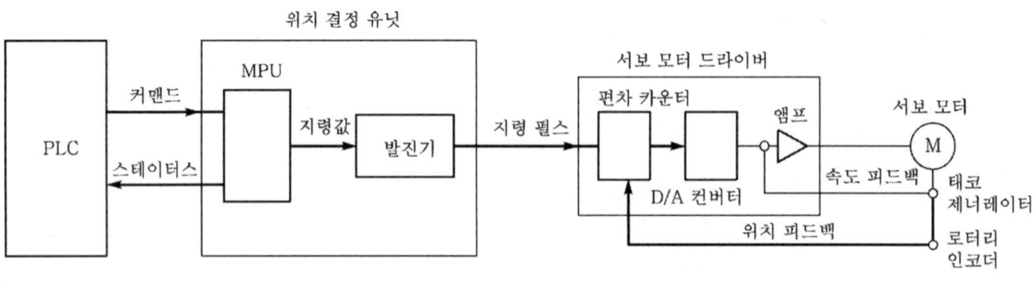

(b) 클로즈드 루프 방식

〈그림 2-15〉 펄스 열 출력형 위치 결정 모듈의 구성 블록도

〈표 2-10〉 위치 결정 모듈 사양

항 목		사 양
입·출력 점유 점수		32점
제어 방식		인크리멘탈 인코더에 의한 세미 클로즈드 루프 방식
위치 결정 데이터	제어축 수	2축(동시 2축, 독립 2축)
	용량	각 축 300점
	설정	㉠ 티칭 유닛 ㉡ PC로 시퀀스 프로그램에 의하여 설정 가능
	지령 방식	인크리멘탈/앱솔루트 방식 겸용
	보간 지령값	직선보간(종점), 원호보간(중간점, 종점) 선택 가능
파라미터 데이터	가·감속 방법	자동 사다리꼴 가·감속
	가·감속 패턴	가속/감속 각각 10종류 설정 가능
	가·감속 시간	10~500ms(10ms 단위로 설정 가능)
	백래시 보정	0~9,999펄스
기능	원점 서치	원점 사이클 방향 설정 가능, 원점 보정 데이터 설정 가능
	티칭	PC 또는 티칭 유닛의 지령으로 JOG 운전 또는 펄스 전송 가능
	현재 값 표시	PC, 티칭 유닛, 외부 표시기 등에 현재 값을 출력
	감속 정지	가·감속 패턴을 선택하여 10종류의 가·감속 정지 가능
	데이터 보존	EEPROM에 의해 전원 투입 시 자동 판독

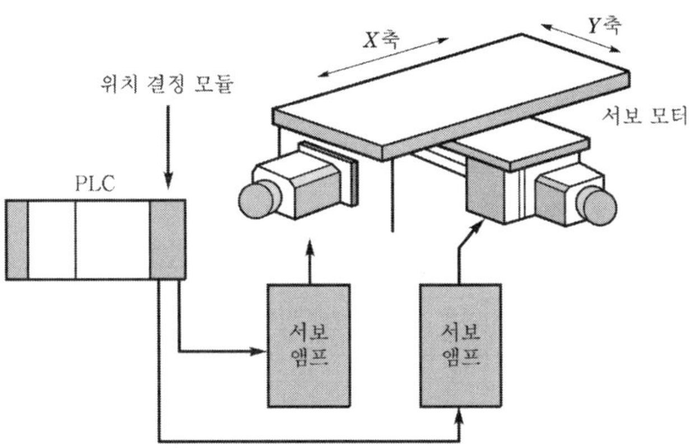

〈그림 2-16〉 X-Y table 위치 결정(2축 직선보간)

(5) 출력부 구축 시 주의점과 Trouble 대책

① 출력기기를 직접 배선 시 한 점당 정격 전류의 80%를 초과하지 않도록 한다.

② 출력기기가 한 점당 정격 전류의 80%를 초과하거나 유도성 출력기기는 릴레이로 중계하여 배선한다.

③ 출력 모듈과 출력기기와의 배선 길이가 장거리일 때 리모트 제어 방식으로 제어하는 것이 효율적이다.

④ 출력기기 배선과 다른 전력선을 근접시키지 않아야 한다.

⑤ 릴레이 출력 모듈이나 트라이액 출력 모듈의 경우 서지 킬러가 부착됐을 때 누설 전류가 흘러 오작동할 수 있으므로 이 경우에는 DC 전원 릴레이로 중계하거나 서지 저항을 접속하여 누설 전류를 억제하여야 한다.

⑥ 트랜지스터 출력 모듈에서 출력기기가 유도 부하인 경우에는 출력기기와 병렬로 플라이 휠 다이오드를 부착하는 것이 효율적이다.

⑦ 출력 모듈 전원과 다른 기기 전원을 공용하면 안 된다.

⑧ 차후 고장에 대비하여 한 모듈당 한 bit는 여유를 주는 것이 바람직하다.

3장 CPU 기능 및 제어기술

Programmable Logic Controller

3.1 CPU 기능 및 제어 기술

(1) CPU 기능

① 보조 릴레이 기능

시퀀스 제어에서와 같이 PLC에서도 프로그램 작성 시 보조 접점이 필요할 때가 있다. 이 때 릴레이가 사용되며, 데이터를 일시 저장하는 기능으로 이용하기도 한다. 보조 릴레이는 휘발성, 불휘발성으로 구분되며, 휘발성은 입력이 OFF되거나 PLC가 정전될 때 바로 복귀한다. 불휘발성은 PLC가 정전될 때에도 원상 복귀되지 않으며, 원상 복귀 시에는 강제로 reset시켜야 된다.

② 특수 릴레이 기능

특수 릴레이는 PLC 메이커에서 프로그램 시 특수한 기능으로 사용하는 내부 릴레이다. 프로그램을 작성할 때 특수 릴레이를 이용하면 편리하다.

③ 타이머

PLC는 타이머 기능을 갖고 있으며, 타이머는 100ms, 10ms 두 종류로 분류되고, 기능에 따라 ON delay timer, OFF delay timer, 적산 타이머, 펄스 타이머 등이 있다.

④ 카운터

PLC는 카운터 기능을 갖고 있으며, 카운터 입력 값에 따라서 카운터 현재 값이 변하는 기능에 따라 up, down 카운터, ring 카운터 등이 있다. CPU에 내장되어 한 스캔 범위 안에서 10~20pps 정도 카운터가 가능하기 때문에 입력 펄스가 고속으로 주어지는 경우에는 별도의 고속 카운터 모듈을 이용하여야 한다.

⑤ 자기 진단 기능

㉮ **연산 지체 감시 기능(WDT)** : CPU 연산 시간이 스캔 시간을 초과하는 경우에 연산을 중지하고 출력을 reset시킨다.

㉯ **전원 감시 기능** : PLC 전원이 허용 범위를 초과하는 경우나 순간 전압 변동 시 PLC를 보호하기 위하여 시스템을 down시킨다. 또한, 순간 정전 허용 시간을 초과하는

경우에 도 시스템을 down시킨다.

㉰ **입·출력 모듈 진단 기능** : 입·출력 모듈이 CPU와 통신 불능이거나 접촉 불량 등을 검출한다.

㉱ **메모리 이상 진단 기능** : 메모리 이상 상태를 진단하는 기능이다.

㉲ **프로그램 이상 진단 기능** : 프로그램 오류 상태를 감시하는 기능이다.

㉳ **배터리 이상** : 배터리가 방전되었거나 수명이 완료된 상태를 알려주는 기능이다.

⑥ **리스타트(restart) 기능**

리스타트 모드는 PLC가 정전되었다가 전원을 재투입하거나 또는 모드 전환에 의해서 RUN 모드로 운전을 시작할 때 변수 및 시스템을 어떻게 초기화한 후 RUN 모드 운전을 할 것인가를 설정하는 것으로, 콜드, 웜, 핫의 3종류가 있으며, 각 리스타트 모드의 수행 조건은 다음과 같다.

㉮ **콜드 리스타트(cold restart)**

㉠ 파마리터의 리스타트 모드를 콜드 리스타트로 설정하는 경우 수행된다.

㉡ 초기 값이 설정된 변수를 제외한 모든 데이터를 '0'으로 소거하고 수행한다.

㉢ 파라미터를 웜 리스타트 모드로 설정해도 수행할 프로그램이 변경된 후 최초 수행 시는 콜드 리스타트 모드로 수행된다.

㉣ 운전 중 수동 리셋 스위치를 누르면 파라미터에 설정된 리스타트 모드에 관계없이 콜드 리스타트 모드로 수행된다.

㉯ **웜 리스타트(warm restart)**

㉠ 파라미터의 리스타트 모드를 웜 리스타트로 설정하는 경우 수행된다.

㉡ 이전 값 유지를 설정한 데이터는 이전 값을 그대로 유지하고, 초기 값만 설정된 데이터는 초기 값으로 설정한다. 이외의 데이터는 '0'으로 소거한다.

㉢ 파라미터를 웜 리스타트 모드로 설정해도 데이터 내용이 비정상일 경우(데이터의 정전 유지가 되지 못함)에는 콜드 리스타트 모드로 수행된다.

REMARK **VAR-RETAIN으로의 변수 설정**

① 변수의 종류를 정전 시 값이 유지되는 VAR_RETAIN으로 설정하였을 경우 다음의 규칙에 따른다.

㉠ 파라미터를 웜 리스타트 모드로 설정해야 정전 시 그 값이 유지된다.

㉡ 파라미터를 콜드 리스타트 모드로 설정하면 사용자가 정의한 초기 값이나 기본 초기 값으로 초기화된다.

② VAR_RETAIN으로 선언하지 않은 변수는 콜드 리스타트나 웜 리스타트 어느 경우에도 사용자가 정의한 초기 값이나 기본 초기 값으로 초기화된다.

㉰ 핫 리스타트(hot restart)

㉠ 정상 운전 중 전원이 꺼진 후 전원이 재투입될 때 RUN 모드이고 전원이 꺼진 후 재투입되기까지의 시간이 핫 리스타트 허용 시간 이내면 핫 리스타트 모드를 수행한다.

㉡ 모든 데이터와 프로그램 수행 요소들을 전원이 꺼지기 이전의 상태로 복원하여 수행한다.

㉢ 전원이 꺼지기 직전의 상태에서 다시 프로그램을 수행하므로 순간적인 정전 등에도 프로그램의 연속성을 유지할 수 있다.

㉣ 핫 리스타트 허용 시간이 초과되면 파라미터에 설정된 리스타트 모드(콜드 / 웜)로 수행된다.

㉤ 데이터 내용이 비정상일 경우(데이터의 정전 유지가 되지 못함)에는 콜드 리스타트 모드로 수행된다.

㉱ 리스타트 모드에 따른 데이터 초기화 : 리스타트 모드 수행 시 각 변수에 대한 초기화 방법은 다음과 같다.

변수 지정 / 모 드	콜드(cold)	웜(warm)	핫(hot)
디폴트	'0'으로 초기화	'0'으로 초기화	이전 값 유지
리테인	'0'으로 초기화	이전 값 유지	이전 값 유지
초기화	사용자 지정값으로 초기화	사용자 지정값으로 초기화	이전 값 유지
리테인 & 초기화	사용자 지정값으로 초기화	이전 값 유지	이전 값 유지

(2) CPU 제어 기술

① CPU 제어 · 연산 방식

CPU 제어 · 연산 방식은 스토어드 프로그램, 반복 연산 방식으로 프로그램을 메모리에 격납 해 두고 시퀀스 프로그램을 실행할 때는 프로그램의 맨 앞부터 어드레스의 순번에 따라 행하며, 최후의 명령을 실행하면 다시 선두 스텝으로 되돌아가 몇 번이고 반복하여 실행하는 것이다.

명령의 실행이란 메모리에 격납되어 있는 시퀀스 프로그램 중에서 명령을 하나씩 추출하여 무슨 명령인지를 판단한 다음 실제로 동작을 유발하는 것을 말한다. 이 순서나 동작은 마이크로컴퓨터와 동일하다.

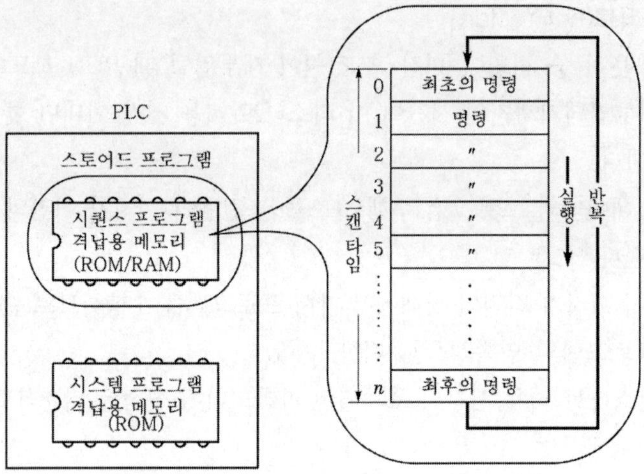

〈그림 3-1〉 스토어드 프로그램의 반복 연산

반복 연산 방식에 대해 좀 더 쉽게 이해하도록 하기 위하여 〈그림 3-1〉과 같은 시퀀스 회로를 예로 하여 설명하기로 한다.

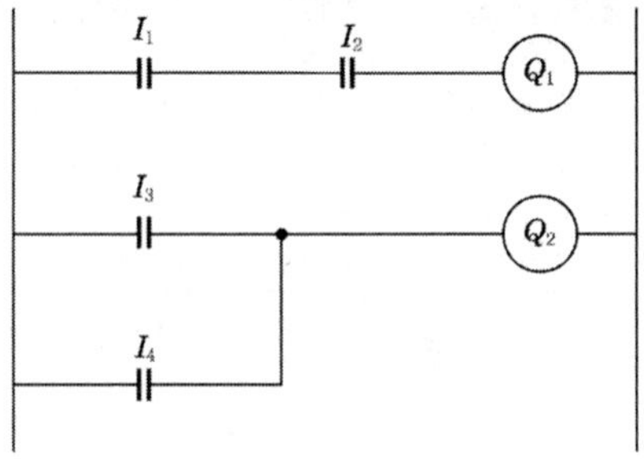

〈그림 3-2〉 시퀀스 회로도

〈그림 3-2〉 회로의 동작은 입력 I_1과 I_2가 동시에 ON되면 출력 Q_1이 ON되고, 또 입력 I_3나 I_4가 ON되면 출력 Q_2가 ON되도록 구성된 회로이다.

PLC는 〈그림 3-2〉와 같이 제어 부분에 마이크로컴퓨터를 사용하고 입력 유닛, 출력 유닛, 그리고 이들 데이터를 격납하기 위한 입·출력용 메모리, 시퀀스 프로그램을 격납하기 위한 시퀀스 프로그램 격납용 메모리, 시퀀스 프로그램을 입력하기 위한 프로그램 입력 장치 및 프로그래머블 컨트롤러의 동작을 컨트롤하기 위한 제어용 메모리로 구성되어 있다. 프로그래머블 컨트롤러를 운전 상태(RUN 모드)로 하면, 제어·연산부는 최초에 입력 유닛에서 현재의 입력 상태를 읽고 입·출력 메모리의 입력 부분에 이 상태를 기록한다. 〈그림 3-2〉의 $I_1 \sim I_4$는 이때 입력된다.

다음에 기록된 입력 상태를 근거로 하여 시퀀스 프로그램용 메모리에 격납된 내용을 선두 스텝부터 1스텝마다 읽고 차례로 실행해 나간다.

실행 결과는 입·출력용 메모리의 출력 부분에 기록된다. 〈그림 3-2〉의 시퀀스 회로의 경우에는 최초에 I_1과 I_2의 AND를 실행하여 그 결과를 출력 Q_1에 대응하는 입·출력용 메모리에 기록한다. 다음에 I_3와 I_4의 OR을 실행하여 그 결과를 같은 요령으로 입·출력용 메모리에 기록한다.

모든 시퀀스 프로그램이 처리되면 다음에 입·출력 메모리의 출력 부분에 기록된 내용을 출력 유닛에 출력 동작을 보낸다. 〈그림 3-2〉의 Q_1, Q_2는 여기서 출력 유닛에 출력된다. 위의 내용을 1사이클로 하여 반복 처리를 진행하는 방식이 사이클릭 처리 방식이다. 또한, 사이클릭 처리 중 1사이클을 실행하는 데 소요되는 시간을 스캔(scan) 타임 또는 사이클 타임이라 말한다. 즉, 〈그림 3-1〉에서 볼 수 있듯이 최초의 단계인 0스텝에서 최후의 스텝까지 실행하는 데 걸리는 시간을 말하는 것으로, 이 스캔 타임은 시퀀스 프로그램의 스텝 수와 처리 내용에 따라 변한다. 스캔 타임의 계산은 다음 식으로 산출한다.

스캔 타임 = 스텝 수 × 처리 속도

통상 스캔 타임은 수ms 정도로, 길어도 수십ms 이내이어야 한다. 즉, 스캔 타임이 수백ms 이상이 되면 신호 지연이 길어져 제어 장치로 적합하지 않기 때문이다. 그러므로 프로그램 작성 시 총 스텝(step) 수를 작게 하는 것이 바람직하다. 그러나 스캔 시간보다 입력 응답 시간이 스캔 타임보다 지연될 때 연속적인 반복 연산을 수행하지 못하게 된다.

이와 같이 스캐닝의 스텝 위치와 입력 조건이 만족되는 타이밍에 따라서 응답의 지연은 거의 0에서부터 최대로 프로그램의 스캔 타임까지 변동한다.

응답의 지연이나 오차가 10ms 정도라면 누름 버튼 스위치를 누르고 PLC를 거쳐 부하를 ON·OFF 시키려는 데에는 아무런 영향도 주지 않는다. 그러나 응답의 지연이 60ms 정도가 되면 누름 버튼 스위치를 의식적으로 길게 누를 필요성이 있다.

응답의 지연이나 오차에 있어서 특히 주의해야 할 경우는 입력 신호가 펄스 신호일 때이다. 예로, 스캔 타임이 10ms일 때 펄스 신호의 유지 시간(펄스 폭)이 10ms보다 짧으면 PLC는 입력 신호를 받아들이지 못하게 된다. 펄스 폭이 짧으면 짧을수록 입력 신호를 포착할 기회가 적어지며, 그로 인해 오작동 사고를 일으키게 된다. 예를 들면 프로그램에 있어서 입력 X_1이 〈그림 3-3〉과 같이 입력된다면 이 신호는 PLC가 받아들이지 못해 출력 Y_1은 OFF인 상태로 있게 된다.

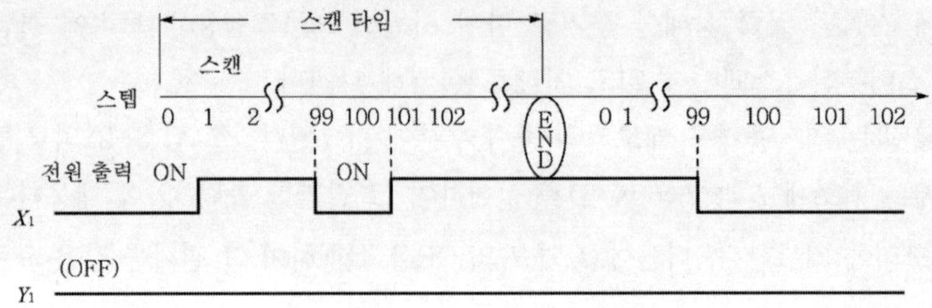

〈그림 3-3〉 응답 지연에 따른 상태

이와 같이 PLC의 실행은 병렬 처리하는 릴레이 회로와는 달리 직렬 처리이기 때문에 입력 신호의 입력 타이밍과 스캔 위치의 관계에서 응답의 지연과 오차는 피할 수 없는 문제이다. 따라서 이것이 문제가 될 듯한 프로그램에서는 프로그램상에서의 연구나 하드웨어적인 대책이 필요하다. 그러나 다른 한편으로는 이 스캔 타임에 의한 응답 지연을 유효하게 이용한 프로그램 기법도 있다.

② 처리 속도

PLC가 컴퓨터의 원리와 기본적으로 같은데도 불구하고 마이크로프로세서의 출현 초기에 PLC에 활용되지 않았던 이유는 PLC의 처리 속도 때문이었다.

컴퓨터의 처리는 보통 입·출력이 적고 내부 처리는 복잡하며 대규모이다. 그러나 PLC는 입·출력 점수가 적게는 수십 점에서부터 많게는 수천 점을 처리하여 입력 – 처리 – 출력이라는 전 시간을 생각하면 허용되는 처리 속도가 수 ms에서 길어도 수십 ms까지로, 이 이상이 되면 시퀀스 제어로서의 목적에는 타당하지 않다.

즉, 릴레이 시퀀스 제어에서 사용하는 릴레이의 동작 시간 특성을 바르게 인식하여 시퀀스 설계를 하는 것이 중요한 것과 마찬가지로, PLC의 선정에 있어서도 제어 규모에 알맞는 처리 속도의 선정이 필요하게 된다. 더욱이 최근에는 고속의 자동 기계가 증가하고 있어 고속 스캔 타임이 요구되는 경향이 짙어지고 있다.

프로그램 메모리 용량이 큰 PLC에서는 보통 처리 속도가 길게 되는 경향이 있지만 최근에 는 0.1μs/스텝 등으로 나타내는데 이는 AND나 OR 명령과 같은 일반 명령의 경우에는 그것을 처리하는 데 필요한 시간이 평균 1스텝 1μs이지만, 데이터 명령 등 응용 명령의 경우에 적게는 2스텝에서 많게는 10여 스텝으로 그 명령을 처리하는 소요시간도 1μs에서부터 10μs까지 걸린다.

(3) 메모리 종류와 선정 기술

PLC의 메모리는 프로그램 메모리와 데이터 메모리로 구분된다. 프로그램 메모리는 사용자가 작성한 시퀀스 프로그램을 격납하기 위한 메모리이고, 데이터 메모리는 입·출력부로부터의 데이터(외부 입・출력의 상태)나 보조 릴레이와 같은 연산 도중의 결과를 기억하는 부분이다.
메모리 용량은 입・출력 점수의 규모와 제어의 기능에 따라 필요한 용량을 선정하되 입・출력 점수 선정 시와 마찬가지로 약간의 여유를 두면 프로그램의 변경이나 추가에 손쉽게 대응할 수 있다.

① 프로그램 메모리

프로그램 메모리는 프로그램을 구성하는 명령어가 워드(word)라는 형태로 기억되고 1워드마다 어드레스가 붙여져 있다. 따라서 프로그램 메모리의 크기는 통상 워드나 스텝으로 나타내어진다. 메이커의 사양서를 보면 메모리 용량은 대부분 1k워드 또는 2k워드 등 킬로워드의 k로 표시되는데, 1k워드는 1,024워드나 1,024스텝을 가리킨다. 한편 프로그램 메모리의 용량은 제어회로를 설계하면 쉽게 그 용량이 결정되지만, 대부분 제어회로를 설계하기 전, 즉 장치가 완성되기 전에 PLC도 구매 발주되는 경우가 많으므로 사용자는 사전에 필요로 하는 메모리 용량을 결정해야 한다.
경험적으로 프로그램 메모리의 용량은 다음과 같이 산출한다.

㉮ **간단한 제어 방식** : 메모리 용량 = I/O 접수×5~10
㉯ **약간 복잡한 제어 방식** : 메모리 용량 = I/O 점수×10~15
㉰ **대규모 제어 방식** : 메모리 용량 = I/O 점수×20 이상

② RAM과 ROM

메이커에서 PLC가 조립되어 출하될 때에는 사용자 메모리로 거의 RAM이 실장되어 있다. RAM은 PLC 전원이 차단되면 메모리에 격납된 기억 내용도 동시에 지워지는 휘발성이므로 반드시 백업용 배터리가 갖추어져야 한다. 또한, RAM은 강한 노이즈 등에 의해서도 기억된 내용이 지워질 수도 있어 제어 내용의 변경이나 수정 작업이 필요한 시운전 단계에서만 사용하고, 정상 운전에는 ROM을 사용하는 것이 바람직하다.
ROM은 주로 EPROM이 많이 사용되고 ROM에 프로그램 내용을 기억시키기 위해서는 ROM 라이터가 필요하다. 그러나 ROM은 RAM과 달리 전원이 끊겨도 그 내용을 보존할 수 있어 배터리가 필요 없고, 자외선을 조사하는 등의 특별한 조작을 하지 않는 한 프로그램 내용이 소멸되지 않으므로 PLC가 정상 운전에 들어갔을 때에는 ROM 운전이 RAM 운전보다 안정적이라 할 수 있다.

③ 데이터 메모리

데이터 메모리의 종류로는 시퀀스 연산에서 신호 중계나 신호를 기억시키는 기능 등의 내부 릴레이와 타이머, 카운터 등이 기본으로 준비되어 있고 그 외에도 데이터 레지스터, 링크 레지스터 등이 기종에 따라 실장되어 있다. 내부 릴레이의 종류로는 용도에

따라 일반 릴레이와 정전 시 그 상태 유지가 가능한 래치 릴레이, PLC 간 통신 용도의 링크 릴레이 등으로 구별 되고 이들 데이터 메모리는 점수로 용량을 표시한다.
프로그램 메모리가 입·출력 점수와 제어의 복잡도에 비례하여 용량을 선정하는 것과 같이 데이터 메모리도 마찬가지이다. 일반적으로 PLC 메이커에서는 프로그램 메모리에 비교해 부족하지 않도록 배려하여 제조하나, 사용자 입장에선 특수 기능의 데이터 메모리에 대해 세심한 검토가 이루어져야 한다.
데이터 메모리에는 휘발성 영역과 불휘발성 영역으로 되어 있으며, 프로그램 작성 시 설비 제어 방식에 따라 영역을 구분하여 사용한다.

3.2 PLC 기종 선정 기술

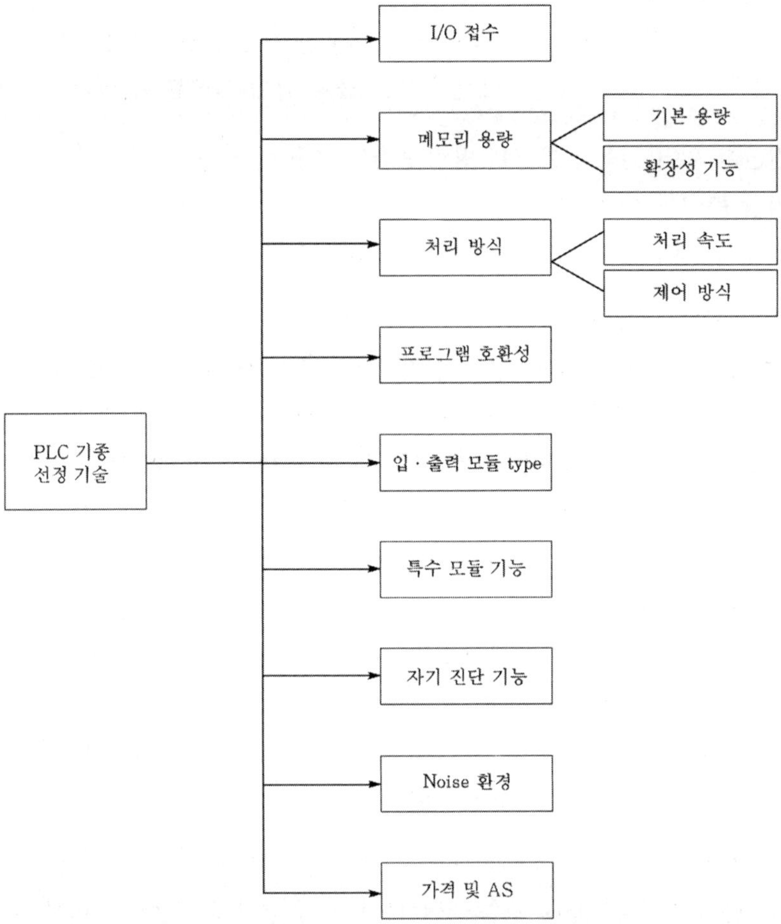

〈그림 3-4〉 PLC 기종 선정 포인트

3.3 PLC 프로그램 작성 기술

(1) 프로그램 작성 기술

PLC 입력기기의 작동에 따라 메모리에 들어 있는 프로그램을 연산하여 출력기기를 동작시키는 시스템이다.

프로그램을 작성하기 전에 먼저 자동화기기의 동작 조건을 작성한 다음 PLC 기종을 선정한다.

PLC 기종이 선정되면 이어서 입·출력을 할당하고, 제어 배선도를 작성하며, 각종 데이터 메모리와 프로그램 메모리를 할당한 뒤 코딩을 하고, 코딩이 완료되면 프로그램 입력 장치를 이용하여 PLC의 메모리 내에 시퀀스 프로그램을 격납한다. 이 작업을 로딩이라 한다. 로딩이 완료되면 시뮬레이션을 통하여 프로그램을 검증하고 테스트 운전을 한다. 이 테스트 운전이 끝나면 PLC는 정상 운전에 들어가게 된다.

(2) 프로그램 작성 순서

① 기계 설비의 동작 조건을 작성한다.
② 동작 조건에 따라 입·출력부 설계도면을 작성한다.
③ 동일 종류의 기기 설비에 따라 입·출력을 할당한다.
④ 기기 설비에 따른 제어 배선도를 작성한다.
⑤ 프로그램을 작성한다.
⑥ Data 메모리, 프로그램 메모리를 할당한다.
⑦ 프로그램을 로딩한다.
⑧ 프로그램을 시뮬레이션한다.

(3) PLC 프로그램 방식

① 니모닉(mnemonic) 방식
② 래더 다이어그램(ladder diagram) 방식
③ SFC(Sequential Function Chart) 방식

Step		
0	Load	P0000
1	OR	P0010
2	AND NOT	P0001
3	OUT	P0010
≀	≀	
100	END	

(a) 니모닉 방식

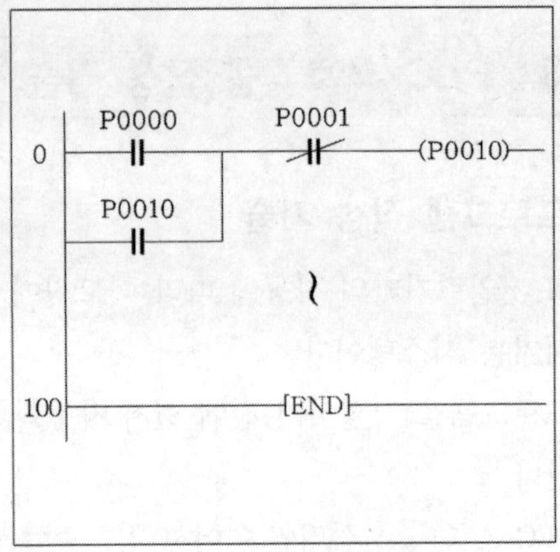

(b) 래더 다이어그램 방식

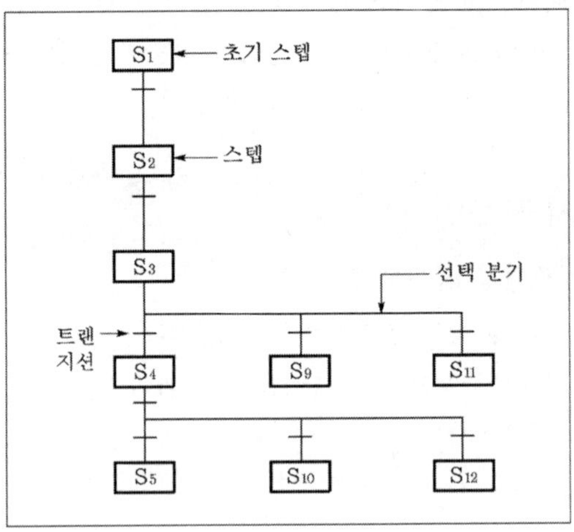

(a) SFC 방식

〈그림 3-5〉 PLC 프로그램의 종류

(4) 프로그램 작도 시 주의할 점

① 래더 다이어그램 방식에서 상·하 사이에 접점이 올 수 없다.

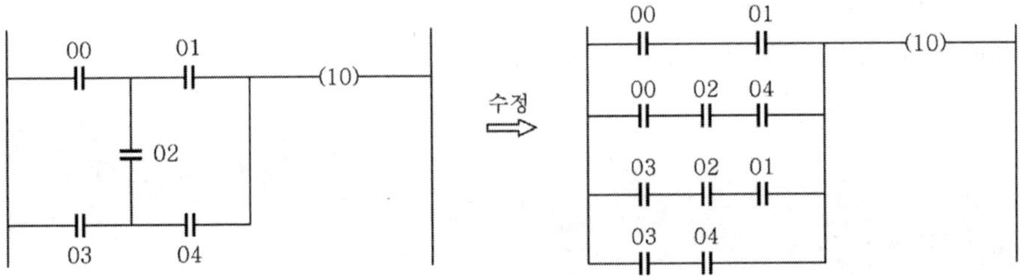

〈그림 3-6〉

② 출력은 이중으로 사용할 수 없다.

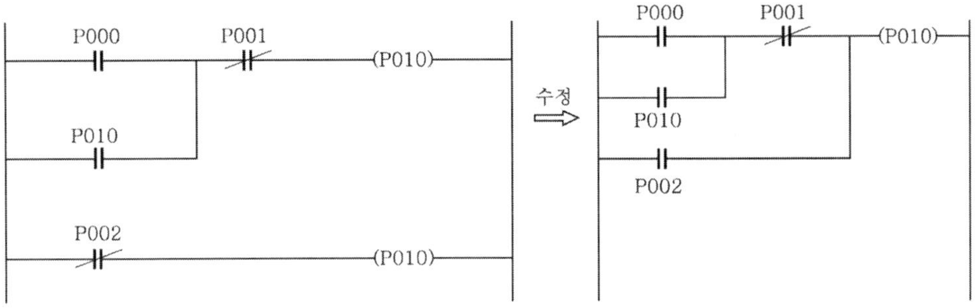

〈그림 3-7〉

③ 출력 뒤에 접점을 사용할 수 없다.

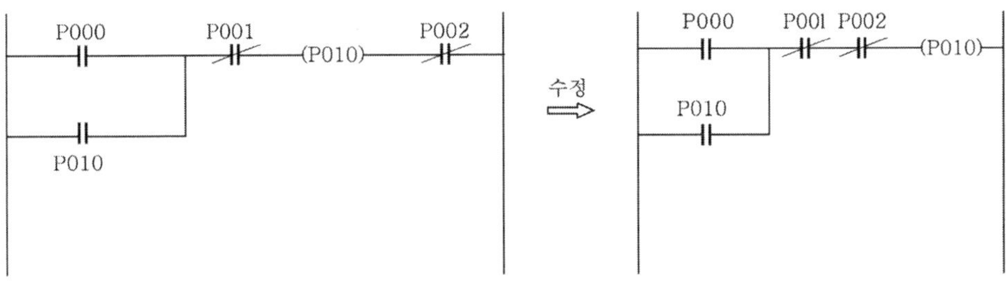

〈그림 3-8〉

④ 입·출력 접점 및 내부 접점은 a접점이나 b접점의 사용 횟수 제한이 없다.

4장 미쓰비시 Melsec PLC 사양과 program

GX Works2 사용법

GX Works2는 Windows 상에서 설계, 디버그, 보수까지를 실행하기 위한 프로그래밍 툴로, 기존의 GX Developer에 비해 기능이나 조작성이 향상되어서 더욱 쉽게 사용할 수 있는 프로그램 툴이다.

위치 결정이나 아날로그 제어를 하려면 인텔리전트 모듈 설정을 해야 한다. 기존의 GX Developer GX-Configurator라는 각각의 S/W가 필요했지만, GX Works2는 툴을 따로 설치할 필요 없이 Intelligent 모듈을 간단하게 설정할 수 있다. 또한 GX Works2에는 시뮬레이션을 위한 GX Simulator가 포함되어 있어서 별도의 프로그램 설치가 필요 없고, 시뮬레이션 속도가 빠르다.

4.1 특징

(1) 심플 프로젝트와 구조화 프로젝트 선택 가능

① 심플 프로젝트

미쓰비시 PLC CPU의 명령을 사용하여 프로그램을 작성하며, 또한 기존의 GX Developer와 동일하게 프로그램을 작성할 수 있다.

② 구조화 프로젝트

제어를 세분화하기 위하여 프로그램의 공통부분을 부품화하면 보기 쉽고 유용성 높은 프로그램 작성인 구조화 프로그래밍이 가능하다. 이 프로젝트는 라벨 프로그래밍만 대응한다.

(2) 다양한 프로그램 언어 사용 가능

GX Works2는 IEC61131-3 규격에 대응하기 위해 시스템 구성에 맞는 언어 선택이 가능하다. 사용 가능한 언어는 레더, ST, SFC, FBD 등이다.

① 편리성을 추구한 사용자가 인터페이스하기 위한 프로그래밍 툴로, 직감적인 조작으로 누구라도 쉽게 프로그래밍 할 수 있도록 개발되었다.
② 크로스 레퍼런스로 프로젝트에 사용되고 있는 디바이스/라벨을 검색할 수 있고, 결합 윈도우에 표시되므로 프로그램 화면과 바둑판식으로 표시할 수 있다. 또한 직감적인 조작으로 디바이스나 라벨이 프로그램의 어디에 사용되고 있는지 확인할 수 있다.

4.2 GX-Works2 프로그램

GX-Works2 아이콘을 더블 클릭하여 실행하면 아래와 같이 프로그램이 실행된다.

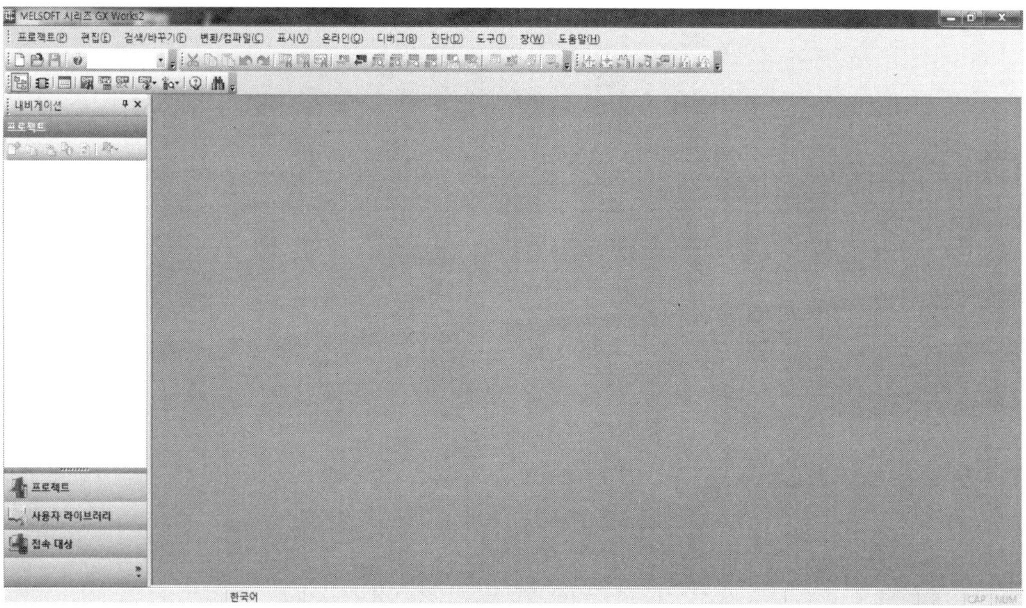

(1) USB 인터페이스 접속

1) 새 프로젝트 열기

① GX-Works2를 실행한 후 상단의 MENU → 프로젝트를 선택 후 프로젝트 새로 만들기를 선택한다.

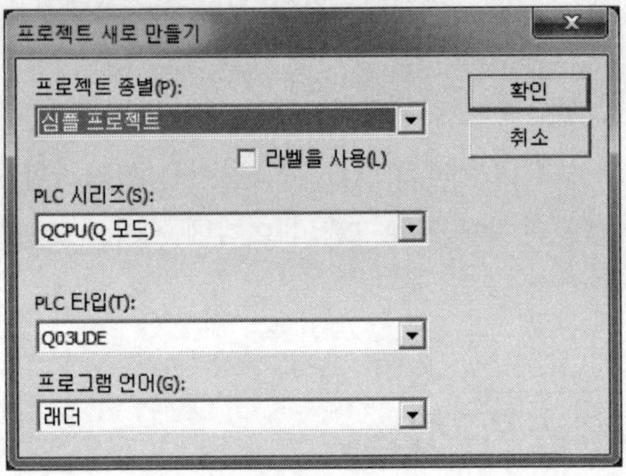

② 프로젝트 새로 만들기 창에서 QCPU를 선택한 후 PLC의 유형을 Q03UDE로 선택한다. 확인을 누르면 프로젝트 초기화면이 나타난다.

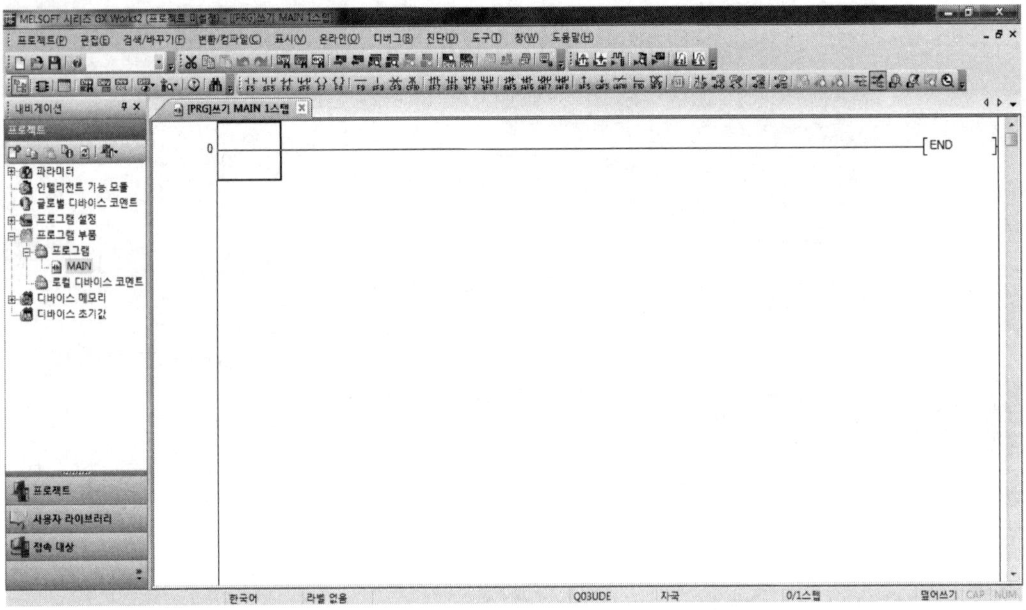

2) USB 인터페이스 접속

① 좌측 내비게이션 창 하단 부분에 접속 대상→Connection1을 선택하여 PLC의 통신환경을 설정한다.

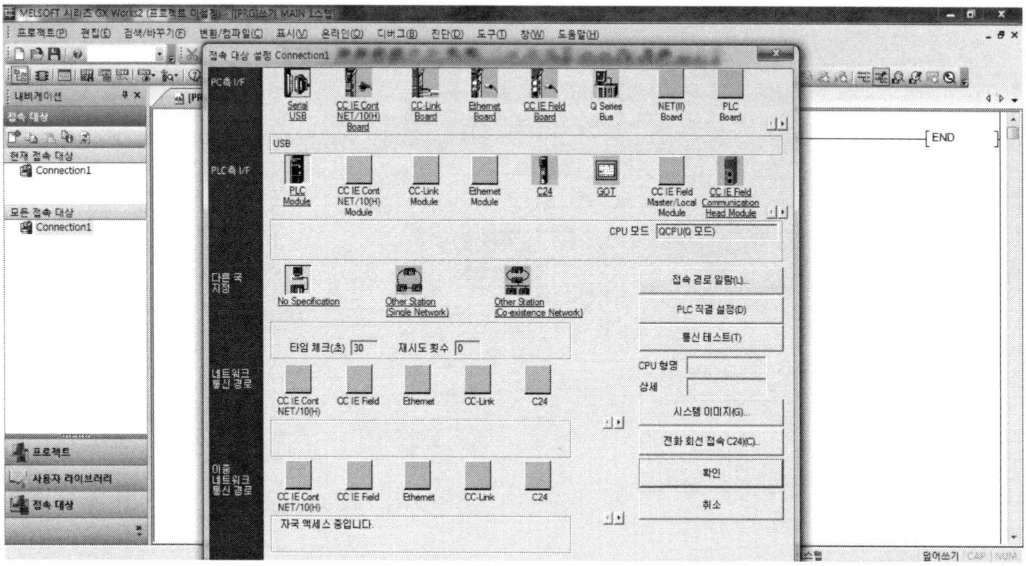

② 연결 대상 지정 화면에서 PC 측 I/F를 시리얼/USB로 선택 → COM port 및 전송 속도를 PC 환경에 맞게 설정한다. PLC 측 I/F는 C24를 선택하고 타국은 지정 내용 없음으로 선택한다.(USB 통신)

③ 통신 테스트를 클릭하여 통신 상태를 점검 후 확인 버튼을 클릭한다.

3) 프로그램 작성

① 새 프로젝트에서 PLC 기종을 선택한 후 확인을 누르면 아래 화면처럼 프로그램 초기 화면이 활성화된다.

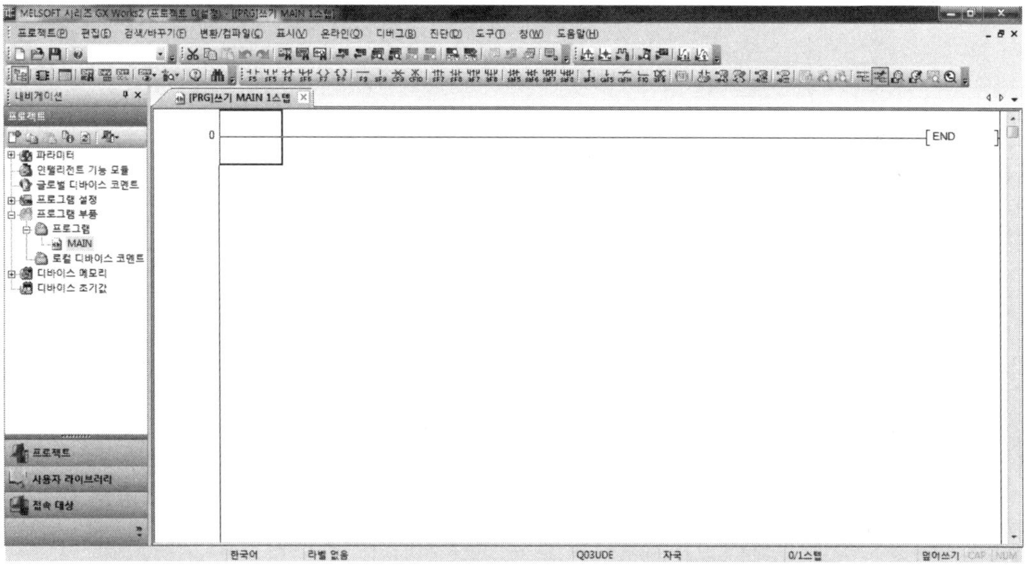

② F5 키를 누르면 a접점을 선택하고 입력 디바이스 명을 기입하고 확인한다.

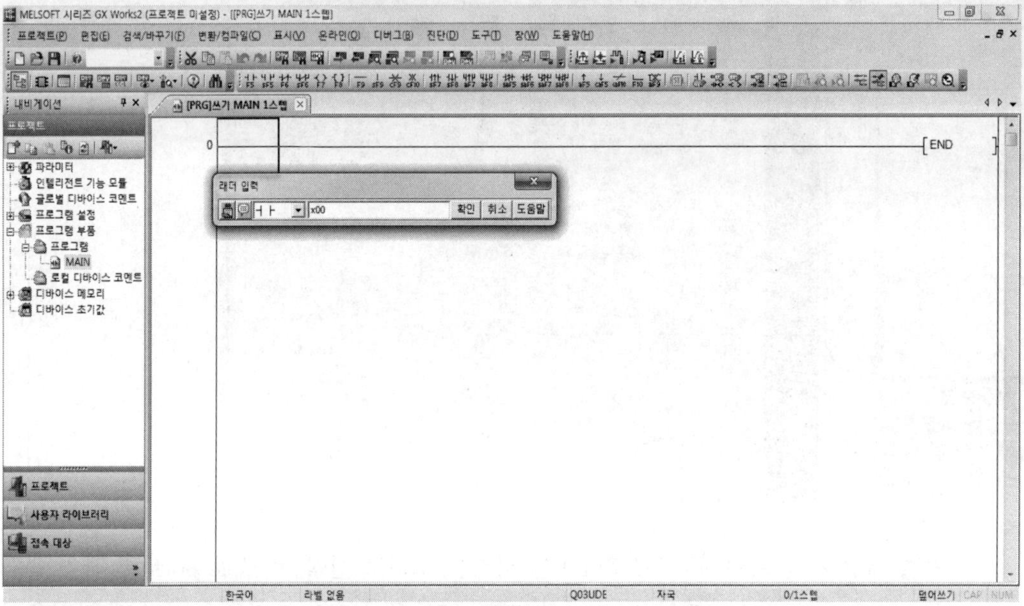

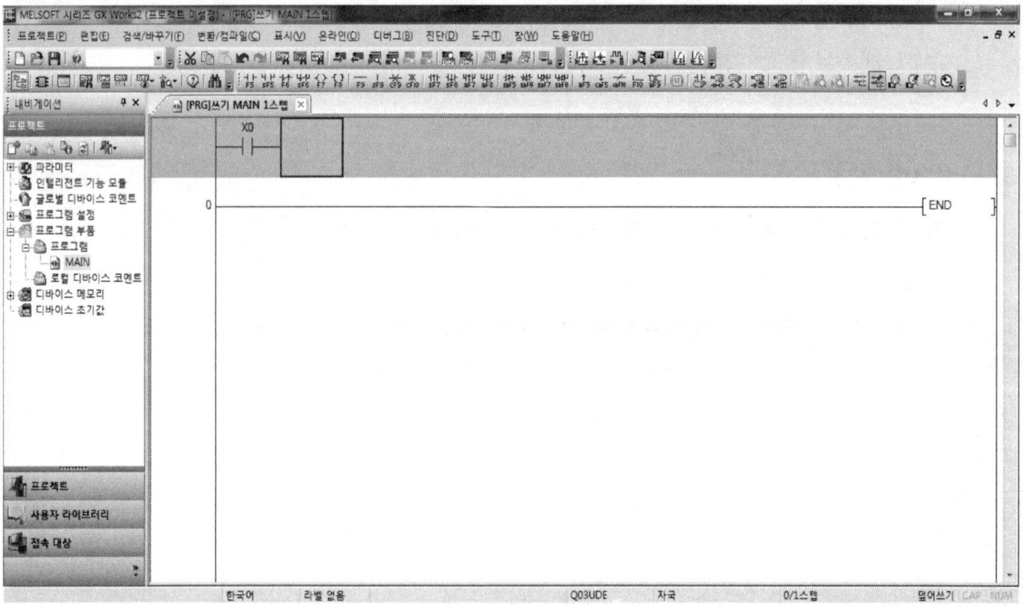

③ F7을 누르면 출력 기호가 선택한 후 출력 디바이스를 입력한다.

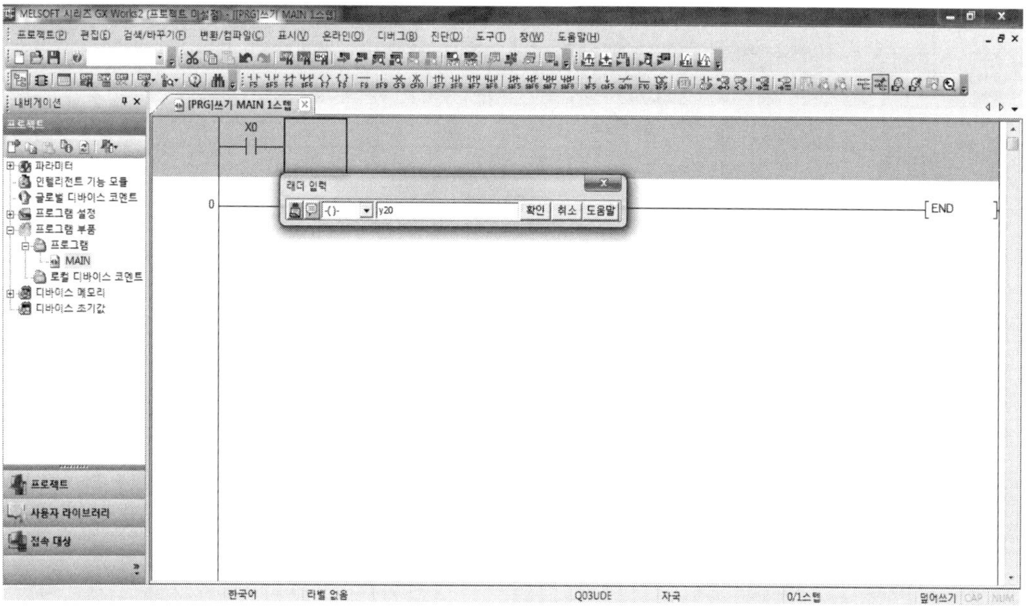

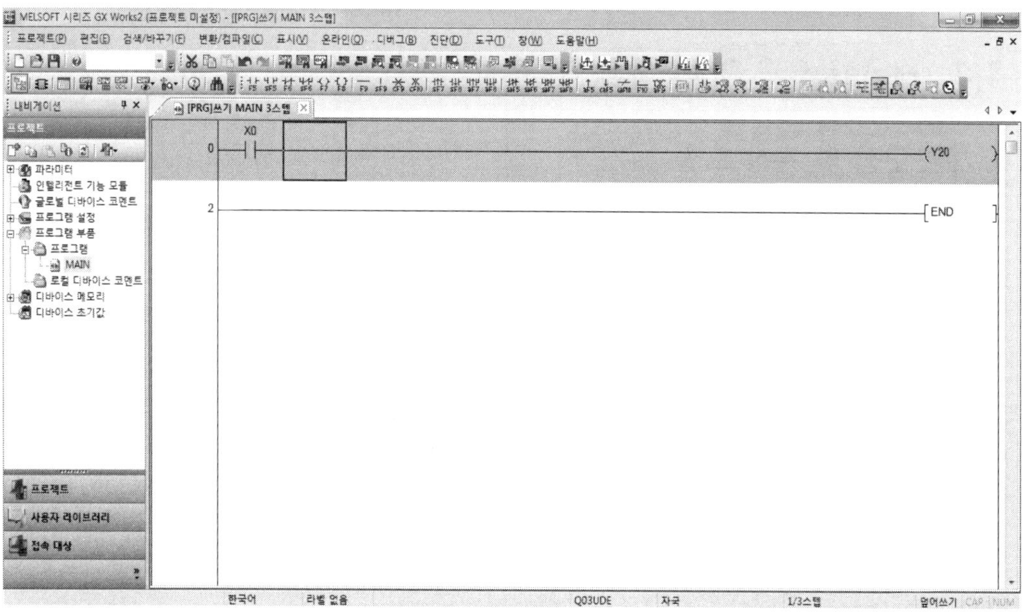

④ 프로그램이 완성되면 메뉴 변환/컴파일에서 변환을 선택하여 아래 화면처럼 변환되면 프로그램이 완성된다.

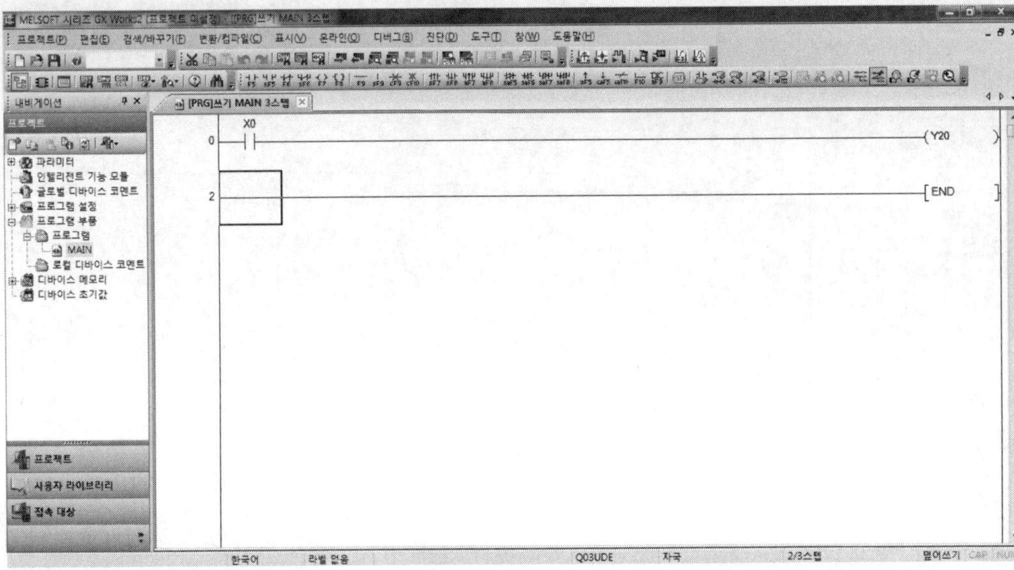

4.3 Melsec Q PLC 종류 및 구성

(1) 기본 구성 및 통신 모듈

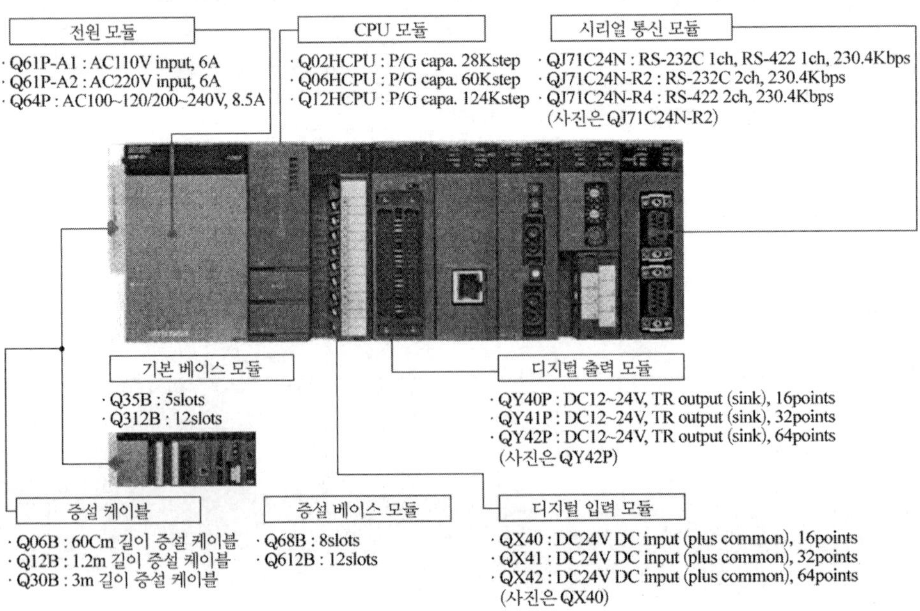

〈그림 4-1〉 멜섹 Q PLC의 모듈 종류

(2) 특수 모듈

① AD 변환 모듈은 외부에서 아날로그 신호를 받아서 디지털 수치로 변환시켜 주는 모듈로, 전압과 전류를 받는 모듈, 전압만을 받는 모듈, 전류만을 받는 모듈 등이 있다.

② DA 변환 모듈은 CPU의 디지털 수치를 아날로그 신호로 변환시켜 외부로 보내는 모듈이다.

③ 고속 카운터 모듈은 엔코더 등에서 1스캔 타임보다 빠른 고속의 펄스를 계수하는 모듈이다.

④ 위치 결정 모듈은 스텝 모터나 서보 모터 등을 조합하여 위치나 각도 등을 제어하는 모듈이다.

⑤ CC-LINK는 분산 배치한 입・출력 모듈, 인텔리전트 기능 모듈, 특수 기능 모듈 등을 전용 케이블로 제어하기 위한 통신 시스템이다.

⑥ MELSECNET은 MELSEC PLC 간의 통신 시스템이다.

⑦ Serial 통신 카드는 RS-232C, RS-422, 485 등의 통신 카드이다.

⑧ Ethernet 통신용 데이터 전송 속도로는 10Mbps와 100Mbps가 있다.

(3) 구성

① Base(베이스)

베이스는 5[V] 전원 공급, 연산 신호 전달, 모듈 고정을 하는 역할을 한다. CPU의 유무에 따라 기본 베이스와 증설 베이스로 나뉜다. 전원, CPU를 제외한 나머지 슬롯 수는 3, 5, 8, 12가 있다. 최대 증설은 7단까지 가능하고, 증설 케이블의 총 거리는 13.2[m], 총 64모듈까지 장착할 수 있다.

② 전원부

외부 전원 AC 110[V] 또는 220[V]를 공급받아서 DC 5[V]로 전압을 강화시킨다.

③ CPU 및 메모리 구성

PLC도 컴퓨터와 같이 프로그램을 실행하기 위해서는 메모리가 있어야 한다. 멜섹에서 쓰는 메모리는 그림과 같이 CPU 모듈에 설치된 메모리와 사용자가 필요에 의해 설치할 수 있는 외부 메모리인 메모리 카드가 있다.

④ 입력 모듈(X)

입력 모듈은 입력 모듈에 연결된 각종 스위치와 센서 등의 ON/OFF 상태를 기억하는 비트 타입의 메모리이다. 입력 전압은 일반적으로는 DC 24[V]로, NPN 타입은 24[V]인 플러스 전압을 공통 단자(Com)에 연결한다.

⑤ 출력 모듈(Y)

출력 모듈은 프로그램 결과에 따른 ON/OFF 상태를 출력 모듈에 연결된 각종 actuator에 보내어 동작시키는 비트 타입의 메모리이다. 출력 전압 형식으로는 Relay 타입과 교류용 Triac 타입이 있다. 그리고 일반적인 TR 타입으로는 전류가 부하를 거쳐 들어오는 Sink 타입으로 0[V]를 Com시키고, 전류가 출력 단자를 통해 나와서 부하로 가는 Source 타입으로는 24[V]를 Com시킨다.

(4) 주소 할당

PLC의 CPU가 입력 모듈을 통해 외부의 ON/OFF 상태를 수신하거나 출력 모듈을 통해 외부로 ON/OFF 상태로 출력하기 위해서는 주소를 할당해야 한다. 출력 번호는 16진수로 표현하고, 입력과 출력 번호를 각각 구분하기 위해 입력 번호의 선두에 "X", 출력 번호의 선두에 "Y"를 부여한다. 입출력 번호는 베이스 모듈에 장착된 입출력 모듈의 접점 개수에 따라 0번 슬롯부터 순차적으로 부여한다.

〈표 2-1〉 주소 할당

POWER	CPU	입력 16점	입력 32점	출력 16점	출력 64점
		X00~X0F	X10~X2F	Y30~Y3F	Y40~Y7F

(5) 디바이스 종류

디바이스는 PLC 내부에서 사용할 수 있는 전기적 소자로서, ON/OFF 상태를 나타내는 디바이스와 수치 값을 저장할 수 있는 Word 디바이스가 있다. 또한 CPU 외부에서 신호를 입출력할 때 사용하는 디바이스와 CPU 내부에서만 사용할 수 있는 디바이스가 있다.

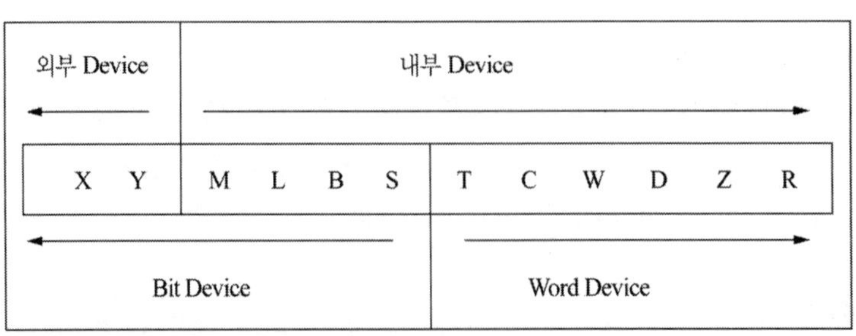

〈그림 4-2〉 디바이스의 종류

〈표 2-2〉 디바이스 종류

제어 방식	종별	디바이스명	디폴트 값		파라미터 설정에 의한 설정 범위
			점수	사용 범위	
내부 USER 디바이스	비트 디바이스	입력	8,192점	X0~X1FFF	
		출력	8,192점	Y0~Y1FFF	
		스텝 릴레이	8,192점	S0~S8191	
		특수 릴레이	2,048점	(ST0~2T2047)	
		내부 릴레이	8,192점	M0~M8191	합계 28.8K 워드 이내에서 변경 가능
		래치 릴레이	8,192점	L0~L8191	
		애넌시에이터	2,048점	F0~F2047	
		에지 릴레이	8,192점	V0~V2047	
		링크 릴레이	8,192점	B0~B8191	
	워드 디바이스	타이머	2,048점	T0~T2047	
		적산 타이머	0점	(ST0~ST2047)	
		카운터	1,024점	C0~C1023	
		데이터 레지스터	12,288점	D0~D12287	
		링크 레지스터	8,192점	W0~W8191	
		특수 링크 레지스터	2,048점	SW0~SW2147	
내부 시스템 디바이스	비트 디바이스	펑션 입력	16점	FX0~FXF	고정
		펑션 출력	16점	FY0~FYF	
		특수 릴레이	2,048점	SM0~SM2047	
	워드 디바이스	펑션 레지스터	5점	FD0~FD4	
		특수 레지스터	2,048점	SD0~SD2047	
인덱스 레지스터	워드 디바이스	인덱스 레지스터	16점	Z0~Z15	
파일 레지스터	워드 디바이스	파일 레지스터	0점	–	0~1018K점 (1K점 범위)
네스팅	–	네스팅	15점	N0~N14	고정
포인터	–	포인터	4,096점	P0~P4095	
		인터럽트 포인터	256점	I0~I255	
기타	비트 디바이스	SFC 블록	320점	BL0~BL319	
		SFC 이행 디바이스	512점	TR0~TR511	
	–	네트워크 No.	256점	J1~K255	
		I/O No.	–	U0~UFFF	
정수	–	10진 정수	K-2147483648~K2147483447		
		16진 정수	H0~HFFFFFFFF		
	–	실수 정수	E±1.17549-38~E±3.40282+38		
		문자열 정수	‘ABC’, ‘123’ 등		

(6) 내부 USER 디바이스

1) 비트 디바이스

① 입력 디바이스(X)

- X는 외부의 ON/OFF 정보를 입력 모듈을 통하여 프로그램에서 사용하기 위한 디바이스이다.

② 출력 디바이스(Y)

- Y는 프로그램의 제어 결과를 출력 모듈을 통해 외부 액추에이터로 출력하는 디바이스이다.

③ 보조 릴레이(M)

- 내부 릴레이는 CPU 모듈 내부에서 사용하는 보조 릴레이이다.
- PLC 전원을 OFF → ON할 경우, CPU 모듈을 리셋할 경우, 그리고 래치 클리어 할 경우는 모두 OFF된다.
- 프로그램 연산 결과를 외부로 출력할 경우는 출력 디바이스인 Y를 사용한다.

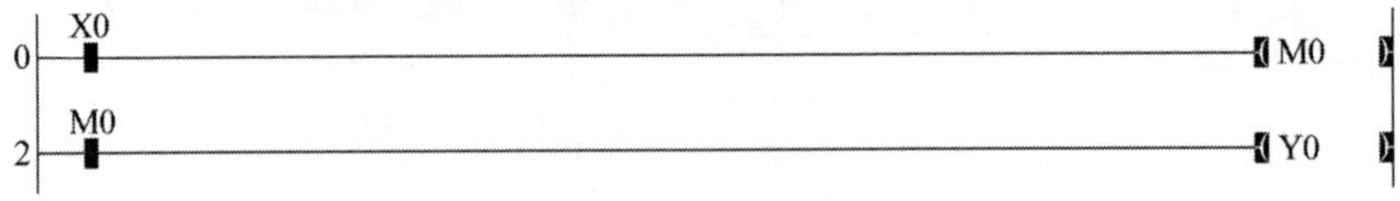

④ 래치 릴레이(L)

- 래치(Latch) 릴레이는 정전 유지를 할 수 있는 릴레이이다. 따라서 PLC 정원의 OFF 시에도 연산 결과(ON/OFF) 정보가 유지된다.
- 래치 릴레이는 래치 클리어인 Reset을 시켜야 Clear된다.

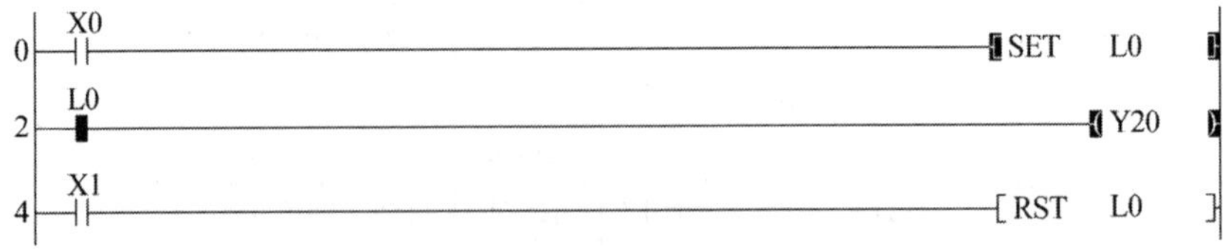

⑤ 에지 릴레이(V)

- 서브루틴이나 인터럽트 프로그램 등 반복하여 실행하는 프로그램 중에서 Pulse하여 사용하는 디바이스이다.

⑥ 어넨시에이터(F)

- 어넨시에이터(Annunciator : 알림 장치)는 사용자가 작성한 설비의 이상 및 고장 검출용 프로그램에서 사용하면 편리한 내부 릴레이이다.

⑦ 링크 릴레이(B)

- 링크 릴레이는 MELSECNET에서 사용하는 릴레이이다.

⑧ 링크 특수 릴레이(SB)

- 링크 특수 릴레이는 MELSECNET 네트워크 모듈 등에 관한 통신 상태 및 이상 검출을 표시하는 릴레이이다.

⑨ 스텝 릴레이

- 스텝 릴레이는 SFC 프로그램 전용 디바이스이다.

2) 워드 디바이스

① 타이머(T)

- 타이머는 타이머 코일이 ON하면 계측을 시작하여 현재 값이 설정 값 이상이 되었을 때 타이머가 ON되는 디바이스이다.
- 타이머 종류에는 일반 타이머와 고속 타이머가 있다.
- 일반 타이머는 계측 단위가 1~1,000ms이며, 디폴트는 100ms이다. 예로써 100은 10s가 되는 것이다. 여기서 디폴트 값의 변경은 좌측 프로젝트 관리 중 PLC 파라미터를 선택한 후에 PLC 시스템 설정에서 타이머의 계측 단위를 변경할 수 있다.
- 프로그램 입력은 F7인 ( )에서 T0 k100 또는 OUT T0 k100으로 하면 된다.
- 일반 타이머를 사용했을 경우 :

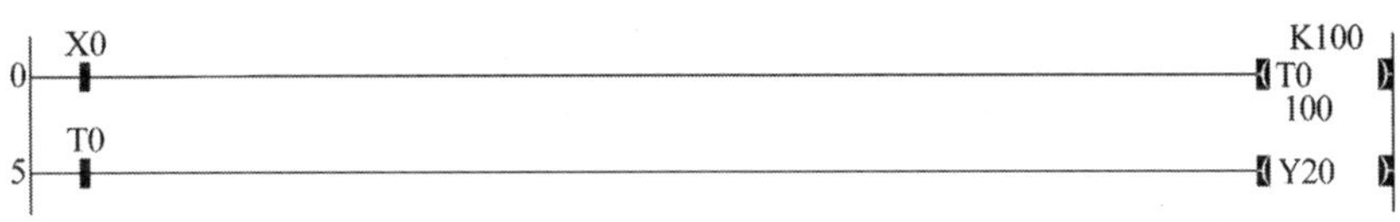

- 고속 타이머는 계측 단위가 0.1~100ms이며, 디폴트는 10ms이다. 예로써 1,000은 10s가 되는 것이다.
- 프로그램 입력은 F7인 ( )에서 T200 k1000 또는 OUTH T200 k1000으로 하면 된다.
- 고속 타이머를 사용했을 경우 :

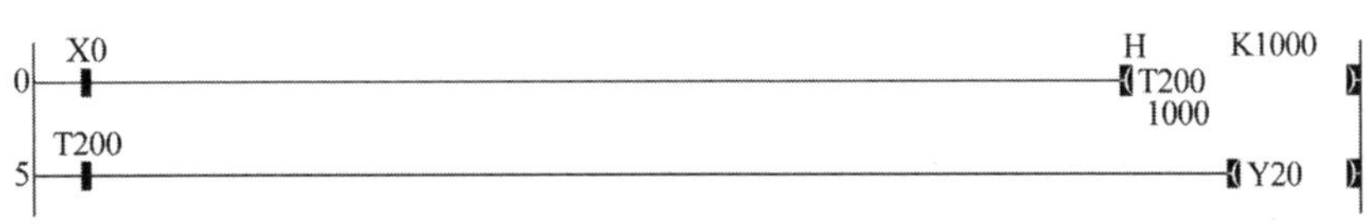

② 적산 타이머

- 타이머 코일이 OFF되어도 현재 값을 유지하는 것이 일반 타이머와의 차이점이다.
- 좌측 프로젝트 관리 중에 PLC 파라미터를 선택 후, 디바이스 설정에서 적산 타이머

의 0점을 16점으로 고쳐야 쓸 수 있다.

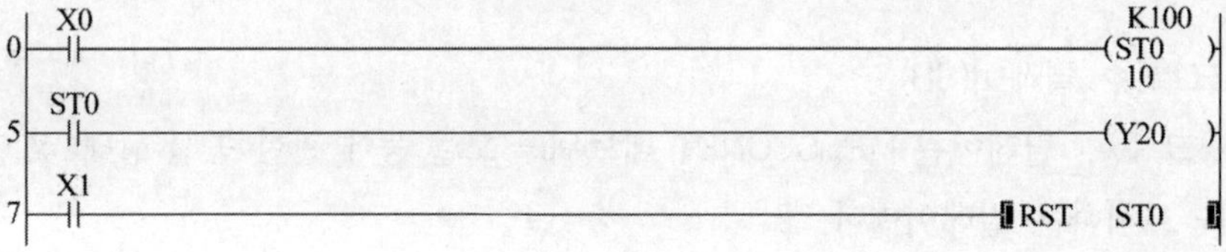

프로그램에서 알 수 있듯이 X0가 OFF인 적산 타이머 ST0는 그 값이 유지됨을 알 수 있다. 그래서 현재 값의 Clear는 RST 명령으로 가능하다. 참고로 적산 타이머의 계측 단위도 일반 타이머와 같이 저속과 고속이 있다.

③ 카운터

- 카운터는 입력 조건이 ON되는 횟수를 가산하는 디바이스이다. 이 횟수가 설정 값이 도달하면 카운터가 ON된다. 가산 도중에 Reset시키면 '0'부터 다시 시작된다.

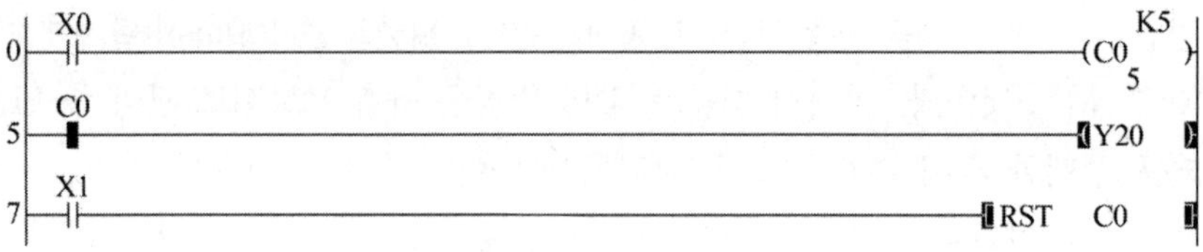

④ 데이터 레지스터(D)

- 데이터 레지스터는 수치를 저장할 수 있는 메모리이다.
- 구성은 1점 16비트로 읽고 쓸 수 있으며, 16진수(HEX)는 0000_H ~ $FFFF_H$까지 저장 가능하지만 부호 비트가 있으므로 정수로 −32,768~32,767까지 가능하다.
- 32비트 명령으로 데이터 레지스터를 사용하면 32비트까지 가능하다. 예로 [DMOV K500000 D12]라고 작성하면 D12는 하위 16비트가 되고, D13은 상위 16비트가 된다. 따라서 −2,147,483,648에서 2,147,483,647까지 저장이 가능하다.
- 저장한 데이터는 다음에 다른 데이터가 저장될 때까지 유지되지만 PLC 전원이 OFF되거나 CPU가 Reset되면 초기화된다.

⑤ 링크 레지스터(W)

- 링크 레지스터는 MELSECNET/H 네트워크 모듈에서 사용하는 릴레이이다.

⑥ 링크 특수 레지스터(SW)

- 링크 특수 레지스터는 MELSECNET/H 네트워크 모듈에서 사용하는 릴레이이다.

3) 내부 시스템 디바이스

내부 시스템 디바이스는 할당 및 용량이 고정되어 있어서 사용자가 변경할 수 없다.

① Function 디바이스(FX, FY, FD)

- Function 디바이스는 서브루틴에서 사용하는 디바이스이다.
- 종류에는 Function 입력(FX), Function 출력(FY), Function 레지스터(FD) 등이 있다.

② 특수 릴레이(SM)

- 특수 릴레이는 특수한 기능을 부여한 내부 비트 메모리이다.
- 진단 정보, 통신, 시스템 정보, 시스템 클록 및 카운터, 메모리 관련 정보, 명령 관련 정보, 디버그 및 프로세스 제어에 관한 정보에 관련된 기능을 부여한 메모리이다.

〈표 2-3〉 많이 사용되는 특수 릴레이

릴레이 번호	명칭	내용
SM400	상시 ON	
SM401	상시 OFF	
SM402	한 스캔만 ON	
SM403	한 스캔만 OFF	
SM409	0.01초 클록	
SM410	0.1초 클록	
SM411	0.2초 클록	
SM412	1초 클록	
SM413	2초 클록	

③ 특수 레지스터

- 특수 레지스터는 CPU의 모듈 상태인 고장 진단이나 시스템 정보가 저장되어 있다.

(4) 기타 특수 디바이스

① 인텔리전트 기능 모듈 디바이스(U□ \ G□)

- 인텔리전트 기능 모듈 디바이스는 특수 기능 모듈의 입출력 번호와 버퍼 메모리 주소를 CPU에서 직접 액세스하는 디바이스이다.
- 기존의 인텔리전트 기능 모듈의 버퍼 메모리를 읽고 쓰기 위한 명령어인 FROM, TO 명령어를 좀 더 간단하게 사용할 수 있도록 만들어진 명령어이다.
- 지정 방법은 다음과 같다.

  U 다음에는 인텔리전트 기능 모듈이 장착된 위치 어드레스 번호가 된다.(Hexa 표현)
  패스를 의미하는 \G 또는 \G 다음에 오는 버퍼 메모리의 어드레스 번지가 된다.(Decimal 표현)

② Index 레지스터(Z)

- Index 레지스터는 프로그램에서 사용하는 디바이스의 간접 설정에 사용한다.
- Index 레지스터는 1점 16비트로 구성되어 있으며, 비트 단위로 읽기 쓰기가 가능하다.
- 32비트 명령어로 Z2를 지정하면 Z2는 하위 16비트가 되고, Z3는 상위 16비트가 된다. 예로서 [DMOV D0 Z2]하면 Z2는 하위 16비트, Z3는 상위 16비트가 이동된다.

③ 파일 레지스터(R)

- 파일 레지스터는 데이터 레지스터의 확장용 디바이스이다.

4.4 멕셀 명령어

(1) 시퀀스 명령

1) 접점 명령

〈표 2-4〉 접점 명령

분류	명령 기호	심볼	처리 내용	실행 조건	기본스텝수	서브셋	설명 페이지
접점	LD	├┤├	논리 연산 시작 (a접점 논리 연산 시작)		*1	●	5-2
	LDI	├┤/├	논리 부정 연산 시작 (b접점 논리 연산 시작)				
	AND	┤├	논리적(a접점 직렬 접속)				
	ANI	┤/├	논리적 부정(b접점 직렬 접속)				
	OR	└┤├┘	논리합((a접점 병렬 접속))				
	ORI	└┤/├┘	논리합 부정(b접점 병렬 접속)				
	LDP	├┤↑├	상승 펄스 연산 시작		*1	●	5-5
	LDF	├┤↓├	하강 펄스 연산 시작				
	ANDP	┤↑├	상승 펄스 직렬 접속				
	ANDF	┤↓├	하강 펄스 직렬 접속				
	ORP	└┤↑├┘	상승 펄스 병렬 접속				
	ORF	└┤↓├┘	하강 펄스 병렬 접속				
	LDPI	├┤↑/├	상승 펄스 부정 연산 시작		3 *2	●	5-7
	LDFI	├┤↓/├	하강 펄스 부정 연산 시작		3 *2		
	ANDPI	┤↑/├	상승 펄스 부정 직렬 접속		4 *2		
	ANDFI	┤↓/├	하강 펄스 부정 직렬 접속		4 *2		
	ORPI	└┤↑/├┘	상승 펄스 부정 병렬 접속		4 *2		
	ORFI	└┤↓/├┘	하강 펄스 부정 병렬 접속		4 *2		

*1 : 스텝 수는 사용하는 디바이스에 따라 다르다.

사용 디바이스	스텝 수
내부 디바이스, 파일 레지스터(R0~R32767) 사용 시	1
다이렉트 액세스 입력(DX) 사용 시	2
상기 이외의 디바이스 사용 시	3

*2 : 스텝 수는 사용하는 디바이스 및 CPU 모듈 타입에 따라 다르다.

사용 디바이스	스텝 수
내부 디바이스, 파일 레지스터(R0~R32767) 사용 시	1
다이렉트 액세스 입력(DX) 사용 시	2
상기 이외의 디바이스 사용 시	3

스텝 수는 사용하는 디바이스에 따라 다르다.

사용 디바이스	스텝 수
내부 디바이스, 파일 레지스터(R0~R32767) 사용 시	기본 스텝수
연번 액세스 방식 파일 레지스터(ZR), 확장 데이터 레지스터(D), 확장 링크 레지스터(W), 멀티 CPU 간 공유 디바이스(U3En \ G10000~) 사용 시	기본 스텝수+1
다이렉트 액세스 입력(DX) 사용 시	기본 스텝수+1
상기 이외의 디바이스 사용 시	기본 스텝수+2

2) 결합 명령

〈표 2-5〉 결합 명령

분류	명령 기호	심볼	처리 내용	실행 조건	기본스텝수	서브셋	설명 페이지
결합	ANB	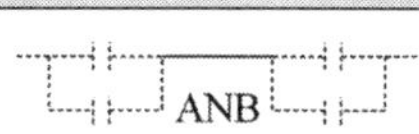	논리 블록 간의 AND (논리 블록 간의 직렬 접속)		1	–	5-10
	ORB	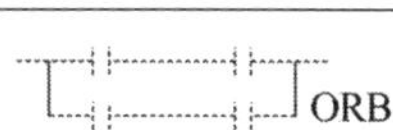	논리 블록 간의 OR (논리 블록 간의 직렬 접속)				
	MPS	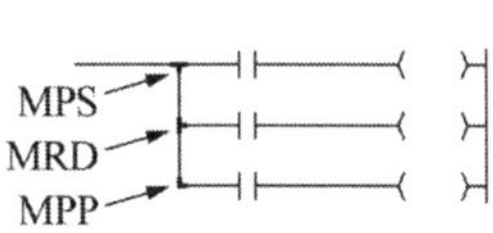	연산 결과의 기억		1	–	5-12
	MRD		MPS로 기억한 연산결과의 읽기				
	MPP		MPS로 기억한 연산결과의 읽기와 리셋				
	INV		연산 결과의 반전		1	–	5-15
	MEP		연산 결과 상승 펄스화		1	–	5-17
	MEF		연산 결과 하강 펄스화				
	EGP	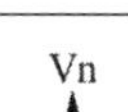	연산 결과 상승 펄스화 (VN으로 기억)		1	–	5-18
	EGF	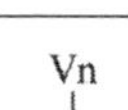	연산 결과 하강 펄스화 (VN으로 기억)		*1		

*1 : 스텝 수는 사용하는 디바이스 및 CPU 모듈 타입에 따라 다르다.

CPU 타입	기본 스텝 수
하이 퍼포먼스 모델 QCPU 프로세스 CPU 이중화 QCPU 유니버설 모델 QCPU LCPU	1
베이식 모델 QCPU	2

3) 출력 명령

〈표 2-6〉 출력 명령

분류	명령 기호	심볼	처리 내용	실행 조건	기본스텝수	서브셋	설명 페이지
출력	OUT	-( )-	디바이스 출력		*1	–	5-20 5-22 5-26 5-28
	SET	-[SET D]-	디바이스 세트	⊓ (↑)*2	*1		5-30 5-35
	RST	-[RST D]-	디바이스 리셋	⊓ (↑)*2	*1	–	5-32 5-35
	PLS	-[PLS D]-	입력 신호의 상승 펄스 시에 프로그램 1주분의 펄스를 발생시킨다.	↑	2	–	5-37
	PLF	-[PLF D]-	입력 신호의 하강 펄스 시에 프로그램 1주분의 펄스를 발생시킨다.	↓			
	FF	-[FF D]-	디바이스 출력의 반전	↑	2	–	5-40
	DELTA	-[DELTA D]-	다이렉트 출력의 펄스화	⊓	2	–	5-42
	DELTAP	-[DELTAP D]-		↑			

*1 : 스텝 수는 사용하는 디바이스에 따라 다르다.
스텝 수에 대해서는 각 명령의 설명 페이지를 참조한다.

*2 : 어넨시에이터(F) 사용 시에만 ↑ 가 된다.

4) 시프트 명령

〈표 2-7〉 시프트 명령

분류	명령 기호	심볼	처리 내용	실행 조건	기본스텝수	서브셋	설명 페이지
시프트	SFT	-[SFT D]-	디바이스의 1비트 시프트	⊓	2	–	5-44
	SFTP	-[SFTP D]-		↑			

5) 마스터 컨트롤 명령

〈표 2-8〉 마스터 컨트롤 명령

분류	명령 기호	심볼	처리 내용	실행 조건	기본스텝수	서브셋	설명 페이지
마스터 컨트롤	MC	─[MC n D]─	마스터 컨트롤 시작		2	-	5-46
	MCR	─[MCR n]─	마스터 컨트롤 해제		1		

6) 종료 명령

〈표 2-9〉 종료 명령

분류	명령 기호	심볼	처리 내용	실행 조건	기본스텝수	서브셋	설명 페이지
종료	FEND	├──[FEND]─┤	메인 프로그램의 종료		2	-	5-50
	END	├──[END]─┤	시퀀스 프로그램의 종료				5-52

7) 기타 명령

〈표 2-10〉 기타 명령

분류	명령 기호	심볼	처리 내용	실행 조건	기본스텝수	서브셋	설명 페이지
정지	STOP	─[STOP]─	· 입력 조건 성립 후 시퀀스의 연산을 정지한다. · RUN/STOP(키) 스위치를 다시 RUN으로 하면 시퀀스 프로그램을 실행한다.	┘‾└	1	-	5-54
무처리	NOP	──	· 무처리(프로그램의 삭제 또는 스페이스용)		1	-	5-56
	NOPLE	├──[NOPLF]─┤	· 무처리(인쇄 시의 페이지 바꾸기용)				
	PAGE	├──[PAGE n]─┤	· 무처리(이후의 프로그램을 n번째 페이지의 0스텝~으로 관리한다)				

(2) Data 명령

1) 비교 연산 명령

〈표 2-10〉 비교 연산 명령

분류	명령 기호	심볼	처리 내용	실행 조건	기본스텝수	서브셋	설명 페이지
BIN 16비트 데이터 비교	LD=	[= S1 S2]	· (S1)=(S2)일 때 ON 상태 · (S1)≠(S2)일 때 OFF 상태		3	●	6-2
	AND=	[= S1 S2]					
	OR=	[= S1 S2]					
	LD◇	[< > S1 S2]	· (S1)≠(S2)일 때 ON 상태 · (S1)=(S2)일 때 OFF 상태		3	●	
	AND◇	[< > S1 S2]					
	OR◇	[< > S1 S2]					
	LD〉	[> S1 S2]	· (S1)>(S2)일 때 ON 상태 · (S1)≦(S2)일 때 OFF 상태		3	●	
	AND〉	[> S1 S2]					
	OR〉	[> S1 S2]					
	LD〈=	[<= S1 S2]	· (S1)≦(S2)일 때 ON 상태 · (S1)>(S2)일 때 OFF 상태		3	●	
	AND〈=	[<= S1 S2]					
	OR〈=	[<= S1 S2]					
	LD〈	[< S1 S2]	· (S1)<(S2)일 때 ON 상태 · (S1)≧(S2)일 때 OFF 상태		3	●	
	AND〈	[< S1 S2]					
	OR〈	[< S1 S2]					
	LD〉=	[>= S1 S2]	· (S1)≧(S2)일 때 ON 상태 · (S1)<(S2)일 때 OFF 상태		3	●	
	AND〉=	[>= S1 S2]					
	OR〉=	[>= S1 S2]					

〈표 2-10〉 비교 연산 명령 (계속)

분류	명령 기호	심볼	처리 내용	실행 조건	기본스텝수	서브셋	설명 페이지
BIN 32비트 데이터 비교	LDD=	D= S1 S2	· (S1+1, S1)=(S2+1, S2)일 때 ON 상태 · (S1+1, S1) ≠ (S2+1, S2)일 때 OFF 상태		*1	●	6-4
	ANDD=	D= S1 S2					
	ORD=	D= S1 S2					
	LDD〈〉	D< > S1 S2	· (S1+1, S1) ≠ (S2+1, S2)일 때 ON 상태 · (S1+1, S1)=(S2+1, S2)일 때 OFF 상태		*1	●	
	ANDD〈〉	D< > S1 S2					
	ORD〈〉	D< > S1 S2					
	LDD〉	D> S1 S2	· (S1+1, S1) > (S2+1, S2)일 때 ON 상태 · (S1+1, S1) ≦ (S2+1, S2)일 때 OFF 상태		*1	●	
	ANDD〉	D> S1 S2					
	ORD〉	D> S1 S2					
	LDD〈=	D<= S1 S2	· (S1+1, S1) ≦ (S2+1, S2)일 때 ON 상태 · (S1+1, S1) > (S2+1, S2)일 때 OFF 상태		*1	●	
	ANDD〈=	D<= S1 S2					
	ORD〈=	D<= S1 S2					
	LDD〈	D< S1 S2	· (S1+1, S1) < (S2+1, S2)일 때 ON 상태 · (S1+1, S1) ≧ (S2+1, S2)일 때 OFF 상태		*1	●	
	ANDD〈	D< S1 S2					
	ORD〈	D< S1 S2					
	LDD〉=	D>= S1 S2	· (S1+1, S1) ≧ (S2+1, S2)일 때 ON 상태 · (S1+1, S1) < (S2+1, S2)일 때 OFF 상태		*1	●	
	ANDD〉=	D>= S1 S2					
	ORD〉=	D>= S1 S2					

*1 : 스텝 수는 사용하는 디바이스 및 CPU 타입에 따라 다르다.

CPU 타입	사용 디바이스	스텝 수
하이 퍼포먼스 모델 QCPU 프로세스 CPU 이중화 CPU	· 워드 디바이스 : 내부 디바이스(다만 파일 레지스터 ZR 제외) · 비트 디바이스 : 디바이스 No.가 16의 배수, 자리 지정은 K8, 인덱스 수식은 없음. · 상수 : 제한 없음	5주1)
	상기 이외의 디바이스 사용 시	3주2)
베이식 모델 QCPU 유니버설 모델 QCPU LCPU	사용할 수 있는 모든 디바이스	3주2)

주1) 하이 퍼포먼스 모델 QCPU, 프로세스 CPU, 이중화 CPU의 경우 스텝 수는 증가하지만 처리 속도는 빨라진다.

주2) 3.8절의 조건에 따라 스텝 수는 증가할 가능성이 있다.

〈표 2-10〉 비교 연산 명령 (계속)

분류	명령 기호	심볼	처리 내용	실행 조건	기본스텝수	서브셋	설명 페이지
부동 소수점 데이터 비교	LDE=	E= S1 S2	· (S1+1, S1)=(S2+1, S2)일 때 ON 상태 · (S1+1, S1)≠(S2+1, S2)일 때 OFF 상태		3	–	6-6
	ANDE=	E= S1 S2					
	ORE=	E= S1 S2					
	LDE〈〉	E<> S1 S2	· (S1+1, S1)≠(S2+1, S2)일 때 ON 상태 · (S1+1, S1)=(S2+1, S2)일 때 OFF 상태		3	–	
	ANDE〈〉	E<> S1 S2					
	ORE〈〉	E<> S1 S2					
	LDE〉	E> S1 S2	· (S1+1, S1)>(S2+1, S2)일 때 ON 상태 · (S1+1, S1)≦(S2+1, S2)일 때 OFF 상태		3	–	
	ANDE〉	E> S1 S2					
	ORE〉	E> S1 S2					
	LDE〉	E> S1 S2	· (S1+1, S1)>(S2+1, S2)일 때 ON 상태 · (S1+1, S1)≦(S2+1, S2)일 때 OFF 상태		3	–	
	ANDE〉	E> S1 S2					
	ORE〉	E> S1 S2					
	LDE〈=	E<= S1 S2	· (S1+1, S1)≦(S2+1, S2)일 때 ON 상태 · (S1+1, S1)>(S2+1, S2)일 때 OFF 상태		3	–	
	ANDE〈=	E<= S1 S2					
	ORE〈=	E<= S1 S2					
	LDE〈	E< S1 S2	· (S1+1, S1)<(S2+1, S2)일 때 ON 상태 · (S1+1, S1) ≧(S2+1, S2)일 때 OFF 상태		3	–	
	ANDE〈	E< S1 S2					
	ORE〈	E< S1 S2					
	LDE〉=	E>= S1 S2	· (S1+1, S1)≧(S2+1, S2)일 때 ON 상태 · (S1+1, S1)<(S2+1, S2)일 때 OFF 상태		3	–	
	ANDE〉=	E>= S1 S2					
	ORE〉=	E>= S1 S2					

〈표 2-10〉 비교 연산 명령 (계속)

분류	명령 기호	심볼	처리 내용	실행 조건	기본스텝수	서브셋	설명 페이지
부동 소수점 데이터 비교 (배정밀도)	LDED=	ED= S1 S2	· (S1+3.S1+2.S1+1.S1) =(S2+3.S2+2.S2+1.S1)일 때 ON 상태 · (S1+3.S1+2.S1+1.S1) ≠(S2+3.S2+2.S2+1.S2)일 때 OFF 상태		3	–	6-8
	ANDED=	ED= S1 S2					
	ORED=	ED= S1 S2					
	LDED<>	ED<> S1 S2	· (S1+3.S1+2.S1+1.S1) ≠(S2+1.S2)일 때 ON 상태 · (S1+3.S1+2.S1+1.S1) =(S2+3.S2+2.S2+1.S2)일 때 OFF 상태		3	–	
	ANDED<>	ED<> S1 S2					
	ORED<>	ED<> S1 S2					
	LDED>	ED> S1 S2	· (S1+3.S1+2.S1+1.S1) >(S2+3.S2+2.S2+1.S2)일 때 ON 상태 · (S1+3.S1+2.S1+1.S1) ≦(S2+3.S2+2.S2+1.S2)일 때 OFF 상태		3	–	
	ANDED>	ED> S1 S2					
	ORED>	ED> S1 S2					
	LDED<=	ED<= S1 S2	· (S1+3.S1+2.S1+1.S1) ≦(S2+3.S2+2.S2+1.S2)일 때 ON 상태 · (S1+3.S1+2.S1+1.S1) >(S2+3.S2+2.S2+1.S2)일 때 OFF 상태		3	–	
	ANDED<=	ED<= S1 S2					
	ORED<=	ED<= S1 S2					
	LDED<	ED< S1 S2	· (S1+3.S1+2.S1+1.S1) <(S2+3.S2+2.S2+1.S2)일 때 ON 상태 · (S1+3.S1+2.S1+1.S1) ≧(S2+3.S2+2.S2+1.S2)일 때 OFF 상태		3	–	
	ANDED<	ED< S1 S2					
	ORED<	ED< S1 S2					
	LDED>=	ED>= S1 S2	· (S1+3.S1+2.S1+1.S1) ≧(S2+3.S2+2.S2+1.S2)일 때 ON 상태 · (S1+3.S1+2.S1+1.S1) <(S2+3.S2+2.S2+1.S2)일 때 OFF 상태		3	–	
	ANDED>=	ED>= S1 S2					
	ORED>=	ED>= S1 S2					

〈표 2-10〉 비교 연산 명령 (계속)

분류	명령 기호	심볼	처리 내용	실행 조건	기본스텝수	서브셋	설명 페이지
부동 소수점 데이터 비교 (배정밀도)	LD$=	├[$= S1 S2]┤├	· S1의 문자열과 S2의 문자열을 1 문자씩 비교한다.[*2] · (S1의 문자열)=(S2의 문자열) 일 때 ON 상태 · (S1의 문자열)≠(S2의 문자열) 일 때 OFF 상태		3	–	6–11
	AND$=	┤├[$= S1 S2]─					
	OR$=	┤├ / [$= S1 S2]					
	LD$◇	├[$<> S1 S2]┤├	· S1의 문자열과 S2의 문자열을 1 문자씩 비교한다.[*2] · (S1의 문자열)≠(S2의 문자열) 일 때 ON 상태 · (S1의 문자열)=(S2의 문자열) 일 때 OFF 상태		3	–	
	AND$◇	┤├[$<> S1 S2]─					
	OR$◇	┤├ / [$<> S1 S2]					
	LD$〉	├[$> S1 S2]┤├	· S1의 문자열과 S2의 문자열을 1 문자씩 비교한다.[*2] · (S1의 문자열)>(S2의 문자열) 일 때 ON 상태 · (S1의 문자열)≦(S2의 문자열) 일 때 OFF 상태		3	–	
	AND$〉	┤├[$> S1 S2]─					
	OR$〉	┤├ / [$> S1 S2]					
	LD$〈=	├[$<= S1 S2]┤├	· S1의 문자열과 S2의 문자열을 1 문자씩 비교한다.[*2] · (S1의 문자열)>(S2의 문자열) 일 때 ON 상태 · (S1의 문자열)≦(S2의 문자열) 일 때 OFF 상태		3	–	
	AND$〈=	┤├[$<= S1 S2]─					
	OR$〈=	┤├ / [$<= S1 S2]					
	LD$〈	├[$< S1 S2]┤├	· S1의 문자열과 S2의 문자열을 1 문자씩 비교한다.[*2] · (S1의 문자열)<(S2의 문자열) 일 때 ON 상태 · (S1의 문자열)≧(S2의 문자열) 일 때 OFF 상태		3	–	
	AND$〈	┤├[$< S1 S2]─					
	OR$〈	┤├ / [$< S1 S2]					
	LD$〉=	├[$>= S1 S2]┤├	· S1의 문자열과 S2의 문자열을 1 문자씩 비교한다.[*2] · (S1의 문자열)≧(S2의 문자열) 일 때 ON 상태 · (S1의 문자열)<(S2의 문자열) 일 때 OFF 상태		3	–	
	AND$〉=	┤├[$>= S1 S2]─					
	OR$〉=	┤├ / [$>= S1 S2]					

*2 : 문자열을 비교하는 경우의 비교 조건을 나타낸다.
- 일치 조건 : 모든 문자열이 일치한 경우
- 큰 문자열 조건 : 다른 문자열의 경우, 캐릭터 코드가 큰 문자열
문자열 길이가 다른 경우, 문자열이 긴 문자열
- 작은 문자열 조건 : 다른 문자열의 경우, 캐릭터 코드가 작은 문자열
문자열 길이가 다른 경우, 문자열이 짧은 문자열

〈표 2-10〉 비교 연산 명령 (계속)

분류	명령 기호	심볼	처리 내용	실행 조건	기본스텝수	서브셋	설명 페이지
BIN 16비트 블록 데이터 비교	BKCMP=	-[BKCMP= S1 S2 D n]-	(S1)부터 n점의 데이터와 (S2)부터 n점의 데이터를 BIN16비트 데이터로 비교하여 비교 결과를 (D)로 지정된 비트 디바이스로부터 n점에 저장한다.		5	–	6-15
	BKCMP◇	-[BKCMP<> S1 S2 D n]-					
	BKCMP〉	-[BKCMP> S1 S2 D n]-					
	BKCMP〈=	-[BKCMP<= S1 S2 D n]-					
	BKCMP〈	-[BKCMP< S1 S2 D n]-					
	BKCMP〉=	-[BKCMP>= S1 S2 D n]-					
	BKCMP=P	-[BKCMP=P S1 S2 D n]-					
	BKCMP◇P	-[BKCMP<>P S1 S2 D n]-					
	BKCMP〉P	-[BKCMP>P S1 S2 D n]-					
	BKCMP〈=P	-[BKCMP<=P S1 S2 D n]-					
	BKCMP〈P	-[BKCMP<P S1 S2 D n]-					
	BKCMP〉=P	-[BKCMP>=P S1 S2 D n]-					
	DBKCMP=	-[DBKCMP= S1 S2 D n]-	(S1)으로 지정된 디바이스부터 n점의 BIN32비트데이터 또는 상수와 (S2)로 지정된 디바이스부터 n점의 데이터를 BIN32비트 데이터를 비교하여 (D)로 지정된 비트 디바이스 이후에 연산 결과를 저장한다.		5	–	6-18
	DBKCMP◇	-[DBKCMP<> S1 S2 D n]-					
	DBKCMP〉	-[DBKCMP> S1 S2 D n]-					
	DBKCMP〈=	-[DBKCMP<= S1 S2 D n]-					
	DBKCMP〈	-[DBKCMP< S1 S2 D n]-					
	DBKCMP〉=	-[DBKCMP>= S1 S2 D n]-					
	DBKCMP=P	-[DBKCMP=P S1 S2 D n]-					
	DBKCMP◇P	-[DBKCMP<>P S1 S2 D n]-					
	DBKCMP〉P	-[DBKCMP>P S1 S2 D n]-					
	DBKCMP〈=P	-[DBKCMP<=P S1 S2 D n]-					
	DBKCMP〈P	-[DBKCMP<P S1 S2 D n]-					
	DBKCMP〉=P	-[DBKCMP>=P S1 S2 D n]-					

2) 산술 연산 명령

〈표 2-11〉 산술 연산 명령

분류	명령 기호	심볼	처리 내용	실행 조건	기본스텝수	서브셋	설명 페이지
BIN 16비트 덧셈/뺄셈	+	+ S D	(D)+(S)→(D)		3	●	6-22
	+P	+P S D					
	+	+ S1 S2 D	(S1)+(S2)→(D)		4	●	6-24
	+P	+P S1 S2 D					
	−	− S D	(D)−(S)→(D)		3	●	6-22
	−P	−P S D					
	−	− S1 S2 D	(S1)−(S2)→(D)		4	●	6-24
	−P	−P S1 S2 D					
BIN 32비트 덧셈/뺄셈	D+	D+ S D	(D+1.D)+(S+1.S) → (D+1.D)		*1	●	6-26
	D+P	D+P S D					
	D+	D+ S1 S2 D	(S1+1.S1)+(S2+1.S2) → (D+1.D)		*2	●	6-26
	D+P	D+P S1 S2 D					
	D−	D− S D	(D+1.D)+(S+1.S) → (D+1.D)		*1	●	6-26
	D−P	D−P S D					
	D−	D− S1 S2 D	(S1+1.S1)−(S2+1.S2) → (D+1.D)		*2	●	6-28
	D−P	D−P S1 S2 D					
BIN 16비트 곱셈 / 나눗셈	*	* S1 S2 D	(S1)×(S2)→(D+1.D)		*3	●	6-30
	*P	*P S1 S2 D					
	/	/ S1 S2 D	(S1)÷(S2) →몫(D). 나머지(D+1)		4 *4	●	
	/P	/P S1 S2 D					
BIN 32비트 곱셈 / 나눗셈	D*	D* S1 S2 D	(S1+1.S1)×(S2+1.S2) →(D+3.D+2.D+1.D)		4 *4	●	6-32
	D*P	D*P S1 S2 D					
	D/	D/ S1 S2 D	(S1+1.S1)÷(S2+1.S2) →몫(D+1.D) 나머지(D+3.D+2)		4 *4	●	
	D/P	D/P S1 S2 D					

*1 : 스텝 수는 사용하는 디바이스 및 CPU 타입에 따라 다르다.

<table>
<tr><th>CPU 타입</th><th>사용 디바이스</th><th>스텝 수</th></tr>
<tr><td rowspan="2">하이 퍼포먼스 모델 QCPU
프로세스 CPU
이중화 CPU</td><td>• 워드 디바이스 : 내부 디바이스(다만 파일 레지스터 ZR 제외)
• 비트 디바이스 : 디바이스 No.가 16의 배수, 자리 지정은 K8, 인덱스 수식은 없음.
• 상수 : 제한 없음</td><td>5 주2)</td></tr>
<tr><td>상기 이외의 디바이스 사용 시</td><td>3 주2)</td></tr>
<tr><td>베이식 모델 QCPU
유니버설 모델 QCPU
LCPU</td><td>사용할 수 있는 모든 디바이스</td><td>3 주2)</td></tr>
</table>

주1) 하이 퍼포먼스 모델 QCPU, 프로세스 CPU, 이중화 CPU의 경우 스텝 수는 증가하지만 처리 속도는 빨라진다.
주2) 3.8절의 조건에 따라 스텝 수는 증가할 가능성이 있다.

*2 : 스텝 수는 사용하는 디바이스 및 CPU 타입에 따라 다르다.

<table>
<tr><th>CPU 타입</th><th>사용 디바이스</th><th>스텝 수</th></tr>
<tr><td rowspan="2">하이 퍼포먼스 모델 QCPU
프로세스 CPU
이중화 CPU</td><td>• 워드 디바이스 : 내부 디바이스(다만 파일 레지스터 ZR 제외)
• 비트 디바이스 : 디바이스 No.가 16의 배수, 자리 지정은 K8, 인덱스 수식은 없음.
• 상수 : 제한 없음</td><td>6 주1)</td></tr>
<tr><td>상기 이외의 디바이스 사용 시</td><td>4 주2)</td></tr>
<tr><td>베이식 모델 QCPU</td><td rowspan="2">사용할 수 있는 모든 디바이스</td><td>4 주2)</td></tr>
<tr><td>유니버설 모델 QCPU
LCPU</td><td>3 주2)</td></tr>
</table>

주1) 하이 퍼포먼스 모델 QCPU, 프로세스 CPU, 이중화 CPU의 경우 스텝 수는 증가하지만 처리 속도는 빨라진다.
주2) 3.8절의 조건에 따라 스텝 수는 증가할 가능성이 있다.

*3 : 스텝 수는 사용하는 디바이스 및 CPU 타입에 따라 다르다.

<table>
<tr><th>CPU 타입</th><th>사용 디바이스</th><th>스텝 수</th></tr>
<tr><td rowspan="2">QCPU, LCPU</td><td>• 워드 디바이스 : 내부 디바이스(다만 파일 레지스터 ZR 제외)
• 비트 디바이스 : 디바이스 No.가 16의 배수, 자리 지정은 K8, 인덱스 수식은 없음.
• 상수 : 제한 없음</td><td>3</td></tr>
<tr><td>상기 이외의 디바이스 사용 시</td><td>4 주1)</td></tr>
</table>

주1) 3.8절의 조건에 따라 스텝 수는 증가할 가능성이 있다.

*4 : 유니버설 모델 QCPU, LCPU의 경우, 기본 스텝 수는 3이 된다.

〈표 2-11〉 산술 연산 명령 (계속)

분류	명령 기호	심볼	처리 내용	실행 조건	기본스텝수	서브셋	설명 페이지
BCD 4자리 덧셈/뺄셈	B+	B+ | S | D	(D)+(S)→(D)	⎍	3	●	6-34
	B+P	B+P | S | D		↑			
	B+	B+ | S1 | S2 | D	(S1)+(S2)→(D)	⎍	4	–	6-36
	B+P	B+P | S1 | S2 | D		↑			
	B–	B– | S | D	(D)–(S)→(D)	⎍	3	●	6-34
	B–P	B–P | S | D		↑			
	B–	B– | S1 | S2 | D	(S1)–(S2)→(D)	⎍	4	–	6-36
	B–P	B–P | S1 | S2 | D		↑			
BCD 8자리 덧셈/뺄셈	DB+	DB+ | S | D	(D+1, D)+(S+1, S) → (D+1, D)	⎍	3	–	6-38
	DB+P	DB+P | S | D		↑			
	DB+	DB+ | S1 | S2 | D	(S1+1, S1)+(S2+1, S2) → (D+1, D)	⎍	4	–	6-40
	DB+P	DB+P | S1 | S2 | D		↑			
	DB–	DB– | S | D	(D+1, D)+(S+1, S) → (D+1, D)	⎍	3	–	6-38
	DB–P	DB–P | S | D		↑			
	DB–	DB– | S1 | S2 | D	(S1+1, S1)–(S2+1, S2) → (D+1, D)	⎍	4	–	6-40
	DB–P	DB–P | S1 | S2 | D		↑			
BCD 4자리 곱셈/나눗셈	B*	B* | S1 | S2 | D	(S1)×(S2) → (D+1, D)	⎍	4	●	6-42
	B*P	B*P | S1 | S2 | D		↑			
	B/	B/ | S1 | S2 | D	(S1)÷(S2) → 몫(D), 나머지(D+1)	⎍	4	●	
	B/P	B/P | S1 | S2 | D		↑			
BCD 8자리 곱셈/나눗셈	DB*	DB* | S1 | S2 | D	(S1+1, S1)×(S2+1, S2) → (D+3, D+2, D+1, D)	⎍	4	–	6-44
	DB*P	DB*P | S1 | S2 | D		↑			
	DB/	DB/ | S1 | S2 | D	(S1+1, S1)÷(S2+1, S2) → 몫(D+1, D) 나머지(D+3, D+2)	⎍	4	●	
	DB/P	DB/P | S1 | S2 | D		↑			

〈표 2-11〉 산술 연산 명령 (계속)

분류	명령 기호	심볼	처리 내용	실행 조건	기본스텝수	서브셋	설명 페이지
부동 소수점 데이터 덧셈/뺄셈 (단정밀도)	E+	E+ S D	(D+1,D)+(S+1,S)→(D+1,D)		3	● *6	6-46
	E+P	E+P S D					
	E+	E+ S1 S2 D	(S1+1,S1)+(S2+1,S2) →(D+1,D)		4 *5	● *6	6-48
	E+P	E+P S1 S2 D					
	E−	E− S D	(D+1,D)−(S+1,S)→(D+1,D)		3	● *6	6-46
	E−P	E−P S D					
	E−	E− S1 S2 D	(S1+1,S1)−(S2+1,S2) →(D+1,D)		4 *5	● *6	6-48
	E−P	E−P S1 S2 D					
부동 소수점 데이터 덧셈/뺄셈 (배정밀도)	ED+	ED+ S D	(D+3,D+2,D+1,D) +(S+3,S+2,S+1,S) →(D+3,D+2,D+1,D)		3	●	6-50
	ED+P	ED+P S D					
	ED+	ED+ S1 S2 D	(S1+3,S1+2,S1+1,S1) +(S2+3,S2+2,S2+1,S2) →(D+3,D+2,D+1,D)		4	●	6-52
	ED+P	ED+P S1 S2 D					
	ED−	ED− S D	(D+3,D+2,D+1,D) −(S+3,S+2,S+1,S) →(D+3,D+2,D+1,D)		3	●	6-50
	ED−P	ED−P S D					
	ED−	ED− S1 S2 D	(S1+3,S1+2,S1+1,S1) −(S2+3,S2+2,S2+1,S2) →(D+3,D+2,D+1,D)		4	●	6-52
	ED−P	ED−P S1 S2 D					
부동 소수점 데이터 곱셈 / 나눗셈 (단정밀도)	E*	E* S1 S2 D	(S1+1,S1)×(S2+1,S2) →(D+1,D)		3	● *6	6-54
	E*P	E*P S1 S2 D					
	E/	E/ S1 S2 D	(S1+1,S1)÷(S2+1,S2) →(D+1,D)		4	● *6	
	E/P	E/P S1 S2 D					
부동 소수점 데이터 곱셈 / 나눗셈 (배정밀도)	EB*	ED* S1 S2 D	(S1+3,S1+2,S1+1,S1) ×(S2+3,S2+2,S2+1,S2) →(D+3,D+2,D+1,D)		4	●	6-56
	ED*P	ED*P S1 S2 D					
	ED/	ED/ S1 S2 D	(S1+3,S1+2,S1+1,S1) ÷(S2+3,S2+2,S2+1,S2) →(D+3,D+2,D+1,D)		4	●	
	ED/P	ED/P S1 S2 D					
BIN16 비트 데이터 블록 덧셈/뺄셈	BK+	BK+ S1 S2 D n	(S1)부터 n점의 BIN16비트 데이터와 (S2)부터 n점의 데이터를 일괄로 더한다.		5	−	6-58
	BK+P	BK+P S1 S2 D n					
	BK−	BK− S1 S2 D n	(S1)부터 n점의 BIN16비트 데이터와 (S2)부터 n점의 데이터를 일괄로 뺀다.		5	−	
	BK−P	BK−P S1 S2 D n					

*5 : 유니버설 모델 QCPU, LCPU의 경우, 기본 스텝 수는 3이 된다.

*6 : 서브셋은 유니버설 모델 QCPU, LCPU만 유효하다.

〈표 2-11〉 산술 연산 명령 (계속)

분류	명령 기호	심볼	처리 내용	실행 조건	기본스텝수	서브셋	설명 페이지
BIN32 비트 데이터 블록 덧셈/뺄셈	DBK+	DBK+ S1 S2 D n	(S1)으로 지정된 디바이스부터 n점의 BIN32비트데이터 또는 상수와 (S2)로 지정된 디바이스부터 n점의 BIN32비트 데이터를 더하여 (D)로 지정된 디바이스 이후에 연산 결과를 저장한다.		5	–	6-61
	DBK+P	DBK+P S1 S2 D n					
	DBK–	DBK– S1 S2 D n	(S1)으로 지정된 디바이스부터 n점의 BIN32비트데이터 또는 상수와 (S2)로 지정된 디바이스부터 n점의 BIN32비트 데이터를 빼서 (D)로 지정된 디바이스 이후에 연산 결과를 저장한다.		5	–	
	DBK–P	DBK–P S1 S2 D n					
문자열 데이터 결합	$+	$+ S D	(D)로 지정된 문자열에 (S)로 지정된 문자열을 결합하여 (D) 이후에 저장한다.		3	–	6-64
	$+P	$+P S D					
	$+	$+ S1 S2 D	(S1)으로 지정된 문자열에 (S2)로 지정된 문자열을 결합하여 (D) 이후에 저장한다.		4	–	6-66
	$+P	$+P S1 S2 D					
BIN 데이터 인크리먼트	INC	INC D	(D)+1→(D)		2	●	6-68
	INCP	INCP D					
	DINC	DINC D	(D+1, D)+1→(D+1, D)		*7	●	6-70
	DINCP	DINCP D					
	DEC	DEC D	(D)–1→(D)		2	●	6-68
	DECP	DECP D					
	DDEC	DDEC D	(D+1, D)–1→(D+1, D)		*7	●	6-70
	DDECP	DDECP D					

*7 : 스텝 수는 사용하는 디바이스 및 CPU 타입에 따라 다르다.

CPU 타입	사용 디바이스	스텝 수
하이 퍼포먼스 모델 QCPU 프로세스 CPU 이중화 CPU	・워드 디바이스 : 내부 디바이스(다만 파일 레지스터 ZR 제외) ・비트 디바이스 : 디바이스 No.가 16의 배수, 자리 지정은 K8, 인덱스 수식은 없음. ・상수 : 제한 없음	3 주1)
	상기 이외의 디바이스 사용 시	2 주2)
베이식 모델 QCPU 유니버설 모델 QCPU LCPU	사용할 수 있는 모든 디바이스	2 주2)

주1) 하이 퍼포먼스 모델 QCPU, 프로세스 CPU, 이중화 CPU의 경우 스텝 수는 증가하지만 처리 속도는 빨라진다.
주2) 3.8절의 조건에 따라 스텝 수는 증가할 가능성이 있다.

3) 데이터 변환 명령

〈표 2-12〉 데이터 변환 명령

분류	명령 기호	심볼	처리 내용	실행 조건	기본 스텝수	서브셋	설명 페이지
BCD 변환	BCD	BCD S D	(S) —BCD로의 변환→ (D) BIN(0~9999)		3 *1	●	6-72
	BCDP	BCDP S D					
	DBCD	DBCD S D	(S+1, S) —BCD로의 변환→ (D+1, D) BIN(0~99999999)		3 *1	●	
	DBCDP	DBCDP S D					
BIN 변환	BIN	BIN S D	(S) —BIN으로의 변환→ (D) BCD(0~9999)		3 *1	●	6-74
	BINP	BINP S D					
	DBIN	DBIN S D	(S+1, S) —BIN으로의 변환→ (D+1, D) BCD(0~99999999)		3 *1	●	
	DBINP	DBINP S D					
BIN ↓ 부동 소수점변환 (단정밀도)	FLT	FLT S D	(S) —실수로의 변환→ (D+1, D) BIN(−32768~32767)		3 *1	● *2	6-77
	FLTP	FLTP S D					
	DELT	DFLT S D	(S+1, S) —실수로의 변환→ (D+1, D) BIN(−2147483648~2147483647)		3 *1	● *2	
	DELTP	DFLTP S D					
BIN ↓ 부동 소수점변환 (배정밀도)	FLTD	FLTD S D	(S) —실수로의 변환→ (D+3, D+2, D+1, D) BIN(−32768~32767)		4	●	6-79
	FLTDP	FLTDP S D					
	DFLTD	DFLTD S D	(S+1, S) —실수로의 변환→ (D+3, D+2, D+1, D) BIN(−2147483648~2147483647)		4	●	
	DFLTD	DFLTDP S D					
부동 소수점 (단정밀도) ↓ BIN 변환	INT	INT S D	(S+1, S) —BIN으로의 변환→ (D) 실수(−32768~32767)		3 *1	● *2	6-81
	INTP	INTP S D					
	DINT	DINT S D	(S+1, S) —BIN으로의 변환→ (D+1, D) 실수(−2147483648~2147483647)		3 *1	● *2	
	DINTP	DINTP S D					
부동 소수점 (배정밀도) ↓ BIN 변환	INTD	INTD S D	(S+3, S+2, S+1, S) —BIN으로의 변환→ (D) 실수(−32768~32767)		3	●	6-83
	INTDP	INTDP S D					
	DINTD	DINTD S D	(S+3, S+2, S+1, S) —BIN으로의 변환→ (D+1, D) 실수(−2147483648~2147483647)		3.	●	
	DINTDP	DINTDP S D					

*1 : 유니버설 모델 QCPU, LCPU의 경우, 기본 스텝 수는 2가 된다.
*2 : 서브셋의 유니버설 모델 QCPU, LCPU만 유효하다.

〈표 2-12〉 데이터 변환 명령 (계속)

분류	명령 기호	심볼	처리 내용	실행 조건	기본 스텝수	서브셋	설명 페이지
BIN 16비트 ↕ 32비트 변환	DBL	DBL S D	(S) —변환→ (D+1, D) ↑ BIN(−32768~32767)		3	–	6–85
	DBLP	DBLP S D					
	WORD	WORD S D	(S+1, S) —변환→ (D) ↑ BIN(−32768~32767)		3	–	6–86
	WORDP	WORDP S D					
BIN ↓ 그레이 코드 변환	GRY	GRY S D	그레이 코드로의 변환 (S) → (D) ↑ BIN(−32768~32767)		3	–	6–87
	GRYP	GRYP S D					
	DGRY	DGRY S D	그레이 코드로의 변환 (S+1, S) → (D+1, D) ↑ BIN(−2147483648~2147483647)		3	–	
	DGRYP	DGRYP S D					
그레이 코드 ↓ BIN 변환	GBIN	GBIN S D	BIN 데이터로의 변환 (S) → (D) ↑ 그레이 코드(−32768~32767)		3	–	6–89
	GBINP	GBINP S D					
	DGBIN	DGBIN S D	BIN 데이터로의 변환 (S+1, S) → (D+1, D) ↑ 그레이 코드(−2147483648~2147483647)		3	–	
	DGBINP	DGBINP S D					
2의 보수	NEG	NEG D	$\overline{(D)}$ → (D) ↑ BIN 데이터		2	–	6–91
	NEGP	NEGP D					
	DNEG	DNEG D	$\overline{(D+1, D)}$ → (D+1, D) ↑ BIN 데이터		2	–	
	DNEGP	DNEGP D					
	ENEG	ENEG D	$\overline{(D+1, D)}$ → (D+1, D) ↑ 실수 데이터		2	–	6–93
	ENEGP	ENEGP D					
	EDNEG	EDNEG D	$\overline{(D+3, D+2, D+1, D)}$ → (D+3, D+2, D+1, D) ↑ 실수 데이터		3	–	6–94
	EDNEGP	EDNEGP D					
블록 변환	BKBCD	BKBCD S D n	(S)부터 n점의 BIN 데이터를 일괄로 BCD 데이터로 변환하여 (D) 이후에 저장한다.		4	–	6–95
	BKBCDP	BKBCDP S D n					
	BKBIN	BKBIN S D n	(S)부터 n점의 BIN 데이터를 일괄로 BIN 데이터로 변환하여 (D) 이후에 저장한다.		4	–	6–97
	BKBINP	BKBINP S D n					
부동 소수점 단정밀도 ↓ 배정밀도	ECON	ECON S D	배정밀도 변환 (S+1, S) → (D+3, D+2, D+1, D) ↑ 32비트 부동 소수점형 실수		3	–	6–99
	ECONP	ECONP S D					
부동 소수점 배정밀도 ↓ 단정밀도	EDCON	EDCON S D	단정밀도 변환 (S+3, S+2, S+1, S) → (D+1, D) ↑ 64비트 부동 소수점형 실수		3	–	6–100
	EDCONP	EDCONP S D					

4) 데이터 전송 명령

〈표 2-13〉 데이터 전송 명령

분류	명령 기호	심볼	처리 내용	실행 조건	기본스텝수	서브셋	설명 페이지
16비트 데이터전송	MOV	MOV S D	(S) → (D)		*1	●	6-102
	MOVP	MOVP S D					
32비트 데이터전송	DMOV	DMOV S D	(S+1, S) → (D+1, D)		*2	●	
	DMOVP	DMOVP S D					
부동소수점 데이터전송 (단정밀도)	EMOV	EMOV S D	(S+1, S) → (D+1, D) 실수 데이터		*2	● *3	6-104
	EMOVP	EMOVP S D					
부동소수점 데이터전송 (배정밀도)	EDMOV	EDMOV S D	(S+3, S+2, S+1, S) → (D+3, D+2, D+1, D) 실수 데이터		2	● *3	6-106
	EDMOVP	EDMOVP S D					
문자열 데이터전송	$MOV	$MOV S D	(S)로 지정된 문자열을 (D)로 지정된 디바이스 이후에 전송한다.		3	–	6-108
	$MOVP	$MOVP S D					
16비트 데이터 부정전송	CML	CML S D	$\overline{(S)}$ → (D)		*1	●	6-111
	CMLP	CMLP S D					
32비트 데이터 부정전송	DCML	DCML S D	$\overline{(S+1, S)}$ → (D+1, D)		*2	●	
	DCMLP	DCMLP S D					
블록전송	BMOV	BMOV S D n	(S) → (D) n		4	●	6-114
	BMOVP	BMOVP S D n					
동일 16비트 데이터 블록전송	FMOV	FMOV S D n	(S) → (D) n		4	●	6-117
	FMOVP	FMOVP S D n					
동일 32비트 데이터 블록전송	DFMOV	DFMOV S D n	(S+1, S) → (D+1, D) n		4	●	6-120
	DFMOVP	DFMOVP S D n					
16비트 데이터교환	XCH	XCH D1 D2	(D1) ↔ (D2)		3	●	6-122
	XCHP	XCHP D1 D2					
32비트 데이터교환	DXCH	DXCH D1 D2	(D1+1, D1) ↔ (D2+1, D2)		3	●	
	DXCHP	DXCHP D1 D2					
블록 데이터교환	BXCH	BXCH S D n	(S) ↔ (D) n		4	–	6-124
	BXCHP	BXCHP S D n					
상하 바이트교환	SWAP	SWAP D	(S) b15 ~ b8 b7 ~ b0 [8비트 | 8비트] (D) b15 ~ b8 b7 ~ b0 [8비트 | 8비트]		3	–	6-126
	SWAPP	SWAPP D					

*1 : 스텝 수는 사용하는 디바이스 및 CPU 타입에 따라 다르다.

CPU 타입	사용 디바이스	스텝 수
QCPU LCPU	·워드 디바이스 : 내부 디바이스(다만 파일 레지스터 ZR 제외) ·비트 디바이스 : 디바이스 No.가 16의 배수, 자리 지정은 K4, 인덱스 수식은 없음. ·상수 : 제한 없음	2
	상기 이외의 디바이스 사용 시	3 주1)

주1) 3.8절의 조건에 따라 스텝 수는 증가할 가능성이 있다.

*2 : 스텝 수는 사용하는 디바이스 및 CPU 타입에 따라 다르다.

CPU 타입	사용 디바이스	스텝 수
하이 퍼포먼스 모델 QCPU 프로세스 CPU 이중화 CPU	·워드 디바이스 : 내부 디바이스(다만 파일 레지스터 ZR 제외) ·비트 디바이스 : 디바이스 No.가 16의 배수, 자리 지정은 K8, 인덱스 수식은 없음. ·상수 : 제한 없음	3
	상기 이외의 디바이스 사용 시	3 주1)
베이식 모델 QCPU	·워드 디바이스 : 내부 디바이스(다만 파일 레지스터 ZR 제외) ·비트 디바이스 : 디바이스 No.가 16의 배수, 자리 지정은 K8, 인덱스 수식은 없음. ·상수 : 제한 없음 (상기 디바이스+상수 사용 시는 스텝수가 3스텝이 된다.)	2
	상기 이외의 디바이스 사용 시	3 주1)
유니버설 모델 QCPU LCPU	사용할 수 있는 모든 디바이스	2 주1)

주1) 3.8절의 조건에 따라 스텝 수는 증가할 가능성이 있다.

*3 : 스텝 수는 사용하는 디바이스 및 CPU 타입에 따라 다르다.

CPU 타입	사용 디바이스	스텝 수
QCPU LCPU	·워드 디바이스 : 내부 디바이스(다만 파일 레지스터 ZR 제외) ·비트 디바이스 : 디바이스 No.가 16의 배수, 자리 지정은 K4, 인덱스 수식은 없음. ·상수 : 제한 없음	2
	상기 이외의 디바이스 사용 시	3 주1)

주1) 3.8절의 조건에 따라 스텝 수는 증가할 가능성이 있다.

5) 프로그램 분기 명령

〈표 2-14〉 프로그램 분기 명령

분류	명령 기호	심볼	처리 내용	실행 조건	기본스텝수	서브셋	설명 페이지
점프	CJ	─[CJ Pn]─	입력 조건 성립 시 Pn으로 점프	⊓	2	●	6-127
	SCJ	─[SCJ Pn]─	입력 조건 성립한 다음 스캔에서 Pn으로 점프	⊓	2	●	
	JMP	├──[JMP Pn]─	무조건 Pn으로 점프	⊓	2	●	
	GOEND	─[GOEND]─	입력 조건 성립 시 END 명령으로 점프		1	-	6-130

6) 프로그램 실행 제어 명령

〈표 2-15〉 프로그램 실행분기 명령

분류	명령 기호	심볼	처리 내용	실행 조건	기본스텝수	서브셋	설명 페이지
인터럽트 금지	D1	─[DI]─	인터럽트 프로그램의 실행을 금지한다.		1	-	6-131
인터럽트 허가	E1	─[EI]─	인터럽트 프로그램의 실행 금지를 해제한다.		1	-	
인터럽트 금지 허가설정	IMASK	─[IMASK S]─	인터럽트 프로그램마다 인터럽트를 허가/금지한다.		2	-	
복귀	IRET	─[IRET]─	인터럽트 프로그램에서 시퀀스 프로그램에 복귀한다.		1	-	6-137

7) I/O 리프레시 명령

〈표〉 2.16 I/O 리프레시 명령

분류	명령 기호	심볼	처리 내용	실행 조건	기본스텝수	서브셋	설명 페이지
I/O 리프레시	RFS	─[RFS S n]─	1스캔의 도중에 해당하는 입출력을 부분 리프레시한다.	⊓	3	-	6-139
	RFSP	─[RFSP S n]─		↑			

8) 기타 편리 명령

〈표 2-17〉 기타 편리 명령

분류	명령 기호	심볼	처리 내용	실행 조건	기본스텝수	서브셋	설명 페이지
업/다운 카운터	UDCNT1	UDCNT1 S D n	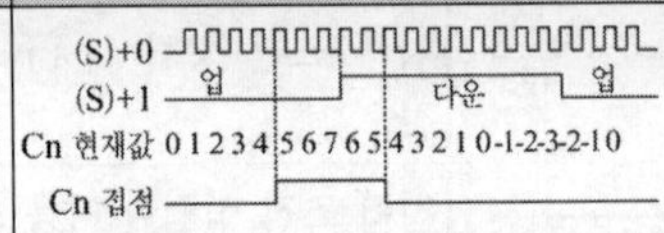		4	–	6-141
	UDCNT2	UDCNT2 S D n	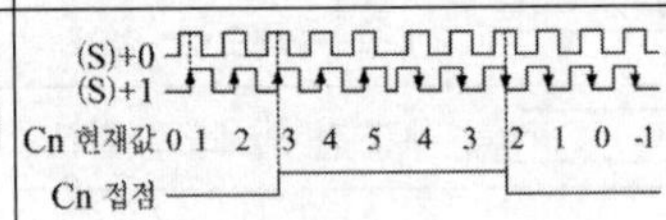		4	–	6-144
티칭 타이머	TTMR	TTMR D n	(TTMR의 ON시간) × n → (D) ↑ n=0:1, n=1:10, n=2:100		3	–	6-147
특수 타이머	STMR	STMR S n D	STMR 명령의 입력 조건의 ON/OFF에 따라 (D)로 지정된 비트 디바이스부터 4점이 아래의 동작을 한다. (D)+0 : OFF 지연 타이머 출력 (D)+1 : OFF 후 one shot 타이머 출력 (D)+2 : ON 후 one shot 타이머 출력 (D)+3 : ON 지연 + OFF 지연 타이머		3	–	6-149
근거리 회전 제어	ROTC	ROTC S n1 n2 D	n1 분할된 로터리 테이블로, 정지 위치에서 (S+1)로 지정된 위치에 근거리 회전으로 회전시킨다.		5	–	6-152
경사 신호	RAMP	RAMP n1 n2 D1 n3 D2	D1로 지정된 디바이스 데이터를 n1~n2까지 n3 스캔으로 변경한다.		6	–	6-154
펄스 밀도	SPD	SPD S n D	(S)로 지정된 디바이스의 펄스 입력을 n으로 지정된 시간 동안 카운트하여 (D)로 지정된 디바이스에 저장한다.		4	–	6-157
펄스 출력	PLSY	PLSY n1 n2 D	(n1)Hz ——→ (D) n2회 출력		4	–	6-159
펄스폭 변조	PWM	PWM n1 n2 D	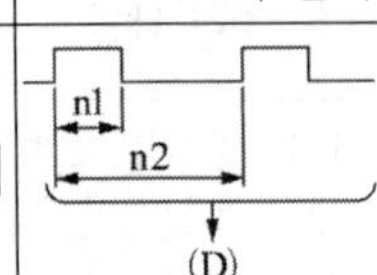		4	–	6-161
매트릭스 입력	MTR	MTR S D1 D2 n	(S)로 지정된 디바이스부터 16점×n열의 데이터를 차례로 수신하여 (D2)로 지정된 디바이스 이후에 저장한다.		5	–	6-163

9) 논리 연산 명령

〈표 2-18〉 논리 연산 명령

분류	명령 기호	심볼	처리 내용	실행 조건	기본스텝수	서브셋	설명 페이지
논리적	WAND	WAND S D	(D)∧(S) → (D)		3	●	7-3
	WANDP	WANDP S D					
	WAND	WAND S1 S2 D	(S1)∧(S2) → (D)		4 *1	●	7-5
	WANDP	WANDP S1 S2 D					
	DAND	DAND S D	(D+1, D)∧(S+1, S) → (D+1, D)		*2	●	7-3
	DANDP	DANDP S D					
	DAND	DAND S1 S2 D	(S1+1, S1)∧(S2+1, S2) → (D+1, D)		*3	●	7-5
	DANDP	DANDP S1 S2 D					
	BKAND	BKAND S1 S2 D n	(S1) ∧ (S2) → (D), n		5	-	7-8
	BKANDP	BKANDP S1 S2 D n					
논리합	WOR	WOR S D	(D)∨(S) → (D)		3	●	7-10
	WORP	WORP S D					
	WOR	WOR S1 S2 D	(S1)∨(S2) → (D)		4 *1	●	7-12
	WORP	WORP S1 S2 D					
	DOR	DOR S D	(D+1, D)∨(S+1, S) → (D+1, D)		*2	●	7-10
	DORP	DORP S D					
	DOR	DOR S1 S2 D	(S1+1, S1)∨(S2+1, S2) → (D+1, D)		*3	●	7-12
	DORP	DORP S1 S2 D					
	BKOR	BKOR S1 S2 D n	(S1) ∨ (S2) → (D), n		5	-	7-14
	BKORP	BKORP S1 S2 D n					
배타적 논리합	WXOR	WXOR S D	(D1)∀(S1) → (D)		3	●	7-16
	WXORP	WXORP S D					
	WXOR	WXOR S1 S2 D	(S1)∀(S2) → (D)		4 *1	●	7-18
	WXORP	WXORP S1 S2 D					
	DXOR	DXOR S D	(D+1, D)∀(S+1, S) → (D+1, D)		*2	●	7-16
	DXORP	DXORP S D					

〈표 2-18〉 논리 연산 명령 (계속)

분류	명령 기호	심볼	처리 내용	실행 조건	기본스텝수	서브셋	설명 페이지
배타적 논리합	DXOR	DXOR S1 S2 D	(S1+1, S1) ∀ (S2+1, S2) → (D+1, D)		*3	●	7-18
	DXORP	DXORP S1 S2 D					
	BKXOR	BKXOR S1 S2 D n	(S1) ∀ (S2) → (D) n		5	-	7-20
	BKXORP	BKXORP S1 S2 D n					
부정 배타적 논리합	WXNR	WXNR S D	$\overline{(D) \forall (S)} \rightarrow (D)$		3	●	7-22
	WXNRP	WXNRP S D					
	WXNR	WXNR S1 S2 D	$\overline{(S1) \forall (S2)} \rightarrow (D)$		4 *1	●	7-25
	WXNRP	WXNRP S1 S2 D					
	DXNR	DXNR S D	$\overline{(D+1, D) \forall (S+1, S)} \rightarrow (D+1, D)$		*2	●	7-22
	DXNRP	DXNRP S D					
	DXNR	DXNR S1 S2 D	$\overline{(S1+1, S1) \forall (S2+1, S2)} \rightarrow (D+1, D)$		*3	●	7-25
	DXNRP	DXNRP S1 S2 D					
	BKXNR	BKXNR S1 S2 D n	(S1) ∀ (S2) → (D) n		5	-	7-27
	BKXNRP	BKXNRP S1 S2 D n					

*1 : 유니버설 모델 QCPU, LCPU의 경우, 기본 스텝 수는 3이 된다.

*2 : 스텝 수는 사용하는 디바이스 및 CPU 타입에 따라 다르다.

CPU 타입	사용 디바이스	스텝 수
하이 퍼포먼스 모델 QCPU 프로세스 CPU 이중화 CPU	・워드 디바이스 : 내부 디바이스(다만 파일 레지스터 ZR 제외) ・비트 디바이스 : 디바이스 No.가 16의 배수, 자리 지정은 K8, 인덱스 수식은 없음. ・상수 : 제한 없음	5 주1)
	상기 이외의 디바이스 사용 시	3 주2)
베이식 모델 QCPU 유니버설 모델 QCPU LCPU	사용할 수 있는 모든 디바이스	3 주2)

주1) 하이 퍼포먼스 모델 QCPU, 프로세스 CPU, 이중화 CPU의 경우, 스텝 수는 증가하지만 처리 속도는 빨라진다.
주2) 3.8절의 조건에 따라 스텝 수는 증가할 가능성이 있다.

*3 : 스텝 수는 사용하는 디바이스 및 CPU 타입에 따라 다르다.

CPU 타입	사용 디바이스	스텝 수
하이 퍼포먼스 모델 QCPU 프로세스 CPU 이중화 CPU	・워드 디바이스 : 내부 디바이스(다만 파일 레지스터 ZR 제외) ・비트 디바이스 : 디바이스 No.가 16의 배수, 자리 지정은 K8, 인덱스 수식은 없음. ・상수 : 제한 없음	6 주1)
	상기 이외의 디바이스 사용 시	4 주2)
베이식 모델 QCPU 유니버설 모델 QCPU LCPU	사용할 수 있는 모든 디바이스	4 주2)
		3 주2)

주1) 하이 퍼포먼스 모델 QCPU, 프로세스 CPU, 이중화 CPU의 경우, 스텝 수는 증가하지만 처리 속도는 빨라진다.
주2) 3.8절의 조건에 따라 스텝 수는 증가할 가능성이 있다.

10) 로테이션 명령

〈표 2-19〉 로테이션 명령

분류	명령 기호	심볼	처리 내용	실행 조건	기본 스텝수	서브셋	설명 페이지
오른쪽 로테이션	ROR	ROR D n	b15 (D) b0 SM700		3	●	7-29
	RORP	RORP D n	오른쪽으로 n비트 로테이션캐리 플래그				
	RCR	RCR D n	b15 (D) b0 SM700		3	●	
	RCRP	RCRP D n	오른쪽으로 n비트 로테이션캐리 플래그				
왼쪽 로테이션	ROL	ROL D n	SM700 b15 (D) b0		3	●	7-32
	ROLP	ROLP D n	캐리 플래그 왼쪽으로 n비트 로테이션				
	RCL	RCL D n	SM700 b15 (D) b0		3	●	
	RCLP	RCLP D n	캐리 플래그 왼쪽으로 n비트 로테이션				
오른쪽 로테이션	DROR	DROR D n	(D+1) (D) b31 ~ b16 b15 ~ b0 SM700		3	●	7-35
	DRORP	DRORP D n	오른쪽으로 n비트 로테이션캐리 플래그				
	DRCR	DRCR D n	(D+1) (D) b31 ~ b16 b15 ~ b0 SM700		3	●	
	DRCRP	DRCRP D n	오른쪽으로 n비트 로테이션캐리 플래그				
왼쪽 로테이션	DROL	DROL D n	(D+1) (D) SM700 b31 ~ b16 b15 ~ b0		3	●	7-37
	DROLP	DROLP D n	캐리 플래그 왼쪽으로 n비트 로테이션				
	DRCL	DRCL D n	(D+1) (D) SM700 b31 ~ b16 b15 ~ b0		3	●	
	DRCLP	DRCLP D n	캐리 플래그 왼쪽으로 n비트 로테이션				

11) 시프트 명령

〈표 2-20〉 시프트 명령

분류	명령 기호	심볼	처리 내용	실행 조건	기본스텝수	서브셋	설명 페이지
16비트 데이터의 n비트 시프트	SFR	SFR D n	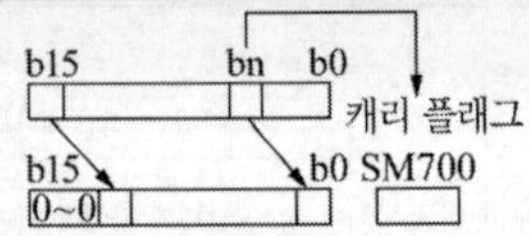		3	●	7-39
	SFRP	SFRP D n					
	SFL	SFL D n	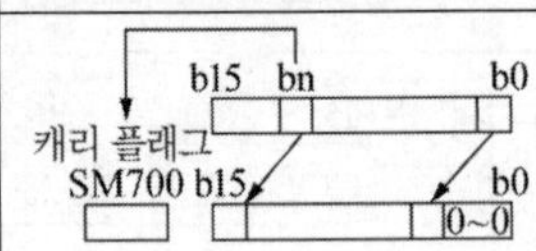		3	●	
	SFLP	SFLP D n					
n비트 데이터의 1비트 시프트	BSFR	BSFR D n	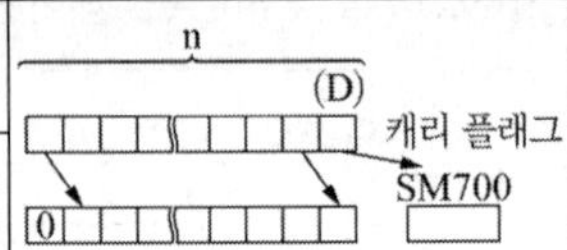		3	–	7-42
	BSFRP	BSFRP D n					
	BSFL	BSFL D n	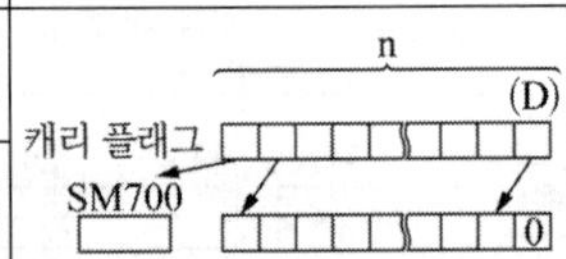		3	–	
	BSFLP	BSFLP D n					
n비트 데이터의 n비트 시프트	SFTBR	SFTBR D n1 n2	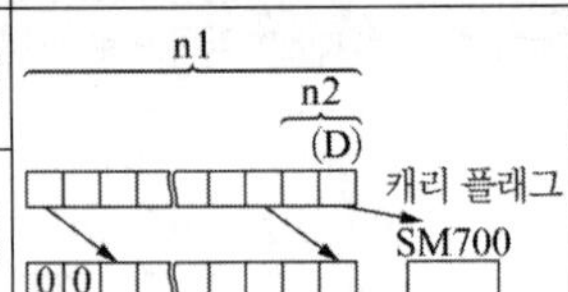		4	–	7-47
	SFTBRP	SFTRP D n1 n2					
	SFTBL	SFTBL D n1 n2	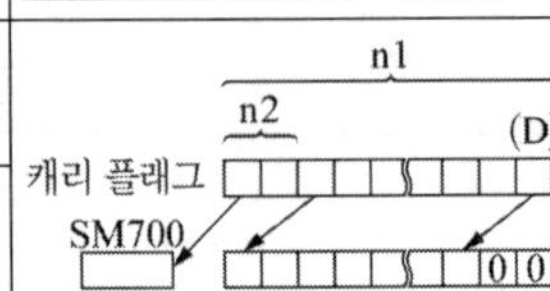		4	–	
	SFTBLP	SFTBLP D n1 n2					
n워드 데이터의 1워드 시프트	DSFR	DSFR D n	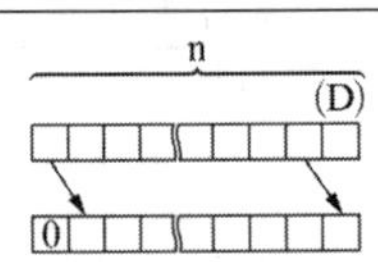		3	●	7-47
	DSFRP	DSFRP D n					
	DSFL	DSFL D n	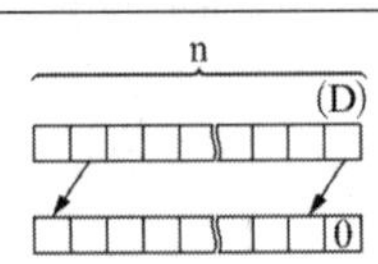		3	●	
	DSFLP	DSFLP D n					
n워드 데이터의 n비트 시프트	SFTWR	SFTWR D n1 n2	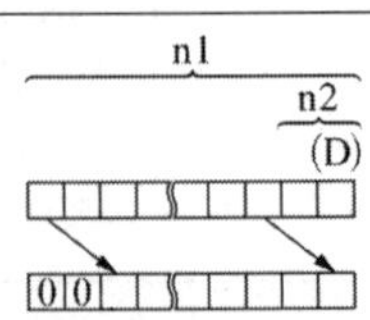		4	–	7-49
	SFTWRP	SFTWRP D n1 n2					
	SFTWL	SFTWL D n1 n2	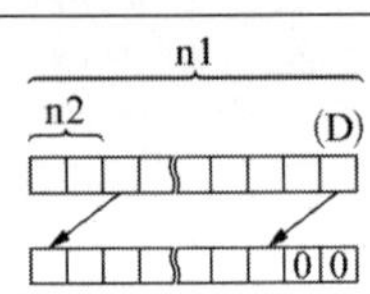		4	–	
	SFTWLP	SFTWLP D n1 n2					

12) 비트 처리 명령

〈표 2-21〉 비트 처리 명령

분류	명령 기호	심볼	처리 내용	실행 조건	기본스텝수	서브셋	설명 페이지
비트 세트/리셋	BSET	BSET D n	(D) b15 bn b0 1		3	●	7-52
	BSETP	BSETP D n					
	BRST	BRST D n	(D) b15 bn b0 0		3	●	
	BRSTP	BRSTP D n					
비트 테스트	TEST	TEST S1 S2 D	(S1) b15 ~ b0 (D) (S2)로 지정된 비트		4	–	7-54
	TESTP	TESTP S1 S2 D					
	DTEST	DTEST S1 S2 D	(S1) b31 ~ b0 (D) (S2)로 지정된 비트		4	–	
	DTESTP	DTESTP S1 S2 D					
비트 디바이스 일괄리셋	BKRST	BKRST D n	(D) ON OFF ON ON 리셋 (D) OFF OFF OFF OFF n		3	–	7-57
	BKRSTP	BKRSTP D n					

13) 데이터 처리 명령

〈표 2-22〉 데이터 처리 명령

분류	명령 기호	심볼	처리 내용	실행 조건	기본스텝수	서브셋	설명 페이지
데이터 검색	SER	SER S1 S2 D n	(S1) (S2) n (D) : 일치 NO. (D+1) : 일치 개수		5	–	7-59
	SERP	SERP S1 S2 D n					
	DSER	DSER S1 S2 D n	32비트 (S1) (S2) n (D) : 일치 NO. (D+1) : 일치 개수		5	–	
	DSERP	DSERP S1 S2 D n					
비트 체크	SUM	SUM D n	(S) b15 b0 (D) : 1의 개수		3	●	7-62
	SUMP	SUMP D n					
	DSUM	DSUM D n	(S+1) (S) (D) : 1의 개수		3	●	
	DSUMP	DSUMP D n					
디코드	DECO	DECO S1 S2 D	8→256 디코드 (S) 디코드 (D) n 2^n 비트		4	–	7-64
	DECOP	DECOP S D n					
인코드	ENCO	ENCO S D n	256→8 디코드 (S) 2^n 비트 인코드 (D) n		4	–	7-66
	ENCOP	ENCOP S D n					

〈표 2-22〉 데이터 처리 명령 (계속)

분류	명령 기호	심볼	처리 내용	실행 조건	기본스텝수	서브셋	설명 페이지
7세그먼트 코드	SEG	[SEG | S | D]	b3~b0 (S) → 7SEG → (D)	⊓	3	●	7-68
	SEGP	[SEGP | S | D]		↑			
분리·결합	DIS	[DIS | S | D | n]	(S)로 지정된 16비트 데이터를 4비트 단위로 분리하여 (D)부터 n점의 하위 4비트에 저장한다.(n≤4)	⊓	4	–	7-70
	DISP	[DISP | S | D | n]		↑			
	UNI	[UNI | S | D | n]	(S)로 지정된 디바이스부터 n점의 하위 4비트 데이터를 결합하여 (D)로 지정된 디바이스에 저장한다.(n≤4)	⊓	4	–	7-72
	UNIP	[UNIP | S | D | n]		↑			
	NDIS	[NDIS | S1 | D | S2]	(S1)으로 지정된 디바이스 이후의 데이터를 (S2) 이후에 지정된 비트로 분리하여 (D)로 지정된 디바이스부터 차례로 저장한다.	⊓	4	–	7-74
	NDISP	[NDISP | S1 | D | S2]		↑			
	NUNI	[NUNI | S1 | D | S2]	(S1)으로 지정된 디바이스 이후의 데이터를 (S2) 이후에 지정된 비트마다 결합하여 NUNIP (D)로 지정된 디바이스부터 차례로 저장한다.	⊓			
	NUNIP	[NUNIP | S1 | D | S2]		↑			
	WTOB	[WTOB | S | D | n]	(S)로 지정된 디바이스부터 n점 16비트 데이터를 8비트 단위로 분해하여 (D)로 지정된 디바이스부터 차례로 저장한다.	⊓	4	–	7-78
	WTOBP	[WTOBP | S | D | n]		↑			
	BTOW	[BTOW | S | D | n]	(S)로 지정된 디바이스부터 n점의 16비트 데이터의 하위 8비트를 16비트에 결합하여 (D)로 지정된 디바이스부터 차례로 BTOWP 저장한다	⊓			
	BTOWP	[BTOWP | S | D | n]		↑			
검색	MAX	[MAX | S | D | n]	(S)로 지정된 디바이스부터 n점의 데이터를 16비트 단위로 검색하여 최댓값을 (D)로 지정된 디바이스에 저장한다	⊓	4	–	7-82
	MAXP	[MAXP | S | D | n]		↑			
	MIN	[MIN | S | D | n]	(S)로 지정된 디바이스부터 n점의 데이터를 16비트 단위로 검색하여 최솟값을 (D)로 지정된 디바이스에 저장한다	⊓			7-84
	MINP	[MINP | S | D | n]		↑			
	DMAX	[DMAX | S | D | n]	(S)로 지정된 디바이스부터 2×n점의 데이터를 32비트 단위로 검색하여 최댓값을 (D)로 지정된 디바이스에 저장한다	⊓	4	–	7-82
	DMAXP	[DMAXP | S | D | n]		↑			
	DMIN	[DMIN | S | D | n]	(S)로 지정된 디바이스부터 2×n점의 데이터를 32비트 단위로 검색하여 최솟값을 (D)로 지정된 디바이스에 저장한다.	⊓			7-84
	DMINP	[DMINP | S | D | n]		↑			

〈표 2-22〉 데이터 처리 명령 (계속)

<table>
<tr><th>분류</th><th>명령 기호</th><th>심볼</th><th>처리 내용</th><th>실행 조건</th><th>기본스텝수</th><th>서브셋</th><th>설명 페이지</th></tr>
<tr><td rowspan="2">정렬</td><td>SORT</td><td>SORT S1 n S2 D1 D2
· S2:1회 동안 실행되는 비교수
· D1:정렬 완료 시 ON되는 디바이스
· D2:시스템용</td><td>(S1)으로 지정된 디바이스부터 n점의 데이터를 16비트 단위로 정렬한다.
[n×(n−1)/2 스캔 필요]</td><td rowspan="2">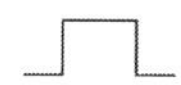</td><td rowspan="2">6</td><td rowspan="2">●</td><td rowspan="2">7−86</td></tr>
<tr><td>DSORT</td><td>DSORT S1 n S2 D1 D2
· S2:1회 동안 실행되는 비교수
· D1:정렬 완료 시 ON되는 디바이스
· D2:시스템용</td><td>(S1)으로 지정된 디바이스부터 2×n점의 데이터를 32비트 단위로 정렬한다.
[n×(n−1)/2 스캔 필요]</td></tr>
<tr><td rowspan="4">합계 계산</td><td>WSUM</td><td>WSUM S D n</td><td rowspan="2">(S)로 지정된 디바이스부터 n점의 16비트 BIN 데이터를 모두 더하여 (D)로 지정된 디바이스에 저장한다.</td><td>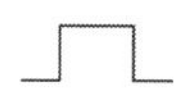</td><td rowspan="4">4</td><td rowspan="4">−</td><td rowspan="2">7−90</td></tr>
<tr><td>WSUMP</td><td>WSUMP S D n</td><td></td></tr>
<tr><td>DWSUM</td><td>DWSUM S D n</td><td rowspan="2">(S)로 지정된 디바이스부터 n점의 32비트 BIN 데이터를 모두 더하여 (D)로 지정된 디바이스에 저장한다.</td><td>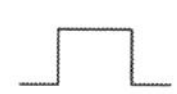</td><td rowspan="2">7−92</td></tr>
<tr><td>DWSUMP</td><td>DWSUMP S D n</td><td></td></tr>
<tr><td rowspan="4">평균값 계산</td><td>MEAN</td><td>MEAN S D n</td><td rowspan="2">(S)로 지정된 디바이스부터 n점(16비트 단위)의 평균값을 계산하여 (D)로 지정된 디바이스에 저장한다.</td><td>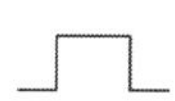</td><td rowspan="4">4</td><td rowspan="4">−</td><td rowspan="4">7−94</td></tr>
<tr><td>MEANP</td><td>MEANP S D n</td><td></td></tr>
<tr><td>DMEAN</td><td>DMEAN S D n</td><td rowspan="2">(S)로 지정된 디바이스부터 n점(32비트 단위)의 평균값을 계산하여 (D)로 지정된 디바이스에 저장한다.</td><td>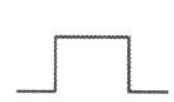</td></tr>
<tr><td>DMEANP</td><td>DMEANP S D n</td><td></td></tr>
</table>

14) 구조화 명령

〈표 2-23〉 구조화 명령

분류	명령 기호	심볼	처리 내용	실행 조건	기본스텝수	서브셋	설명 페이지
반복	FOR	[FOR | n]	[FOR] ~ [NEXT] 사이를 n회 실행한다.		2	–	7-96
	NEXT	[NEXT]			1	–	
	BREAK	[BREAK | D | Pn]	[FOR] 과 [NEXT] 사이의 실행을 강제로 종료하고 포인터 Pn으로 점프한다.		3	–	7-99
	BREAKP	[BREAKP | D | Pn]					
서브루틴 프로그램 콜	CALL	[CALL | Pn] [CALL | Pn | S1~Sn]	입력 조건 성립 시 Pn의 서브루틴 프로그램을 실행한다. (S1~Sn은 서브루틴 프로그램에 대한 인수, n≤5)		*1 2+n	● *3	7-101
	CALLP	[CALLP | Pn] [CALLP | Pn | S1~Sn]					
	RET	[RET]	서브루틴 프로그램에서 복귀한다.		1	–	7-106
	FCALL	[FCALL | Pn] [FCALL | Pn | S1~Sn]	입력 조건 불성립 시 Pn의 서브루틴 프로그램의 비실행 처리를 한다. (S1~Sn은 서브루틴 프로그램에 대한 인수, n≤5)		*1 2+n	–	7-107
	FCALLP	[FCALLP | Pn] [FCALLP | Pn | S1~Sn]					
	ECALL	[ECALL | * | Pn] [ECALL | * | Pn | S1~Sn] * : 파일명	입력 조건 성립 시 지정 프로그램의 Pn의 서브루틴 프로그램을 실행한다. (S1~Sn은 서브루틴 프로그램에 대한 인수, n≤5)		*2 3+n	–	7-111
	ECALLP	[ECALLP | * | Pn] [ECALLP | * | Pn | S1~Sn] * : 파일명					

*1 : n은 서브루틴 프로그램에 대한 인수의 수를 나타낸다.
*2 : n은 서브루틴 프로그램의 인수의 수와 프로그램명의 합을 나타낸다.
*3 : 서브셋은 유니버설 모델 QCPU, LCPU의 경우에 유효하다.

〈표 2-23〉 구조화 명령 (계속)

분류	명령 기호	심볼	처리 내용	실행 조건	기본 스텝수	서브셋	설명 페이지
서브루틴 프로그램 콜	EFCALL	[EFCALL | * | Pn] [EFCALL | * | Pn | S1~Sn] * : 파일명	입력 조건 불성립 시 지정 프로그램의 Pn의 서브루틴 프로그램의 비실행 처리를 한다. (S1~Sn은 서브루틴 프로그램에 대한 인수, n≤5)		*2 3+n	–	7-116
	EFCALLP	[EFCALLP | * | Pn] [EFCALLP | * | Pn | S1~Sn] * : 파일명					
	XCALL	[XCALL | Pn | S1~Sn]	· 입력 조건 성립 시 Pn의 서브루틴 프로그램을 실행한다. · 입력 조건 불성립 시 Pn의 서브루틴 프로그램의 비실행 처리를 한다. (S1~Sn은 서브루틴 프로그램에 대한 인수, n≤5)		*1 2+n	–	7-120
선택 리프레시	COM	[COM]	인텔리전트 기능 모듈의 자동 리프레시, 링크 리프레시, CPU 공유 메모리의 자동 리프레시와 통신 처리한다.		1	–	7-125
	CCOM	[CCOM]	입력 조건 성립 시 인텔리전트 기능 모듈의 자동 리프레시, CPU 공유 메모리의 자동 리프레시와 통신 처리한다.		1	–	7-132
	CCOMP	[CCOMP]			1	–	
고정 인덱스 수식	IX	[IX | S] 디바이스 수식 회로	디바이스 수식 회로에 사용하고 있는 각 디바이스의 인덱스 수식을 실행한다.		2	–	7-133
	IXEND	[IXEND]			1	–	
	IXDEV	[IXDEV]	[IX] ~ [IXEND] 로 인덱스 수식을 실행하기 위한 수식값을 D로 지정된 디바이스 이후에 저장한다.		1	–	7-137
	IXSET	[IXSET | S | D] 수식값 지정			3	–	

*4 : n은 서브루틴 프로그램에 대한 인수의 수를 나타낸다.
*5 : n은 서브루틴 프로그램의 인수의 수와 프로그램명의 합을 나타낸다.
프로그램명의 스텝 수는 (프로그램의 문자 수÷2) 스텝이 된다(소수점 이하는 올림).

15) 데이터 테이블 조작 명령

〈표 2-24〉 데이터 테이블 조작 명령

분류	명령 기호	심볼	처리 내용	실행 조건	기본스텝수	서브셋	설명 페이지
데이터 테이블 처리	FIFW	FIFW S D	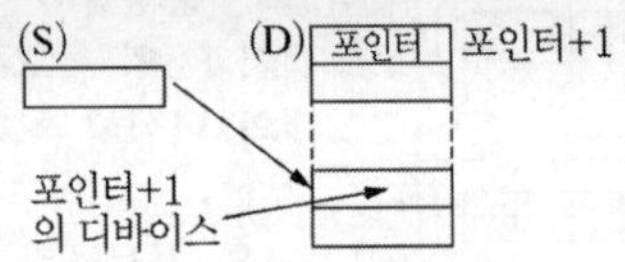		3	–	7-140
	FIFWP	FIFWP S D					
	FIFR	FIFR S D	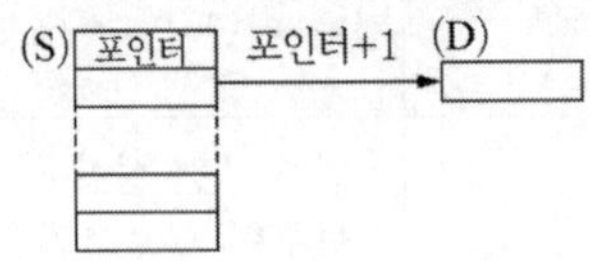		3	–	7-142
	FIFRP	FIFRP S D					
	FPOP	FPOP S D	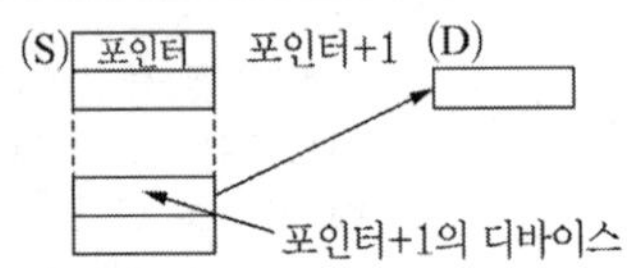		3	–	7-144
	FPOPP	FPOPP S D					
	FDEL	FDEL S D n	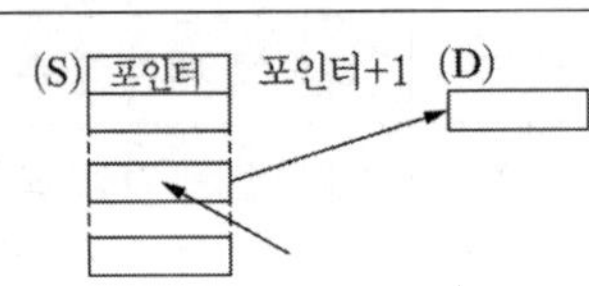		4	–	7-146
	FDELP	FDELP S D n					
	FINS	FINS S D n	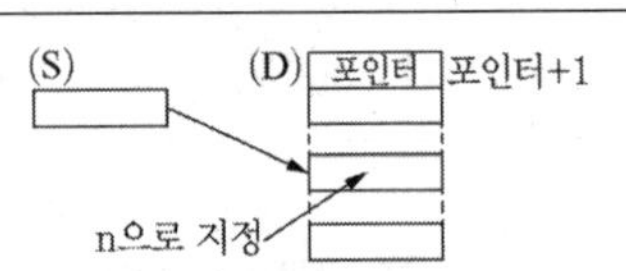		4	–	7-146
	FINSP	FINSP S D n					

16) 버퍼 메모리 액세스 명령

〈표 2-25〉 버퍼 메모리 액세스 명령

분류	명령 기호	심볼	처리 내용	실행 조건	기본스텝수	서브셋	설명 페이지
데이터 리드	FROM	FROM n1 n2 D n3	인텔리전트 기능 모듈에서 16비트 단위로 데이터를 읽는다.		5	–	7-149
	FROMP	FROMP n1 n2 D n3					
	DFRO	DFRO n1 n2 D n3	인텔리전트 기능 모듈에서 32비트 단위로 데이터를 읽는다.		5	–	
	DFROP	DFROP n1 n2 D n3					
데이터 라이트	TO	TO n1 n2 D n3	인텔리전트 기능 모듈에 16비트 단위로 데이터를 쓴다.		5	–	7-152
	TOP	TOP n1 n2 D n3					
	DTO	DTO n1 n2 D n3	인텔리전트 기능 모듈에 32비트 단위로 데이터를 쓴다.		5	–	
	DTOP	DTOP n1 n2 D n3					

17) 표시 명령

〈표 2-26〉 표시 명령

분류	명령 기호	심볼	처리 내용	실행 조건	기본스텝수	서브셋	설명 페이지
아스키 프린트	PR	* SM701 OFF 시 [PR S D]	(S)로 지정된 디바이스부터 8점(16문자)의 ASCII 코드를 출력 모듈에 출력한다.	↑	3	–	7-155
아스키 프린트	PR	* SM701 ON 시 [PR S D]	(S)로 지정된 디바이스부터 00H까지의 ASCII 코드를 출력 모듈에 출력한다.	↑	3	–	7-155
아스키 프린트	PRC	[PRC S D]	(S)로 지정된 디바이스의 코멘트를 ASCII 코드로 변환하여 출력 모듈에 출력한다.	↑	3	–	7-158
리셋	LEDR	[LEDR]	어넨시에이터를 리셋하거나 LED 표시기의 표시를 리셋한다.	↑	1	–	7-161

18) 디버그 · 고장 진단 명령

〈표 2-27〉 디버그 · 고장 진단 명령

분류	명령 기호	심볼	처리 내용	실행 조건	기본스텝수	서브셋	설명 페이지
체크	CHKST	[CHKST]	· CHKST 실행 시는 CHK 명령을 실행한다. · CHKST 비실행 시는 CHK 명령의 다음 스텝으로 점프한다.		1	–	7-164
체크	CHK	체크 조건 [CHK]	· 정상 시 SM80:OFF, SD80:0 · 이상 발생 시 SM80:ON, SD80:고장 No.		1	–	7-164
체크	CHKCIR	[CHKCIR]	CHK 명령으로 체크하는 래더 패턴의 변경 시작		1	–	7-168
체크	CHKEND	[CHKEND]	CHK 명령으로 체크하는 래더 패턴의 변경 끝		1	–	7-168

5장 MELSEC 명령어 상세 설명

(1) 접점 명령

1) 연산 시작, 직렬접속, 병렬접속(LD, LDI, AND, ANI, OR, ORI)

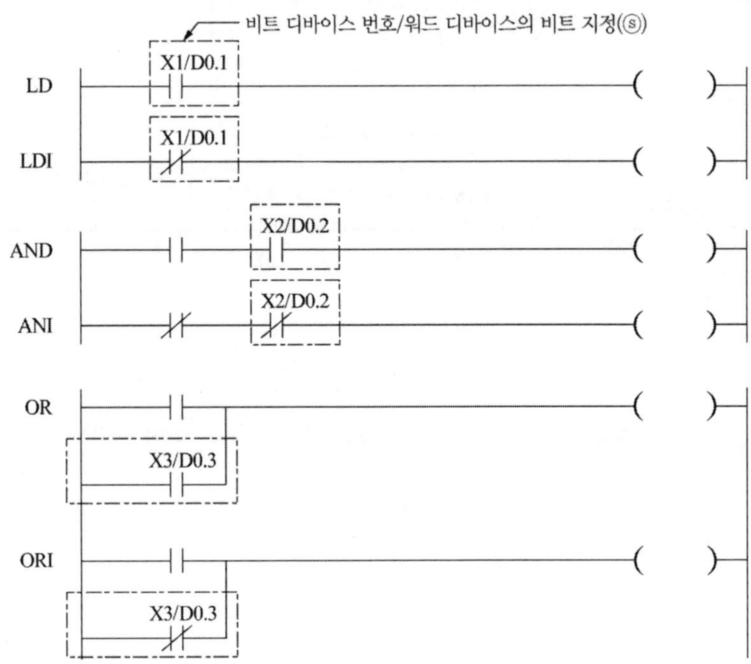

Ⓢ : 접점으로 사용하는 디바이스(비트)

설정 데이터	내부 디바이스		R, ZR	J□W□		U□WG□	Zn	상수	기타 DX, BL
	비트	워드		비트	워드				
Ⓢ	○						–		○

기 능

LD, LDI

① LD는 a접점 연산 시작, LDI는 b접점 연산 시작 명령으로, 지정 디바이스의 ON/OFF 정보*1를 읽고 연산 결과로 한다.

*1 : 워드 디바이스의 비트 지정 시는 지정 비트의 1/0에 따라 ON/OFF한다.

AND, ANI

① AND는 a접점 직렬접속, ANI는 b접점 직렬접속 명령으로, 지정 비트 디바이스의 ON/OFF 정보*2를 읽고, 지금까지의 연산 결과와 AND 연산을 하여 이 값을 연산 결과로 한다.

*2 : 워드 디바이스의 비트 지정 시는 지정 비트의 1/0에 따라 ON/OFF한다.

② AND, ANI의 사용 제한은 없지만 프로그래밍 툴의 래더 모드에서는 다음과 같이 된다.

㉮ 쓰기 : AND, ANI가 직렬로 접속되는 경우, 24단까지의 회로를 작성할 수 있다.

㉯ 읽기 : AND, ANI가 직렬로 접속되는 경우, 24단까지의 회로를 표시할 수 있다. 24단을 초과하는 경우, 24단까지 표시된다.

OR, ORI

① OR은 a접점 1개의 병렬접속, ORI는 b접점 1개의 병렬접속 명령으로, 지정 디바이스의 ON/OFF 정보*3를 읽고, 지금까지의 연산 결과의 OR 연산을 하여 이 값을 연산 결과로 한다.

*3 : 워드 디바이스의 비트 지정 시는 지정 비트의 1/0에 따라 ON/OFF한다.

② OR, ORI의 사용 제한은 없지만 프로그래밍 툴의 래더 모드에서는 다음과 같이 된다.

㉮ 쓰기 : OR, ORI가 23개 연속으로 접속되는 회로까지 작성할 수 있다.

㉯ 읽기 : AND, ANI가 23개 연속으로 접속되는 회로까지 표시할 수 있다. 23개를 초과하는 회로는 정상적으로 표시할 수 없다.

비 고

워드 디바이스의 비트 지정 시 16진수로 지정한다. D0의 b11은 D0.0B가 된다. 워드 디바이스의 비트 지정에 대해서는 3.2.1항을 참조하라.

에 러

LD, LDI, AND, ANI, OR, ORI 명령에 관한 연산 에러는 없다.

프로그램 예

1) LD, AND, OR, ORI 명령을 사용한 프로그램

[래더 모드]

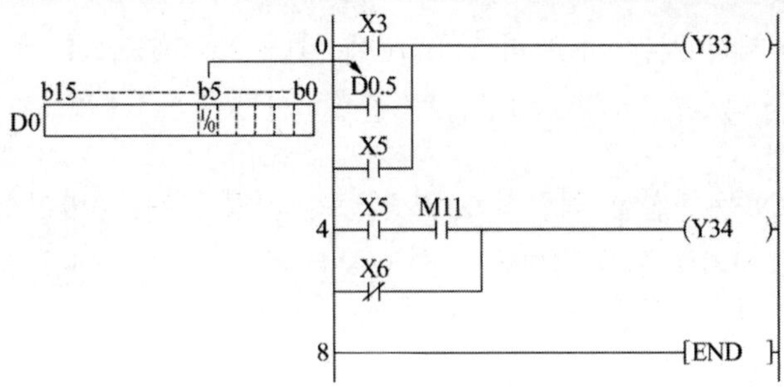

[리스트 모드]

스텝	명령	디바이스
0	LD	X3
1	OR	D0.5 ··· 워드 디바이스의 비트 지정
2	OR	X5
3	OUT	Y33
4	LD	X5
5	AND	M11
6	ORI	X6
7	OUT	Y34
8	END	

2) ANB, ORB 명령에 의해 접점을 결합하는 프로그램

[래더 모드]

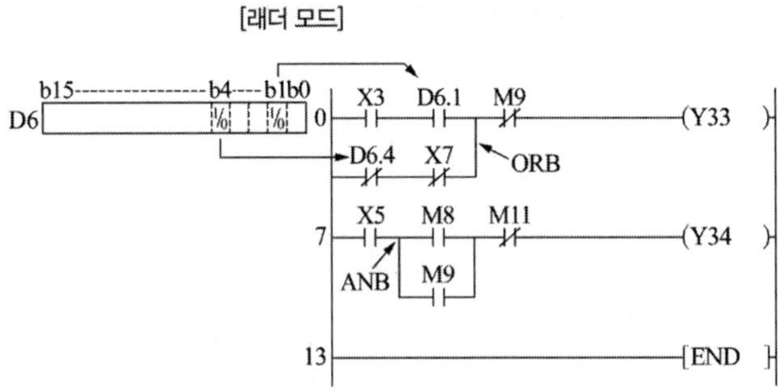

[리스트 모드]

스텝	명령	디바이스
0	LD	X3
1	AND	D6.1 ··· 워드 디바이스의 비트 설정
2	LDI	D6.4
3	ANI	X7
4	ORB	
5	ANI	M9
6	OUT	Y33
7	LD	X5
8	LD	M8
9	OR	M9
10	ANB	
11	ANI	M11
12	OUT	Y34
13	END	

3) OUT 명령의 병렬 프로그램

[래더 모드]

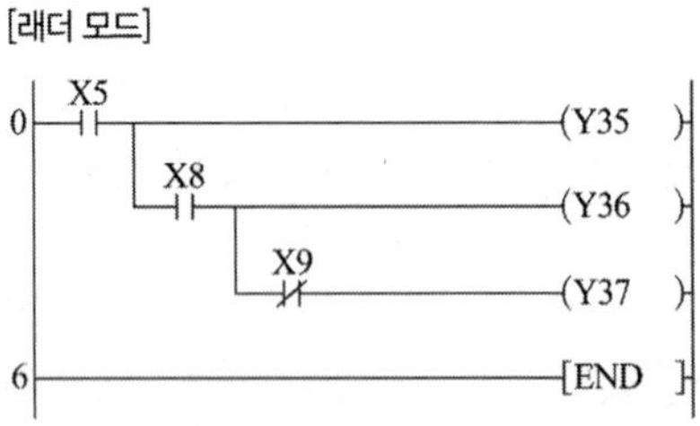

[리스트 모드]

스텝	명령	디바이스
0	LD	X5
1	OUT	Y35
2	AND	X8
3	OUT	Y36
4	ANI	X9
5	OUT	Y37
6	END	

(2) 펄스 연산 시작, 펄스 직렬접속, 펄스 병렬접속 (LDP, LDF, ANDP, ANDF, ORP, ORF)

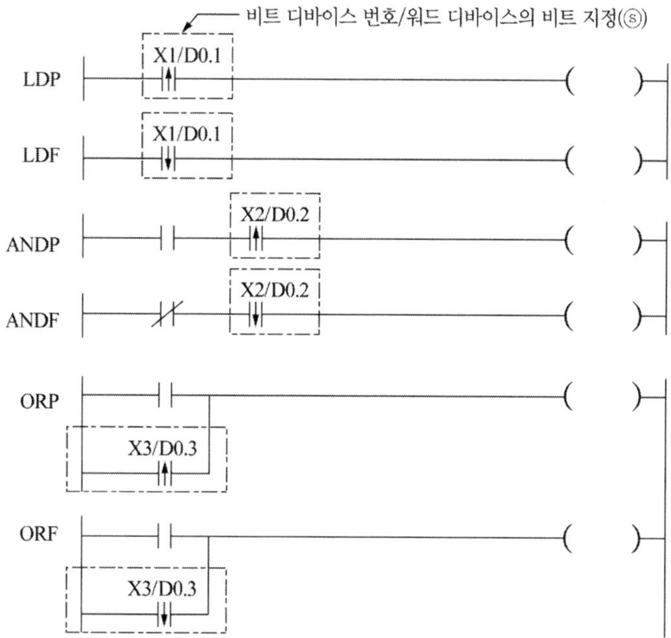

Ⓢ : 접점으로 사용하는 디바이스(비트)

설정 데이터	내부 디바이스		R, ZR	J□W□		U□WG□	Zn	상수	기타 DX
	비트	워드		비트	워드				
Ⓢ	○						–		○

기 능

LDP, LDF

① LDP는 상승 펄스 연산 시작 명령으로, 지정 비트 디바이스의 상승 펄스 시(OFF → ON)에만 ON한다. 워드 디바이스의 비트 지정 시는 지정 비트가 0 → 1에 변경되었을 때에만 ON한다. LDP 명령만의 경우, ON 중 실행 명령의 펄스화 명령(□P)과 동일하게 된다.

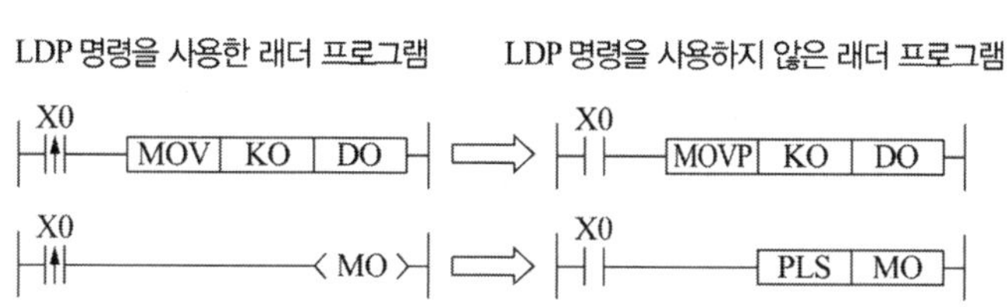

② LDF는 하강 펄스 연산 시작 명령으로, 지정 비트 디바이스의 하강 펄스 시(OFF → ON)에 ON한다. 워드 디바이스의 비트 지정 시는 지정 비트기 1 → 0으로 변경되었을 때 ON한다.

ANDP, ANDF

① ANDP는 상승 펄스 직렬접속 명령, ANDF는 하강 펄스 직렬접속 명령으로, 지금까지의 연산 결과와 AND 연산을 하여 연산 결과로 한다.
ANDP, ADNDF에서 사용하는 ON/OFF 정보를 나타낸다.

<table>
<tr><th colspan="2">ANDP, ANDF로 지정된 디바이스</th><th rowspan="2">ANDP 상태</th><th rowspan="2">ANDF 상태</th></tr>
<tr><th>비트 디바이스</th><th>워드 디바이스의
비트 지정</th></tr>
<tr><td>OFF → ON</td><td>0 → 1</td><td>ON</td><td rowspan="3">OFF</td></tr>
<tr><td>OFF</td><td>0</td><td rowspan="3">OFF</td></tr>
<tr><td>ON</td><td>1</td></tr>
<tr><td>ON → OFF</td><td>1 → 0</td><td>ON</td></tr>
</table>

ORP, ORF

① ORP는 상승 펄스 병렬접속 명령, ORF는 하강 펄스 직렬접속 명령으로, 지금까지의 연산 결과와 OR 연산을 하여 연산 결과로 한다.
ORP, ORF에서 사용하는 ON/OFF 정보를 나타낸다.

<table>
<tr><th colspan="2">ORP, ORF로 지정된 디바이스</th><th rowspan="2">ORP 상태</th><th rowspan="2">ORF 상태</th></tr>
<tr><th>비트 디바이스</th><th>워드 디바이스의
비트 지정</th></tr>
<tr><td>OFF → ON</td><td>0 → 1</td><td>ON</td><td rowspan="3">OFF</td></tr>
<tr><td>OFF</td><td>0</td><td rowspan="3">OFF</td></tr>
<tr><td>ON</td><td>1</td></tr>
<tr><td>ON → OFF</td><td>1 → 0</td><td>ON</td></tr>
</table>

에 러

LDP, LDF, ANDP, ANDF, ORP, ORF 명령에 관한 연산 에러는 없다.

프로그램 예

1) 입력 X0 또는 데이터 레지스터 D0의 b10(비트11)의 상승 펄스 시에 MOV 명령을 실행하는 프로그램

[래더 모드]

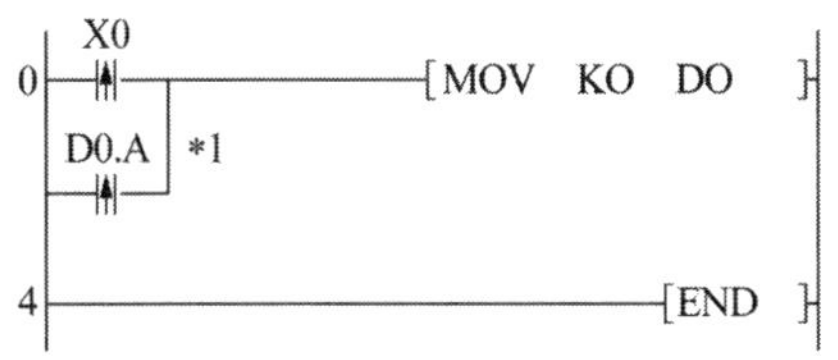

[리스트 모드]

스텝	명령	디바이스	
0	LDP	X0	
1	ORP	D0.A	
2	MOV	K0	D0
4	END		

*1 : 워드 디바이스의 비트 지정 시 16진수로 지정한다. D0의 b10은 D0.A가 된다.

(3) 펄스 부정 연산 시작, 펄스 부정 직렬접속, 펄스 부정 병렬접속 (LDPI, LDFI, ANDPI, ANDFI, ORPI, ORFI)

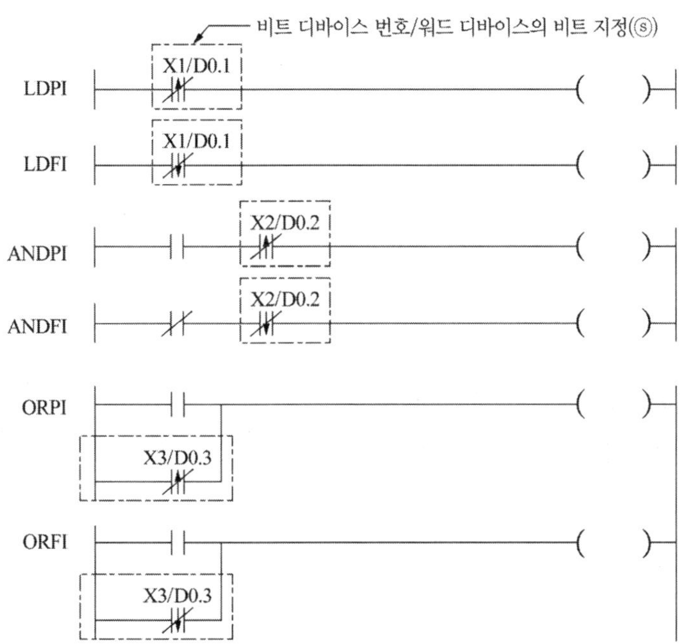

설정 데이터	내부 디바이스		R, ZR	J□W□		U□WG□	Zn	상수	기타
	비트	워드		비트	워드				DX
Ⓢ	○	–	○	○	–	○	–		○

기 능

LDPI, LDFI

① LDPI는 상승 펄스 부정 연산 시작 명령으로, 지정 비트 디바이스의 OFF 시, ON 시, 하강 펄스 시(ON→OFF)에 ON한다. 워드 디바이스의 비트 지정 시는 지정 비트가 0일 때, 1일 때, 1→0으로 변경된 경우에 ON한다.

② LDFI는 하강 펄스 부정 연산 시작 명령으로, 지정 비트 디바이스의 상승 펄스 시(OFF→ON), OFF 시, ON 시에 ON한다. 워드 디바이스의 비트 지정 시는 지정 비트가 0일 때, 1일 때, 1→0으로 변경된 경우에 ON한다.

LDPI, LDFI로 지정된 디바이스		LDPI 상태	LDFI 상태
비트 디바이스	워드 디바이스의 비트 지정		
OFF → ON	0 → 1	OFF	ON
OFF	0	ON	ON
ON	1	ON	ON
ON → OFF	1 → 0	ON	OFF

ANDPI, ANDFI

① ANDPI는 상승 펄스 부정 직렬접속 명령, ANDFI는 하강 펄스 부정 직렬접속 명령으로, 지금까지의 연산 결과와 AND 연산을 하여 연산 결과로 한다.
ANDPI, ANDFI에서 사용하는 ON/OFF 정보를 나타낸다.

ANDPI, ANDFI로 지정된 디바이스		ANDPI 상태	ANDFI 상태
비트 디바이스	워드 디바이스의 비트 지정		
OFF → ON	0 → 1	OFF	ON
OFF	0	ON	ON
ON	1	ON	ON
ON → OFF	1 → 0	ON	OFF

ORPI, ORFI

① ORPI는 상승 펄스 부정 병렬접속 명령, ORFI는 하강 펄스 부정 병렬접속 명령으로, 지금까지의 연산 결과와 OR 연산을 하여 연산 결과로 한다.
ORPI, ORFI에서 사용하는 ON/OFF 정보를 나타낸다.

ORPI, ORFI로 지정된 디바이스		ORP 상태	ORF 상태
비트 디바이스	워드 디바이스의 비트 지정		
OFF → ON	0 → 1	OFF	ON
OFF	0	ON	ON
ON	1	ON	ON
ON → OFF	1 → 0	ON	OFF

에 러

LDPI, LDFI, ANDPI, ANDFI, ORPI, ORFI에서의 연산 에러는 없다.

프로그램 예

1) X0이 ON/OFF/ON → OFF일 때, 또는 M0이 ON/OFF/OFF → ON일 때 D0에 0을 저장하는 프로그램

[래더 모드]

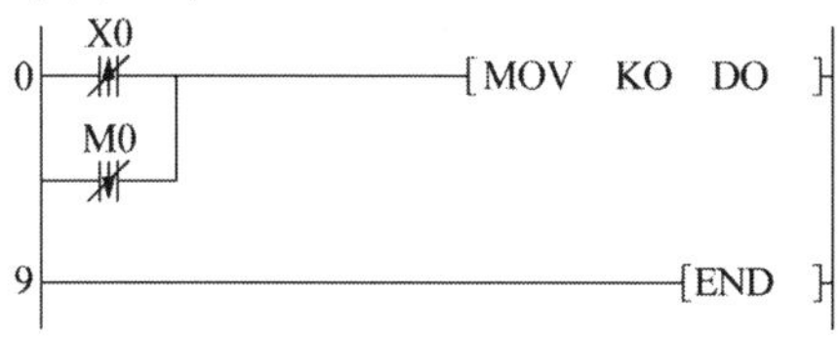

[리스트 모드]

스텝	명령	디바이스
0	LDPI	X0
3	ORFI	M0
7	MOV	K0 D0
9	END	

2) X0이 ON 그리고 D0의 b10(비트 11)이 ON/OFF/ON → OFF일 때, D0에 0을 저장하는 프로그램

[래더 모드]

[리스트 모드]

스텝	명령	디바이스
0	LD	X0
1	ANDPI	D0.A
5	MOV	K0 D0
7	END	

(4) 래더 블록 직렬접속, 병렬접속(ANB, ORB)

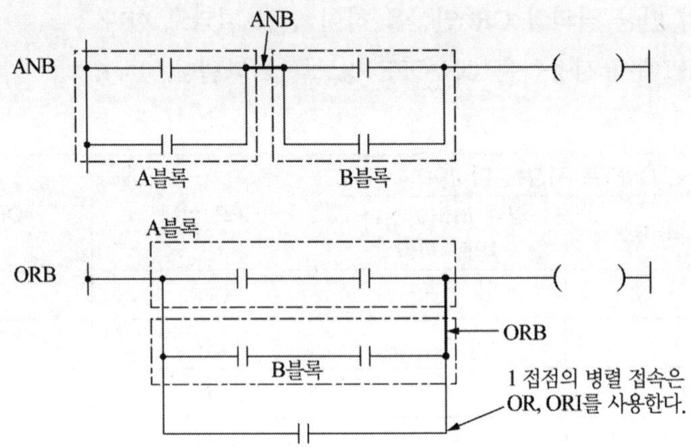

설정 데이터	내부 디바이스		R, ZR	J□W□		U□WG□	Zn	상수	기타
	비트	워드		비트	워드				
–	–								

기 능

ANB

① A 블록과 B블록의 AND 연산을 하여 연산 결과로 한다.

② ANB 심볼은 접점 심볼이 아니고 접속 심볼이다.

③ 리스트 모드에서의 프로그래밍 시 ANB는 최대 15명령(16블록)까지 연속해서 쓸 수 있다.

ORB

① A 블록과 B블록의 OR 연산을 하여 연산 결과로 한다.

② ORB는 2접점 이상의 래더 블록의 병렬을 접속한다. 1접점만의 병렬접속은 OR, ORI를 사용하며, ORB는 필요 없다.

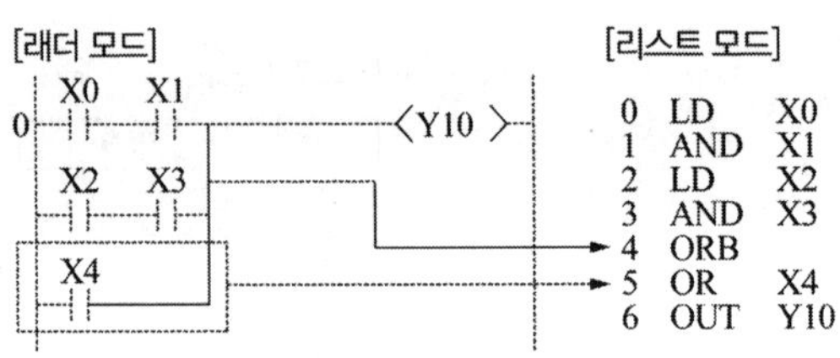

③ ORB의 심볼은 접점 심볼이 아니고 접속 심볼이다.

④ 리스트 모드에서의 프로그래밍 시 ORB는 최대 15명령(16블록)까지 연속해서 쓸 수 있다.

에 러

ANB, ORB 명령에 관한 연산 에러는 없다.

프로그램 예

1) ANB, ORB를 사용한 프로그램.

[래더 모드]

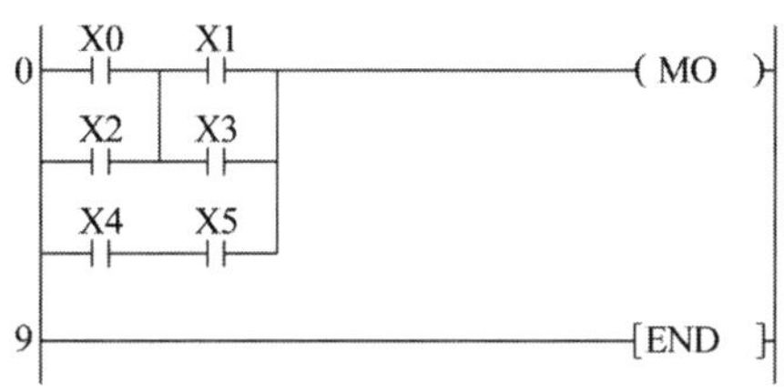

[리스트 모드]

스텝	명령	디바이스
0	LD	X0
1	OR	X2
2	LD	X1
3	OR	X3
4	ANB	
5	LD	X4
6	AND	X5
7	ORB	
8	OUT	M0
9	END	

(5) 연산 결과 푸시, 읽기, 팝(MPS, MRD, MPP)

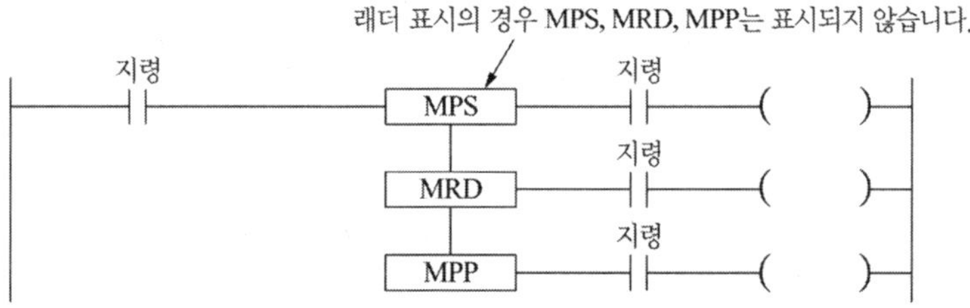

설정 데이터	내부 디바이스		R, ZR	J□W□		U□WG□	Zn	상수	기타
	비트	워드		비트	워드				
–	–								

기 능

MPS

① MPS 명령 직전의 연산 결과(ON/OFF)를 기억한다.

② MPS 명령은 연속으로 16회까지 사용할 수 있다. MPP 명령을 도중에 사용한 경우, MPS 명령의 사용수를 -1한다.

MRD

① MPS 명령으로 기억한 연산 결과를 읽고, 그 연산 결과에서 다음 스텝부터 연산을 한다.

MPP

① MPS 명령으로 기억한 연산 결과를 읽고, 그 연산 결과에서 다음 스텝부터 연산을 한다.

② MPS 명령으로 기억한 연산 결과를 클리어한다.

③ MPS 명령의 사용수를 1한다.

POINT

① MPS, MRD, MPP를 사용한 경우와 사용하지 않는 경우의 회로는 다음과 같다.

MPS, MRD, MPP를 사용한 래더 프로그램	MPS, MRD, MPP를 사용하지 않은 래더 프로그램
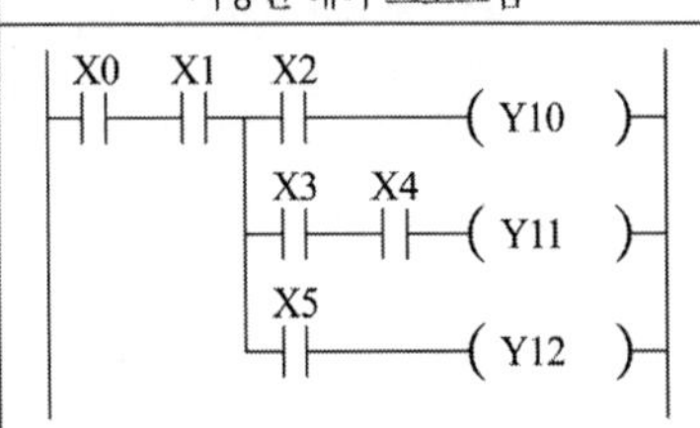	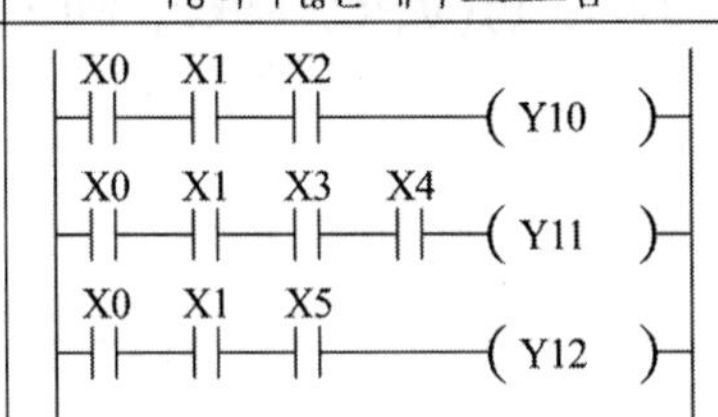

② MPS, MPP 명령의 사용수는 동일하게 한다. MPS, MPP 명령 사용수가 다른 경우에는 프로그래밍 툴의 래더 모드에서 정상적인 표시를 할 수 없다.

에 러

MPS, MRD, MPP 명령에 관한 연산 에러는 없다.

프로그램 예

1) MPS, MRD, MPP를 이용한 프로그램.

[래더 모드]

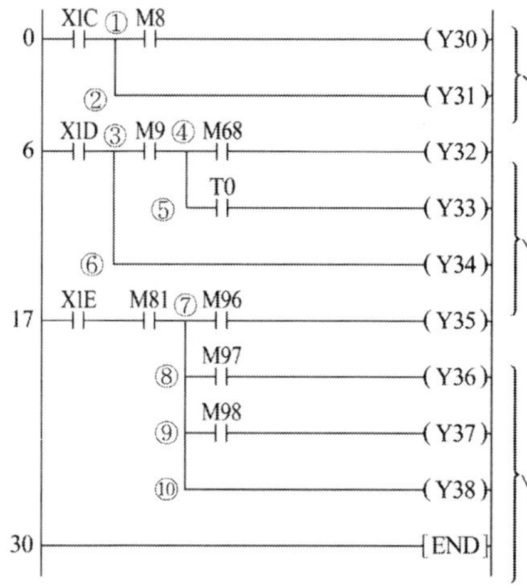

[리스트 모드]

	스텝	명령	디바이스
	0	LD	X1C
①	1	MPS	
	2	AND	M8
	3	OUT	Y30
②	4	MPP	
	5	OUT	Y31
	6	LD	X1D
③	7	MPS	
	8	AND	M9
④	9	MPS	
	10	AND	M68
	11	OUT	Y32
⑤	12	MPP	
	13	AND	T0
	14	OUT	Y33
⑥	15	MPP	
	16	OUT	Y34
	17	LD	X1E
	18	AND	M81
⑦	19	MPS	
	20	AND	M96
	21	OUT	Y35
⑧	22	MRD	
	23	AND	M97
	24	OUT	Y36
⑨	25	MRD	
	26	AND	M98
	27	OUT	Y37
⑩	28	MPP	
	29	OUT	Y38
	30	END	

2) MPS, MPP가 연속하는 프로그램.

[래더 모드]

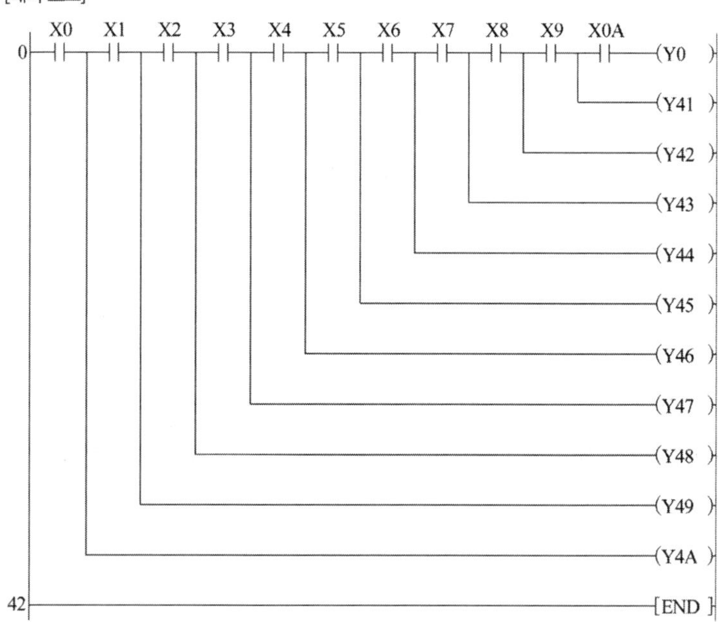

[리스트 모드]

스텝	명령	디바이스
0	LD	X0
1	MPS	
2	AND	X1
3	MPS	
4	AND	X2
5	MPS	
6	AND	X3
7	MPS	
8	AND	X4
9	MPS	
10	AND	X5
11	MPS	
12	AND	X6
13	MPS	
14	AND	X7
15	MPS	
16	AND	X8
17	MPS	
18	AND	X9
19	MPS	
20	AND	X0A
21	OUT	Y0
22	MPP	
23	OUT	Y41
24	MPP	
25	OUT	Y42
26	MPP	
27	OUT	Y43
28	MPP	
29	OUT	Y44
30	MPP	
31	OUT	Y45
32	MPP	
33	OUT	Y46
34	MPP	
35	OUT	Y47
36	MPP	
37	OUT	Y48
38	MPP	
39	OUT	Y49
40	MPP	
41	OUT	Y4A
42	END	

(6) 연산 결과 반전(INV)

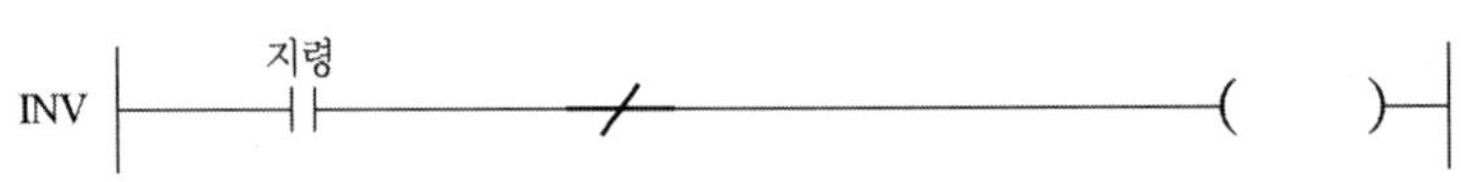

설정 데이터	내부 디바이스		R, ZR	J□W□		U□WG□	Zn	상수	기타
	비트	워드		비트	워드				
–	–								

기 능

INV 명령의 직전까지의 연산 결과를 반전한다.

INV 명령의 직전까지의 연산 결과	INV 명령 실행 후의 연산 결과
OFF	ON
ON	OFF

에 러

INV 명령에 관한 연산 에러는 없다.

프로그램 예

1) X0의 ON/OFF 데이터를 반전하여 Y10에 출력하는 프로그램.

[래더 모드]

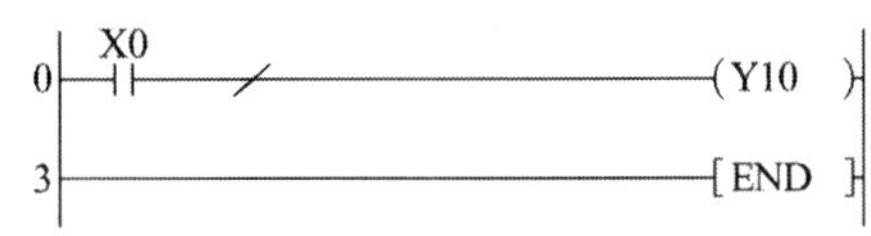

[리스트 모드]

스텝	명령	디바이스
0	LD	X0
1	INV	
2	OUT	Y10
3	END	

[타이밍 차트]

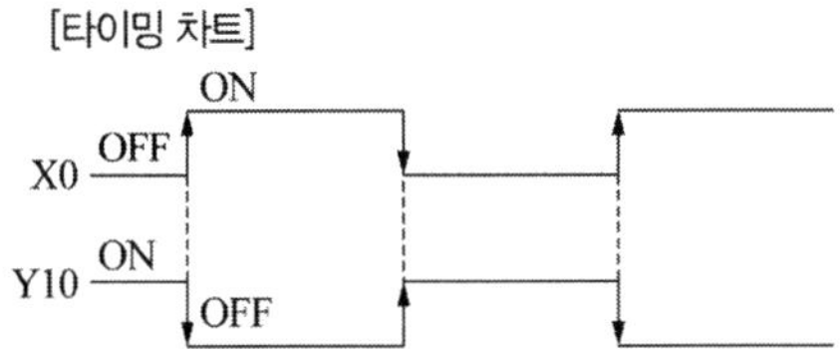

POINT

① INV 명령은 INV 명령의 직전까지의 연산 결과로 동작하므로, AND 명령과 같은 위치에서 사용한다.
② 래더 블록을 사용하고 있는 경우, 래더 블록의 범위 내에서 연산 결과를 반전한다. INV 명령과 ANB 명령을 병용하여 회로를 동작시키는 경우, 반전하는 범위에 주의한다.

[래더 모드]

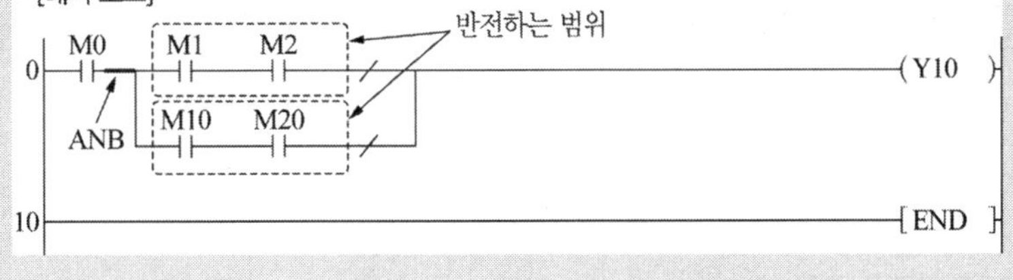

ANB 명령에 관한 자세한 내용은 5.2.1항을 참조한다.

(7) 연산 결과 펄스화(MEP, MEF)

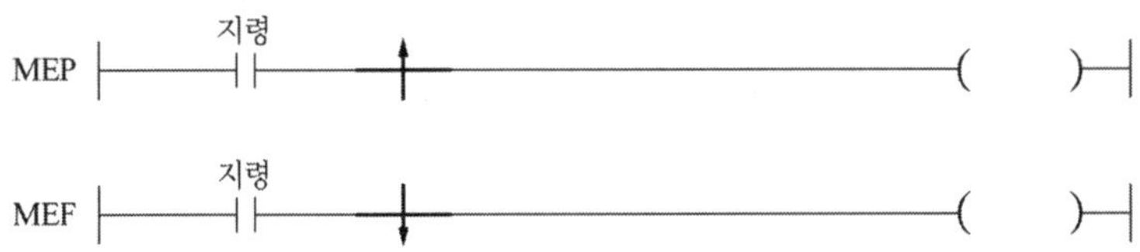

설정 데이터	내부 디바이스		R, ZR	J□W□		U□WG□	Zn	상수	기타
	비트	워드		비트	워드				
–	–								

기 능

MEP

① MEP 명령까지의 연산 결과의 상승 펄스 시(OFF → ON) ON된다.
MEP 명령까지의 연산 결과가 상승 펄스 이외의 경우, OFF된다.

② MEP 명령을 사용하면 복수의 접점을 직렬로 접속한 경우의 펄스화 처리가 쉬워진다.

MEF

① MEF 명령까지의 연산 결과의 하강 펄스 시(ON → OFF) ON된다.
MEF 명령까지의 연산 결과가 하강 펄스 이외는 OFF된다.

② MEF 명령을 사용하면 복수의 접점을 직렬로 접속한 경우의 펄스화 처리가 쉬워진다.

에 러

MEP, MEF 명령에 관한 연산 에러는 없다.

프로그램 예

1) X0과 X1의 연산 결과를 펄스화하는 프로그램.

[래더 모드]

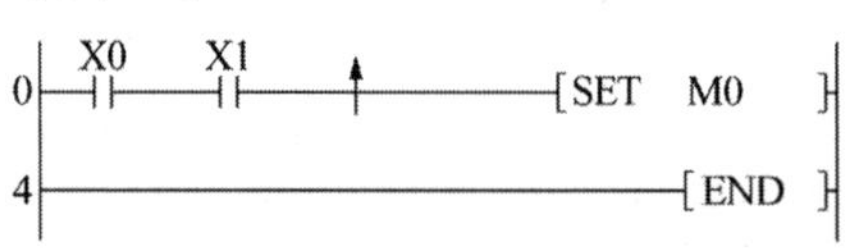

[리스트 모드]

스텝	명령	디바이스
0	LD	X0
1	AND	X1
2	MEP	
3	SET	M0
4	END	

POINT

① MEP, MEF 명령은 서브루틴 프로그램 및 FOR~NEXT 명령 등에서 인덱스 수식한 접점을 펄스화하면 정상적으로 동작하지 않는 경우가 있다. 서브루틴 프로그램, FOR~NEXT 명령에서 인덱스 수식한 접점을 펄스화하는 경우 EGP/EGF 명령을 사용한다.

② MEP, MEF 명령은 MEP/MEF 명령의 직전까지의 연산 결과로 동작하므로 AND 명령과 같은 위치에서 사용한다.
MEP, MEF 명령은 LD, OR의 위치에서 사용할 수 없다.

(8) 에지 릴레이 연산 결과 펄스화(EGP, EGF)

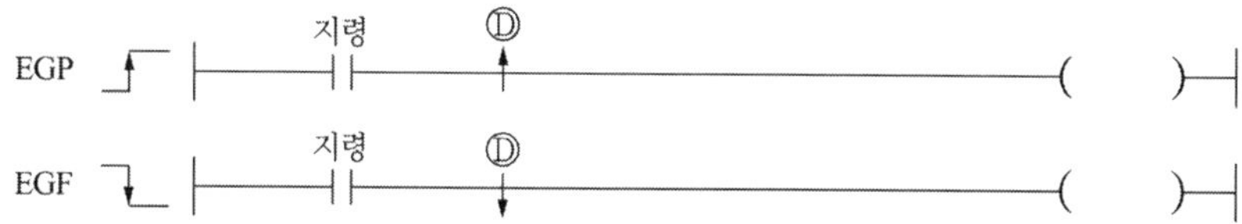

Ⓓ : 연산 결과를 기억하는 에지 릴레이 번호(비트)

설정 데이터	내부 디바이스		R, ZR	J□W□		U□WG□	Zn	상수	기타 V
	비트	워드		비트	워드				
Ⓓ				–					○

기 능

EGP

① EGP 명령까지의 연산 결과를 에지 릴레이(V)로 기억한다.

② EGP 명령까지의 연산 결과의 상승 펄스 시(OFF→ON)에 ON이 된다.
EGP 명령까지의 연산 결과가 상승 펄스 시 이외(ON→ON, ON→OFF, OFF→OFF)의 경우, OFF 된다.

③ EGP 명령은 서브루틴 프로그램이나 FOR~NEXT 사이에 인덱스 수식 프로그램을 펄스 연산하는 경우에 사용한다.

④ EGP 명령은 AND 명령으로 취급하여 사용할 수 있다.

EGF

① EGF 명령까지의 연산 결과를 에지 릴레이(V)로 기억한다.

② EGF 명령까지의 연산 결과의 하강 펄스 시(ON→OFF)에 ON 된다.
EGF 명령까지의 연산 결과가 하강 펄스 시 이외(OFF→ON, ON→ON, OFF→OFF)의 경우, OFF 된다.

③ EGF 명령은 서브루틴 프로그램이나 FOR~NEXT 사이에 인덱스 수식 프로그램을 펄스 연산하는 경우에 사용한다.

④ EGF 명령은 AND 명령으로 취급하여 사용할 수 있다.

에 러

EGP, EGF 명령에 관한 연산 에러는 없다.

프로그램 예

1) 서브루틴 프로그램에서 EGP 명령을 사용하는 프로그램

[래더 모드]

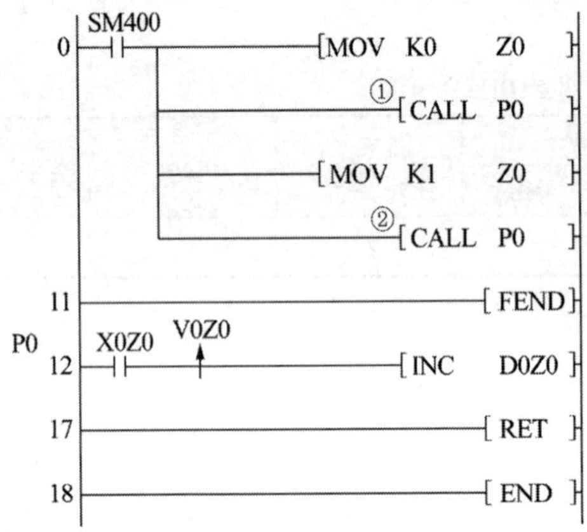

[리스트 모드]

스텝	명령	디바이스
0	LD	SM400
1	MOV	K0 Z0
4	CALL	P0
6	MOV	K1 Z0
9	CALL	P0
11	FEND	
12	P0	
13	LD	X0Z0
14	EGP	V0Z0
15	ING	D0Z0
17	RET	
18	END	

[동 작]

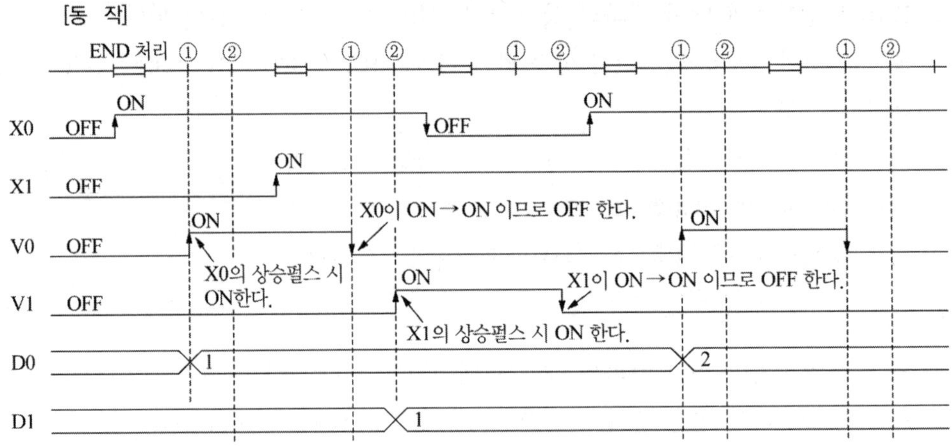

POINT

① EGP, EGF 명령은 EGP/EGF 명령의 직전까지의 연산 결과로 동작하므로 AND 명령(5.1.1항 참조)과 같은 위치에서 사용한다.
EGP, EGF 명령은 LD, OR의 위치에서 사용할 수 없다.

② EGP, EGF 명령은 다음의 래더 블록의 위치에서 사용할 수 없다.

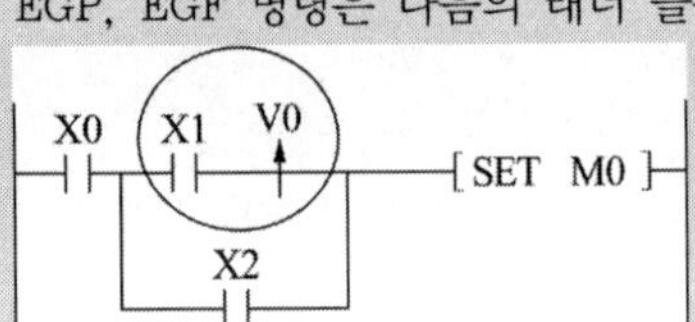

(9) 아웃(타이머, 카운터, 어넨시에이터 제외)(OUT)

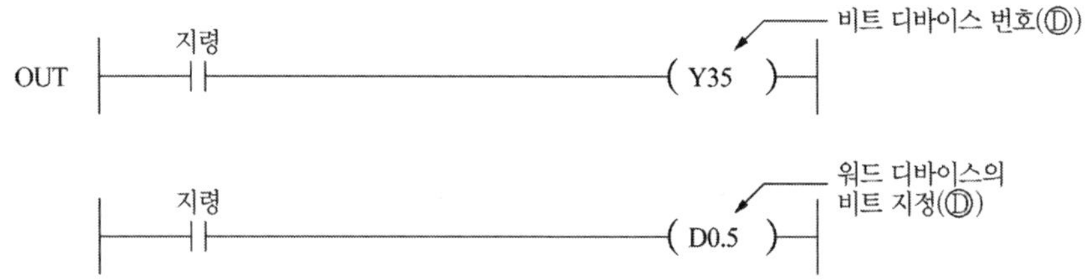

Ⓓ : ON/OFF하는 디바이스 번호(비트)

설정 데이터	내부 디바이스		R, ZR	J□W□		U□WG□	Zn	상수	기타 DY
	비트	워드		비트	워드				
Ⓓ	○ (T, CF 이외)			○			–		○

기 능

OUT 명령까지의 연산 결과를 지정한 디바이스에 출력한다.

① 비트 디바이스의 사용 시

연산 결과	코일
OFF	OFF
ON	ON

② 워드 디바이스의 비트 지정 시

연산 결과	지정 비트
OFF	0
ON	1

에 러

OUT 명령에 관한 연산 에러는 없다.

프로그램 예

1) 비트 디바이스 사용 시

[래더 모드]

[리스트 모드]

스텝	명령	디바이스
0	LD	X5
1	OUT	Y33
2	LD	X6
3	OUT	Y34
4	OUT	Y35
5	END	

2) 워드 디바이스의 비트 지정 시

[래더 모드]

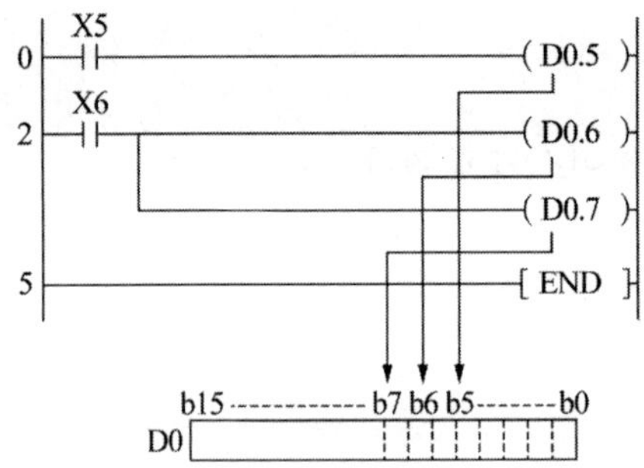

[리스트 모드]

스텝	명령	디바이스
0	LD	X5
1	OUT	D0.5
2	LD	X6
3	OUT	D0.6
4	OUT	D0.7
5	END	

비 고

OUT 명령의 기본 스텝 수는 다음과 같이 되어 있다.

- 내부 디바이스, 파일 레지스터(R) 사용 시 : 1
- 다이렉트 액세스 출력(DY) 사용 시 : 2
- 연번 액세스 방식 파일 레지스터 사용 시
  (유니버설 모델 QCPU, LCPU의 경우) : 2
  (베이식 모델 QCPU, 하이 퍼포먼스 모델 QCPU, 프로세스 CPU, 이중화 CPU의 경우) : 3
- 상기 이외의 디바이스 사용 시 : 3

(10) 타이머(OUT T, OUTH T)

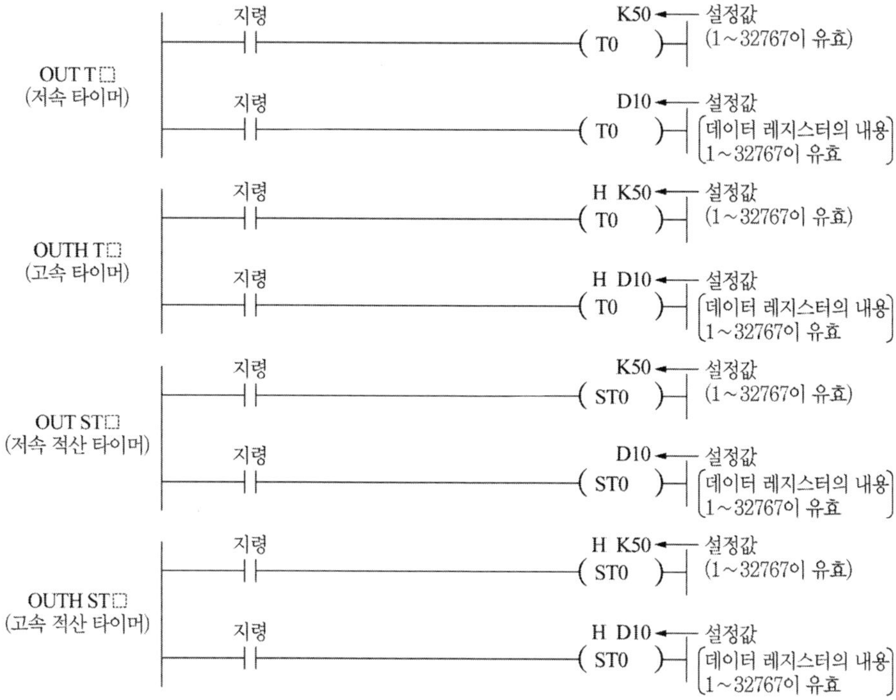

Ⓓ : 타이머 번호(비트)

설정값 : 타이머의 설정값(BIN16비트 *1)

설정 데이터	내부 디바이스		R, ZR	J□W□		U□WG□	Zn	상수 K	기타
	비트	워드		비트	워드				
Ⓓ	○ (T만)	–	–		–		–	–	○
설정값	–	○T,C 이외	○	–	○		–	○*2	–

*1 : 타이머의 설정값은 간접 지정할 수 없다.

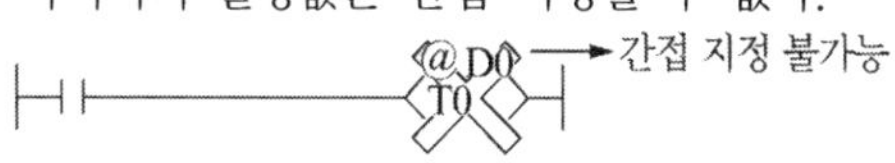

간접 지정에 대해서는 3.4절을 참조한다.

*2 : 타이머의 설정값은 10진 상수(K)만 사용할 수 있다. 16진 상수(H), 실수는 사용할 수 없다.

기 능

① OUT 명령까지의 연산 결과가 ON 되어 있을 때 타이머의 코일은 ON 되고, 설정값까지 계측하여 타임업(계수값 설정값)하면 접점은 다음과 같이 된다.

a접점	ON
b접점	OFF

② OUT 명령까지의 연산 결과가 ON→OFF로 변경되면 다음과 같이 된다.

타이머 종류	타이머 코일	타이머 현재값	타임업 전		타임업 후	
			a접점	b접점	a접점	b접점
저속 타이머 고속 타이머	OFF	0	OFF	ON	OFF	ON
저속 적산 타이머 고속 적산 타이머	OFF	현재값 유지	OFF	ON	ON	OFF

③ 타임업 후 적산 타이머 현재값의 클리어와 접점의 OFF는 RST 명령으로 실행한다.

④ 설정값에 음수(−32768 ~ −1)는 설정할 수 없다.*3

설정값이 0일 때는 OUT 명령 실행 시 타임업한다.

*3 : 타이머 설정을 워드 디바이스(D, W, ZR, J□\□, U□\□G)로 지정하는 경우에 설정값의 범위는 체크하지 않는다. 설정값에 음수가 입력되지 않게 사용자 프로그램으로 설정값의 범위를 체크한다.

⑤ OUT 명령 실행 시 다음의 처리를 한다.

- OUT T□ 코일의 ON/OFF
- OUT T□ 접점의 ON/OFF
- OUT T□ 현재값의 변경

OUT T□ 명령이 ON 되어 있을 때 JMP 명령 등으로 OUT T□ 명령을 점프하면 현재값의 갱신 및 접점의 ON/OFF를 실행하지 않는다.

또한 동일한 OUT T□ 명령을 동일 스캔 내에서 2회 이상 실행한 경우, 실행한 횟수만큼 현재값을 갱신한다.

⑥ 타이머의 코일/접점의 인덱스 수식은 Z0, Z1에서만 실행할 수 있다. 타이머의 설정값은 인덱스 수식의 제한은 없다.

비 고

① 타이머의 시한

시한의 설정은 PLC 파라미터의 PLC 시스템 설정에서 설정한다.

타이머 종류	베이식 모델 QCPU 하이퍼포먼스 모델 QCPU 프로세스 CPU, 이중화CPU		유니버설 모델 QCPU, LCPU	
	설정 범위	설정 단위	설정 범위	설정 단위
저속 타이머 저속 적산 타이머	1ms~1,000ms (디폴트 : 100ms)	1ms	1ms~1,000ms (디폴트 : 100ms)	1ms
고속 타이머 고속 적산 타이머	0.1ms~100.0ms (디폴트 : 10.0ms)	0.1ms	0.01ms~100.0ms (디폴트 : 10.0ms)	0.1ms

② 계수 방법에 대해서는 사용하는 CPU 모듈의 사용자 매뉴얼(기능 해설 · 프로그램 기초편)을 참조하라.

③ OUT T□ 명령의 기본 스텝 수는 4스텝이다.

에 러

OUT T□ 명령에 관한 연산 에러는 없다.

주의사항

① 타이머의 접점에서 다른 타이머의 계측을 하는 프로그램을 작성하는 경우, 다음에 계측하는 타이머부터 차례로 프로그래밍 한다.
다음의 경우, 계측 순으로 프로그래밍 하면 모든 타이머가 동일 스캔에서 ON한다.

- 스캔 타임보다 짧은 설정값일 때
- 설정값이 "1"일 때

예) • T0 ~ T2의 타이머를 나중에 계측하는 타이머부터 차례로 프로그래밍 한 경우

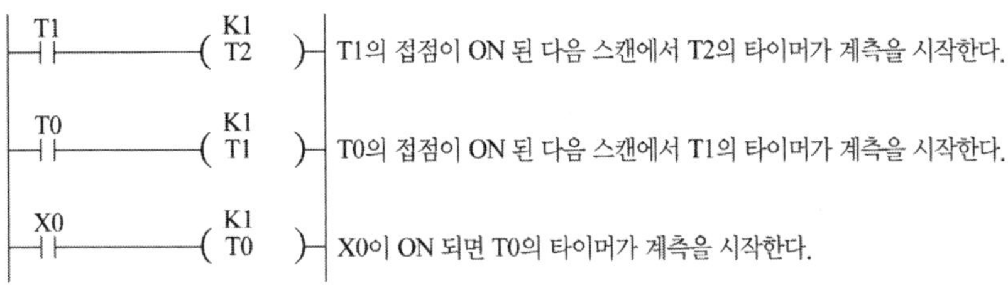

• T0 ~ T2의 타이머를 계측순으로 프로그래밍 한 경우

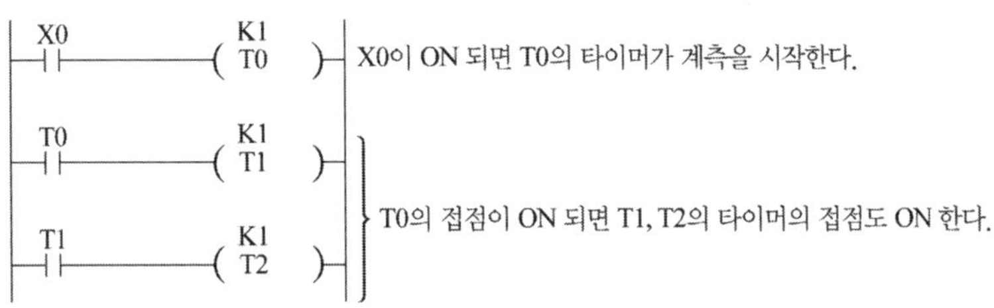

프로그램 예

1) X0이 ON되고 10초 후에 Y10, Y14가 ON되는 프로그램

[래더 모드]

[리스트 모드]

스텝	명령	디바이스	
0	LD	X0	
1	OUT	T1	K100
5	LD	T1	
6	OUT	Y10	
7	OUT	Y14	
8	END		

*3 : 저속 타이머의 설정값은 디폴트 값의 시한(100ms)의 경우를 나타낸다.

2) X10~X1F의 BCD 데이터를 타이머의 설정값으로 하는 프로그램

[래더 모드]

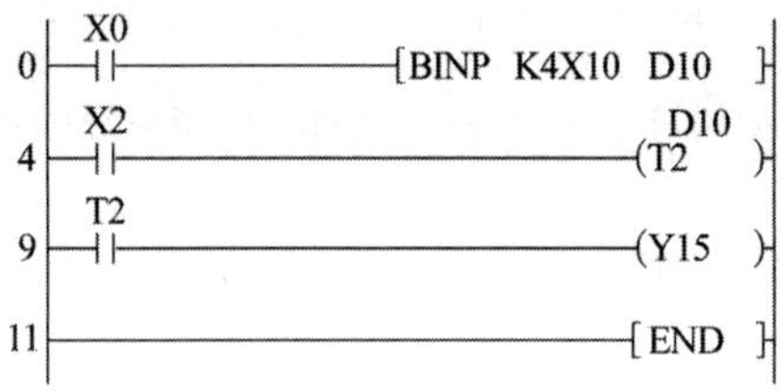

X10~X1F의 BCD 데이터를 BIN 변환하여 D10에 저장한다.

X2가 ON 되면 D10에 저장되어 있는 데이터를 설정값으로 계수한다.

T2가 카운트업하면 Y15가 ON된다.

[리스트 모드]

스텝	명령	디바이스	
0	LD	X0	
1	BINP	K4X10	D10
4	LD	X2	
5	OUT	T2	D10
9	LD	T2	
10	OUT	Y15	
11	END		

3) X0이 ON되고 250ms 후에 Y10을 ON하는 프로그램

[래더 모드]

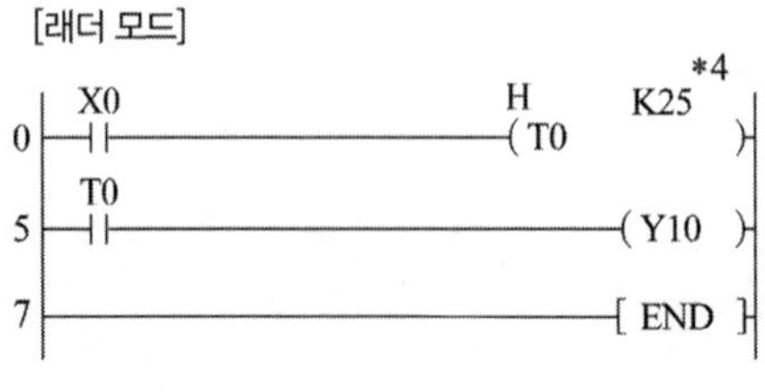

[리스트 모드]

스텝	명령	디바이스	
0	LD	X0	
1	OUTH	T0	K25
5	LD	T0	
6	OUT	Y10	
7	END		

(11) 카운터(OUT C)

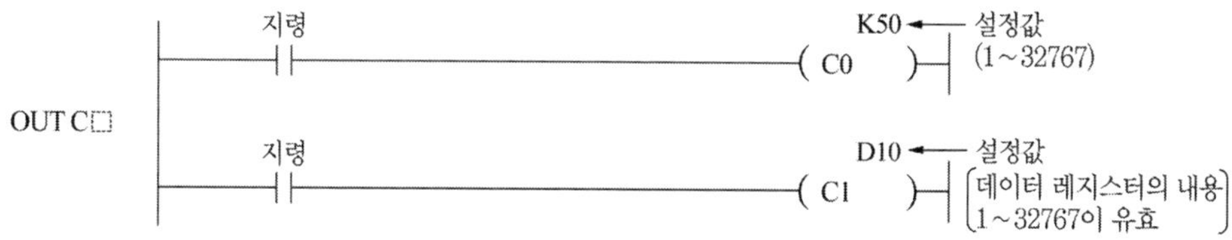

Ⓓ : 타이머 번호(비트)
설정값 : 타이머의 설정값(BIN16비트 *1)

설정 데이터	내부 디바이스		R, ZR	J□W□		U□WG□	Zn	상수 K	기타
	비트	워드		비트	워드				
Ⓓ	○ (C만)	–	–			–	–	–	○
설정값	–	○T.C 이외	○	–		○	–	○*2	–

*1 : 타이머의 설정값은 간접 지정할 수 없다.

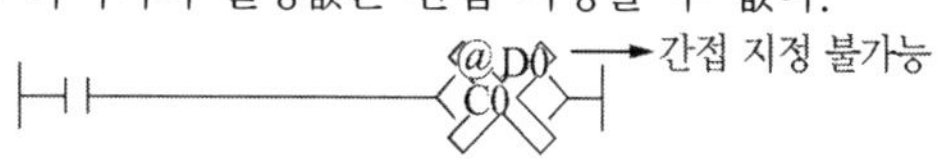

간접 지정에 대해서는 3.4절을 참조한다.
*2 : 타이머의 설정값은 10진 상수(K)만 사용할 수 있다. 16진 상수(H), 실수는 사용할 수 없다.

기 능

① OUT 명령까지의 연산 결과가 OFF→ON으로 변경되었을 때, 현재값(카운트 값)을 +1 하여 카운트업(현재값≥설정값)하면 접점은 다음과 같이 된다.

a접점	ON
b접점	OFF

② 연산 결과가 ON 상태일 때는 카운트되지 않는다(카운트 입력은 펄스화 할 필요가 없다).

③ 카운트업 후에는 RST 명령을 실행할 때까지 카운트 값 및 접점 상태는 변경되지 않는다.

④ 설정값에 음수(−32768~−1)는 설정할 수 없다. 또한 설정값이 0일 때는 1과 동일하게 처리된다.

⑤ 카운터의 코일/접점의 인덱스 수식은 Z0, Z1만 사용할 수 있다. 카운터의 설정값은 인덱스 수식의 제한이 없다.

비 고

① 카운터의 카운트 방법에 대해서는 사용하는 CPU 모듈의 사용자 매뉴얼(기능・해설・프로그램 기초편)을 참조하라.
② OUT C□ 명령의 기본 스텝 수는 4스텝이다.

에 러

OUT C□ 명령에 관한 연산 에러는 없다.

프로그램 예

1) X0이 10회 ON하면 Y30을 ON하고, X1이 ON되었을 때 카운터를 리셋하는 프로그램

[래더 모드]

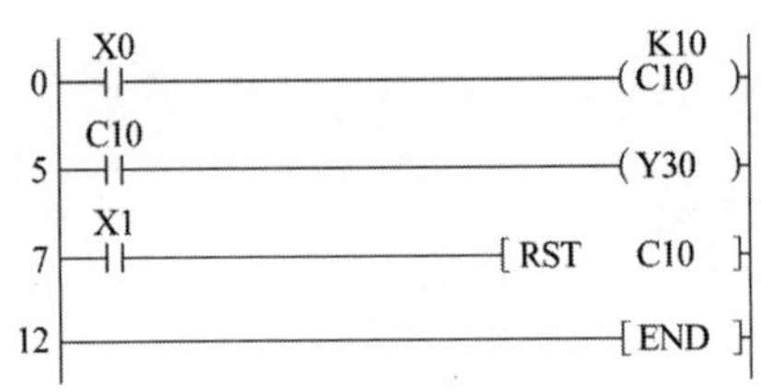

[리스트 모드]

스텝	명령	디바이스	
0	LD	X0	
1	OUT	C10	K10
5	LD	C10	
6	OUT	Y30	
7	LD	X1	
8	RST	C10	
12	END		

2) C10의 설정값을 X1이 ON되었을 때 20으로 하는 프로그램

[래더 모드]

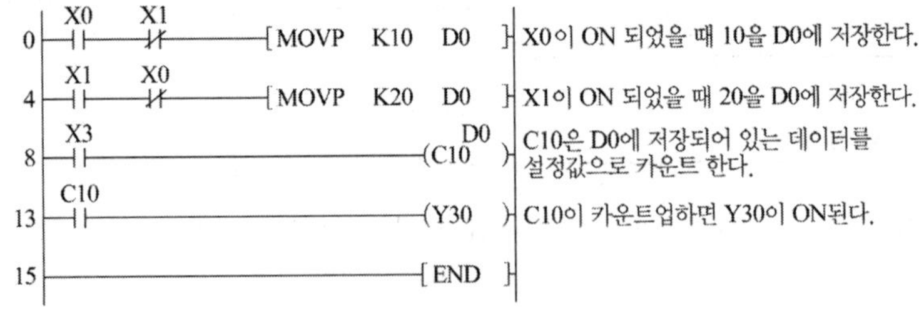

[리스트 모드]

스텝	명령	디바이스	
0	LD	X0	
1	ANI	X1	
2	MOVP	K10	D0
4	LD	X1	
5	ANI	X0	
6	MOVP	K20	D0
8	LD	X3	
9	OUT	C10	D0
13	LD	C10	
14	OUT	Y30	
15	END		

(12) 어넌시에이터 출력(OUT F)

Ⓓ : ON되는 어넌시에이터 번호(비트)

설정 데이터	내부 디바이스		R, ZR	J□W□		U□WG□	Zn	상수	기타
	비트	워드		비트	워드				
Ⓓ	○ (F만)	–							

기 능

① OUT 명령까지의 연산 결과를 지정한 어넌시에이터에 출력한다.

② 어넌시에이터(F)를 ON하는 경우 다음과 같이 된다.

- "USER"/"ERR." LED가 점등된다.
- ON하는 어넨시에이터 번호(F 번호)를 특수 레지스터(SD64~SD79)에 저장한다.
- SD63의 내용을 +1한다.

③ SD63의 내용이 16일 때(어넌시에이터가 이미 16개 ON하고 있을 때)는 새로 어넌시에이터가 ON되어도 ON하는 어넌시에이터 번호는 SD64~SD79에 저장되지 않는다.

④ OUT 명령으로 어넌시에이터를 OFF하는 경우 다음과 같이 된다.

코일은 OFF되지만 "USER"/"ERR."LED 상태, SD63~SD79의 내용은 변경되지 않는다. "USER"/"ERR."LED의 소등 SD63~SD79에서 OUT F□ 명령으로 OFF한 어넌시에이터를 삭제하는 경우 RST F 명령으로 실행한다.

에 러

OUT F□ 명령에 관한 연산 에러는 없다.

비 고

① 어넌시에이터에 대해서는 사용하는 CPU 모듈의 사용자 매뉴얼(기능 · 해설 · 프로그램 기초편)을 참조하라.

② OUT F□ 명령의 기본 스텝 수는 2스텝이다.

③ CPU 모듈 전면의 LED 표시기 또는 "USER" LED의 CPU 모듈 타입을 나타낸다.

LED 모양	CPU 모듈 형명
"USER" LED	하이 퍼포먼스 모델 CPU, 프로세스 CPU, 이중화 CPU, 유니버설 모델 QCPU, LCPU
"ERR." LED	베이식 모델 CPU

프로그램 예

1) X0이 ON되었을 때 F7을 ON하여 7을 SD64~SD79에 저장하는 프로그램

[래더 모드]

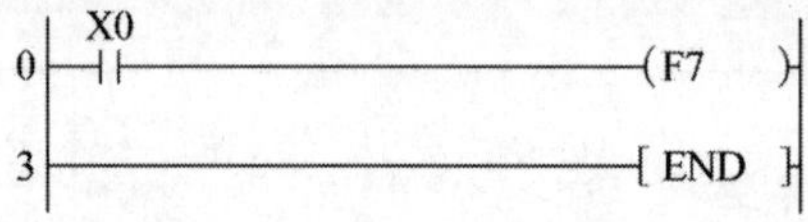

[리스트 모드]

스텝	명령	디바이스
0	LD	X0
1	OUT	F7
3	END	

[동 작]

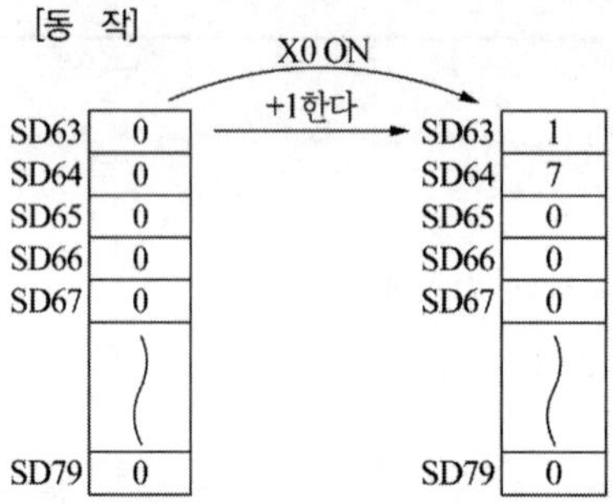

(13) 디바이스 세트(어넌시에이터 제외)(SET)

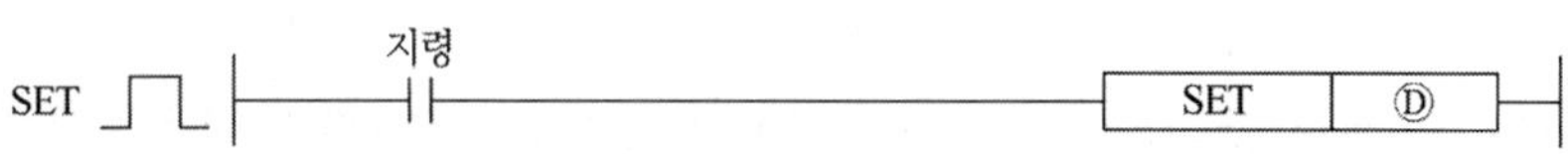

Ⓓ : 세트(ON)하는 비트 디바이스 번호/워드 디바이스의 비트 지정(비트)

설정 데이터	내부 디바이스		R, ZR	J□W□		U□WG□	Zn	상수	기타 BL, DY
	비트	워드		비트	워드				
Ⓓ	○	○(T.C 제외)		○			–		○

기 능

① 실행 지령이 ON되면 지정 디바이스는 다음과 같이 된다.

디바이스	디바이스 상태
비트 디바이스	코일, 접점을 ON한다.
워드 디바이스의 비트 지정 시	지정 비트를 1로 한다.

② ON된 디바이스는 실행 지령이 OFF되어도 ON 상태를 유지한다.
SET 명령으로 ON한 디바이스는 RST 명령으로 OFF할 수 있다.

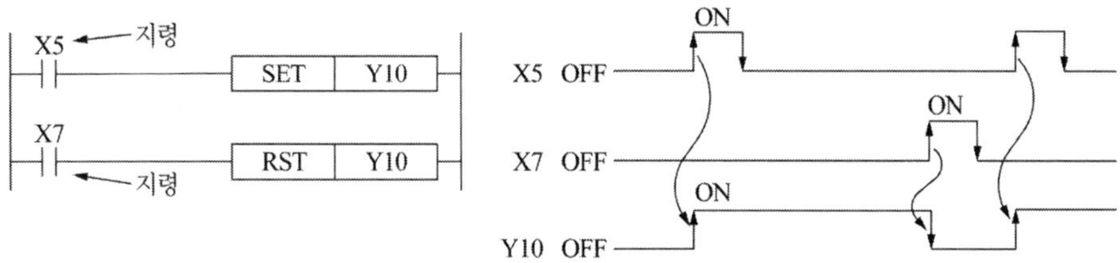

③ 실행 지령이 OFF되어 있는 경우 디바이스 상태는 변경되지 않는다.

에 러

SET 명령에 관한 연산 에러는 없다.

프로그램 예

1) X8이 ON되었을 때 Y8B를 세트(ON)하고, X9를 ON하였을 때 Y8B를 리셋(OFF)하는 프로그램

[래더 모드]

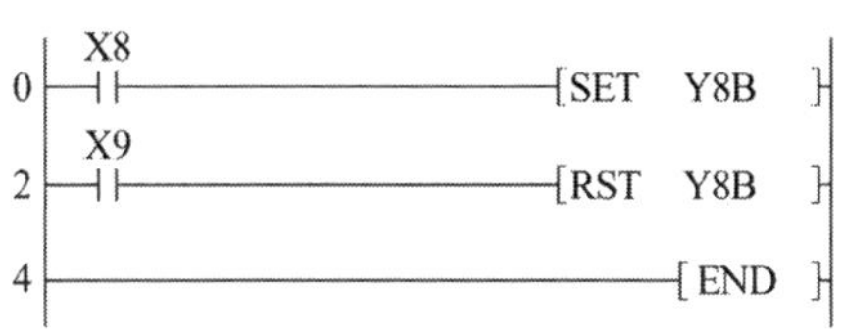

[리스트 모드]

스텝	명령	디바이스
0	LD	X8
1	SET	Y8B
2	LD	X9
3	RST	Y8B
4	END	

2) X8이 ON되었을 때 D0의 비트(b5)를 1로 하고, X9가 ON되었을 때 D0의 비트 5(b5)를 0으로 하는 프로그램

[래더 모드]

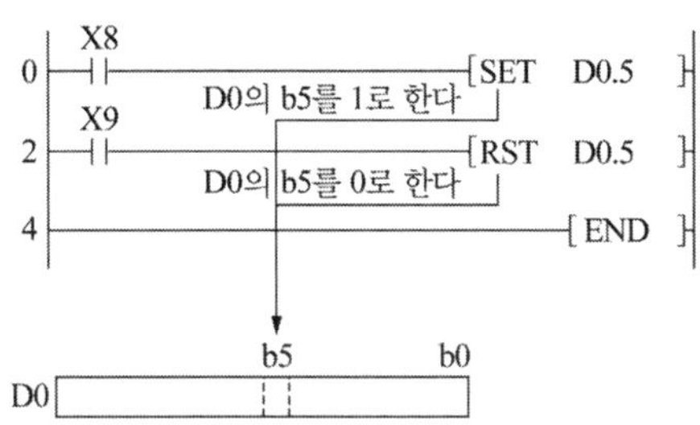

[리스트 모드]

스텝	명령	디바이스
0	LD	X8
1	SET	D0.5
2	LD	X9
3	RST	D0.5
4	END	

비 고

① SET 명령의 기본 스텝 수는 다음과 같이 되어 있다.
- 내부 디바이스, 파일 레지스터(R0~R32767) 사용 시 : 1
- 다이렉트 액세스 출력(DY), SFC 프로그램 디바이스(BL) 사용 시 : 2
- 연번 액세스 방식 파일 레지스터 사용 시
  (유니버설 모델 QCPU, LCPU의 경우) : 2
  (베이식 모델 QCPU, 하이 퍼포먼스 모델 QCPU, 프로세스 CPU, 이중화 CPU의 경우) : 3
- 상기 이외의 디바이스 사용 시 : 3

② 디바이스에 X를 사용하는 경우 실제 입력으로 사용하고 있지 않는 디바이스 번호를 사용한다. 실제 입력 디바이스와 같은 번호를 사용하면 실제 입력의 데이터가 SET 명령으로 지정한 입력 X에 덮어쓰기 된다.

(14) 디바이스 리셋(어넌시에이터 제외)(RST)

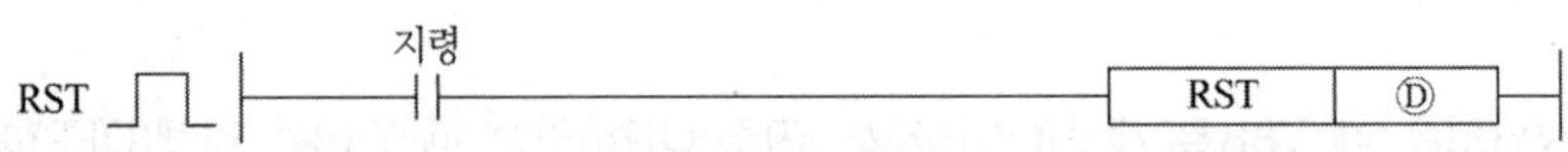

Ⓓ : 리셋하는 비트 디바이스 번호/워드 디바이스의 비트 지정(비트)
리셋하는 워드 디바이스 번호(BIN16비트)

설정 데이터	내부 디바이스		R, ZR	J□W□		U□WG□	Zn	상수	기타 DY
	비트	워드		비트	워드				
Ⓓ	○							–	○

기 능

① 실행 지령이 ON되면 지정 디바이스는 다음과 같이 된다.

디바이스	디바이스 상태
비트 디바이스	코일, 접점을 ON한다.
타이머, 카운터	현재값을 0으로 하여 코일, 접점을 ON한다.
워드 디바이스의 비트 지정 시	지정 비트를 0으로 한다.
타이머, 카운터 이외의 워드 디바이스	내용을 0으로 한다.

② 실행 지령이 OFF되어 있는 경우 디바이스 상태는 변경되지 않는다.

③ RST 명령으로 워드 디바이스 지정 시의 기능은 다음과 같다.

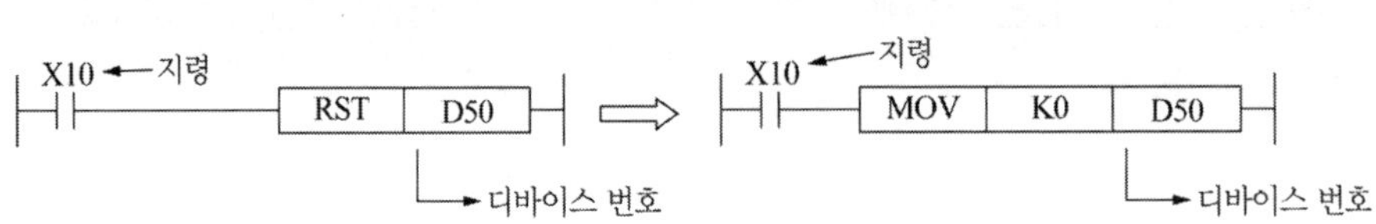

에 러

RST 명령에 관한 연산 에러는 없다.

비 고

1) RST명령의 기본 스텝 수는 다음과 같이 되어 있다.
   ① 비트 처리의 경우
   - 내부 디바이스(비트 디바이스 또는 워드 디바이스의 비트 지정) : 1
   - 다이렉트 액세스 출력 : 2
   - 타이머, 카운터 : 4
   - 연번 액세스 방식 파일 레지스터 사용 시
     (유니버설 모델 QCPU, LCPU의 경우) : 2
     (베이식 모델 QCPU, 하이 퍼포먼스 모델 QCPU, 프로세스 CPU, 이중화 CPU의 경우) : 3
   - 상기 이외 : 3

   ② 워드 처리의 경우
   - 내부 디바이스 : 2
   - 인덱스, 레지스터 : 2
   - 연번 액세스 방식 파일 레지스터 사용 시
     (유니버설 모델 QCPU, LCPU의 경우) : 2
     (베이식 모델 QCPU, 하이 퍼포먼스 모델 QCPU, 프로세스 CPU, 이중화 CPU의 경우) : 3
   - 상기 이외 : 3

프로그램 예

1) 데이터 레지스터의 내용을 0으로 하는 프로그램

[래더 모드]

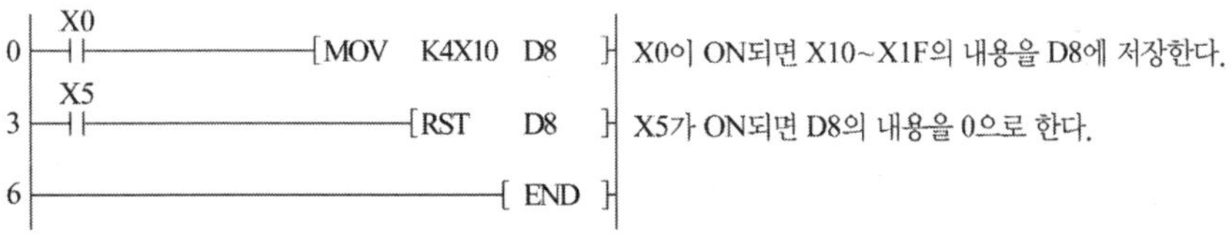

[리스트 모드]

스텝	명령	디바이스	
0	LD	X0	
1	MOV	K4X10	D8
3	LD	X5	
4	RST	D8	
6	END		

2) 100ms 적산 타이머, 카운터를 리셋하는 프로그램

[래더 모드]

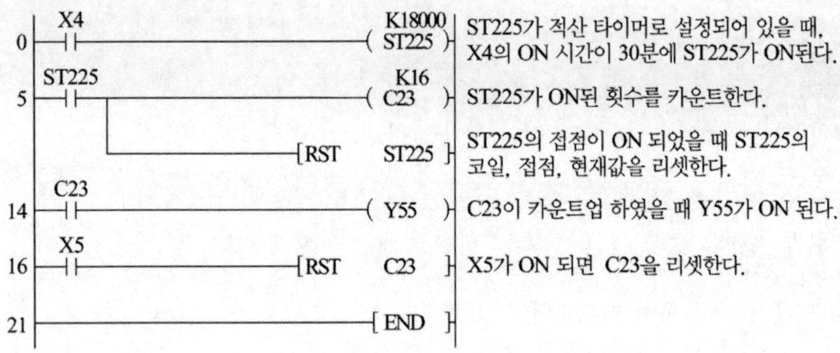

[리스트 모드]

스텝	명령	디바이스	
0	LD	X4	
1	OUT	ST225	K18000
5	LD	ST225	
6	OUT	C23	K16
10	RST	T225	
14	LD	C23	
15	OUT	Y55	
16	LD	X5	
17	RST	C23	
21	END		

(15) 어넌시에이터 세트, 리셋(SET F, RST F)

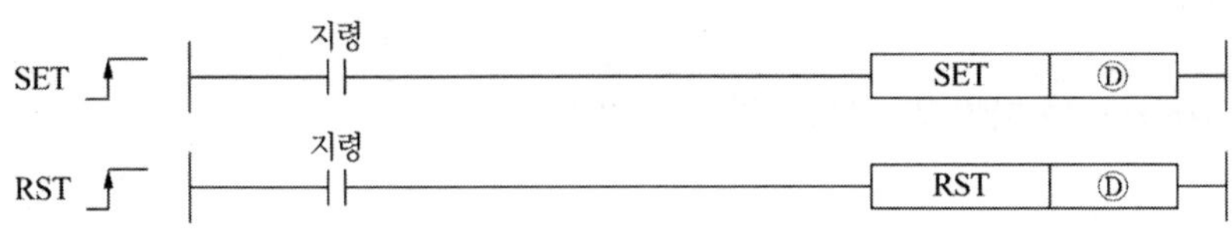

SET Ⓓ : 세트하는 어넌시에이터 번호(F번호)(비트)
RST Ⓓ : 리셋하는 어넌시에이터 번호(F번호)(비트)

설정 데이터	내부 디바이스		R, ZR	J□W□		U□WG□	Zn	상수	기타
	비트	워드		비트	워드				
Ⓓ	○ F만	–							

기 능

SET

① 실행 지령이 ON되었을 때 Ⓓ로 지정된 어넌시에이터를 ON한다.

② 어넌시에이터(F)를 ON한 경우 다음과 같이 된다.

- "USER" LED가 점등된다.*1
- ON한 어넨시에이터 번호(F 번호)를 특수 레지스터(SD64~SD79)에 저장한다.
- SD63의 내용을 +1한다.

*1 : 베이식 모델 QCPU의 경우 "ERR." LED가 점등된다.

③ SD63의 내용이 16일 때(어넌시에이터가 이미 16개 ON하고 있을 때)는 새로 어넌시에이터를 ON해도 ON한 어넌시에이터 번호가 SD64~SD79의 테이블에 저장되지 않는다.

RST

① 실행 지령이 ON되었을 때 Ⓓ로 지정되는 어넌시에이터를 OFF한다.

② OFF한 어넌시에이터 번호(F 번호)는 특수 레지스터(SD64~SD79)에서 삭제되고 SD63의 내용이 -1된다.

비 고

① 어넨시에이터에 대해서는 사용하는 CPU 모듈의 사용자 매뉴얼(기능・해설・프로그램 기초편)을 참조한다.

② SET F□, RST F□ 명령의 기본 스텝 수는 2이다.

③ SD63의 내용이 16일 때 RST 명령에 의해 SD64~SD79에서 어넌시에이터 번호가 삭제되며, SD64~SD79에 등록되어 있지 않은 번호의 어넌시에이터가 ON되어 있으면 그 번호를 새로 등록한다.

SD64~SD79에 등록되어 있지 않은 번호의 어넌시에이터가 ON되어 있으면 그 번호를 새로 등록한다. SD64~SD79의 어넌시에이터 번호가 모두 OFF되면 CPU 모듈 전면의 LED 표시 또는 "USER" LED가 소등한다.*1

*1 : 베이식 모델 QCPU의 경우 "ERR." LED가 소등한다.

[SD63이 16일 때의 동작]

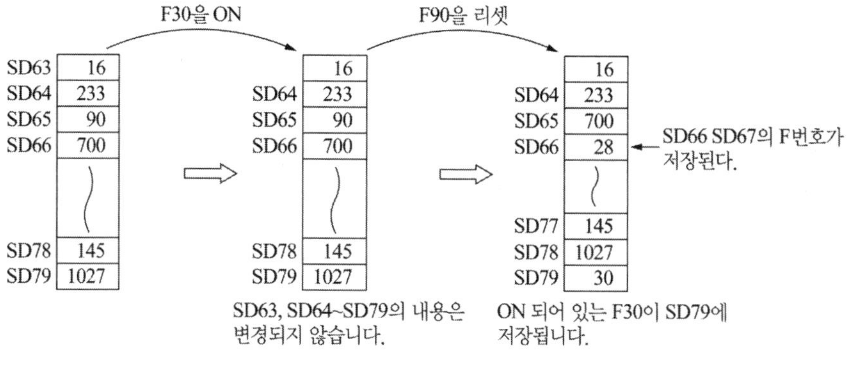

기 능

SET F□, RST F□ 명령에 관한 연산 에러는 없다.

프로그램 예

1) X1이 ON되었을 때 어넌시에이터 F11을 ON하여 특수 레지스터(SD64~SD79)에 11을 저장한다. 또한 X2가 ON되면 어넌시에이터 F11을 리셋하여 특수 레지스터(SD64 ~ SD79) 내의 11을 삭제하는 프로그램

[래더 모드]

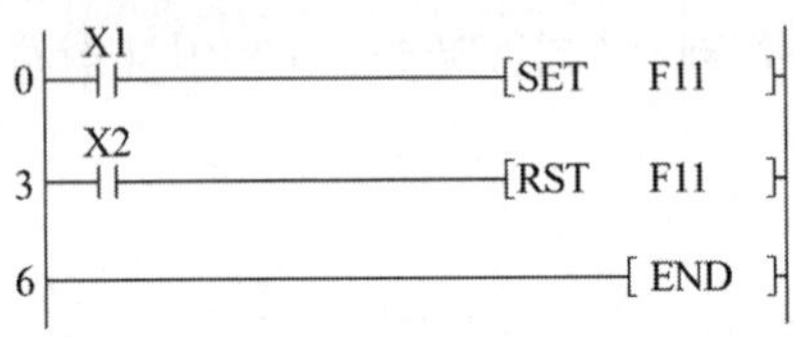

[리스트 모드]

스텝	명령	디바이스
0	LD	X1
1	SET	F11
3	LD	X2
4	RST	F11
6	END	

[동 작]

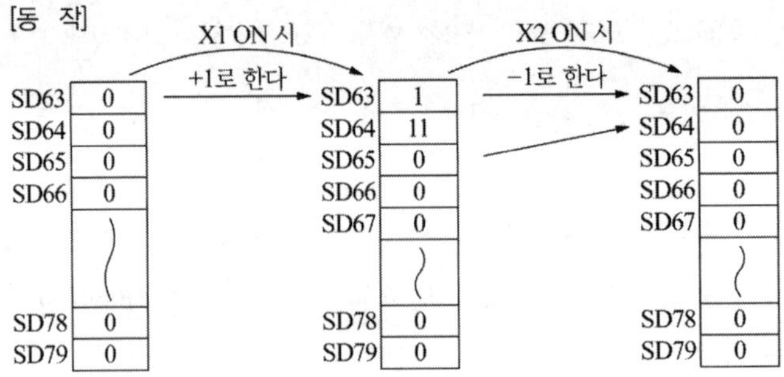

(16) 상승 펄스, 하강 펄스 출력(PLS, PLF)

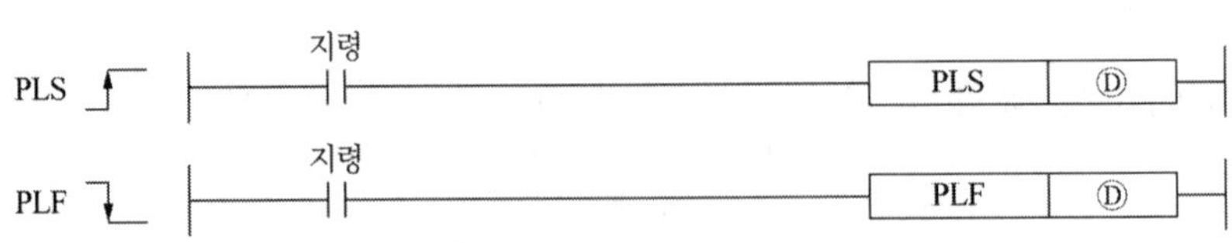

Ⓓ : 펄스화하는 디바이스(비트)

설정 데이터	내부 디바이스		R, ZR	J□W□		U□WG□	Zn	상수	기타
	비트	워드		비트	워드				DY
Ⓓ	○						−		○

기 능

PLS

① 실행 지령의 OFF→ON 시 지정 디바이스를 ON하고, 실행 지령의 OFF→ON 시 이외(ON→ON, ON→OFF, OFF→OFF)일 때는 OFF한다. 1스캔 중에 Ⓓ로 지정된 디바이스의 PLS 명령이 1개인 경우, 지정 디바이스가 1스캔 ON한다.
동일 디바이스의 PLS 명령을 1스캔에 여러 차례 실행한 경우의 동작은 3.9절을 참조한다.

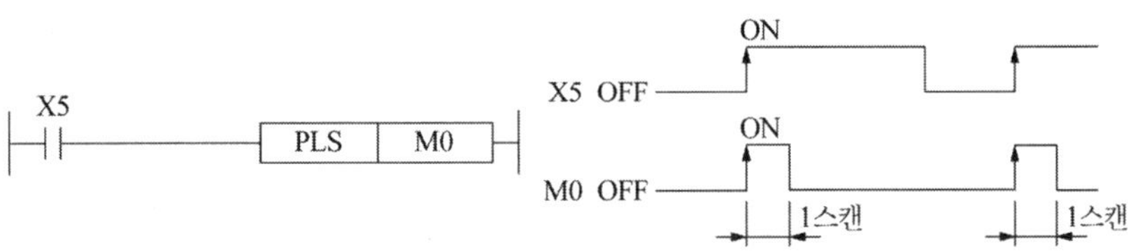

② PLS 명령 실행 후에 RUN→STOP하고, 다시 RUN으로 해도 PLS 명령은 실행되지 않는다.

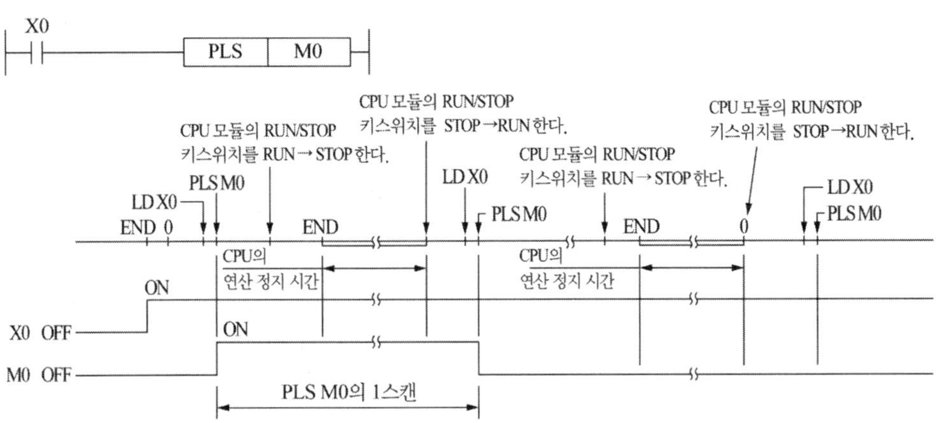

③ 실행 지령에 래치 릴레이(L)를 지정하여 래치 릴레이가 ON되어 있는 상태에서 전원을 OFF→ON하면 실행 지령은 첫 번째 스캔에 OFF→ON되고, PLS 명령을 실행하여 지정 디바이스가 ON된다. 전원 ON 후 첫 번째 스캔에서 ON한 디바이스는 다음 PLS 명령에서 OFF한다.

PLF

① 실행 지령의 ON→OFF 시 지정 디바이스를 ON하고, 실행 지령이 ON→OFF 이외(OFF→OFF, OFF→ON, ON→ON)일 때는 OFF한다. 1스캔 중에 Ⓓ로 지정된 디바이스의 PLF 명령이 1개인 경우, 지정 디바이스가 1스캔 ON한다. 동일 디바이스의 PLF

명령을 1스캔에서 여러 차례 실행한 경우 동작은 3.9절을 참조한다.

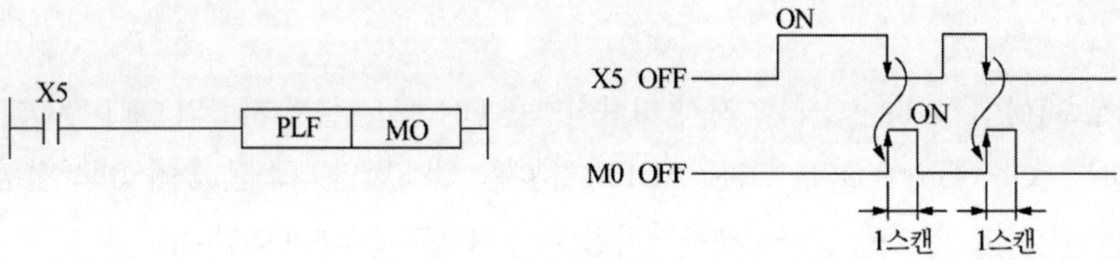

② PLF 명령 실행 후에 RUN→STOP하고, 다시 RUN으로 해도 PLF 명령은 실행되지 않는다.

POINT

PLS, PLF 명령을 CJ 명령으로 점프하거나 실행한 서브루틴 프로그램을 CALL 명령으로 호출하지 않은 경우, Ⓓ로 지정된 디바이스가 1스캔 이상 ON되는 경우가 있으므로 주의한다.

에 러

PLS, PLF 명령에 관한 연산 에러는 없다.

프로그램 예

1) X9가 ON되었을 때 PLS 명령을 실행하는 프로그램

[래더 모드]

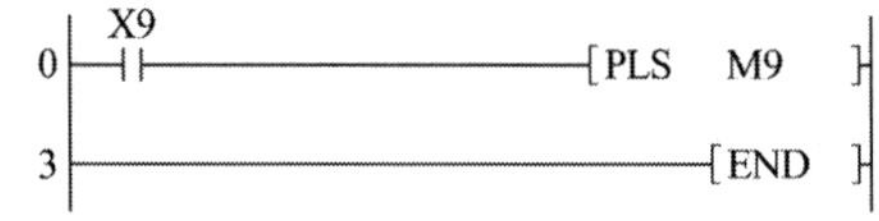

[리스트 모드]

스텝	명령	디바이스
0	LD	X9
1	PLS	M9
3	END	

[타이밍 차트]

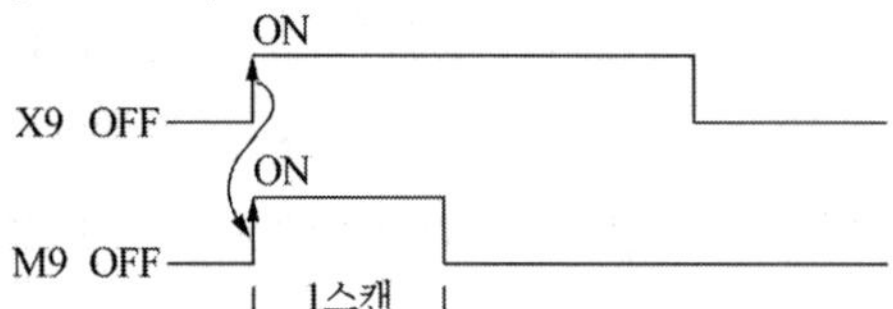

2) X9가 OFF되었을 때 PLF 명령을 실행하는 프로그램

[래더 모드]

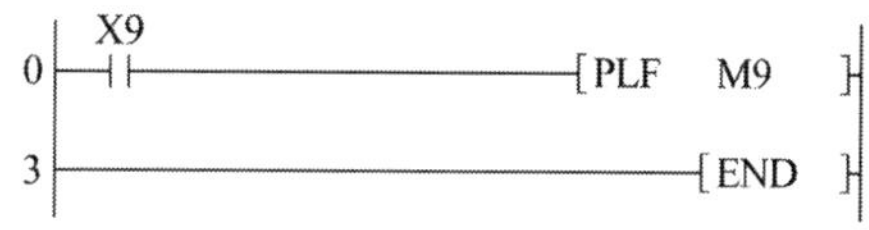

[리스트 모드]

스텝	명령	디바이스
0	LD	X9
1	PLF	M9
3	END	

[타이밍 차트]

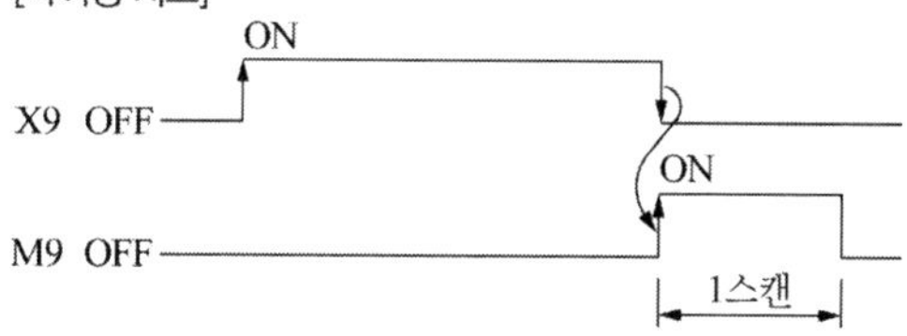

(17) 비트 디바이스 출력 반전(FF)

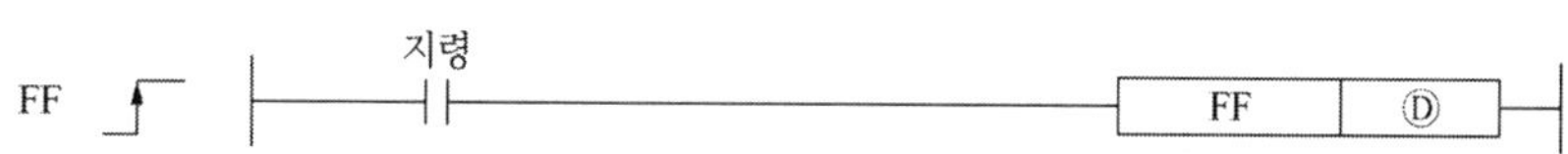

Ⓓ : 반전하는 디바이스 번호(비트)

설정 데이터	내부 디바이스		R, ZR	J□W□		U□WG□	Zn	상수	기타 DY
	비트	워드		비트	워드				
Ⓓ	○						−		○

기 능

① 실행 지령의 OFF→ON 시 Ⓓ로 지정된 디바이스 상태를 반전한다.

디바이스	디바이스 상태	
	FF 실행 전	FF 실행 후
비트 디바이스	OFF	ON
	ON	OFF
워드 디바이스의 비트 지정	0	1
	1	0

에 러

FF 명령에 관한 연산 에러는 없다.

프로그램 예

1) X9가 ON되었을 때 Y10의 출력을 반전시키는 프로그램

[래더 모드]

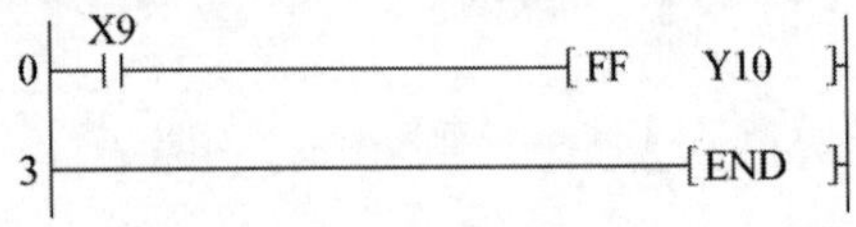

[리스트 모드]

스텝	명령	디바이스
0	LD	X9
1	FF	Y10
3	END	

[타이밍 차트]

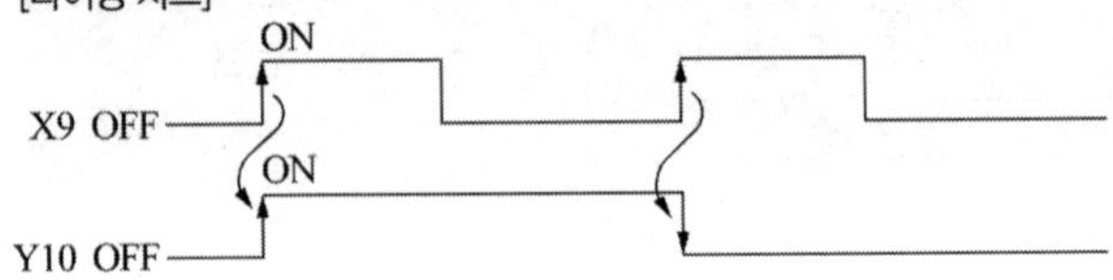

2) X0이 ON되었을 때 D10의 b10(비트 10)를 반전시키는 프로그램

[래더 모드]

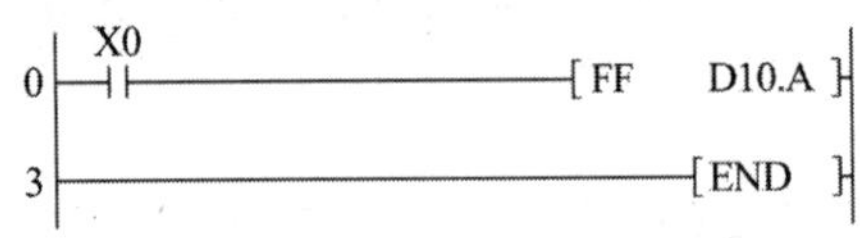

[리스트 모드]

스텝	명령	디바이스
0	LD	X0
1	FF	D10.A
3	END	

[타이밍 차트]

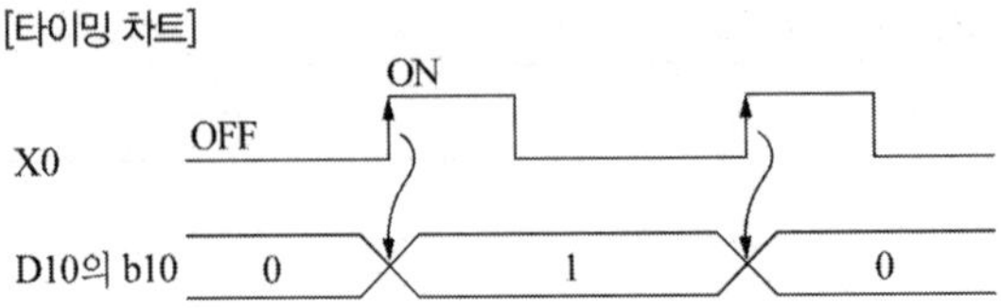

(18) 다이렉트 출력의 펄스화(DELTA(P))

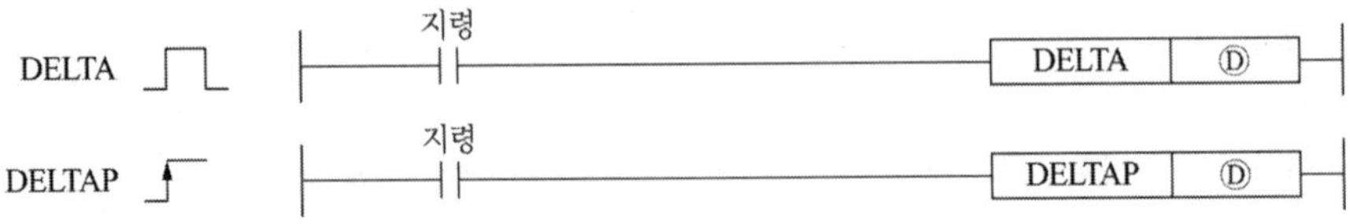

Ⓓ : 펄스화하는 디바이스 번호(비트)

설정 데이터	내부 디바이스 비트	내부 디바이스 워드	R, ZR	J□W□ 비트	J□W□ 워드	U□WG□	Zn	상수	기타 DY
Ⓓ	–								○

기 능

① Ⓓ로 지정된 다이렉트 액세스 출력(DY)을 펄스 출력한다.
DELTA DY0으로 지정된 경우에는 아래 그림에 나타나는 SET/RST 명령을 사용한 래더 프로그램과 같은 동작이 된다.

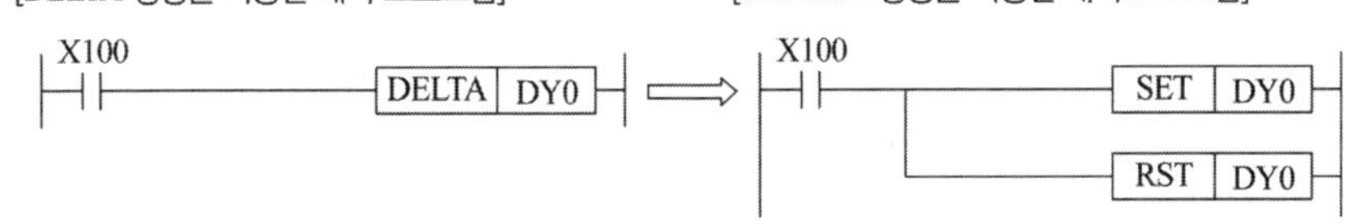

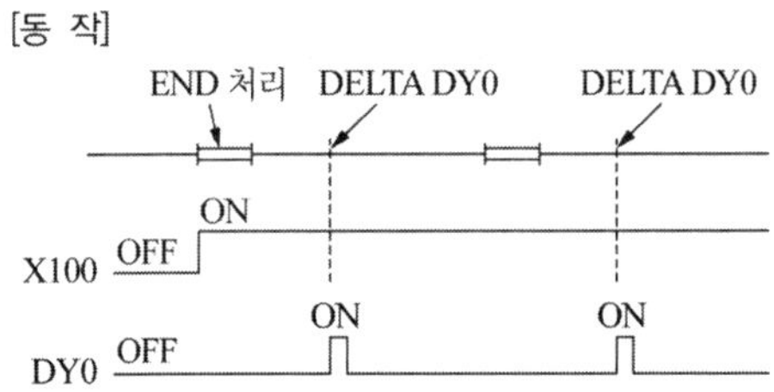

② DELTA(P) 명령은 인텔리전트 기능 모듈에 대한 상승 펄스 실행 지령에 사용한다.

에 러

다음과 같은 경우에는 연산 에러가 되어 에러 플래그(SM0)가 ON되고 에러 코드가 SD0에 저장된다.

- Ⓓ로 지정된 다이렉트 액세스 출력 번호가 CPU 모듈의 출력 범위를 초과했을 때 (에러 코드 : 4101)

프로그램 예

1) X20이 ON되었을 때 기본 베이스 모듈의 슬롯 0에 장착되어있는 AD61의 CH1의 프리셋을 실행하는 프로그램

[래더 모드]

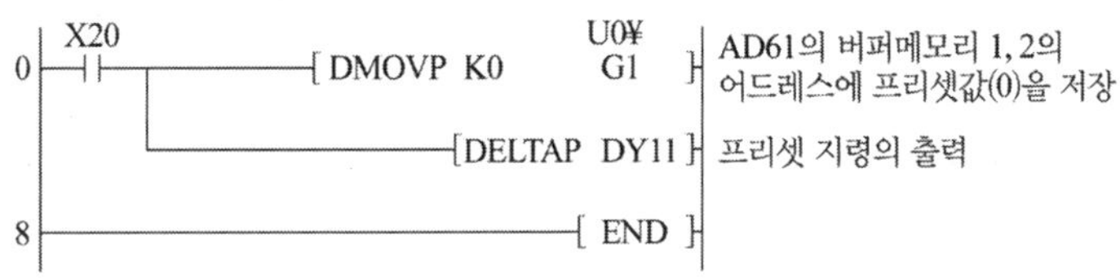

[리스트 모드]

스텝	명령	디바이스	
0	LD	X20	
1	DMOVP	K0	U0¥G1
6	DELTAP	DY11	
8	END		

(19) 비트 디바이스 시프트(SFT(P))

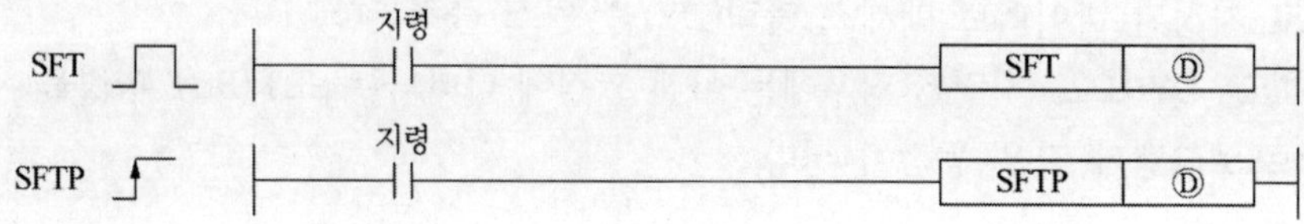

Ⓓ : 시프트하는 디바이스의 선두 번호(비트)

설정 데이터	내부 디바이스		R, ZR	J□W□		U□WG□	Zn	상수	기타 DY
	비트	워드		비트	워드				
Ⓓ	○ TC 이외						–		○

기 능

1) 비트 디바이스의 경우

① Ⓓ로 지정된 디바이스는 1개 작은 디바이스의 ON/OFF 상태를 Ⓓ로 지정된 디바이스에 시프트하여 1개 작은 디바이스를 OFF한다. 예를 들어 SFT 명령으로 M11이 지정되었을 때 SFT 명령 실행 시 M10의 ON/OFF를 M11에 시프트하여 M10을 OFF한다.

② 시프트하는 선두 디바이스는 SET 명령으로 ON한다.

③ 연속으로 SFT, SFTP를 이용하는 경우 디바이스 번호가 큰 것부터 프로그램한다.

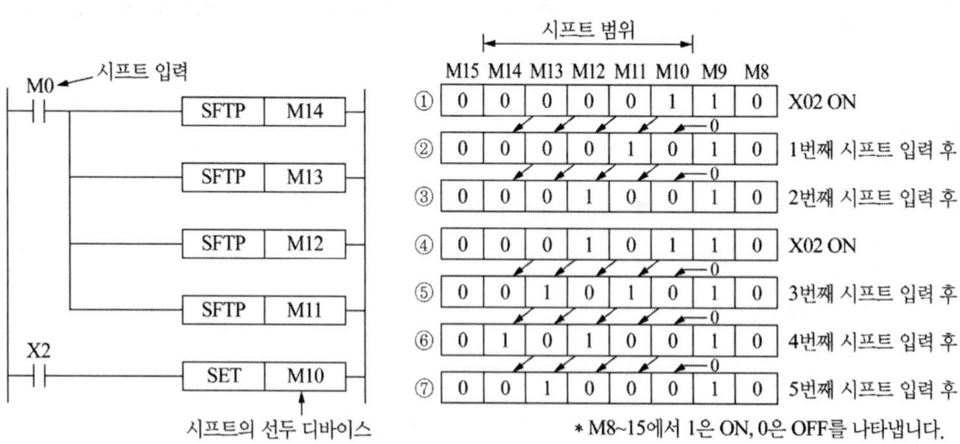

2) 워드 디바이스의 비트 지정의 경우

Ⓓ로 지정된 디바이스의 비트는 1개 작은 비트의 I/0 상태를 Ⓓ로 지정된 비트에 시프트하여 1개 작은 비트를 0으로 한다. 예를 들어 SFT 명령으로 D0.5 [D0의 비트 5(b5)]가 지정되었을 때 SFT 명령 실행 시 D0의 b4의 I/0을 b5에 시프트하여 b4를 0으로 한다.

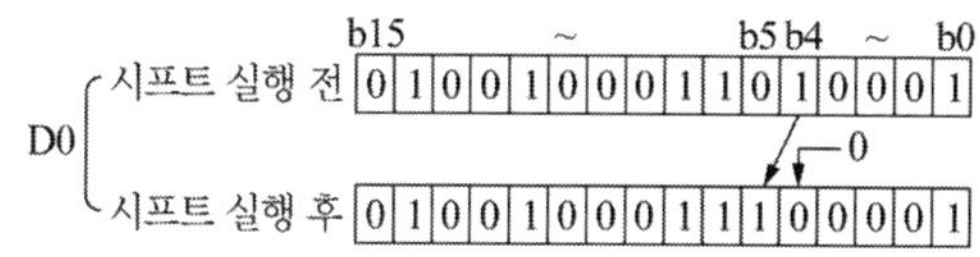

에 러

다음과 같은 경우에는 연산 에러가 되어 에러 플래그(SM0)가 ON되고 에러 코드가 SD0에 저장된다.

- Ⓓ로 지정된 디바이스가 해당 디바이스의 범위를 초과했을 때 (유니버설 모델 QCPU, LCPU의 경우). (에러 코드 : 4101)

프로그램 예

1) X8이 ON되었을 때 Y57~Y5B를 시프트하는 프로그램

[래더 모드]

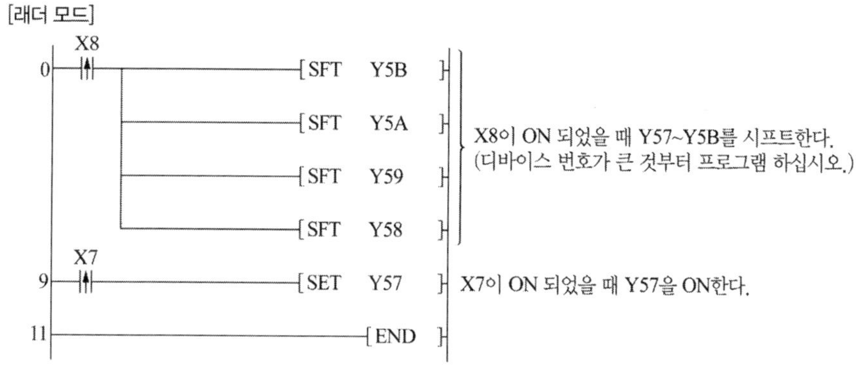

[타이밍 차트]

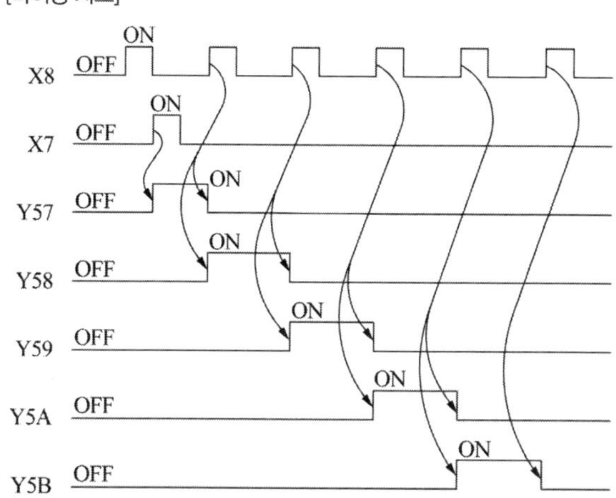

[리스트 모드]

스텝	명령	디바이스
0	LDP	X8
1	SFT	Y5B
3	SFT	Y5A
5	SFT	Y59
7	SFT	Y58
9	LDP	X7
10	SET	Y57
11	END	

(20) 마스터 컨트롤 세트, 리셋(MC, MCR)

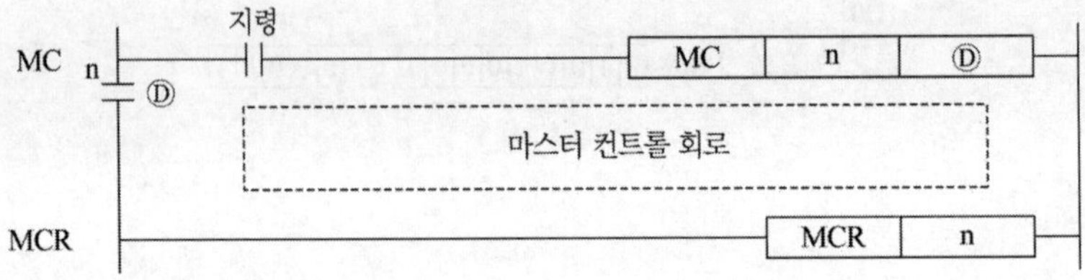

n : 네스팅(N0~N14)(네스팅)
Ⓓ : ON되는 디바이스 번호(비트)

<table>
<tr><th rowspan="2">설정 데이터</th><th colspan="2">내부 디바이스</th><th rowspan="2">R, ZR</th><th colspan="2">J□W□</th><th rowspan="2">U□WG□</th><th rowspan="2">Zn</th><th rowspan="2">상수</th><th colspan="2">기타</th></tr>
<tr><th>비트</th><th>워드</th><th>비트</th><th>워드</th><th>N</th><th>DY</th></tr>
<tr><td>n</td><td colspan="6">–</td><td colspan="2">–</td><td>○</td><td>–</td></tr>
<tr><td>Ⓓ</td><td colspan="6">○</td><td colspan="2">–</td><td>–</td><td>○</td></tr>
</table>

기 능

마스터 컨트롤 명령은 회로의 공통 모선을 개폐하여 고효율의 회로 전환 시퀀스 프로그램을 작성하기 위한 명령이다. 마스터 컨트롤을 사용한 래더 프로그램은 다음과 같다.

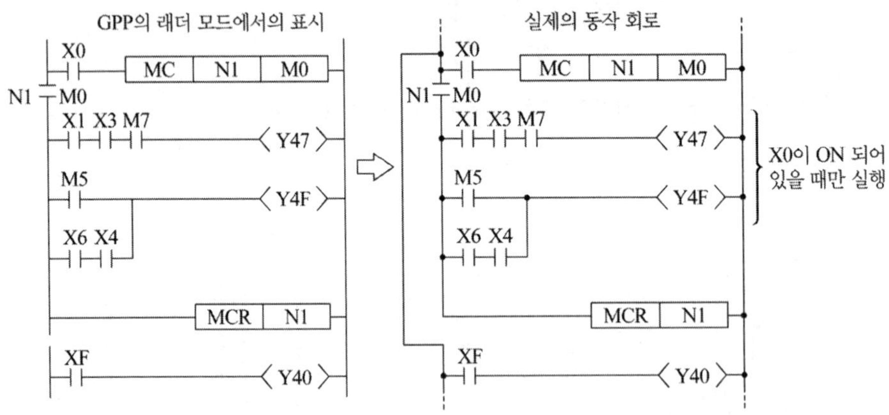

비 고

프로그래밍 툴의 쓰기 모드에서 프로그래밍 시 세로 모선상의 접점을 입력할 필요가 없다. 회로 작성 후 '변환' 조작을 하여 읽기 모드로 하면 자동으로 표시된다.

MC

1) 마스터 컨트롤의 시작에서 MC 명령의 실행 지령이 ON되어 있는 경우, MC 명령부터 MCR 명령 사이의 연산 결과는 명령(회로) 그대로 처리된다. MC의 실행 지령이 OFF되어 있는 경우 MC 명령에서 MCR 명령 사이의 연산 결과는 다음과 같이 된다.

디바이스	디바이스 상태
고속 타이머, 저속 타이머	카운트 값은 0이 되어 코일, 접점 모두 OFF한다.
고속 적산 타이머, 저속 적산 타이머	코일은 OFF 되지만 카운트 값, 접점 모두 현재 상태를 유지한다.
OUT 명령 중의 디바이스	모두 OFF한다.
SET, RST SET 명령 중 } 명령 중의 디바이스 기본, 응용	현재 상태를 유지한다.

2) MC 명령이 OFF되어 있는 경우에도 MC 명령부터 MCR 명령 사이의 명령은 실행되므로 스캔 타임은 짧아지지 않는다.

POINT

마스터 컨트롤을 사용한 래더 프로그램 중에 접점 명령을 사용하지 않는 명령(FOR~NEXT, EI, DI 명령 등)이 있는 경우, CPU 모듈은 MC 명령의 실행 지령에 관계없이 그 명령을 실행한다.)

3) MC 명령은 Ⓓ의 디바이스를 변경하면 동일 네스팅(N) 번호를 몇 번이라도 사용할 수 있다.
4) MC 명령 ON 시는 Ⓓ로 지정된 디바이스의 코일이 ON된다. 또한 OUT 명령 등에서 동일한 디바이스를 사용하면 더블 코일이 되므로 Ⓓ로 지정된 디바이스는 다른 명령 중에 사용하지 않는다.

MCR

1) 마스터 컨트롤의 해제 명령에서 마스터 컨트롤의 범위의 종료를 나타낸다.
2) MCR 명령 앞에는 접점 명령을 붙이지 않는다.
3) 동일 네스팅 번호의 MC 명령과 MCR 명령을 세트로 사용한다. 다만 MCR 명령이 1 위치에 모여 있는 네스트 구조로 되어 있을 때는 가장 작은 네스팅(N) 번호 1개로 모든 마스터 컨트롤을 종료시킬 수 있다.(프로그램 예의 “네스트 구조로 하는 경우의 주의사항” 참조)

에 러

1) MC, MCR 명령에 관한 연산 에러는 없다.

프로그램 예

마스터 컨트롤 명령은 네스트 구조로 하여 프로그램을 구조로 하여 사용할 수 있다. 각각의 마스터 컨트롤 구간은 네스팅(N)에 의해 구분한다. 네스팅은 N0~N14까지 사용할 수 있다.

네스트 구조를 사용하여 프로그램의 실행 조건을 차례로 제한해 가는 회로를 작성할 수 있다. 네스트 구조를 사용한 래더 프로그램은 다음과 같다.

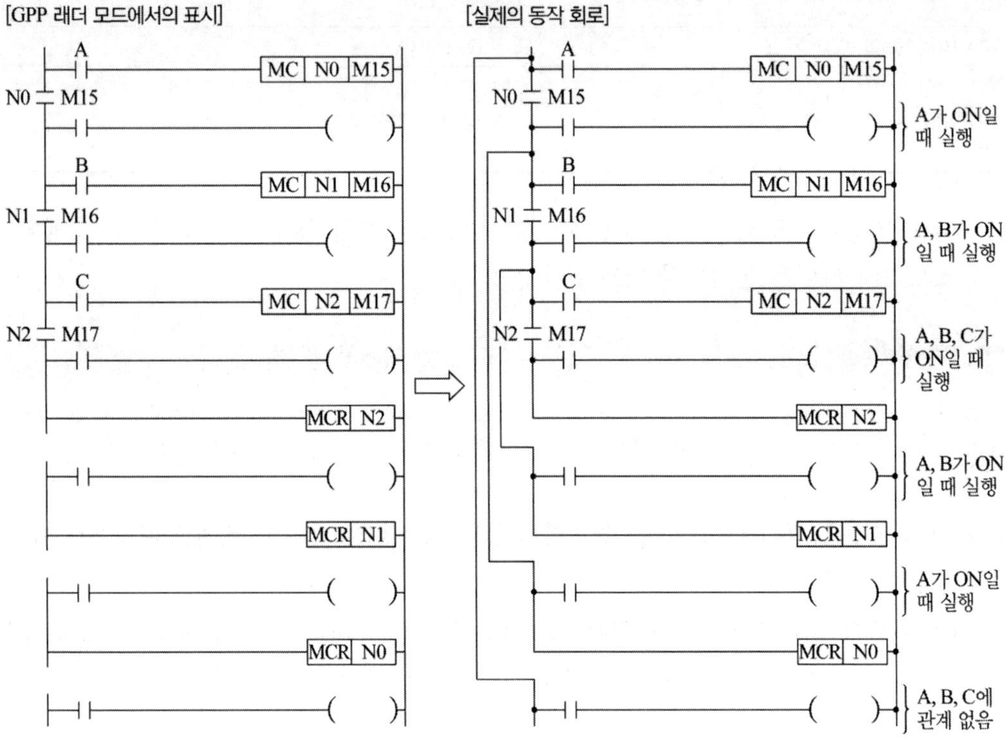

네스트 구조로 하는 경우의 주의사항

1) 네스트는 15개(N0~N14)까지 사용 가능하다. 네스트로 하는 경우 MC 명령에서는 네스팅(N)이 작은 번호부터 사용하고 MCR 명령은 큰 번호부터 사용한다.

   순서를 반대로 하면 네스트 구조가 되지 않으므로 CPU 모듈은 정상적인 연산을 할 수 없다. 예를 들어 MC 명령으로 네스팅을 N1~N0의 순서로 지정하고 MCR 명령에서도 네스팅을 N1→N0의 순서로 지정하면 세로 모선이 교차한다. 따라서 정상적인 마스터 컨트롤 회로가 되지 않는다.

[GPP 래더 모드에서의 표시] [실제의 동작 회로]

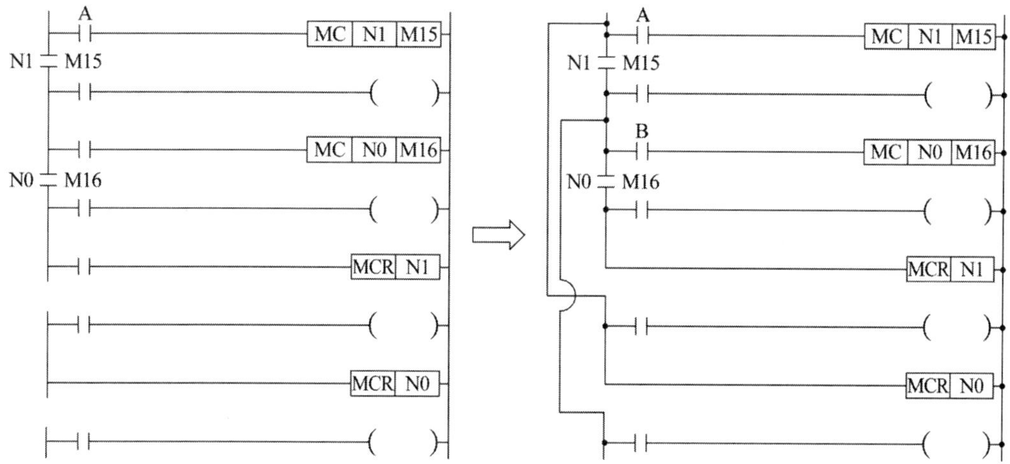

2) MCR 명령이 1 위치에 모여 있는 네스트 구조일 때는 가장 작은 네스팅(N)의 번호 1개로 모든 마스터 컨트롤을 종료시킬 수 있다.

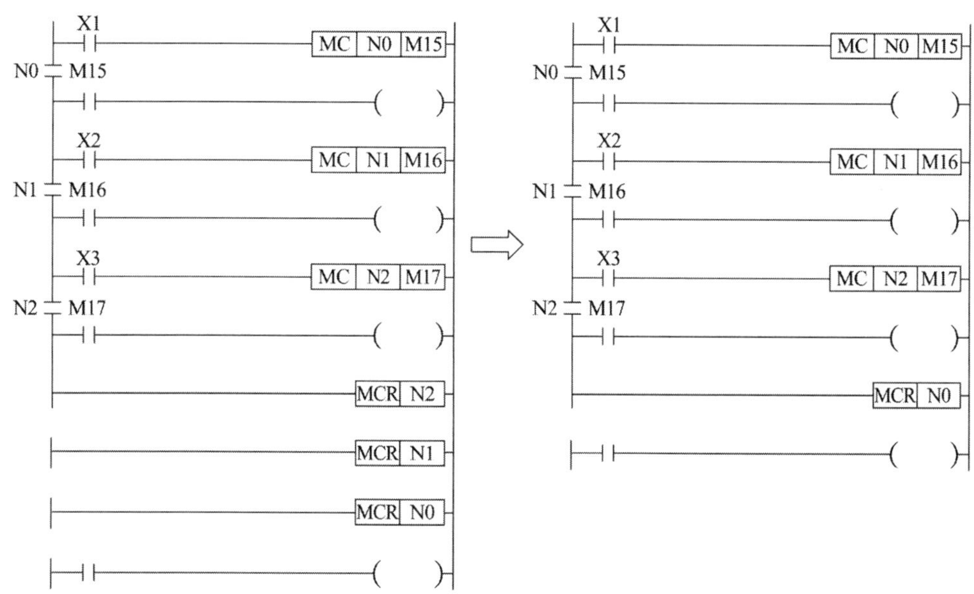

(21) 메인 루틴 프로그램 종료(FEND)

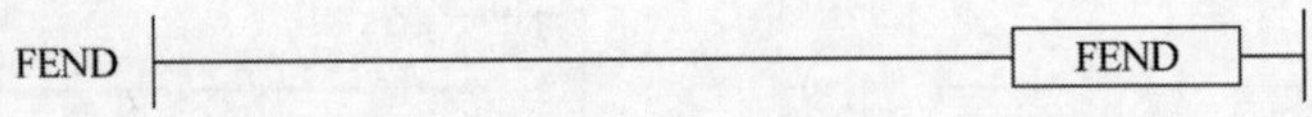

설정 데이터	내부 디바이스		R, ZR	J□W□		U□WG□	Zn	상수	기타
	비트	워드		비트	워드				
–	–								

기 능

1) FEND 명령은 CJ 명령 등에 의해 시퀀스 프로그램의 연산을 분기시키는 경우 메인 루틴 프로그램을 서브루틴 프로그램, 인터럽트 프로그램을 분할하는 경우에 사용한다.
2) FEND 명령을 실행하면 CPU 모듈은 실행하고 있는 프로그램을 종료한다.
3) FEND 명령 이후의 시퀀스 프로그램도 프로그래밍 툴에서 래더로 표시할 수 있다. (프로그래밍 툴은 END 명령까지 래더로 표시한다.)

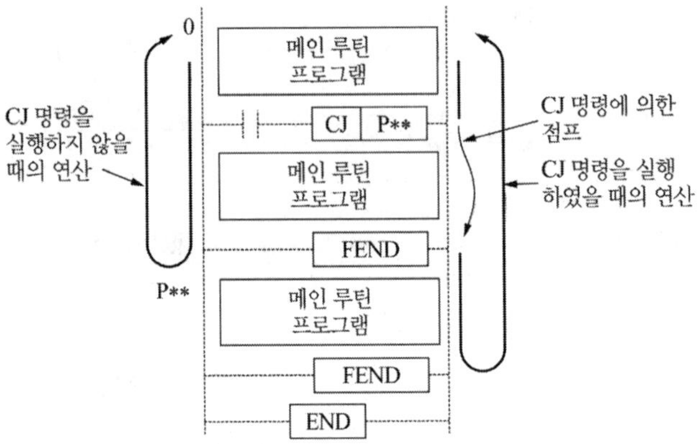

(a) CJ 명령을 이용하는 경우

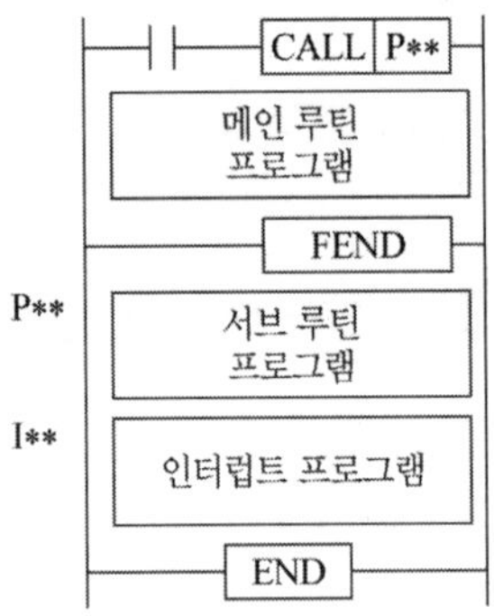

(b) 서브 루틴 프로그램, 인터럽트 프로그램이 있는 경우

에 러

1) 다음과 같은 경우에는 연산 에러가 되어 에러 플래그(SM0)가 ON되고 에러 코드가 SD0에 저장된다.
   - CALL/FCALL/ECALL/EFCALL 명령 실행 후 RET 명령을 실행하기 전에 FEND 명령을 실행했을 때. (에러 코드 : 4211)

- FOR 명령 실행 후 NEXT 명령을 실행하기 전에 FEND 명령을 실행했을 때 (에러 코드 : 4200)
- 인터럽트 프로그램 내에서 IRET 명령을 실행하기 전에 FEND 명령을 실행했을 때 (에러 코드 : 4221)
- CHKCIR~CHKEND 명령 내에서 FEND 명령을 실행했을 때 (에러 코드 : 4230)
- IX~IXEND 명령 내에서 FEND 명령을 실행했을 때 (에러 코드 : 4231)

프로그램 예

1) CJ 명령을 사용하고 있는 경우의 프로그램

[래더 모드]

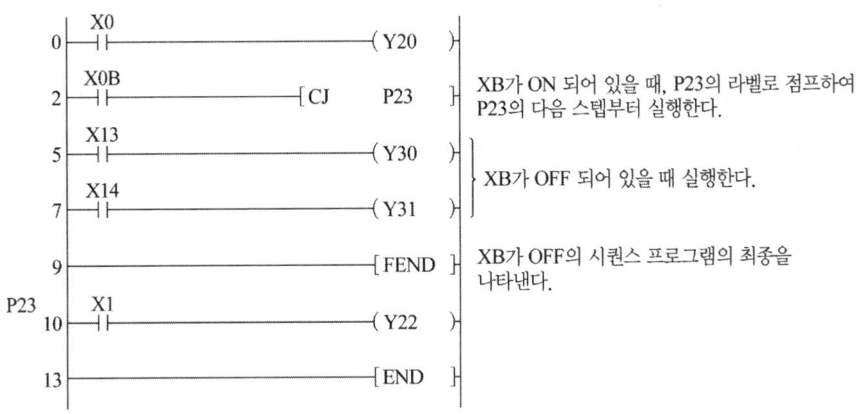

[리스트 모드]

스텝	명령	디바이스
0	LD	X0
1	OUT	Y20
2	LD	X0B
3	CJ	P23
5	LD	X13
6	OUT	Y30
7	LD	X14
8	OUT	Y31
9	FEND	
10	P23	
11	LD	X1
12	OUT	Y22
13	END	

(22) 시퀀스 프로그램 종료(END)

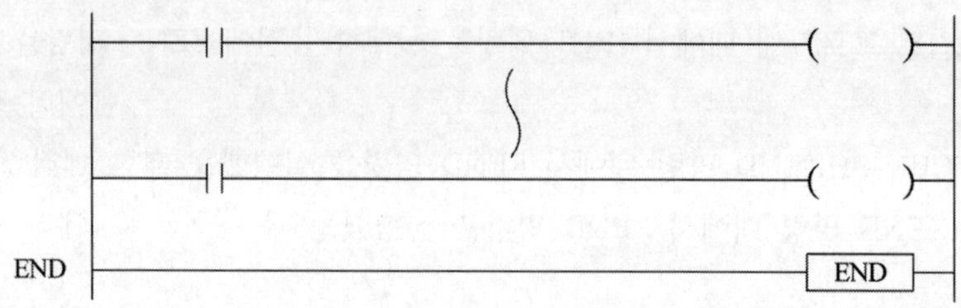

설정 데이터	내부 디바이스		R, ZR	J□W□		U□WG□	Zn	상수	기타
	비트	워드		비트	워드				
–	–								

기 능

1) 메인 루틴 프로그램, 서브루틴 프로그램, 인터럽트 프로그램을 포함한 프로그램의 최종을 나타낸다. END 명령을 실행하면 CPU 모듈은 실행하고 있는 프로그램을 종료한다.

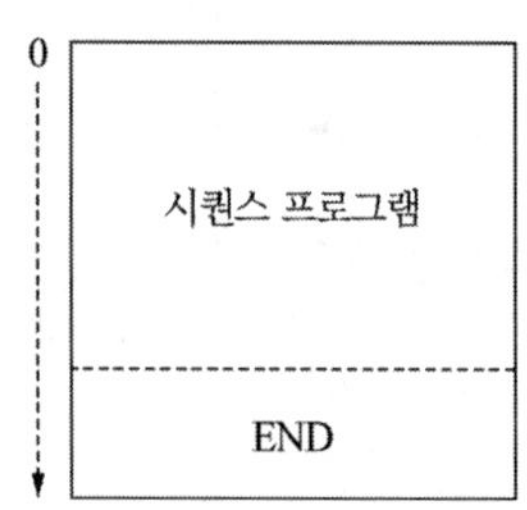

2) 메인 시퀀스 프로그램의 도중에 END의 명령을 사용할 수 없다. 프로그램의 도중에 END 처리를 필요로 하는 경우 FEND 명령을 사용한다.
3) 프로그래밍 툴의 래더 모드에서 프로그래밍 시는 END 명령을 입력할 필요가 없다.
4) 메인 루틴 프로그램, 서브루틴 프로그램, 인터럽트 프로그램이 있는 경우의 END, FEND 명령의 사용 방법은 다음과 같이 된다.

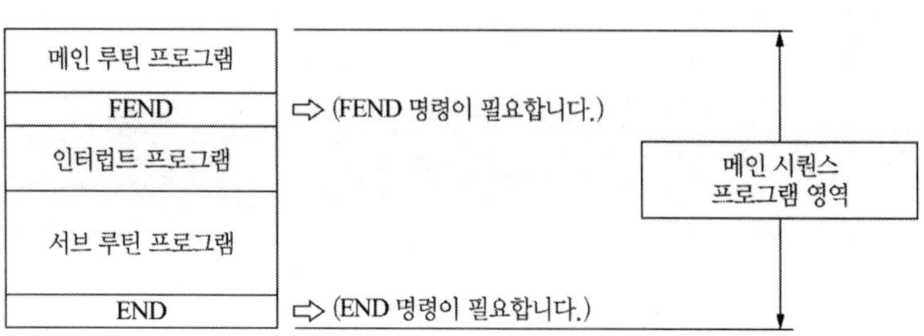

에 러

1) 다음과 같은 경우에는 연산 에러가 되어 에러 플래그(SM0)가 ON되고 에러 코드가 SD0에 저장된다.
   - CALL/FCALL/ECALL/EFCALL 명령 실행 후 RET 명령을 실행하기 전에 END 명령을 실행했을 때 (에러 코드 : 4211)
   - FOR 명령 실행 후 NEXT 명령을 실행하기 전에 END 명령을 실행했을 때 (에러 코드 : 4200)
   - 인터럽트 프로그램 내에서 IRET 명령을 실행하기 전에 END 명령을 실행했을 때 (에러 코드 : 4221)
   - CHKCIR~CHKEND 명령 내에서 END 명령을 실행했을 때 (에러 코드 : 4230)
   - IX~IXEND 명령 내에서 END 명령을 실행했을 때 (에러 코드 : 4231)

(23) 시퀀스 프로그램 정지(STOP)

설정 데이터	내부 디바이스		R, ZR	J□W□		U□WG□	Zn	상수	기타
	비트	워드		비트	워드				
–	–								

기 능

1) 실행 지령이 ON되면 출력 Y를 리셋하여 CPU 모듈의 연산을 정지한다.
   (스위치를 STOP 측으로 한 경우와 동일하다.)
2) STOP 명령을 실행하면 특수 레지스터 SD203의 b4~b7이 “3”이 된다.

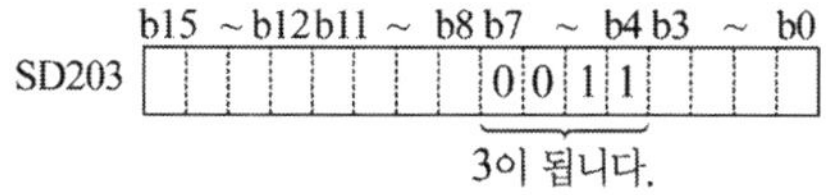

3) STOP 명령 실행 후 CPU 모듈의 연산을 재시작하려면 스위치를 RUN → STOP으로 되돌린 후 다시 RUN의 위치로 한다.

에 러

1) 다음과 같은 경우에는 연산 에러가 되어 에러 플래그(SM0)가 ON되고 에러 코드가 SD0에 저장된다.
   - CALL/FCALL/ECALL/EFCALL/XCALL 명령 실행 후 RET 명령을 실행하기 전에 STOP 명령을 실행했을 때 (에러 코드 : 4211)
   - FOR 명령 실행 후 NEXT 명령을 실행하기 전에 STOP 명령을 실행했을 때 (에러 코드 : 4200)
   - 인터럽트 프로그램 내에서 IRET 명령을 실행하기 전에 STOP 명령을 실행했을 때 (에러 코드 : 4221)
   - CHKCIR~CHKEND 명령 내에서 STOP 명령을 실행했을 때 (에러 코드 : 4230)
   - IX~IXEND 명령 내에서 STOP 명령을 실행했을 때 (에러 코드 : 4231)
   - 고정 스캔 실행 타입 프로그램 내에서 STOP 명령을 실행했을 때(유니버설 모델 QCPU, LCPU의 경우) (에러 코드 : 4223)

프로그램 예

1) X8이 ON되었을 때 CPU 모듈을 정지시키는 프로그램

[래더 모드]

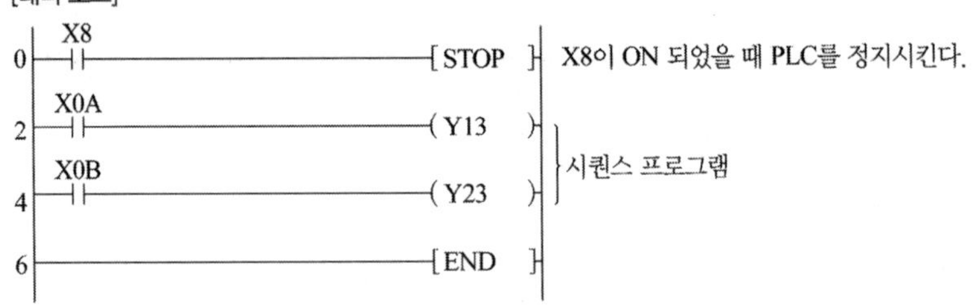

[리스트 모드]

스텝	명령	디바이스
0	LD	X8
1	STOP	
2	LD	X0A
3	OUT	Y13
4	LD	X0B
5	OUT	Y23
6	END	

(24) 무처리(NOP, NOPLE, PAGE n)

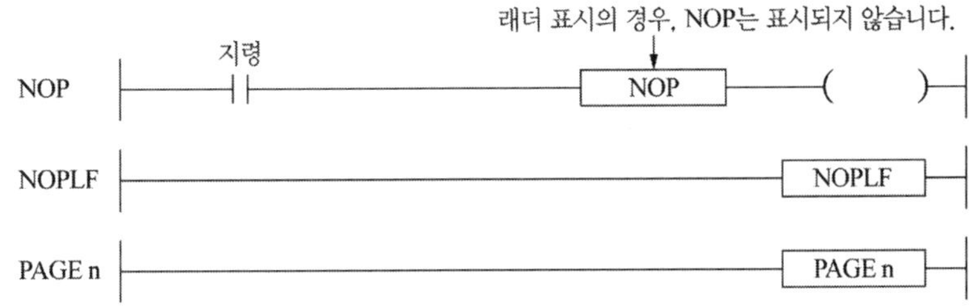

설정 데이터	내부 디바이스		R, ZR	J□W□		U□WG□	Zn	상수	기타
	비트	워드		비트	워드				
–	–								

기 능

NOP

1) 무처리 명령으로, 지금까지의 연산에 아무런 영향을 주지 않는다.
2) NOP는 다음과 같을 때 사용한다.
   ① 시퀀스 프로그램의 디버그용으로 스페이스를 마련한다.
   ② 스텝 수를 바꾸지 않고 명령을 삭제한다(NOP로 고쳐 쓴다).
   ③ 일시적으로 명령을 삭제한다.

NOPLF

1) 무처리 명령으로, 지금까지의 연산에 아무런 영향을 주지 않는다.
2) NOPLF는 프로그래밍 툴에서의 인쇄 시 임의의 위치에서 페이지를 바꾸는 경우에 사용한다.
   ① 래더 인쇄 시
   - 래더 블록의 단락에 NOPLF 명령이 있으면 페이지를 바꾼다.
   - 래더 블록의 도중에 NOPLF 명령이 있는 경우 정상적으로 래더를 표시할 수 없다. 래더의 블록 도중에는 NOPLF 명령을 입력하지 않는다.
   ② 명령 리스트 인쇄 시
   - NOPLF 명령을 인쇄 후 페이지를 바꾼다.
3) 프로그래밍 툴에 의한 인쇄 조작에 대해서는 사용하는 프로그래밍 툴의 오퍼레이팅 매뉴얼을 참조한다.

PAGE n

1) 무처리 명령으로, 지금까지의 연산에 아무런 영향을 주지 않는다.
2) 프로그래밍 툴에서도 무처리 명령이다

에 러

1) NOP, NOPLE, PAGE 명령에 관한 에러는 없다.

프로그램 예

NOP

1) 접점의 단락… AND, ANI 명령을 삭제한다.

[래더 모드]

(변경 전)

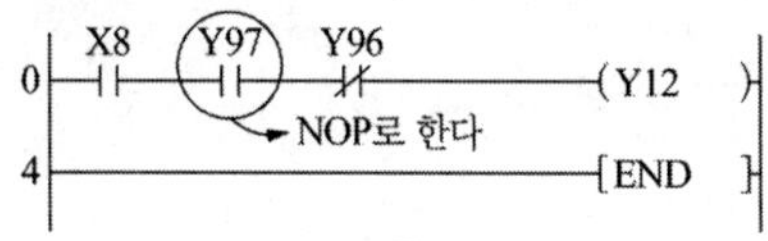

(변경 후)

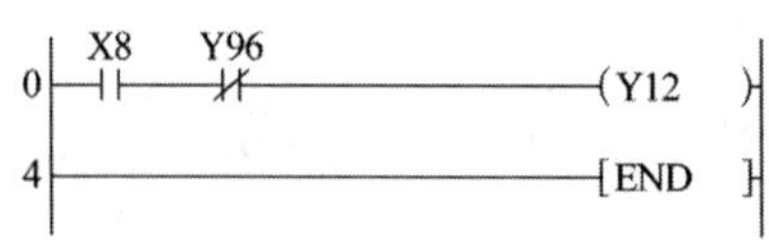

[리스트 모드]

스텝	명령	디바이스
0	LD	X8
1	AND	Y97
2	ANI	Y96
3	OUT	Y12
4	END	

스텝	명령	디바이스
0	LD	X8
1	NOP	
2	ANI	Y96
3	OUT	Y12
4	END	

2) 접점의 단락…LD, LDI를 NOP로 한다(LD, LDI 명령을 NOP로 하면 회로가 완전히 바뀌므로 주의가 필요하다).

[래더 모드]

(변경 전)

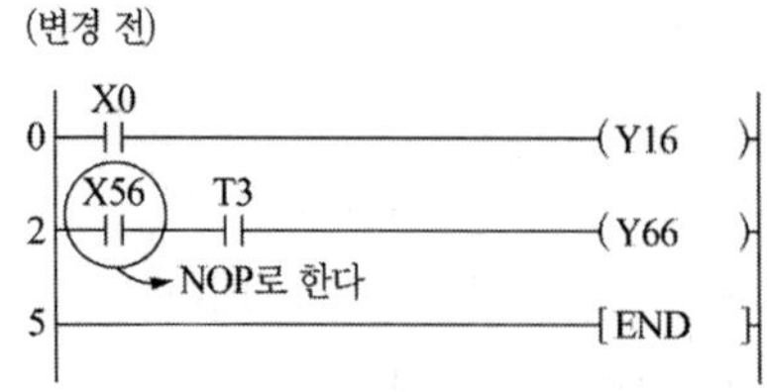

(변경 후)

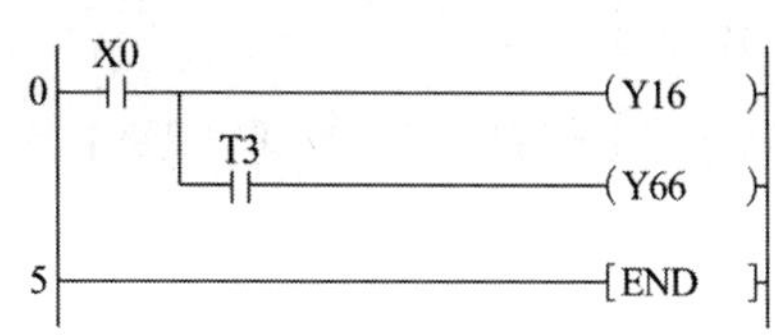

[리스트 모드]

스텝	명령	디바이스
0	LD	X0
1	OUT	Y16
2	LD	X56
3	AND	T3
4	OUT	Y66
5	END	

스텝	명령	디바이스
0	LD	X0
1	OUT	Y16
2	NOP	
3	AND	T3
4	OUT	Y66
5	END	

[래더 모드]

(변경 전)

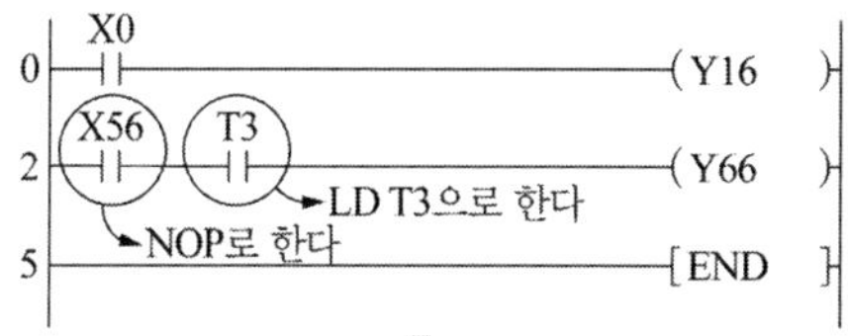

(변경 후)

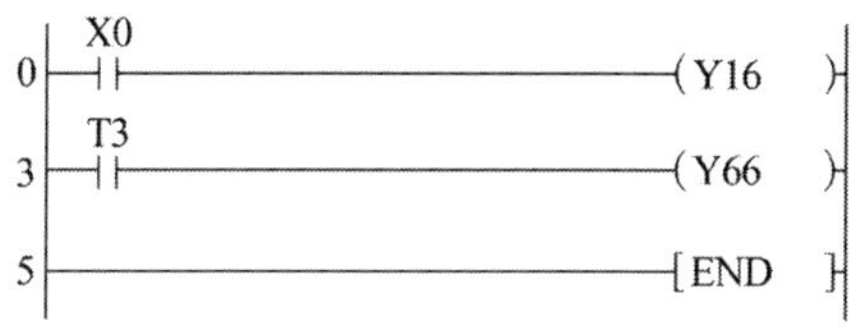

[리스트 모드]

스텝	명령	디바이스
0	LD	X0
1	OUT	Y16
2	LD	X56
3	AND	T3
4	OUT	Y66
5	END	

스텝	명령	디바이스
0	LD	X0
1	OUT	Y16
2	NOP	
3	LD	T3
4	OUT	Y66
5	END	

NOPLF

[래더 모드]

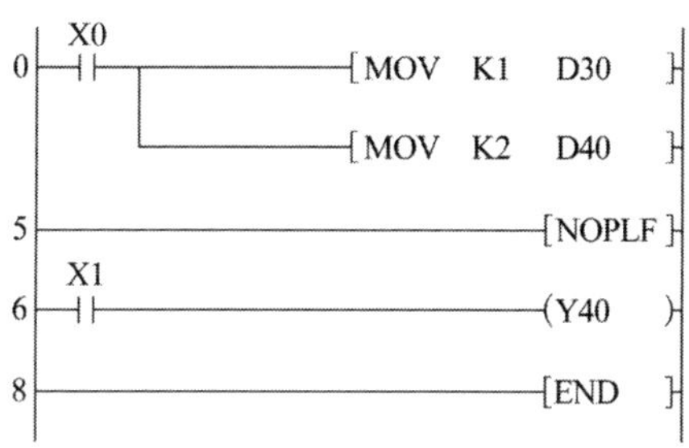

[리스트 모드]

스텝	명령	디바이스	
0	LD	X0	
1	MOV	K1	D30
3	MOV	K2	D40
5	NOPLF		
6	LD	X1	
7	OUT	Y40	
8	END		

- 래더 프린트를 실행하면 다음과 같이 된다.

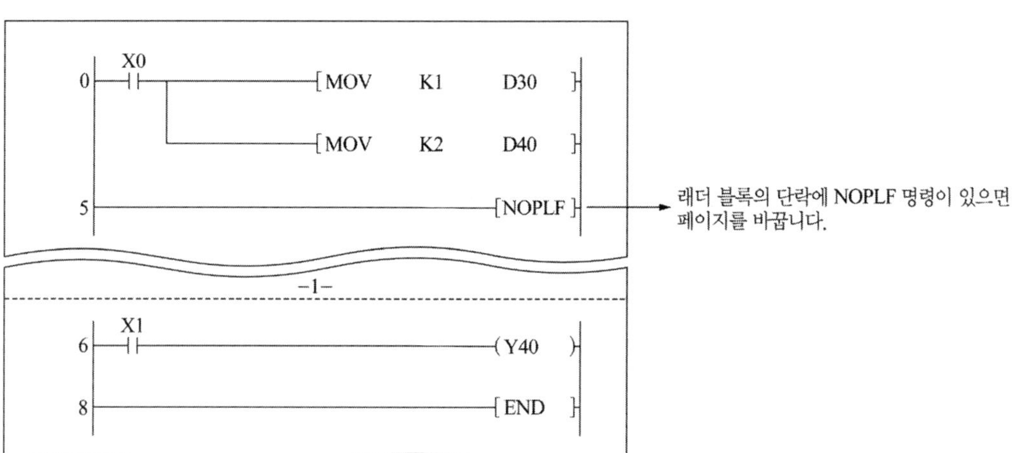

• 명령 리스트 프린트를 실행하면 다음과 같이 된다.

```
0    LD       X0
1    MOV      K1     D30
3    MOV      K2     D40
5    NOPLF  ──────────────────────► NOPLF를 인쇄 후 페이지를 바꿉니다.
~~~~~~~~~~~~~~~~~~~~~~~~~~~~~~~~~~
                 -1-
----------------------------------
6    LD       X1
7    OUT      Y40
8    END
```

PAGE n

[래더 모드]

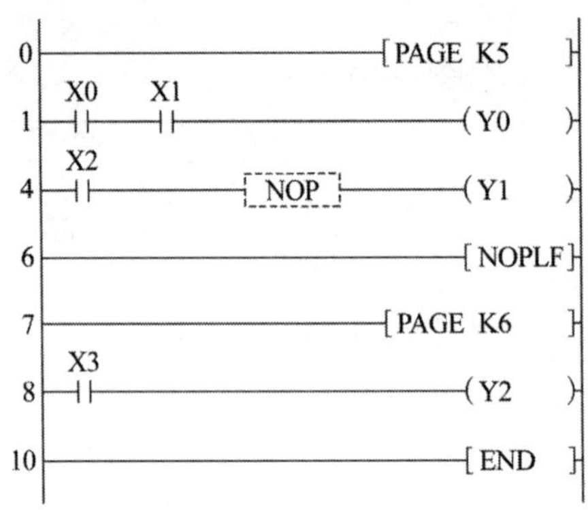

[리스트 모드]

스텝	명령	디바이스
0	PAGE	K5
1	LD	X0
2	AND	X1
3	OUT	Y0
4	LD	X2
5	NOP	
6	OUT	Y1
7	NOPLF	
8	PAGE	K6
9	LD	X3
10	OUT	Y2
11	END	

5.1 특수 릴레이 일람

특수 릴레이(SM)는 PLC 내부에서 사양이 정해져 있는 내부 릴레이이다. 따라서 일반 내부 릴레이와 같이 프로그램 상에서는 사용할 수 없다. 다만 필요에 따라 CPU 모듈을 제어하기 위해서 ON/OFF 할 수 있다.
일람표의 각 항목 보는 방법을 나타낸다.

<table>
<tr><th>항목</th><th>설 명</th></tr>
<tr><td>번호</td><td>SM의 번호를 나타낸다.</td></tr>
<tr><td>명칭</td><td>SM의 명칭을 나타낸다.</td></tr>
<tr><td>내용</td><td>SM의 내용에 대해 설명한다.</td></tr>
<tr><td>내용 상세</td><td>SM의 자세한 내용에 대해 설명한다.</td></tr>
<tr><td>세트 측
(세트 시기)</td><td>세트하는 측과 시스템 측에서 세트하는 경우의 시기에 대해 설명한다.
〈세트 측〉
• S : 시스템 측에서 세트한다.
• U : 사용자 측(프로그램, 프로그래밍 툴, GOT 또는 기타 외부 기기에서의 테스트 조작)에서 세트한다.
• S/U : 시스템 측/사용자 측 모두에서 세트한다.
〈세트 시기〉
시스템 측에서 세트 시에만 세트 시기를 나타낸다.
• 매회 END : 매회 END 처리 시 세트한다.
• 초기 : 초기화(전원 ON, STOP→RUN 등)시 세트한다.
• 상태 변화 : 상태에 변화가 있을 때 세트한다.
• 에러 발생 : 에러 발생 시 세트한다.
• 명령 실행 : 명령 실행 시 세트한다.
• 요구 시 : 사용자의 요구가 있을 때(SM 등으로)에 세트한다.
• 계 전환 시 : 계를 전환했을 때 세트한다.</td></tr>
<tr><td>대응 CPU</td><td>대응하는 CPU 모듈을 나타낸다.
• QCPU : Q시리즈 CPU 모듈 모두에 대응한다.
• Q00J/Q00/Q01 : 베이식 모델 QCPU에 대응한다.
• Qn(H) : 하이 퍼포먼스 모델 QCPU에 대응한다.
• QnPH : 프로세스 CPU에 대응한다.
• QnPRH : 이중화 CPU에 대응하다.
• QnU : 유니버설 모델 QCPU에 대응한다.
• Q00UJ/Q00U/Q01U : Q00UJCPU/Q00UCPU/Q01UCPU에 대응한다.
• LCPU : L 시리즈 CPU 모듈 모두에 대응한다.
• 각 CPU 모듈 형명 : 기재된 CPU 모듈만 대응한다.(예 : Q02UCPU, L26CPU-BT)</td></tr>
<tr><td>대응 ACPU
M9□□□</td><td>• ACPU의 대응하는 특수 릴레이(M9)를 나타낸다(변경 내용이 있는 경우 M9변형이라고 표기한다. Q00J/Q00/Q01, QnPRH에는 미대응).
• "신규"로 표기되어 있는 것은 QCPU/LCPU에서 새로 추가된 것을 나타낸다.</td></tr>
</table>

아래의 항목에 관한 자세한 내용은 다음의 매뉴얼을 참조한다.

- 네트워크 관련 : 🕮 각 네트워크 모듈의 매뉴얼
- SFC 관련 : MELSEC-Q/L/QnA 프로그래밍 매뉴얼(SFC편)

POINT

시스템 측에서 세트하는 특수 릴레이는 프로그램이나 디바이스 테스트 등의 조작에 의해 변경하지 않도록 한다. 시스템이 다운되거나 통신할 수 없게 될 가능성이 있다.

(1) 진단 정보

번호	명칭	내용	내용 상세	세트 측 (세트 시기)	대응 ACPU MG□□□	대응 CPU
SM0	진단 에러	OFF : 에러 없음 ON : 에러 있음	- 진단 결과 에러가 발생하면 ON된다.(어넌시에이터의 ON, CHK 명령에 의한 에러 검출 시도 포함) - 이후 정상이 되어도 ON 상태를 유지한다.	S (에러 발생)	신규	Qn(H) QnPH QnPRH
			- 진단 결과 에러가 발생하면 ON된다.(어넌시에이터 ON 시도 포함) - 이후 정상이 되어도 ON 상태를 유지한다.			Q00J/Q00 /Q01 QnU LCPU
SM1	자기진단 에러	OFF : 자기진단 에러 없음 ON : 자기진단 에러 있음	- 자기진단 결과 에러가 발생하면 ON된다.(어넌시에이터의 ON, CKH 명령에 의한 에러 검출 시는 포함되지 않는다.) - 이후 정상이 되어도 ON 상태를 유지한다.		M9008	Qn(H) QnPH QnPRH
			- 자기진단 결과 에러가 발생하면 ON된다.(어넌시에이터 ON 시는 포함되지 않는다.) - 이후 정상이 되어도 ON 상태를 유지한다.		신규	Q00J/Q00 Q01 QnU LCPU
SM5	에러 공통 정보	OFF : 에러 공통 정보 없음 ON : 에러 공통 정보 있음	SM0이 ON되었을 때 에러 공통 정보가 있으면 ON된다.			QCPU LCPU
SM16	에러 개별 정보	OFF : 에러 개별 정보 없음 ON : 에러 개별 정보 있음	SM0이 ON되었을 때 에러 개별 정보가 있으면 ON된다.			
SM50	에러 해제	OFF → ON : 에러 해제	에러 해제 동작을 실행한다.	U		
SM51	배터리 저하 래치	OFF : 정상 ON : 배터리 저하	- CPU 모듈, 메모리 카드의 배터리 전압이 규정 이하로 저하되면 ON된다. - 이후 배터리 전압이 정상이 되어도 ON 상태를 유지한다. - BAT.LED와 동기한다.	S (에러 발생)	M9007	Qn(H) QnPH QnPRH QnU LCPU
			- CPU 모듈의 배터리 전압이 규정 이하로 저하되면 ON된다. - 이후 배터리 전압이 정상이 되어도 ON 상태를 유지한다. - ERR.LED와 동기한다.		신규	Q00J/Q00/ Q01
SM52	배터리 저하	OFF : 정상 ON : 배터리 저하	SM51과 같지만 이후 배터리 전압이 정상이 되면 OFF된다.		M9006	QCPU LCPU

번호	명칭	내용	내용 상세	세트 측 (세트 시기)	대응 ACPU MG□□□	대응 CPU
SM53	AC/DC DOWN 검출	OFF : AC/DC DOWN 없음 ON : AC/DC DOWN 있음	AC 전원 모듈 사용 시 20ms 이내의 순간 정전이 되면 on된다. 전원 off→on 시 리셋된다.	S (에러 발생)	M9005	QCPU
			AC 전원 모듈 사용 시 10ms 이내의 순간 정전이 되면 on된다. 전원 off→on 시 리셋된다.			LCPU
			DC 전원 모듈 사용 시 10ms 이내의 순간 정전이 되면 on된다. 전원 off→on 시 리셋된다.			QCPU LCPU
SM56	연산 에러	OFF : 정상 ON : 연산 에러 있음	- 연산 에러가 발생했을 때 on된다. - 이후 정상이 되어도 on 상태를 유지한다.		M9001	
SM60	퓨즈 단선 검출	OFF : 정상 ON : 퓨즈 단선 모듈 있음	- 퓨즈가 단선되어 있는 출력 모듈이 1개라도 있으면 on된다. - 이후 정상이 되어도 on 상태를 유지한다. - 퓨즈 단선 상태는 리모트 I/O국의 출력 모듈에 대해서도 체크된다.		M9000	QCPU
SM61	입출력 모듈 대조 에러	OFF : 정상 ON : 에러 있음	- 입출력 모듈이 전원 on시 등록된 상태와 다르면 on된다. - 이후 정상이 되어도 on 상태를 유지한다. - 입출력 모듈 대조는 리모트 I/O국의 출력 모듈에 대해서도 체크된다.		M9002	QCPU LCPU
SM62	어넨시에이터 검출	OFF : 미검출 ON : 검출	어넌시에이터(F)가 1개라도 on하면 on된다.		M9009	
SM80	CHK 검출	OFF : 미검출 ON : 검출	- CHK 명령으로 이상을 검출하면 on된다. - 이후 정상이 되어도 on 상태를 유지한다.	S (명령 실행)	신규	Qn(H) QnPH QnPRH
SM84	에러 해제	OFF → ON : 에러 해제	SD84, SD85로 세트한 에러 요인의 에러 해제 동작을 실행한다.	U		LCPU
SM90	스텝 이행 감시 타이머 기동 (SFC 프로그램 있는 때만 유효)	OFF : 미기동 중 (감시 타이머 리셋) ON : 기동 중 (감시 타이머 기동)	SD90에 대응 / - 스텝 이행 감시 타이머의 계측을 시작하는 경우에 ON한다. - OFF하면 스텝 이행 감시 타이머를 리셋한다.		M9108	Qn(H) QnPH QnPRH
SM91			SD91에 대응		M9109	
SM92			SD92에 대응		M9110	
SM93			SD93에 대응		M9111	
SM94			SD94에 대응		M9112	
SM95			SD95에 대응		M9113	
SM96			SD96에 대응		M9114	
SM97			SD97에 대응		신규	
SM98			SD98에 대응			
SM99			SD99에 대응			

<table>
<tr><th>번호</th><th>명칭</th><th>내용</th><th>내용 상세</th><th>세트 측
(세트 시기)</th><th>대응 ACPU
MG□□□</th><th>대응 CPU</th></tr>
<tr><td>SM100</td><td>시리얼
커뮤니케이션
기능사용
플래그</td><td>OFF : 시리얼 커뮤니케이션 기능 미사용
ON : 시리얼 커뮤니케이션 기능 사용</td><td>PLC 파라미터의 시리얼 커뮤니케이션 설정의 정보가 저장된다.</td><td>S
(전원 on,
리셋 시)</td><td rowspan="10">신규</td><td>Q00/Q01
Q00UJ/
Q00U/Q01U
Q02UCPU *2</td></tr>
<tr><td rowspan="2">SM101</td><td rowspan="2">교신
프로토콜 상태
플래그</td><td>OFF : 프로그래밍 툴
ON : MC 프로토콜 통신기기</td><td>RS-232 인터페이스로 교신하고 있는 기기가 프로그래밍 툴인지, MC 프로토콜 통신기기인지를 저장한다.</td><td rowspan="2">S
(RS-232
교신 시)</td><td>Q00/Q01
Q00UJ/
Q00U/Q01U
Q02UCPU *2</td></tr>
<tr><td>프로그래밍
툴과의 교신</td><td>항시 off한다(프로그래밍 툴과의 교신).</td><td>LCPU</td></tr>
<tr><td>SM110</td><td>프로토콜 이상</td><td>OFF : 정상
ON : 이상</td><td>- 시리얼 커뮤니케이션 기능에 대해 이상이 있는 프로토콜에서의 통신을 실행했을 때 on된다.
- 이후 정상이 되어도 on 상태를 유지한다.</td><td rowspan="2">S
(에러 발생)</td><td rowspan="6">Q00/Q01
Q00UJ/
Q00U/Q01U
Q02UCPU *2</td></tr>
<tr><td>SM111</td><td>통신 상태</td><td>OFF : 정상
ON : 이상</td><td>- 시리얼 커뮤니케이션 기능에 대해 설정과 다른 모드로 통신을 했을 때 on된다.
- 이후 정상이 되어도 on 상태를 유지한다.</td></tr>
<tr><td>SM112</td><td>에러 정보
클리어</td><td>ON 시 클리어</td><td>SM110, SM111과 SD110, SD111에 저장되어 있는 에러 코드를 클리어할 때 on된다(off→on 시 동작).</td><td>U</td></tr>
<tr><td>SM113</td><td>오버런
에러</td><td>OFF : 정상
ON : 이상</td><td>시리얼 커뮤니케이션 기능에 대해 오버런 에러가 발생했을 때 on된다.</td><td rowspan="3">S
(에러 발생)</td></tr>
<tr><td>SM114</td><td>패리티 에러</td><td>OFF : 정상
ON : 이상</td><td>시리얼 커뮤니케이션 기능에 대해 패리티 에러가 발생했을 때 on된다.</td></tr>
<tr><td>SM115</td><td>프레임 에러</td><td>OFF : 정상
ON : 이상</td><td>시리얼 커뮤니케이션 기능에 대해 프레임 에러가 발생했을 때 on된다.</td></tr>
<tr><td>SM116</td><td>프로그램
메모리 일괄
전송 실행 상태</td><td>OFF : 완료
ON : 비실행
또는 미완료</td><td>- 프로그램 캐시 메모리 쓰기 시 on된다.
- 프로그램 일괄 전송 완료 시 off된다.
- 프로그램 메모리 쓰기 후 프로그램을 일괄 전송하지 않는 경우 on 상태가 유지된다.</td><td>S
(상태 변화)</td><td>QnU *1
LCPU</td></tr>
</table>

*1 : 다음의 모듈이 대상이다.
- 시리얼 No.의 상위 5자리가 “10012” 이후인 유니버설 모듈 QCPU
- Q13UDHCPU, Q26UDHCPU

*2 : 시리얼 No.의 상위 5자리가 “10102” 이후인 모듈이 대상이다.

(2) 시스템 정보

번호	명칭	내용	내용 상세	세트 측 (세트 시기)	대응 ACPU MG□□□	대응 CPU
SM202	LED 소등 지령	OFF→ON:LED 소등	본 릴레이가 OFF→ON으로 변경되었을 때 SD202의 각 비트에 대응하는 LED를 소등한다.	U	신규	Qn(H)/QnPH QnPRH QnU/LCPU
SM203	STOP 접점	STOP 상태	STOP 상태일 때 ON된다.	S (상태 변화)	M9042	QCPU LCPU
SM204	PAUSE 접점	PAUSE 상태	PAUSE 상태일 때 ON된다.		M9041	
SM206	PAUSE 허가 코일	OFF : PAUSE 금지 ON : PAUSE 허가	PAUSE 접점이 ON되었을 때 본 릴레이가 ON되어 있으면 PAUSE 상태가 됨.	U	M9040	
SM210	시계 데이터 세트 요구	OFF : 무처리 ON : 세트 요구 있음	본 릴레이가 OFF→ON으로 변경된 스캔의 END 명령 실행 후 SD210~SD213에 저장되어 있는 시계 데이터를 CPU 모듈에 쓴다.		M9025	
SM211	시계 데이터 에러	OFF : 에러 없음 ON : 에러 있음	시계 데이터(SD210~SD213)의 값에 에러가 있으면 ON, 에러가 없으면 OFF된다.	S (요구 시)	M9026	
SM213	시계 데이터 읽기 요구	OFF : 무처리 ON : 읽기요구	본 릴레이가 ON되었을 때 시계의 데이터를 BCD 값으로 SD210~SD213에서 읽음.	U	M9028	
SM220	1호기 준비 완료	OFF : 1호기 준비 미완료 ON : 1호기 준비 완료	전원 ON 시, 리셋 시 다른 호기 CPU 모듈에서 1호기 CPU 모듈에 대한 액세스가 가능해진 시점에서 ON된다. 본 릴레이는 멀티 CPU 간 동기 설정에서 비동기로 한 경우 1호기 CPU 모듈에 액세스하기 위한 인터록으로 사용된다.	S (상태 변화)	신규	QCPU
SM221	2호기 준비 완료	OFF : 2호기 준비 미완료 ON : 2호기 준비 완료	전원 ON 시, 리셋 시 다른 호기 CPU 모듈에서 2호기 CPU 모듈에 대한 액세스가 가능해진 시점에서 ON된다. 본 릴레이는 멀티 CPU 간 동기 설정에서 비동기로 한 경우 2호기 CPU 모듈에 액세스하기 위한 인터록으로 사용된다.			QnU *7 LCPU
SM222	3호기 준비 완료	OFF : 3호기 준비 미완료 ON : 3호기 준비 완료	전원 ON 시, 리셋 시 다른 호기 CPU 모듈에서 3호기 CPU 모듈에 대한 액세스가 가능해진 시점에서 ON된다. 본 릴레이는 멀티 CPU 간 동기 설정에서 비동기로 한 경우 3호기 CPU 모듈에 액세스하기 위한 인터록으로 사용된다.			
SM223	4호기 준비 완료	OFF : 4호기 준비 미완료 ON : 4호기 준비 완료	전원 ON 시, 리셋 시 다른 호기 CPU 모듈에서 4호기 CPU 모듈에 대한 액세스가 가능해진 시점에서 ON된다. 본 릴레이는 멀티 CPU 간 동기 설정에서 비동기로 한 경우 4호기 CPU 모듈에 액세스하기 위한 인터록으로 사용된다.			QnU *5
SM235	온라인 모듈 교환 플래그	OFF : 온라인 모듈 미교환 중 ON : 온라인 모듈 교환 중	온라인 모듈 교환 중에 ON된다. (자호기분)	S(온라인 모듈 교환 실행 시)		QnPH
SM236	온라인 모듈 교환 후 1스캔만 ON 플래그	OFF:온라인 모듈 미완료 ON:온라인 모듈 교환 완료	- 온라인 모듈 교환 완료 후 1스캔만 ON된다. - 본 릴레이는 스캔 실행 타입 프로그램에서만 사용할 수 있다.(자호기분)	S (모듈 교환 완료 시)		
SM237	디바이스 범위 체크 금지 플래그	OFF : 디바이스 범위 체크 실행 ON : 디바이스 범위 체크를 실행하지 않음	BMOV, FMOV, DFMOV 명령(서브셋 조건 성립 시에만)에서의 디바이스 범위 체크의 실행 여부를 선택한다.	U		QnU *6 LCPU

번호	명칭	내용	내용 상세	세트 측 (세트 시기)	대응 ACPU MG□□□	대응 CPU
SM240	1호기 리셋 플래그	OFF : 1호기 리셋 해제 ON : 1호기 리셋 중	- 1호기 CPU 모듈의 리셋 해제 시 OFF - 1호기 CPU 모듈이 리셋(CPU 모듈을 베이스 모듈에서 분리한 경우 포함)중에 ON된다. 다른 호기도 리셋 상태가 된다.	S (상태 변화 시)	신규	Q00/Q01 *1 Qn(H) *1 QnPH QnU *7
	1호기 리셋 플래그	리셋 해제 상태	- 항시 OFF한다(리셋 해제 상태).			LCPU
SM241	2호기 리셋 플래그	OFF : 2호기 리셋 해제 ON : 2호기 리셋 중	- 2호기 CPU 모듈의 리셋 해제 시 OFF - 2호기 CPU 모듈이 리셋(CPU 모듈을 베이스 모듈에서 분리한 경우 포함)중에 ON된다. 다른 호기는 "MULTI CPU DOWN"(에러 코드:7000)이 된다.			Q00/Q01 *1 Qn(H) *1 QnPH QnU *7
SM242	3호기 리셋 플래그	OFF : 3호기 리셋 해제 ON : 3호기 리셋 중	- 3호기 CPU 모듈의 리셋 해제 시 OFF - 3호기 CPU 모듈이 리셋(CPU 모듈을 베이스 모듈에서 분리한 경우 포함)중에 ON된다. 다른 호기는 "MULTI CPU DOWN"(에러 코드:7000)이 된다.			
SM243	4호기 리셋 플래그	OFF : 4호기 리셋 해제 ON : 4호기 리셋 중	- 4호기 CPU 모듈의 리셋 해제 시 OFF - 4호기 CPU 모듈이 리셋(CPU 모듈을 베이스 모듈에서 분리한 경우 포함)중에 ON된다. 다른 호기는 "MULTI CPU DOWN"(에러 코드:7000)이 된다.			Qn(H) *1 QnPH QnU *5
SM244	1호기 에러 플래그	OFF : 1호기 정상 ON : 1호기 정지 에러 발생 상태	- 1호기 CPU 모듈이 정상(속행 에러 시 포함)일 때 OFF된다. - 1호기 CPU 모듈이 정지 에러 발생 중 ON			Q00/Q01 *1 Qn(H) *1 QnPH QnU *7 LCPU
SM245	2호기 에러 플래그	OFF : 2호기 정상 ON : 2호기 정지 에러 발생 상태	- 2호기 CPU 모듈이 정상(속행 에러 시 포함)일 때 OFF된다. - 2호기 CPU 모듈이 정지 에러 발생 중 ON된다.			Q00/Q01 *1 Qn(H) *1 QnPH QnU *7
SM246	3호기 에러 플래그	OFF : 3호기 정상 ON : 3호기 정지 에러 발생 상태	- 3호기 CPU 모듈이 정상(속행 에러 시 포함)일 때 OFF 된다. - 3호기 CPU 모듈이 정지 에러 발생 중 ON 된다.			
SM247	4호기 에러 플래그	OFF : 4호기 정상 ON : 4호기 정지 에러 발생 상태	- 4호기 CPU 모듈이 정상(속행 에러 시 포함)일 때 OFF 된다. - 4호기 CPU 모듈이 정지 에러 발생 중 ON 된다.			Qn(H) *1 QnPH QnU *5
SM250	실장 최대 I/O 읽기	OFF : 무처리 ON : 읽기	본 릴레이가 OFF→ON으로 변경되었을 때 실장 최대 입출력 번호를 SD250에서 읽음	U		Qn(H) QnPH QnPRH
SM254	모든 국 리프레시 지령	OFF : 도달국 리프레시 ON : 모든 국 리프레시	- 일괄 리프레시 시 유효(저속 사이클릭에도 유효) - MELSECNET/H에 대해 도달국만 수신할 것인지, 모든 국을 수신할 것인지 지정한다.			
			- 일괄 리프레시 시 유효(저속 사이클릭에도 유효) - CC-Link IE 컨트롤러 네트워크에 대해 도달국만 수신하거나, 모든 국을 수신할 것인지를 지정한다.			Qn(H) *2 QnPH QnPRH

<table>
<tr><th>번호</th><th>명칭</th><th>내용</th><th>내용 상세</th><th>세트 측
(세트 시기)</th><th>대응 ACPU
MG□□□</th><th>대응 CPU</th></tr>
<tr><td>SM254</td><td>모든 국 리프레시 지령</td><td>OFF : 도달국 리프레시
ON : 모든 국 리프레시</td><td>- 일괄 리프레시 시 유효(저속 사이클릭에도 유효)
- MELSECNET/H 또는 CC-Link IE 컨트롤러 네트워크에 대하여 도달국만 수신할 것인, 모든 국을 수신할 것인지를 지정한다.</td><td>U</td><td rowspan="16">신규</td><td>QnU</td></tr>
<tr><td>SM255</td><td rowspan="3">MELSECNET/10
MELSECNET/H
첫 번째 장 정보</td><td>OFF : 정규 네트워크
ON : 대기 네트워크</td><td>대기 네트워크 일 때 ON된다(정규, 대기를 지정하지 않으면 대기가 된다).</td><td>S(초기)</td><td rowspan="13">Qn(H)
QnPH
QnPRH</td></tr>
<tr><td>SM256</td><td>OFF : 리드한다.
ON : 리드하지 않는다.</td><td>링크 모듈→CPU 모듈 방향의 리프레시(B.W 등)에 관해서 링크 모듈에서 읽을 것인지를 지정한다.</td><td rowspan="2">U</td></tr>
<tr><td>SM257</td><td>OFF : 쓴다.
ON : 쓰지 않는다.</td><td>CPU 모듈→링크 모듈 방향의 리프레시(B.W 등)에 관해서 링크 모듈에 쓸 것인지를 지정한다.</td></tr>
<tr><td>SM260</td><td rowspan="3">MELSECNET/10
MELSECNET/H
두 번째 장 정보</td><td>OFF : 정규 네트워크
ON : 대기 네트워크</td><td>대기 네트워크 일 때 ON된다(정규, 대기를 지정하지 않으면 정규가 된다).</td><td>S(초기)</td></tr>
<tr><td>SM261</td><td>OFF : 읽는다.
ON : 읽지 않는다.</td><td>링크 모듈→CPU 모듈 방향의 리프레시(B.W 등)에 관해서 링크 모듈에서 읽을 것인지를 지정한다.</td><td rowspan="2">U</td></tr>
<tr><td>SM262</td><td>OFF : 쓴다.
ON : 쓰지 않는다.</td><td>CPU 모듈→링크 모듈 방향의 리프레시(B.W 등)에 관해서 링크 모듈에 쓸 것인지를 지정한다.</td></tr>
<tr><td>SM265</td><td rowspan="3">MELSECNET/10
MELSECNET/H
세 번째 장 정보</td><td>OFF : 정규 네트워크
ON : 대기 네트워크</td><td>대기 네트워크 일 때 ON된다(정규, 대기를 지정하지 않으면 정규가 된다).</td><td>S(초기)</td></tr>
<tr><td>SM266</td><td>OFF : 리드한다
ON : 리드하지 않는다</td><td>링크 모듈→CPU 모듈 방향의 리프레시(B.W 등)에 관해서 링크 모듈에서 읽을 것인지를 지정한다.</td><td rowspan="2">U</td></tr>
<tr><td>SM267</td><td>OFF : 쓴다
ON : 쓰지 않는다.</td><td>CPU 모듈→링크 모듈 방향의 리프레시(B.W 등)에 관해서 링크 모듈에 쓸 것인지를 지정한다.</td></tr>
<tr><td>SM270</td><td rowspan="3">MELSECNET/10
MELSECNET/H
네 번째 장 정보</td><td>OFF : 정규 네트워크
ON : 대기네트워크</td><td>대기 네트워크 일 때 ON된다(정규, 대기를 지정하지 않으면 정규가 된다).</td><td>S(초기)</td></tr>
<tr><td>SM271</td><td>OFF : 읽는다.
ON : 읽지 않는다.</td><td>링크 모듈→CPU 모듈 방향의 리프레시(B.W 등)에 관해서 링크 모듈에서 읽을 것인지를 지정한다.</td><td rowspan="2">U</td></tr>
<tr><td>SM272</td><td>OFF : 쓴다
ON : 쓰지 않는다.</td><td>CPU 모듈→링크 모듈 방향의 리프레시(B.W 등)에 관해서 링크 모듈에 쓸 것인지를 지정한다.</td></tr>
<tr><td>SM280</td><td>CC-Link 에러</td><td>OFF : 정상
ON : 이상</td><td>장착되어 있는 CC-Link 모듈에 대해 1대라도 CC-Link의 이상을 검출했을 때 ON된다. 이후 정상상태에 OFF된다.</td><td>S(상태 변화)</td></tr>
<tr><td>SM310</td><td>RS-232 어댑터 유무</td><td>OFF : RS-232 어댑터 없음
ON : RS-232 어댑터 있음</td><td>RS-232 어댑터의 유무 정보를 저장한다. 초기화 시 RS-232 어댑터의 유무를 확인하여 존재하는 경우 ON된다. 초기화 시 세트한 ON/OFF 상태는 다시 전원 OFF→ON, 리셋 시까지 유지</td><td>S(초기)</td><td>LCPU</td></tr>
<tr><td>SM315</td><td>통신 확보 시간 대기 유효/무효 플래그</td><td>OFF : 시간 대기하지 않음.
ON : 시간 대기함.</td><td>- SD315에 통신처리 확보 시간을 설정했을 때 유효하게 되는 플래그
- 통신하기 위해 SD315로 설정된 시간분 END 처리 시 시간 대기하고 싶을 때 ON한다.
(SD315로 설정된 시간분 스캔 타임이 늘어남)
- 통신처리가 없을 때 SD315로 설정된 시간분 END 처리 시 시간 대기하고 싶지 않을 때 OFF한다(디폴트는 OFF).</td><td>U</td><td>Q00J/
Q00/Q01</td></tr>
</table>

번호	명칭	내용	내용 상세	세트 측 (세트 시기)	대응 ACPU MG□□□	대응 CPU
SM319	CC-Link 자동 기동 상태	OFF : 자동 CC-Link 기동 없음 ON : 자동 CC-Link 기동 있음	- 자동 CC-Link 기동 기능으로 CC-Link 모듈이 기동하여 모든 데이터의 리프레시를 하는 것을 나타낸다. - 자동 CC-Link 기동 기능으로 모든 데이터의 리프레시를 하고 있는 경우 ON한다. - 자동 CC-Link 기동이 없는 경우 및 자동 CC-Link 기동 기능으로 리프레시하는 디바이스 범위가 부족한 경우에 OFF한다(자동 CC-Link 기동 기능으로 리프레시하는 하는 디바이스 범위가 부족한 경우 모든 리프레시가 정지한다).	S (초기, 상태 변화)	신규	LCPU
SM320	SFC 프로그램 유무	OFF : SFC 프로그램 없음 ON : SFC 프로그램 있음	- SFC 프로그램이 등록되어 있으면 ON됨. - SFC 프로그램이 등록되지 않으면 OFF됨	S (초기)	M9100	Q00J/ Q00/Q01 *1 Qn(H) QnPH QnPRH QnU LCPU
SM321	SFC 프로그램 기동/정지	OFF : SFC 프로그램 비실행(정지) ON : SFC 프로그램 실행(기동)	- SM320과 같은 값이 초기값으로 세트됨. (SFC 프로그램에서 자동으로 ON된다) - 본 릴레이를 ON→OFF 시 SFC 프로그램의 실행이 정지한다. - 본 릴레이를 OFF→ON 시 SFC 프로그램의 실행이 재개한다.	S(초기)/U	M9101 변형	
SM322	SFC 프로그램의 기동 상태	OFF : 초기화 스타트 ON : 속행 스타트	PLC 파라미터의 SFC 설정의 SFC 프로그램 기동 모드가 초기값으로 세트된다. - 초기화 스타트 시 : OFF - 속행 스타트 시 : ON	U	M9102 변형	
SM323	모든 블록 연속 이행의 유무	OFF : 연속이행 없음 ON : 연속이행 있음	SFC용 정보 디바이스의 "연속 이행 비트"가 설정되어 있지 않은 블록에 대해 연속 이행의 유무를 설정한다.	S (명령 실행)	M9103	
SM324	연속 이행 저지 플래그	OFF : 이행 실행 시 ON : 불이행 시	- 연속 이행 있음 모드로 동작 중 또는 연속 이행 중일 때 OFF, 연속 이행이 아닐 때 ON. - 연속 이행 없음 모드로 동작 중일 때는 항시 ON.	S (상태 변화)	M9104 신규	Q00J/ Q00/Q01 *1 Qn(H) QnPH QnPRH QnU
SM325	블록 정지 시의 출력 모드	OFF : OFF ON : 유지	블록 정지 시 활성 스텝의 코일 출력을 유지할 것인지의 여부를 선택한다. - 초기값은 파라미터의 블록 정지 시의 출력 모드가 코일 출력 OFF일 때 OFF, 코일 출력 유지일 때 ON된다. - 본 릴레이가 OFF되어 있을 때 코일 출력은 모두 OFF된다. - 본 릴레이가 ON되어 있을 때는 코일 출력이 유지된다.	S(초기)/U	M9196	Q00J/ Q00/Q01 *1 Qn(H) QnPH QnPRH QnU LCPU
SM326	SFC의 디바이스 클리어 모드	OFF : 디바이스 클리어 ON : 디바이스 유지	STOP→프로그램 쓰기→RUN했을 때의 디바이스 상태를 선택한다(스텝 릴레이를 제외한 전 디바이스).	U	신규	

번호	명칭	내용	내용 상세	세트 측 (세트 시기)	대응 ACPU MG⬚⬚⬚	대응 CPU
SM327	엔드 스텝 실행 시의 출력	OFF : 유지 스텝의 출력 OFF ON : 유지 스텝의 출력 유지	본 릴레이가 OFF되어 있을 때 이행이 성립되고, 유지 중이 된 스텝(SC, SE,ST)은 엔드 스텝 도달 시 코일 출력이 OFF된다.	S(초기)/U	신규	Qn(H) QnPH QnPRH QnU LCPU
				U		Q00J/ Q00/Q01 *1
SM328	엔드 스텝 도달 시 클리어 처리 모드	OFF : 클리어 처리 ON : 클리어 처리 하지 않음	엔드 스텝 도달 시 블록 내에 유지 중 이외의 활성스텝이 존재하는 경우에 클리어 할 것인지 여부를 선택한다. - 본 릴레이가 OFF되어 있을 때, 활성 스텝을 모두 강제 종료하여 블록을 종료한다. - 본 릴레이가 ON되어 있을 때, 그대로의 상태에서 블록의 실행을 계속한다. - 엔드 스텝 도달시에 유지 중 이외의 활성 스텝이 존재하지 않는 경우에는 유지 중 스텝을 모두 종료하여 블록을 종료한다.	U	신규	Q00J/ Q00/Q01 *1 QnU LCPU
SM329	비활성 블록 RUN 중 쓰기 실행 중 플래그	OFF : 실행하지 않음 ON : 실행 중	비활성 블록 RUN 중 쓰기 중에 ON된다.	S (상태 변화)	신규	QnU *8
SM330	저속 실행 타입 프로그램의 동작방식	OFF : 비동기 방식 ON : 동기 방식	저속 실행 타입 프로그램을 비동기 방식에서 실행하도록 할 것인지, 동기 방식에서 실행하도록 할 것인지를 선택한다. - 비동기 방식(본 릴레이를 OFF한다) 여유 시간 내에 저속 실행 타입 프로그램의 연산을 계속해서 실행하는 방식. - 동기 방식(본 릴레이를 ON한다) 여유시간이 있어도 저속 실행 타입 프로그램의 연산을 계속해서 실행하지 않고 다음 스캔에서 연산하는 방식	U	신규	Qn(H) QnPH
SM331	일반 SFC 프로그램 실행 상태	OFF : 실행하지 않음 ON : 실행 중	- 일반 SFC 프로그램이 실행하고 있는지의 상태가 저장된다. - SFC 제어 명령의 실행 인터록으로 사용된다.	S (상태 변화)	신규	Qn(H) *3 QnPH *4 QnPRH
SM332	프로그램 실행 관리용 SFC 프로그램 실행 상태	OFF : 실행하지 않음 ON : 실행 중	- 프로그램 실행 관리용 SFC 프로그램이 실행되고 있는 있는지의 상태가 저장된다. - SFC 제어 명령의 실행 인터록으로 사용된다.	S (상태 변화)	신규	Qn(H) *3 QnPH *4 QnPRH
SM390	플래그 실행	ON 시 인텔리전트 기능 모듈의 액세스 완료	- 직전에 실행된 인텔리전트 기능 모듈 액세스 명령 상태가 저장된다(다시 인텔리전트 기능 모듈 액세스 명령을 실행하는 곳의 정보는 덮어쓰기 된다). - 사용자가 완료 비트로 프로그램에서 사용함.	S (상태 변화)	-	Qn(H) QnPH QnPRH
SM391	GINT 명령 실행 완료 플래그	OFF : 실행하지 않음 ON : 실행 완료	S(P), GINT 명령의 실행 상태가 저장된다. - 명령 실행 전에 OFF된다. - 명령 완료 후에 ON된다.	S (명령 실행)	-	QnU

*1 : 기능 버전 B 이후의 제품이 대상이다.
*2 : 시리얼 No.의 상위 5자리가 "09012" 이후인 모듈이 대상이다.
*3 : 시리얼 No.의 상위 5자리가 "04122" 이후인 모듈이 대상이다.
*4 : 시리얼 No.의 상위 5자리가 "07032" 이후인 모듈이 대상이다.
*5 : Q00UJCPU, Q00UCPU, Q01UCPU, Q02UCPU 이외의 유니버설 모델 QCPU가 대상이다.
*6 : 다음의 모듈이 대상이다.
- 시리얼 No.의 상위 5자리가 "10012" 이후인 유니버설 모델 QCPU
- Q12UDHCPU, Q26UDHCPU

*7 : Q00UJCPU 이외의 유니버설 모델 QCPU가 대상이다.
*8 : 시리얼 No.의 상위 5자리가 "12052" 이후인 모듈이 대상이다.

(3) 시스템 클록/카운터

번호	명칭	내용	내용 상세	세트 측 (세트 시기)	대응 ACPU MG□□□	대응 CPU
SM400	항시 ON		항시 ON된다.	S (매회 END)	M9036	QCPU LCPU
SM401	항시 OFF	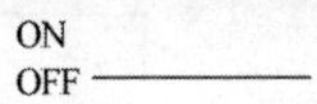	항시 OFF된다.		M9037	
SM402	RUN 후 1스캔만 ON	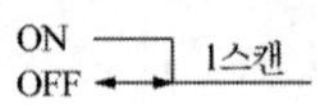	- RUN 후 1스캔만 ON된다. - 본 릴레이는 스캔 실행 타입 프로그램에서 만 사용할 수 있다. - 초기 실행 타입 프로그램 사용 시는 RUN 후 첫 번째 스캔의 스캔 실행 타입 프로그램의 END 처리 시 OFF된다. 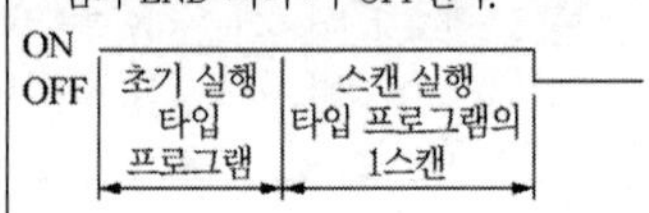		M9038	Qn(H) QnPH QnPRH QnU LCPU
			RUN 후 1스캔만 ON된다.		신규	Q00J/ Q00/Q01
SM403	RUN 후 1스캔만 OFF	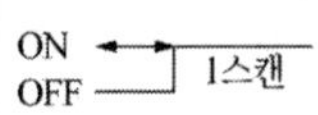	- RUN 후 1스캔만 ON된다. - 본 릴레이는 스캔 실행 타입 프로그램에서 만 사용할 수 있다. - 초기 실행 타입 프로그램 사용 시는 RUN 후 첫 번째 스캔의 스캔 실행 타입 프로그램의 END 처리 시 ON된다. 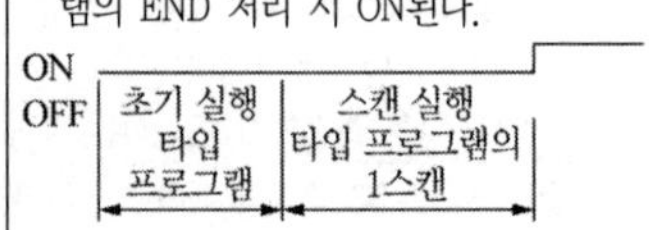		M9039	Qn(H) QnPH QnPRH QnU LCPU
			RUN 후 1스캔만 OFF된다.		신규	Q00J/ Q00/Q01
SM404	저속 실행 타입 프로그램 RUN 후 1스캔만 ON	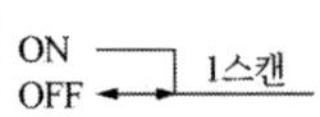	- RUN 후 1스캔만 ON된다. - 본 릴레이는 저속 실행 타입 프로그램에서 만 사용할 수 있다.			Qn(H) QnPH
SM405	저속 실행 타입 프로그램 RUN 후 1스캔만 OFF	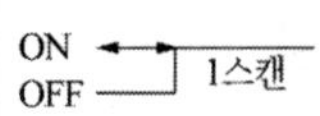	- RUN 후 1스캔만 OFF된다. - 본 릴레이는 저속 실행 타입 프로그램에서 만 사용할 수 있다.			
SM409	0.01초 클록	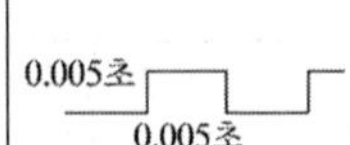	- 5ms마다 ON/OFF가 반복된다. - CPU 모듈의 전원 ON 시 또는 리셋 시는 OFF 시 스타트된다(프로그램 실행 도중이라도 지정 시간이 되면 ON/OFF 상태가 변경되므로 주의한다).	S (상태 변화)		Qn(H) QnPH QnPRH QnU LCPU

번호	명칭	내용	내용 상세	세트 측 (세트 시기)	대응 ACPU MG□□□	대응 CPU
SM410	0.1초 클록	0.05초 0.05초	- 일정한 시간마다 ON/OFF 반복 - CPU 모듈의 전원 ON시 또는 리셋 시는 OFF 시 스타트 됨.(프로그램 실행 도중이라도 지정 시간이 되면 ON/OFF 상태가 변경되므로 주의)	S (상태 변화)	M9030	QCPU LCPU
SM411	0.2초 클록	0.1초 0.1초			M9031	
SM412	1초 클록	0.5초 0.5초			M9032	
SM413	2초 클록	1초 1초			M9033	
SM414	2n초 클록	n초 n초	- SD414로 지정된 시간(단위 : 초)마다 ON/OFF 반복 - CPU 모듈의 전원 ON시 또는 리셋 시는 OFF 시 스타트 됨.(프로그램 실행 도중이라도 지정 시간이 되면 ON/OFF 상태가 변경되므로 주의)		M9034 변형	
SM415	2n(ms) 클록	n(ms) n(ms)	- SD415로 지정된 시간(단위 : ms)마다 ON/OFF 반복 - CPU 모듈의 전원 ON시 또는 리셋 시는 OFF 시 스타트 됨.(프로그램 실행 도중이라도 지정 시간이 되면 ON/OFF 상태가 변경되므로 주의)		신규	Qn(H) QnPH QnPRH QnU LCPU
SM420	사용자 타이밍 클록 No.0	n2 스캔 n2 스캔 n1 스캔	- 지정 스캔 간격으로 ON/OFF 반복 - CPU 모듈의 전원 ON시 또는 리셋 시는 OFF 시 스타트 됨.(다만 이중화 CPU의 경우 계전환 다음에는 항시 OFF됨) - DUTY 명령에 의해 ON/OFF의 스캔 간격이 설정됨. [DUTY | n1 | n2 | SM420] - n1 : ON의 스캔 간격 - n2 : OFF의 스캔 간격	S (매회 END)	M9020	QCPU LCPU
SM421	사용자 타이밍 클록 No.1				M9021	
SM422	사용자 타이밍 클록 No.2				M9022	
SM423	사용자 타이밍 클록 No.3				M9023	
SM424	사용자 타이밍 클록 No.4				M9024	
SM430	사용자 타이밍 클록 No.5		SM420~SM424의 저속 실행 타입 프로그램		신규	Qn(H) QnPH
SM431	사용자 타이밍 클록 No.6					
SM432	사용자 타이밍 클록 No.7					
SM433	사용자 타이밍 클록 No.8					
SM434	사용자 타이밍 클록 No.9					

(4) 스캔 정보

번호	명칭	내용	내용 상세	세트 측 (세트 시기)	대응 ACPU MG□□□	대응 CPU
SM510	저속 실행 타입 프로그램 실행 플래그	OFF : 완료 또는 비실행 ON : 실행 중	저속 실행 타입 프로그램의 실행 중에 ON	S (매회 END)	신규	Qn(H) QnPH
SM551	모듈 서비스 간격 읽기	OFF : 무처리 ON : 읽기	본 릴레이가 OFF→ON으로 변경되었을 때 8D550으로 지정된 모듈의 서비스 간격을 SD551~SD552에서 읽음	U	신규	Qn(H) QnPH QnPRH

(5) I/O 리프레시

번호	명칭	내용	내용 상세	세트 측 (세트 시기)	대응 ACPU MG□□□	대응 CPU
SM580	프로그램 간 I/O 리프레시	OFF : 리프레시하지 않음 ON : 리프레시함		U	신규	Q00J/ Q00/Q01 *1

*1 : 기능 버전 B 이후의 제품이 대상이다.

(6) 드라이브 정보

번호	명칭	내용	내용 상세	세트 측 (세트 시기)	대응 ACPU MG□□□	대응 CPU
SM600	메모리 카드 사용 금지 플래그	OFF : 사용 불가능 ON : 사용 가능	메모리 카드가 사용자가 사용 가능한 상태일 때 ON된다.	S (상태 변화)	신규	Qn(H) QnPH QnPRH QnU *1
			SD 메모리 카드가 사용자가 사용 가능한 상태일 때 ON된다(유효한 SD 메모리 카드라면 SD 메모리 카드 장착 후 SD 메모리 카드 사용 정지 스위치 조작으로 사용 가능한 상태가 됐을 때 ON된다)..			LCPU
SM601	메모리 카드 프로텍트 플래그	OFF : 프로텍트 없음 ON : 프로텍트 있음	메모리 카드의 프로텍트 스위치가 ON되어 있을 때 ON된다.			Qn(H) QnPH QnPRH QnU *1 LCPU
SM602	드라이브 1 플래그	OFF : 드라이브 1 없음 ON : 드라이브 1 있음	장착 메모리 카드가 RAM일 때 ON된다.			Qn(H) QnPH QnPRH QnU *1
SM603	드라이브 2 플래그	OFF : 드라이브 2 없음 ON : 드라이브 2 있음	장착 메모리 카드가 ROM일 때 ON된다.			Qn(H) QnPH QnPRH QnU *1
			SD 메모리 카드가 장착되어 있을 때 ON된다(메모리 카드의 사용 가능/불가능, 종류에 관계없이 SD 메모리 카드 장착 시 ON된다).			LCPU

번호	명칭	내용	내용 상세	세트 측 (세트 시기)	대응 ACPU MG□□□	대응 CPU
SM604	메모리 카드 사용 중 플래그	OFF : 미사용 ON : 사용 중	메모리 카드가 사용 중일 때 ON된다.	S (상태 변화)	신규	Qn(H)/QnPH QnPRH/QnU *1 LCPU
SM605	메모리 카드 탈착 금지 플래그	OFF : 탈착 허가 ON : 탈착 금지	메모리 카드를 탈착 금지로 하는 경우 ON된다.	U		Qn(H)/QnPH QnPRH/QnU *1
			SD 메모리 카드를 탈착 금지로 하는 경우 ON된다.(사용 가능한 SD 메모리 카드를 장착 후 SD 메모리카드 사용 정지 스위치 조작으로 사용 가능한 상태가 되었을 때 ON 된다. "ICM.OPE. ERROR" 발생 시는 ON되지 않음).	S (상태 변화)		LCPU
SM606	SD 메모리 카드 강제 사용 정지 지시	OFF : SD 메모리 카드 강제 사용 정지 해제 지시 ON : SD 메모리 카드 강제 사용 정지 지시	- ON 시 SD 메모리카드의 강제 사용의 정지 지시를 실행한다. 다만 SD 메모리카드에 액세스하고 있는 기능이 있을 때 액세스 완료까지 정지처리를 기다린다. - OFF 시 SD 메모리카드의 강제 사용 정지 상태의 해제 지시를 실행한다.	U		
SM607	SD 메모리 카드 강제 사용 정지 상태 플래그	OFF : SD 메모리 카드 강제 사용 정지 지시에 의한 사용 정지 중 아님. ON : SD 메모리 카드 강제 사용 정지 지시에 의한 사용 정지 중	- SM606(SD 메모리카드 강제 사용 정지 지시) ON에 의해 SD 메모리 카드의 사용을 정지했을 때 ON한다. - SM606(SD 메모리카드 강제 사용 정지 지시) OFF에 의해 SD 메모리카드의 강제 사용정지가 해제됐을 때 OFF한다.	S (상태 변화)		
SM609	카드 탈착 허가 플래그	OFF : 탈착 불가능 ON : 탈착 허가	- 메모리 카드를 탈착 허가로 하는 경우 사용자가 ON - 메모리 카드 분리 후 시스템에서 OFF - 본 릴레이는 SM604, SM605가 OFF되어 있을 때만 사용 가능	S/U		Qn(H) QnPH QnPRH QnU *1
SM620	드라이브 3/4 사용 금지 플래그	OFF : 사용 불가능 ON : 사용 가능	항시 ON된다.	S (초기)		QCPU LCPU
SM621	드라이브 3/4 프로텍트 플래그	OFF : 프로텍트 없음 ON : 프로텍트 있음	항시 OFF된다.			
SM622	드라이브 3 플래그	OFF : 드라이브 3 없음 ON : 드라이브 3 있음	항시 ON된다.			Q00J/Q00/ Q01/Qn(H)/ QnPH/QnPRH/ QnU*2/LCPU
SM623	드라이브 4 플래그	OFF : 드라이브 4 없음 ON : 드라이브 4 있음	항시 OFF된다.			QCPU LCPU
SM624	드라이브 3, 4 사용 중 플래그	OFF : 미사용 ON : 사용 중	드라이브 3(표준 RAM), 드라이브 4(표준 ROM)상에 존재하는 파일을 사용하고 있는 경우 ON된다.	S (상태 변화)		Qn(H)/QnPH/ QnPRH/QnU/ LCPU
SM640	파일 레지스터 사용	OFF : 파일 레지스터 미사용 ON : 파일 레지스터 사용 중	파일 레지스터 사용 중에 ON된다.			Q00J/Q00/ Q01/Qn(H)/ QnPH/QnPRH/ QnU*2/LCPU

번호	명칭	내용	내용 상세	세트 측 (세트 시기)	대응 ACPU MG□□□	대응 CPU
SM650	코멘트 사용	OFF : 코멘트 미사용 ON : 코멘트 사용중	코멘트 파일 사용 중에 ON된다.	S (상태 변화)	신규	Qn(H)/QnPH/ QnPRH/QnU/ LCPU
SM660	부트 운전	OFF : 내장 메모리 실행 ON : 부트 운전 중	- 부트 운전 중에 ON된다. - 부트 지정 스위치가 OFF되면 OFF된다.			Qn(H)/QnPH QnPRH
		OFF : 프로그램 메모리 실행 ON : 부트 운전 중	부트 운전 중에 ON된다.			Q00J/Q00/ Q01/QnU[*3]/ LCPU
SM671	표준 ROM에 대한 래치 데이터 백업 완료 플래그	OFF : 미완료 ON : 완료	- 표준 ROM에 대한 래치 데이터 백업 완료 시 ON된다. - 표준 ROM에 대한 래치 데이터 백업을 실행한 시간이 SD672 이후에 저장된다.			QnU LCPU
SM672	메모리카드 파일 레지스터 액세스 범위 플래그	OFF : 액세스 범위 ON : 액세스 범위 외	- 메모리카드의 파일 레지스터의 범위 외를 액세스하면 ON된다(END 처리 내에서 세트된다). - 프로그램으로 리셋한다.	S/U		Qn(H) QnPH QnPRH
SM675	표준 ROM에 대한 래치 데이터 백업 이상 완료	OFF : 에러 없음 ON : 에러 있음	- 표준 ROM에 대한 래치 데이터 백업 시 백업을 정상완료 할 수 없을 때 ON된다. - 표준 ROM에 대한 래치 데이터 백업이 정상완료했을 때 OFF된다.	S		QnU LCPU
SM676	복구 반복 실행 지정	OFF : 지정 없음 ON : 지정 있음	- 본 릴레이가 ON되어 있는 상태에서 래치 데이터 백업을 실행한 경우, 다음 전원 OFF→ON 이후 매회 복구한다. - 래치 데이터의 백업 데이터를 삭제하거나 다시 래치 데이터 백업 조작을 할 때까지 전원 OFF→ON 시마다 복구한다.	U		
SM680	프로그램 메모리 쓰기 이상	OFF : 쓰기 이상 ON : 쓰기 비실행/정상	프로그램 메모리(플래시 ROM)에 대한 쓰기 시 쓰기 에러 검출로 ON된다. 쓰기 지시가 있는 시점에서 OFF된다.	S (쓰기 시)		
SM681	프로그램 메모리 쓰기 중 플래그	OFF : 쓰기 실행 중 ON : 쓰기 비실행	프로그램 메모리(플래시 ROM)에 대해 쓰기 처리 중에 ON되고, 쓰기 종료로 OFF된다.			
SM682	프로그램 메모리 갱신 횟수 이상 플래그	OFF : 갱신 횟수 10만회 도달 ON : 갱신 횟수 10만회 미만	프로그램 메모리(플래시 ROM)의 갱신 횟수가 10만회 도달 시 ON된다. (CPU 모듈 교환 필요)			
SM685	표준 ROM 쓰기 이상	OFF : 쓰기 이상 ON : 쓰기 비실행/정상	표준 ROM(플래시 ROM)에 대한 쓰기 시 쓰기 에러 검출로 ON된다. 쓰기 지시가 있는 시점에서 OFF된다.			
SM686	표준 ROM 쓰기 중 플래그	OFF : 쓰기 실행 중 ON : 쓰기 비실행	표준 ROM(플래시 ROM)에 대해서 쓰기 처리 중에 ON되고, 쓰기 종료 시 OFF된다.			
SM687	표준 ROM 갱신 횟수 이상 플래그	OFF : 갱신 횟수 10만회 도달 ON : 갱신 횟수 10만회 미만	표준 ROM(플래시 ROM)의 갱신 횟수가 10만회 도달 시 ON된다. (CPU 모듈 교환 필요)			

번호	명칭	내용	내용 상세	세트 측 (세트 시기)	대응 ACPU MG□□□	대응 CPU
SM691	백업 시작 준비상태 플래그	OFF : 백업 시작 준비 미완료 ON : 백업 시작 준비 완료	백업 시작 준비 완료 시 ON된다.	S (상태 변화)	신규	QnU *1 LCPU
SM692	복구 완료 플래그	OFF : 복구 미완료 ON : 복구 완료	메모리카드의 백업 데이터의 복구 완료 시 ON된다.			

*1 : 시리얼 No.의 상위 5자리가 "10102" 이후인 모듈이 대상이다(다만 Q00UJCPU, Q00UCPU, Q01UCPU는 제외).
*2 : Q00UJCPU 이외의 유니버설 모델 QCPU가 대상이다.
*3 : Q00UJCPU, Q00UCPU, Q01UCPU 이외의 유니버설 모델 QCPU가 대상이다.

(7) 명령 관리

번호	명칭	내용	내용 상세	세트 측 (세트 시기)	대응 ACPU MG□□□	대응 CPU
SM700	캐리 플래그	OFF : 캐리 OFF ON : 캐리 ON	응용 명령 중에 사용되는 캐리 플래그	S (명령 실행 시)	M9012	QCPU LCPU
SM701	출력 문자수 전환	OFF : NULL까지의 출력 ON : 16문자 출력	PR, PRC, BINDA, DBINDA, BINHA, DBINHA, BCDDA, DBCDDA, COMRD 명령에서 사용한다.	U	M9049	Qn(H)/QnPH QnPRH/QnU LCPU
SM702	검색 방법	OFF : 순차 탐색 ON : 2분 탐색	- 검색명령에서의 탐색방법을 지정한다. - 2분 탐색 시는 데이터가 정렬되어 있을 필요가 있다.		신규	QCPU LCPU
SM703	정렬 순서	OFF : 오름차순 ON : 내림차순	정렬 명령으로 데이터를 정렬하는 방법을 오름차순, 내림차순 중에서 선택한다.			
SM704	블록 비교	OFF : 불일치 있음 ON : 모두 일치	BKCMP 명령으로 모든 데이터 조건 성립 시 ON한다.	S (명령 실행 시)		
			DKCMP 명령으로 모든 데이터 조건 성립 시 ON(명령 실행 시)한다.			QnU *2 LCPU
SM709	DT, TM 명령 부정 데이터 검출 플래그	OFF : 부정 데이터 없음 ON : 부정 데이터 있음	DT, TM 명령에서 비교대상이 되는 데이터가 날짜 데이터 또는 시계 데이터로 인식할 수 없거나 비교대상이 되는 디바이스(3워드)가 지정 디바이스 범위를 초과하는 경우에는 ON된다.	S (명령 실행 시) /U		
SM710	CHK 명령 우선순위 플래그	OFF : 조건 우선 ON : 패턴 우선	- OFF 시 기존대로 - ON 시는 CHK의 우선순위가 변경된다.	S (명령 실행 시)		Qn(H)/QnPH QnPRH
SM715	티 플래그	OFF : DI 중 ON : EI 중	타 명령 실행 시 ON된다.			QCPU LCPU
SM716	블록 비교 (인터럽트 프로그램 이외)	OFF : 불일치 있음 ON : 불일치 없음	DKCMP 명령에서 모든 데이터 조건 일치 시 ON된다(초기 실행 타입/스캔 실행 타입 프로그램 또는 초기 실행 타입/스캔 실행 타입 프로그램에서 실행된 대기 타입 프로그램).			QnU *2 LCPU
SM717	블록 비교 (인터럽트 프로그램)	OFF : 불일치 있음 ON : 불일치 없음	DKCMP 명령에서 모든 데이터 조건 일치 시 ON된다(인터럽트/고정 스캔 실행 타입 프로그램 또는 인터럽트/고정 스캔 실행 타입 프로그램에서 실행된 대기 타입 프로그램).			
SM718	블록 비교 (인터럽트 프로그램(145))	OFF : 불일치 있음 ON : 불일치 없음	DKCMP 명령에서 모든 데이터 조건 일치 시 ON된다(인터럽트 프로그램(145) 또는 인터럽트 프로그램(145)에서 실행된 대기 타입 프로그램)			QnU *3
SM720	코멘트 읽기 완료 플래그	OFF : 코멘트 읽기 미완료 ON : 코멘트 읽기 완료	COMRD, PRC 명령의 처리가 완료되었을 때 1스캔만 ON된다.	S (상태 변화)		Qn(H) QnPH
			COMRD 명령의 처리가 완료되었을 때 1스캔만 ON된다.			QnPRH QnU/LCPU

번호	명칭	내용	내용 상세	세트 측 (세트 시기)	대응 ACPU MG□□□	대응 CPU
SM721	파일 액세스 중	OFF : 파일 액세스 중 이외 ON : 파일 액세스 중	SP, FWRITE, SP, FREAD, COMRD, PRC, LEDC 명령에 대하여 파일에 대한 액세스 중에 ON된다.	S (상태 변화)	신규	Qn(H) QnPH
			SP, FWRITE, SP, FREAD, COMRD, LEDC 명령에 대하여 파일에 액세스 중에 ON됨.			Qn(H)/ QnPH QnPRH
			SP, FWRITE, SP, FREAD, COMRD, SP, DEVST 명령에 대하여 파일에 액세스 중에 ON된다.			QnU
			- SP, FWRITE, SP, FREAD, COMRD, SP, DEVST 명령에 대하여 파일에 액세스 중에 ON된다. - SD 메모리카드 및 표준 ROM에 액세스 시 ON된다.			LCPU
			ATA 카드 및 표준 ROM에 액세스 시ON			QnU *4
			S(P), SFCSCOMR,S(P),SFCTCOMR 명령 실행 중에 ON된다.			QnU *11
SM722	BIN, DBIN 명령 에러 허가 플래그	OFF : 에러 검출 ON : 에러 검출하지 않음	BIN, DBIN "OPERATION ERROR"을 내고 싶지 않은 경우 ON된다.	U		QCPU LCPU
SM734	XCALL 명령 실행 조건 지정	OFF : 실행조건의 상승 펄스 시 실행하지 않음 ON : 실행조건의 상승 펄스 시 실행	- OFF 시는 실행 조건의 상승 펄스 시에 XCALL 명령을 실행하지 않는다. - ON 시는 실행 조건의 상승 펄스 시에 XCALL 명령을 실행한다.			Qn(H) *4
SM735	SFC 코멘트 읽기 명령 실행 중 플래그	OFF : SFC 코멘트 읽기 명령 비실행 ON : SFC 코멘트 읽기 명령 실행	SFC 스템 코멘트 읽기 명령 (S(P), SFCSCOMR), SFC 이행 조건 코멘트 읽기 명령(S(P), SFCSCOMR)을 실행 중에 ON된다.	S (상태 변화)		Qn(H) *5 QnPH *6 QnPRH *6 QnU *11
SM738	MSG 명령 수신 플래그	OFF : 명령 비실행 ON : 명령 실행	MSG 명령 실행 시의 탐색 방법을 결정한다.	S (명령실행시)		Qn(H) QnPRH
SM740	표시 모듈 사용 금지 플래그	OFF : 사용 불가능 ON : 사용 가능	표시 모듈이 사용 가능한 경우에 ON된다.	S(초기/상태 변경)		LCPU
SM750	스케일링 명령 탐색 방법 설정	OFF : 순차 탐색 ON : 2분 탐색	스케일링 명령 실행 시의 탐색 방법을 결정한다	U		QnU *2 LCPU
SM774	PID 범프리스 처리 (완전 미분용)	OFF : 일치시킨다. ON : 일치시키지 않는다.	수동 모드 시 설정값(SV)을 측정값(PV)에 일치시킬지의 여부를 지정한다.			Q00J/Q00/ Q01 *1/ Qn(H)/QnPRH QnU/LCPU
SM775	COM/CCOM 명령 실행 시 리프레시 처리 선택	OFF : 링크 리프레시 한다. ON : 링크리프레시하지 않는다.	COM 명령 실행 시 CPU 모듈과의 교신만 실행하는 경우 링크 리프레시 처리를 할 것인지의 여부를 선택한다.			Q00J/Q00/ Q01/Qn(H) QnPH
		OFF : I/O 리프레시 이외의 리프레시 처리 ON : SD778로 설정 리프레시 실행	COM, CCOM 명령 실행 시 I/O 리프레시 이외의 리프레시를 실행할 것인지, SD778로 설정된 리프레시를 실행할 것인지를 선택한다.			Q00J/Q00/ Q01 *1 Qn(H) *7 QnPH *4 QnPRH/QnU LCPU

번호	명칭	내용	내용 상세	세트 측 (세트 시기)	대응 ACPU MG□□□	대응 CPU
SM776	CALL 시의 로컬 디바이스의 허가/금지 설정	OFF : 로컬 디바이스 금지 ON : 로컬 디바이스 허가	CALL 명령 실행 시 호출한 서브루틴 프로그램의 로컬 디바이스의 허가/금지를 설정한다.	U	신규	Qn(H) QnPH QnPRH QnU *10 LCPU
SM777	인터럽트 프로그램에서의 로컬 디바이스의 허가/금지 설정	OFF : 로컬 디바이스 금지 ON : 로컬 디바이스 허가	인터럽트 프로그램 실행 시의 로컬 디바이스의 허가/금지를 설정한다.			
SM794	PID 범프리스 처리 (불완전 미분용)	OFF : 일치시킨다. ON : 일치시키지 않는다.	수동 모드 시 설정값(SV)을 측정값(PV)에 일치시킬지의 여부를 지정한다.			Q00J/Q00/Q01 *1 Qn(H) *8 QnPRH QnU/LCPU
SM796	멀티 CPU 간 고속통신 전용 명령 사용 블록 정보(1호기용)	OFF : 블록 확보 ON : SD796으로 설정된 만큼 확보되어있지 않다.	멀티 CPU 간 고속 통신 전용명령(대심 호기=1호기)에서 사용하는 전용명령 전송 영역의 나머지 블록수가 SD796으로 지정된 블록수 미만이 되면 ON된다. 명령실행 시 ON, END 처리 시 영역에 공백이 있으면 OFF.	S (명령실행시/END 처리 시)		QnU *9
SM797	멀티 CPU 간 고속통신 전용 명령 사용 블록 정보(2호기용)	OFF : 블록 확보 ON : SD797로 설정된 만큼 확보되어있지 않다.	멀티 CPU 간 고속 통신 전용명령(대심 호기=2호기)에서 사용하는 전용명령 전송 영역의 나머지 블록수가 SD797으로 지정된 블록수 미만이 되면 ON된다. 명령실행 시 ON, END 처리 시 영역에 공백이 있으면 OFF.			
SM798	멀티 CPU 간 고속통신 전용 명령 사용 블록 정보(3호기용)	OFF : 블록 확보 ON : SD798로 설정된 만큼 확보되어있지 않다.	멀티 CPU 간 고속 통신 전용명령(대심 호기=3호기)에서 사용하는 전용명령 전송 영역의 나머지 블록수가 SD798로 지정된 블록수 미만이 되면 ON된다. 명령실행 시 ON, END 처리 시 영역에 공백이 있으면 OFF.			
SM799	멀티 CPU 간 고속통신 전용 명령 사용 블록 정보(4호기용)	OFF : 블록 확보 ON : SD799로 설정된 만큼 확보되어있지 않다.	멀티 CPU 간 고속 통신 전용명령(대심 호기=4호기)에서 사용하는 전용명령 전송 영역의 나머지 블록수가 SD799로 지정된 블록수 미만이 되면 ON된다. 명령실행 시 ON, END 처리 시 영역에 공백이 있으면 OFF.			

*1 : 기능 버전 B 이후의 제품이 대상이다.
*2 : 다음의 모듈이 대상이다.
- 시리얼 No.의 상위 5자리가 "10102" 이후인 유니버설 모델 QCPU
- Q00UJCPU, Q00UCPU, Q01UCPU

*3 : 다음의 모듈이 대상이다.
- 시리얼 No.의 상위 5자리가 "10102" 이후인 유니버설 모델 QCPU
- Q00UCPU, Q01UCPU

*4 : 시리얼 No.의 상위 5자리가 "07032" 이후인 모듈이 대상이다.
*5 : 시리얼 No.의 상위 5자리가 "06082" 이후인 모듈이 대상이다.
*6 : 시리얼 No.의 상위 5자리가 "07012" 이후인 모듈이 대상이다.
*7 : 시리얼 No.의 상위 5자리가 "04012" 이후인 모듈이 대상이다.
*8 : 시리얼 No.의 상위 5자리가 "05032" 이후인 모듈이 대상이다.
*9 : Q00UJCPU, Q00UCPU, Q01UCPU, Q02UCPU 이외의 유니버설 모델 QCPU가 대상이다.
*10 : Q00UJCPU 이외의 유니버설 모델 QCPU가 대상이다.
*11 : 시리얼 No.의 상위 5자리가 "12052" 이후인 모듈이 대상이다.

(8) 디버그

번호	명칭	내용	내용 상세	세트 측 (세트 시기)	대응 ACPU MG□□□	대응 CPU
SM800	트레이스 준비	OFF : 미준비 ON : 준비 완료	트레이스의 준비 완료 시 ON된다.	S (상태 변화)	신규	Qn(H) QnPH QnPRH QnU *1 LCPU
SM801	트레이스 시작	OFF : 중지 ON : 시작	- ON되면 트레이스가 시작된다. - OFF되면 중지된다(관계되는느 특수 릴레이를 모두 OFF한다).	U	M9047	
SM802	트레이스 실행 중	OFF : 중지 ON : 시작	트레이스 실행 중에 ON된다.	S (상태 변화)	M9046	
SM803	트레이스 트리거	OFF → ON : 트리거 발생	- 지정된 트리거 조건이 성립됐을 때 시스템이 ON된다. - 사용자 조작에 의해 트리거 조건을 성립시키는 경우에 사용자가 ON한다.	S(상태 변화) / U	신규	
SM804	트레이스 트리거 후	OFF : 트리거 후가 아니다. ON : 트리거 후	트레이스 트리거 후에 ON된다.	S (상태 변화)		
SM805	트레이스 완료	OFF : 미완료 ON : 완료	트레이스 완료 시 ON된다.		M9043	
SM826	트레이스 에러	OFF : 정상 ON : 에러	트레이스 실행 중에 에러가 발생하면 ON된다.		신규	
SM829	트레이스 설정의 강제 등록 지정	OFF : 강제 등록 유효 ON : 강제 등록 무효	본 릴레이를 ON하여 프로그래밍 툴에서 샘플링 트레이스 설정을 등록하면 트리거 조건이 성립되어 있는 상태에서도 샘플링 트레이스 설정을 CPU 모듈에 등록할 수 있다.	U		QnU *1 LCPU
SM841	오토 로깅	OFF : 오토 로깅 실행 ON : 오토 로깅 비실행	오토 로깅 실행 중에 ON된다. 오토 로깅 완료 후 SD 메모리카드 사용 정지 스위치를 윗방향으로 슬라이드하여 SD 메모리카드에 대한 액세스를 정지시켰을 때 OFF된다.	S (상태 변화)		LCPU

*1 : Q00UJCPU 이외의 유니버설 모델 QCPU가 대상이다.

(9) A → Q/L 변환 대응

ACPU의 특수 릴레이(M9000~M9255)가 A → Q/L 변환으로 변환했을 때 대응하는 것은 SM1000~SM1255이다(다만 베이식 모델 QCPU, 이중화 CPU는 A → Q/L 변환에는 대응하지 않는다). 이들은 모두 시스템 측이 세트한다. 사용자가 프로그램으로 ON/OFF할 수 없다. 사용자 측에서 ON/OFF하려면 프로그램을 QCPU/LCPU용 특수 릴레이로 수정한다. 다만 SM1084, SM1200~SM1255에 대해서는 변환 전의 M9084, M9200~M9255 중에서 사용자 측에서 ON/OFF할 수 있는 특수 릴레이만 변환 후의 SM1084, SM1200~SM1255에서도 사용자 측에서 ON/OFF할 수 있다. ACPU의 특수 릴레이에 관한 자세한 내용은 다음의 매뉴얼을 참조하라.

📖 각 CPU 모듈의 사용자 매뉴얼

📖 MELSECNET, MELSECNET/B 데이터 링크 시스템 레퍼런스 매뉴얼

POINT

하이 퍼포먼스 모델 QCPU, 프로세스 CPU, 유니버설 모델 QCPU, 또는 LCPU에서 변환 후의 특수 릴레이를 사용하는 경우 "A 시리즈 CPU 호환 설정"의 체크 표시를 한다.

🖱 프로젝트 윈도우[파라미터] [PLC 파라미터] [PLC 시스템 설정]
다만 변환 후의 특수 릴레이를 사용하면 처리 시간이 길어진다.

[아래 표 보는 방법]

- 수정용 특수 릴레이가 기술되어 있는 디바이스의 번호는 기술되어 있는 QCPU/LCPU용 특수 릴레이로 수정한다.
- ⊟가 기술되어 있는 디바이스 번호는 변환 후의 특수 릴레이를 사용할 수 있다.
- ☒가 기술되어 있는 디바이스 번호는 QCPU/LCPU에서는 동작하지 않는다.

ACPU의 특수릴레이	변환 후의 특수릴레이	수정용 특수릴레이	명 칭	내 용	내용 상세	대응 CPU
M9000	SM1000	-	퓨즈 단선	OFF : 정상 ON : 퓨즈 단선 모듈	· 퓨즈가 단선되어 있는 출력 모듈이 1개라도 있으면 ON된다. · 이후 정상이 되어도 ON 상태 유지 · 퓨즈 단선 상태는 리모트 I/O국의 출력 모듈에 대해서도 체크된다.	Qn(H) QnPH QnU *1
M9002	SM1002	-	입출력 모듈 대조 에러	OFF : 정상 ON : 에러 있음	· 입출력 모듈이 전원 ON 시 등록된 상태와 다르면 ON된다. · 이후 정상이 되어도 ON 상태 유지 · 입출력 모듈 대조는 리모트 I/O국의 출력 모듈에 대해서도 체크된다. · SD1116~SD1123을 리셋했을 때만 리셋된다.	Qn(H) QnPH QnU *1 LCPU
M9005	SM1005	-	AC DOWN 검출	OFF : AC DOWN 없음 ON : AC DOWN 있음	· AC 전원모듈 사용 시 20ms 이내의 순간정전이 되면 ON된다. · 전원 OFF→ON 시 리셋된다.	Qn(H) QnPH QnU *1
					· AC 전원모듈 사용 시 10ms 이내의 순간정전이 되면 ON된다. · 전원 OFF→ON 시 리셋된다.	LCPU
					· DC 전원모듈사용 시 10ms 이내의 순간정전이 되면 ON된다. · 전원 OFF→ON 시 리셋된다.	Qn(H) QnPH QnU *1 LCPU
M9006	SM1006	-	배터리 저하	OFF : 정상 ON : 저하	· 배터리 전압이 규정 이하로 저하되면 ON된다. · 이후 배터리 전압이 정상이 되면 OFF	
M9007	SM1007	-	배터리 저하 래치	OFF : 정상 ON : 배터리 저하	· 배터리 전압이 규정 이하로 저하되면 ON · 이후 배터리 전압이 정상이 되어도 ON 상태	Qn(H) QnPH QnU *1 LCPU
M9008	SM1008	SM1	자기 진단 에러	OFF : 에러 없음 ON : 에러 있음	자기 진단 결과 에러가 발생하면 ON된다.	
M9009	SM1009	SM62	어넌시에이터 검출	OFF : 검출 없음 ON : 검출 있음	· OUT F, SET의 명령이 실행되면 ON · SD1124의 내용이 0이 되면 OFF	

ACPU의 특수릴레이	변환 후의 특수릴레이	수정용 특수릴레이	명 칭	내 용	내용 상세	대응 CPU
M9011	SM1011	SM56	연산 에러 플래그	OFF : 에러 없음 ON : 에러 있음	・응용명령 실행 중에 연산 에러가 발생했을 때 ON ・이후 정상이 되어도 ON 상태 유지	Qn(H) QnPH QnU *1
M9012	SM1012	SM700	캐리 플래그	OFF : 캐리 OFF ON : 캐리ON	응용명령 중에 사용되는 캐리 플래그	
M9016	SM1016	×	데이터 메모리 클리어 플래그	OFF : 무처리 ON : 출력 클리어	SM1016이 ON되어 있을 때 PC 등으로 리모트 RUN 시 래치 범위 포함한 모든 데이터 메모리(특수 릴레이, 특수 레지스터 제외)가 모두 클리어됨.	Qn(H) QnPH
M9017	SM1017	×	데이터 메모리 클리어 플래그	OFF : 무처리 ON : 출력 클리어	SM1017이 ON되어 있을 때 PC 등으로 리모트 RUN 시 래치되어 있지 않은 데이터 메모리(특수 릴레이, 특수 레지스터 제외)가 모두 클리어됨.	
M9020	SM1020	-	사용자 타이밍 클록 No.0	n2 스캔 n2 스캔 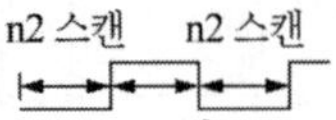 n1 스캔	・지정 스캔 간격으로 ON/OFF 반복 ・전원 ON시, 리셋 시 OFF하면 스타트 DUTY 명령에 의해 ON/OFF 간격 설정 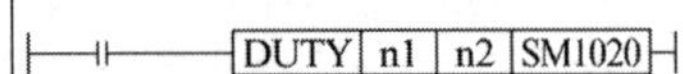 ・n1 : ON의 스캔 간격 ・n2 : OFF의 스캔 간격 하이퍼포먼스 모델 QCPU, 프로세스 CPU의 프로그램에서 사용자용 타이밍 클록에 SM1020~SM1024를 지정한 DUTY 명령은 유니버설 모델 QCPU, LCPU에 PLC 타입을 변경한 경우에는 SM420~SM424로 대체된다(유니버설 모델 QCPU, LCPU에서는 SM1020~SM1024를 지정할 수 없다).	Qn(H) QnPH QnU *1 LCPU
M9021	SM1021	-	사용자 타이밍 클록 No.1			
M9022	SM1022	-	사용자 타이밍 클록 No.2			
M9023	SM1023	-	사용자 타이밍 클록 No.3			
M9024	SM1024	-	사용자 타이밍 클록 No.4			
M9025	SM1025	-	시계 데이터 세트 요구	OFF : 무처리 ON : 세트요구 있음	SM1025가 OFF→ON으로 변경된 스캔의 END 명령실행 후 SD1025~SD1028에 저장되어 있는 시계 데이터를 CPU 모듈에 쓴다.	
M9026	SM1026	-	시계 데이터 에러	OFF : 에러 없음 ON : 에러 있음	시계 데이터(SD1025~SD1028)의 값에 에러가 있을 때 ON, 에러가 없으면 OFF	
M9028	SM1028	-	시계 데이터 읽기 요구	OFF : 무처리 ON : 읽기 요구	SM1028이 ON되어 있을 때 시계의 데이터를 BCD 값으로 SD1025~SD1028에서 읽음.	
M9029	SM1029	×	데이터 교신 요구일괄처리	OFF : 일괄처리 안함 ON : 일괄처리함	・SM1029를 프로그램으로 ON하면 1스캔 간에 받아들인 데이터 교신 요구를 그 스캔의 END 처리 시 모두 처리함. ・데이터 교신 요구 일괄처리는 RUN 중에 ON/OFF 변경 가능 ・디폴트는 OFF(데이터 교신 요구를 받아들인 순서로 END 처리마다 1요구씩)	Qn(H) QnPH

6장 LS산전 XGT PLC XG5000 사용법

Programmable Logic Controller

6.1 XG 5000의 특징

XG5000은 XGT PLC 시리즈에 대해서 프로그램을 작성하고 디버깅하는 소프트웨어 툴이다. XG5000은 다음과 같은 특징과 장점을 가지고 있다.

(1) 멀티 PLC, 멀티 프로그램

한 프로젝트에 여러 개의 PLC를 포함시켜서 서로 연동되는 PLC 시스템을 동시에 편집, 모니터, 관리할 수 있다. 또한 프로그램을 스캔 프로그램, 다양한 태스크 프로그램으로 나누어 작성할 수 있다.

(2) 다양한 드래그 & 드롭

프로젝트, 변수/설명, LD 편집, 변수 모니터 등 대부분의 편집기에서 드래그 & 드롭 기능을 적용하여 편집을 쉽고 편리하게 할 수 있다.

(3) 사용자 단축키 설정

디폴트로 제공되는 단축키 변경이 가능하며 사용자 본인에게 익숙한 단축키를 추가할 수 있다.

(4) 다양한 메시지 창

프로그램 편집과 검사기 등을 쉽게 하기 위하여 다양한 메시지 창을 제공한다.

(5) 편리한 변수/설명 편집

① 엑셀을 이용하여 편집 가능하다.

② 변수 위주 보기, 디바이스 위주 보기, 플래그 보기 등 다양한 형식으로 편집이 가능하다.
③ 오토필(Auto Fill)을 이용하여 비슷한 용도의 변수를 쉽게 추가할 수 있다.
④ 드래그 & 드롭을 이용하여 다른 변수/설명 창에서 쉽게 복사할 수 있다.
⑤ 대화상자를 띄우지 않고 엑셀처럼 직접 편집할 수 있다.

(6) 편리한 프로그램 편집

① 제한 없는 Undo/Redo 기능을 제공한다.
② 셀 단위 블록 편집이 가능하다.
③ 화면 분할 편집이 가능하다.
④ 찾기/바꾸기 기능을 강화했다.
⑤ 블록 마스크 기능을 이용하여 렁 단위로 실행을 금지할 수 있다.
⑥ 북마크 기능을 이용하여 특정 위치에 쉽게 찾아갈 수 있다.
⑦ LD 편집을 할 때 선택된 디바이스에 의해서 메모리 참조를 볼 수 있다.

(7) 다양한 모니터 기능

변수 모니터, 디바이스 모니터, 시스템 모니터, 트렌드 모니터, 특수 모니터 등 다양한 모니터 기능을 제공한다.

(8) 사용자 이벤트

특정 디바이스에 대해서 사용자가 정의한 조건이 만족할 때 Data를 Logging하고 열람할 수 있다.

(9) 모듈 교환 마법사

런 중에 PLC를 정지시키지 않고 안전하고 쉽게 모듈을 교환할 수 있다.

6.2 기본 사용법

(1) 화면 구성

XG5000의 화면은 아래 그림과 같은 구성으로 이루어져 있다.

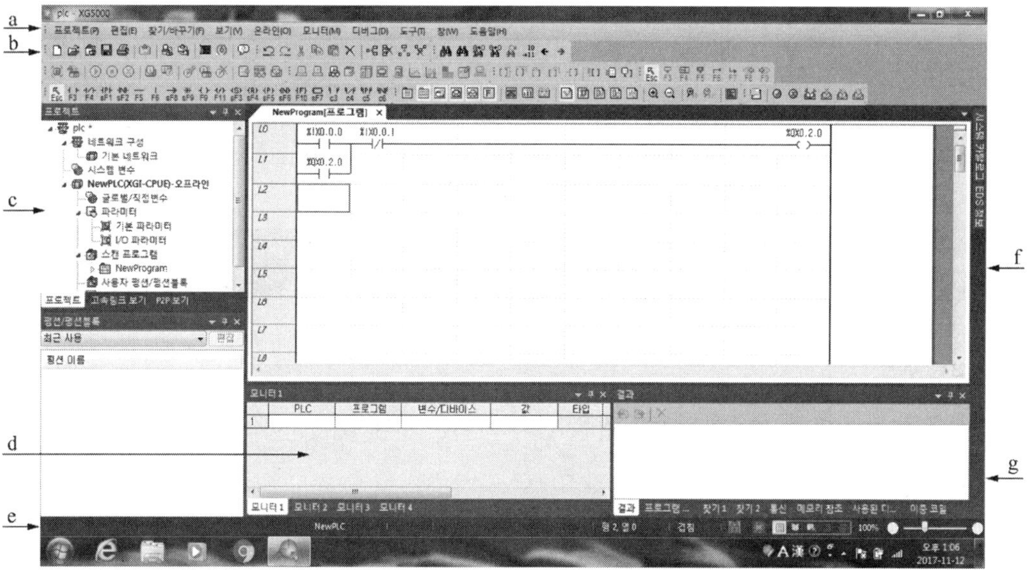

[대화상자 설명]

a. 메뉴 : 프로그램을 위한 기본 메뉴이다.

b. 도구 모음 : 메뉴를 간편하게 실행할 수 있다.

c. 프로젝트 창 : 현재 열려 있는 프로젝트의 구성요소를 나타낸다.

d. 변수 모니터 창 : 변수를 등록하여 모니터할 수 있다.

e. 상태 바 : XG5000의 상태, 접속된 PLC의 정보 등을 나타낸다.

f. 편집창 : 현재 LD 편집창이 보이고 있다.

g. 메시지 창 : XG5000 사용 중에 발생하는 각종 메시지가 나타난다.

1) 메뉴 구성

메뉴를 선택하면 명령어들이 나타나고, 원하는 명령을 마우스 또는 키로 선택하면 명령을 실행할 수 있다. 단축키(Ctrl+X, Ctrl+C)가 있는 메뉴인 경우에는 단축키를 눌러서 직접 명령을 선택할 수 있다.

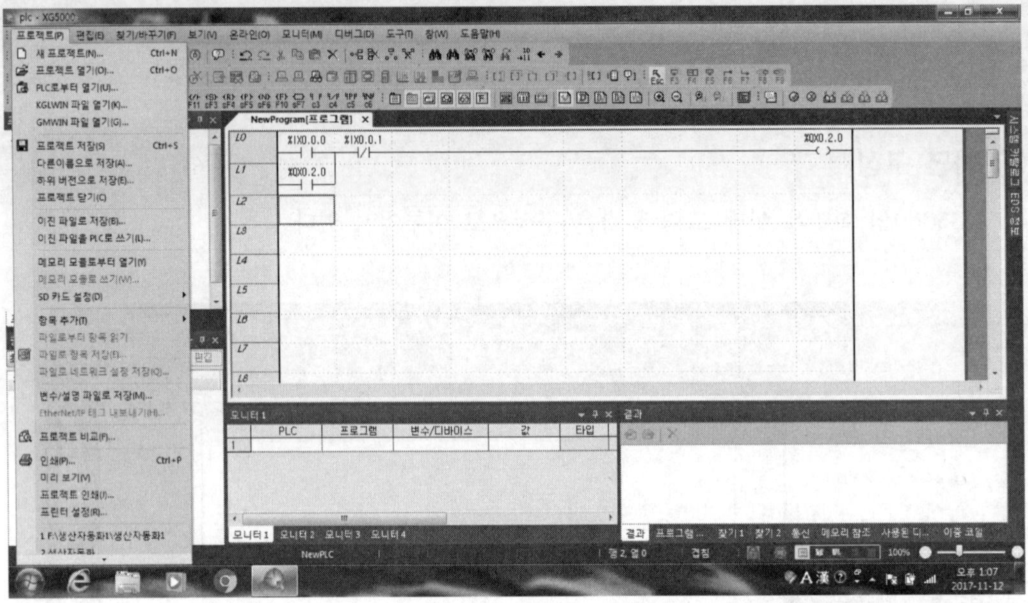

2) 도구 모음

XG5000에서 자주 사용되는 메뉴들을 단축 아이콘 형태로 제공하고 있다. 원하는 도구를 마우스로 누르면 실행된다.

(2) 프로젝트 열기, 닫기

1) 프로젝트 열기

1. 메뉴 [프로젝트]-[프로젝트 열기]를 선택한다.
2. 프로젝트 파일을 선택한 후 열기 버튼을 누른다.

알아두기

XG5000 프로젝트 파일의 확장자는 "xgp"이다. 열기 대화상자에서 프로젝트 파일을 선택하면 설명 영역에서 프로젝트 설명문을 확인할 수 있다.

2) 프로젝트 닫기

1. 메뉴 [프로젝트]-[프로젝트 닫기]를 선택한다. 단축키 기본 값은 설정되어 있지 않다.
2. 프로젝트가 편집된 후 저장이 안 된 상태이면 다음 메시지가 나온다.

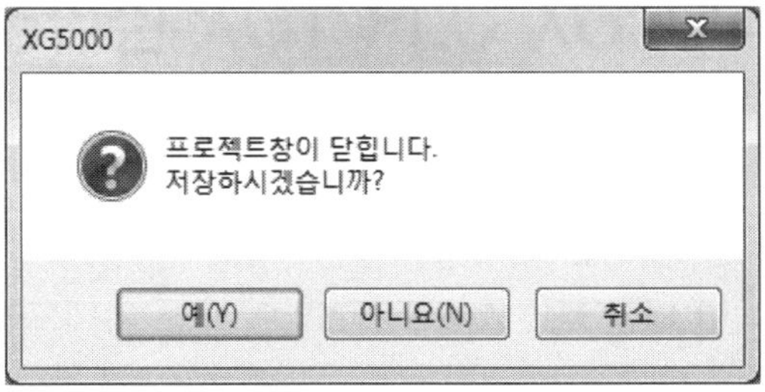

3. 저장을 원하면 "예" 버튼을 누른다.

3) 프로젝트 저장

1. 메뉴 [프로젝트]-[프로젝트 저장]을 선택한다.

알아두기

프로젝트 창의 프로젝트 이름 오른쪽에 "*" 표시가 나타나면 현재 프로젝트는 편집이 되었음을 나타낸다.

(3) 옵션

1) 옵션 구성

XG5000의 옵션은 다음과 같이 구성되어 있다.

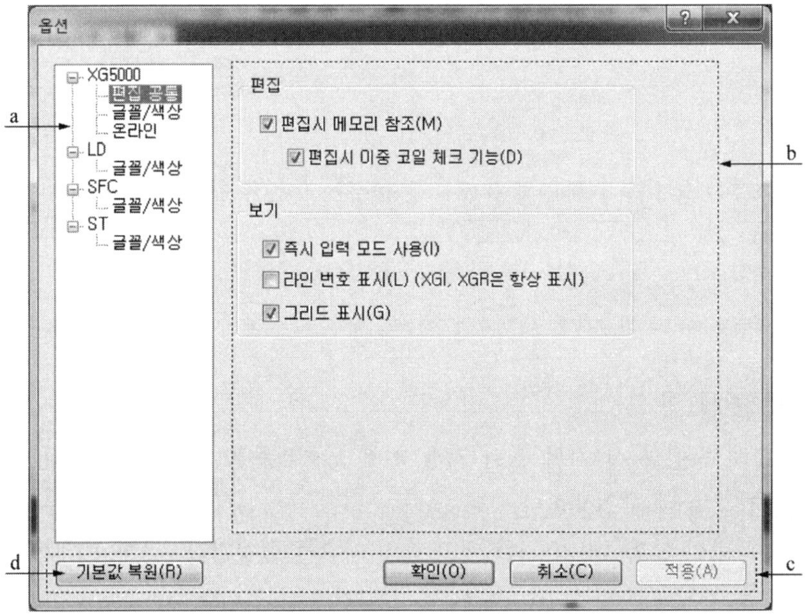

[대화상자 설명]

a. 카테고리 : XG5000 전체 프로그램에 적용되는 XG5000 옵션과 언어별로 적용될 수 있는 옵션을 트리 형태로 분류해 놓은 것이다.

b. 설정 내용 : a의 카테고리를 선택하면 각 카테고리에 해당되는 내용을 보여준다.

c. 전체 버튼 : 선택되어 있는 카테고리에 관계없이 모든 카테고리에 해당되는 공통 버튼이다.

d. 전체 기본값 복원 버튼은 모든 옵션들의 기본값을 복원시키고자 할 때 사용한다.

2) XG5000 옵션

프로젝트 관련사항을 설정한다.

1. 메뉴 [도구]-[옵션]을 선택한다.
2. 옵션 대화상자에서 XG5000을 선택한다.

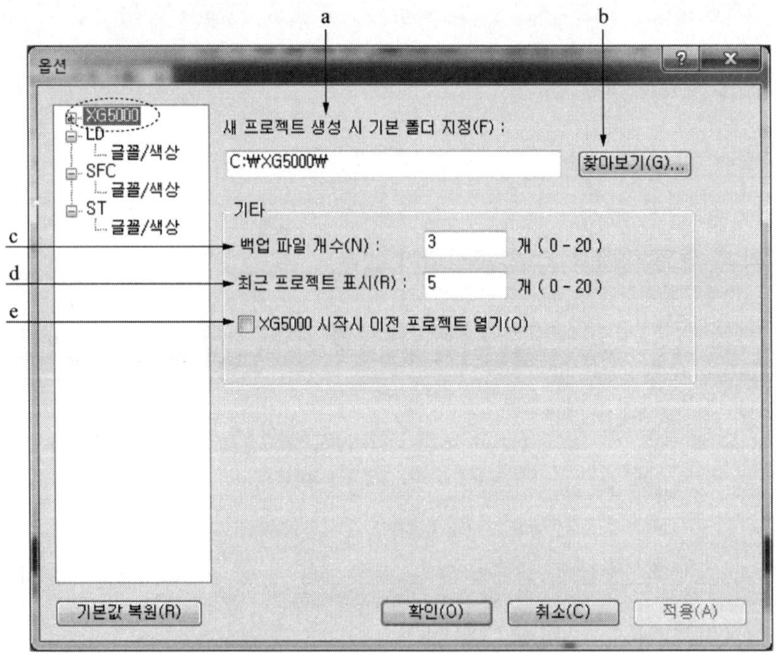

[대화상자 설명]

a. 새 프로젝트 생성 시 기본 폴더 지정 : 새 프로젝트를 만들 때 생성되는 위치이다.

b. 찾아보기 : 폴더를 검색한다.

c. 프로젝트 파일을 복구하기 위한 백업 파일 개수를 설정한다. 최대 20개까지 설정할 수 있다.

d. 메뉴 [프로젝트]-[최근 프로젝트] 목록에 표시될 최근에 열었던 프로젝트 목록의 개수를 설정한다. 최대 20개까지 설정할 수 있다.

e. 체크하면 XG5000을 시작할 때 가장 최근에 작업했던 프로젝트를 자동으로 연다.

f. XG5000 메뉴를 통해 XG-PD를 실행할 때 XG5000의 접속 옵션과 PLC 이름을 XG-PD에 동일하게 표시되도록 한다.

3) XG5000 편집 공통 옵션

1. 메뉴 [도구]-[옵션]을 선택한다.
2. XG5000 카테고리 하단의 [편집 공통]을 선택한 후 편집 탭에서 원하는 옵션을 선택한다.

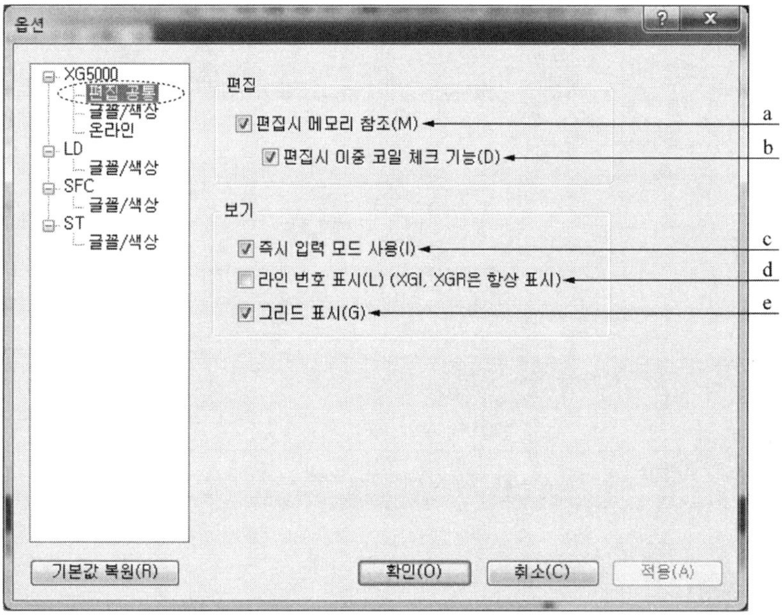

[대화상자 설명]

a. 편집 시 메모리 참조 : LD 편집 중에 선택된 디바이스에 대해서 메모리 참조 내용을 자동으로 보여준다. 이 옵션이 선택되지 않았을 때는 메뉴 [보기]-[메모리 참조]를 선택하여 메모리 사용 결과를 확인할 수 있다.

b. 편집 시 이중 코일 체크 기능 : 편집 중에 이중 코일을 검사하여 이중 코일 창에서 결과를 확인할 수 있다.

c. 즉시 입력 모드 사용 : 임의의 접점을 입력했을 때 사용자가 디바이스를 바로 입력할 수 있도록 디바이스 입력창을 띄운다. 즉시 입력 모드 사용이 선택되지 않았을 때는 사용자가 접점에 커서를 옮긴 후 더블클릭 또는 Enter를 입력하여 편집할 수 있다.

d. 라인 번호 표시 : 편집 창에서 라인 번호를 표시한다.

e. 그리드 표시 : 편집 창 화면에 그리드를 표시한다.

4) XG5000 글꼴/색상 옵션

편집창에 공통으로 사용되는 글꼴/색상을 변경할 수 있다.

1. 메뉴 [도구]-[옵션]을 선택한다.
2. XG5000 카테고리 하단의 [글꼴/색상]을 선택한 후 변경할 글꼴/색상 항목을 지정한다.

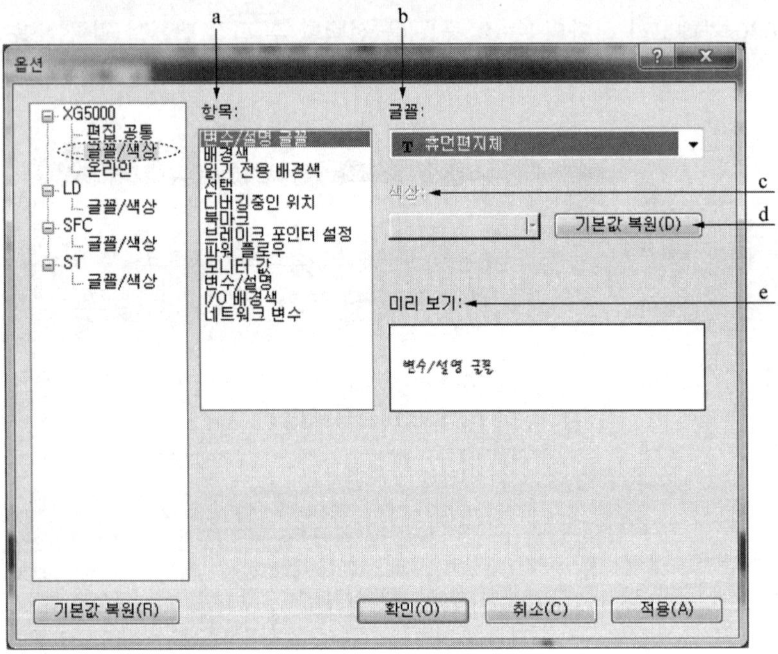

[대화상자 설명]

a. 항목 : 글꼴 혹은 색상을 설정할 항목을 선택한다.

b. 글꼴 : 항목이 변수/설명 글꼴일 경우 활성화되며, 변수/설명의 글꼴을 지정한다.

c. 색상 : 항목이 변수/설명 글꼴이 아닐 경우 활성화되며, 버튼을 선택해서 색상을 지정한다.

d. 기본 값 복원 : 선택된 항목에 대한 글꼴 혹은 색상의 기본 값을 복원한다.

e. 미리보기 : 선택된 항목의 현재 설정 값을 표시한다.

5) LD 옵션

LD 편집기의 텍스트 표시 및 컬럼 너비를 변경할 수 있다.

1. 메뉴 [도구]-[옵션]을 선택한다.
2. LD 카테고리를 선택한 후 변경할 항목을 지정한다.

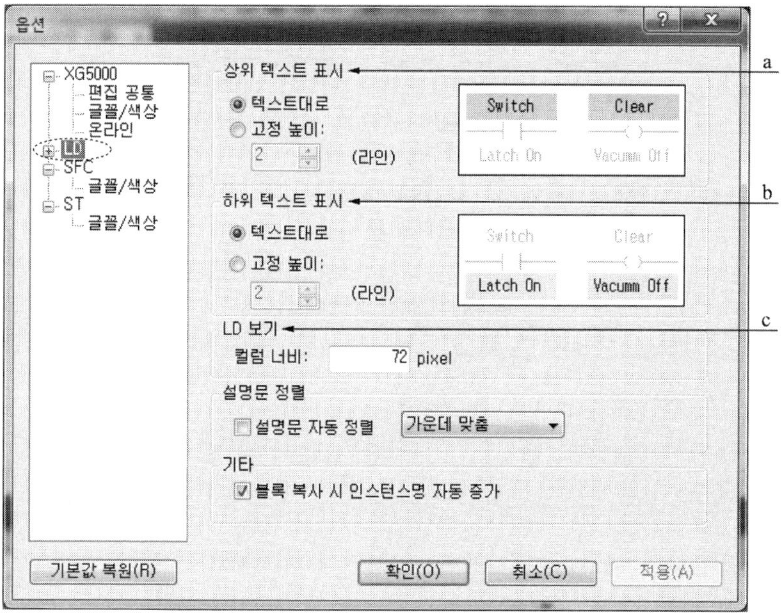

[대화상자 설명]

a. 상위 텍스트 표시 : 다이어그램 위에 오는 텍스트를 표시할 때 텍스트의 높이를 텍스트 글자 수만큼 가변적으로 표시할 것인지, 설정한 높이만큼 고정적으로 표시할 것인지를 선택한다.

b. 하위 텍스트 표시 : 다이어그램 밑에 오는 텍스트를 표시할 때 텍스트의 높이를 텍스트 글자수만큼 가변적으로 표시할 것인지, 설정한 높이만큼 고정적으로 표시할 것인지를 선택한다.

c. LD 보기 : LD 다이어그램의 컬럼 너비를 지정한다.

6.3 프로젝트

(1) 프로젝트 구성

프로젝트의 구성 항목은 다음과 같다.

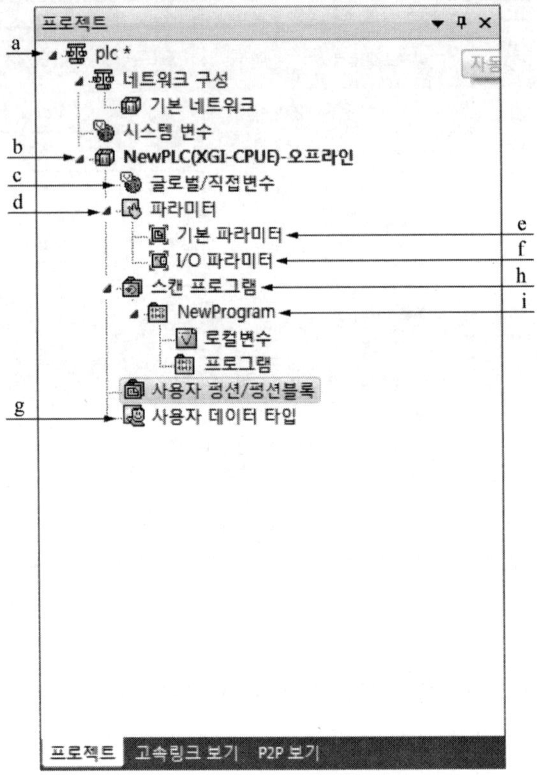

[대화상자 설명]

a. 프로젝트 : 시스템 전체를 정의한다. 하나의 프로젝트에 여러 개의 관련된 PLC를 포함시킬 수 있다.

b. PLC : CPU 모듈 하나에 해당되는 시스템을 나타낸다.

c. 글로벌/직접 변수 : 글로벌 변수 선언과 직접 변수 설명문을 편집하고 볼 수 있다.

d. 파라미터 : PLC 시스템의 동작 및 구성에 대한 내용을 정의한다.

e. 기본 파라미터 : 기본적인 동작에 대해 정의한다.

f. I/O 파라미터 : 입출력 모듈 구성에 대해 정의한다.

g. 데이터 타입 : 구조체(structure) 타입을 정의한다.

h. 스캔 프로그램 : 항시 실행되는 프로그램을 하위항목에 정의한다.

i. 프로그램 1 : 사용자가 정의한 항시 실행되는 프로그램이다.

알아두기

하나의 프로젝트에 여러 개의 PLC가 포함될 수 있다. 이처럼 한 프로젝트에 여러 PLC를 사용할 경우 관리가 용이하고, 하나의 XG5000을 실행한 후 여러 PLC에 동시 접속하여 모니터할 수도 있다.

(2) 프로젝트 파일 관리

1) 새 프로젝트 만들기

프로젝트를 새로 만든다. 이때 프로젝트 이름과 동일한 폴더도 같이 만들어지고, 그 안에 프로젝트 파일이 생성된다.

1. 메뉴 [프로젝트]-[새 프로젝트]를 선택한다.

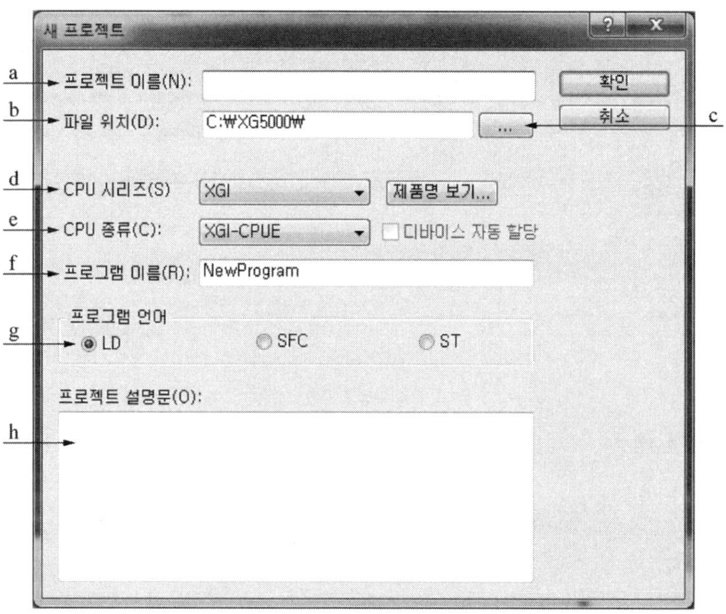

[대화상자 설명]

a. 프로젝트 : 원하는 프로젝트 이름을 입력한다. 이 이름이 프로젝트 파일 이름이 된다. 프로젝트 파일의 확장자는 “xgp”이다.

b. 파일 위치 : 사용자가 입력한 프로젝트 이름으로 폴더가 만들어지고, 그 폴더에 프로젝트 파일이 생성된다.

c. 찾아보기 : 기존 폴더를 보고 프로젝트 파일 위치를 지정해준다.
d. 프로젝트 타입 : XGK 형식 또는 XGB 형식 또는 XGI(IEC 프로그래밍) 형식을 선택한다. 일단 선택하고 나면 XGK, XGB와 XGI 두 형식은 서로 호환되지 않는다.
e. PLC 종류 : PLC 기종을 선택한다.
f. 프로그램 이름 : 프로젝트에 디폴트로 포함되는 프로그램의 이름을 입력한다.
g. 프로그램 언어 : 프로젝트에 디폴트로 포함되는 프로그램의 언어를 선택한다.
h. 프로젝트 설명문 : 프로젝트 설명문을 입력한다.

알아두기

프로젝트 파일 : 새 프로젝트를 만들 때 프로젝트 파일 이름과 동일한 폴더가 만들어지고 그 폴더 안에 프로젝트 파일이 생성된다. 프로젝트 파일의 확장자는 입력을 하지 않아도 "xgp"가 자동으로 붙는다.

2) 프로젝트 열기

1. 메뉴 [프로젝트]-[프로젝트 열기]를 선택한다.

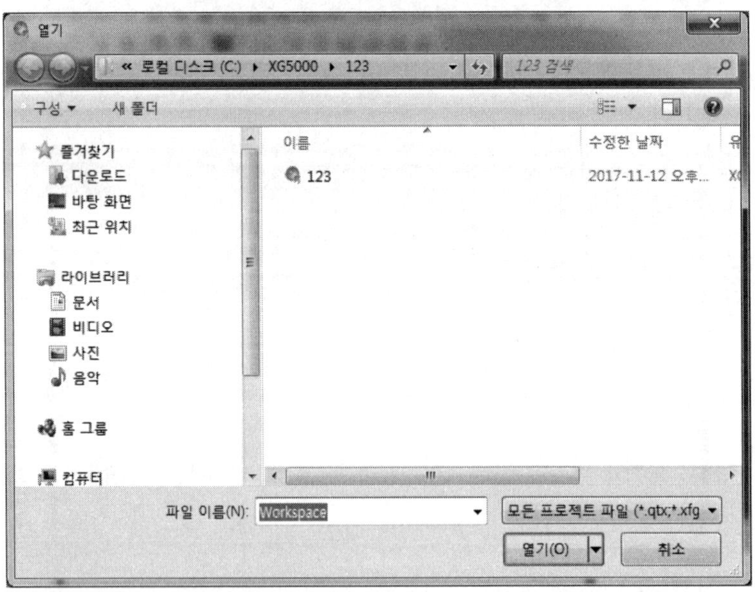

2. 프로젝트 파일을 선택하면 설명문 란에 사용자가 작성한 설명문이 나온다. 이 설명문은 프로젝트 선택에 도움을 줄 수 있다. 프로젝트 파일을 선택했으면 열기 버튼을 누른다.

3) PLC로부터 열기

PLC에 저장된 내용을 읽어와 프로젝트를 새로 만들어준다. XG5000에 이미 프로젝트가 열려있다면 이 프로젝트는 닫고 프로젝트를 새로 만들어준다.

1. 메뉴 [프로젝트]-[PLC로부터 열기]를 선택한다.

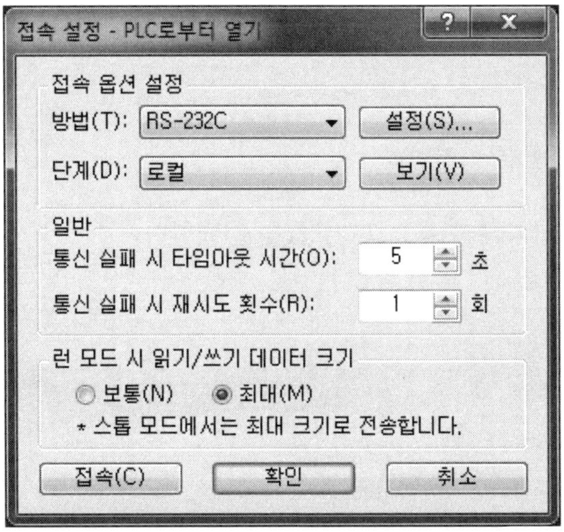

2. 대화상자에서 접속할 대상을 선택하고 확인을 누른다. 통신 설정의 자세한 내용은 온라인의 접속 옵션을 참조한다.
3. 새로운 프로젝트가 생성된다.

알아두기

① PLC로부터 읽은 프로젝트는 메뉴 [프로젝트]-[프로젝트 저장]을 선택해야 PC에 저장된다.
② 현재 열려 있는 프로젝트에 PLC의 내용을 읽어오기 위해서는 메뉴 [온라인]-[읽기]를 선택해야 한다.

4) 프로젝트 저장

변경된 프로젝트를 저장한다.

1. 메뉴 [프로젝트]-[프로젝트 저장]을 선택한다.

알아두기

프로젝트가 편집되어 저장할 필요가 있을 경우에는 프로젝트 창의 프로젝트 이름 옆에 "*"가 나타난다.

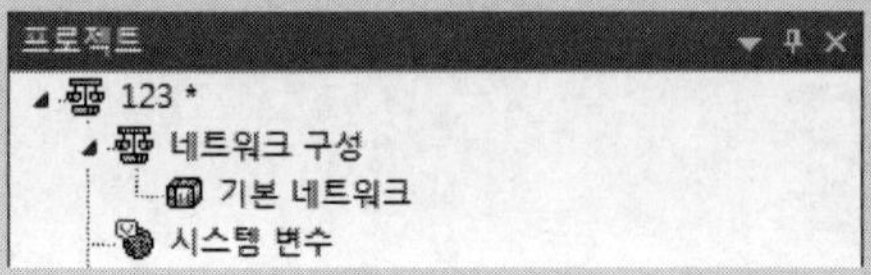

5) 다른 이름으로 저장

프로젝트를 다른 파일로 저장한다.

1. 메뉴 [프로젝트]-[다른 이름으로 저장]을 선택한다.
2. 확인 버튼을 누른다.

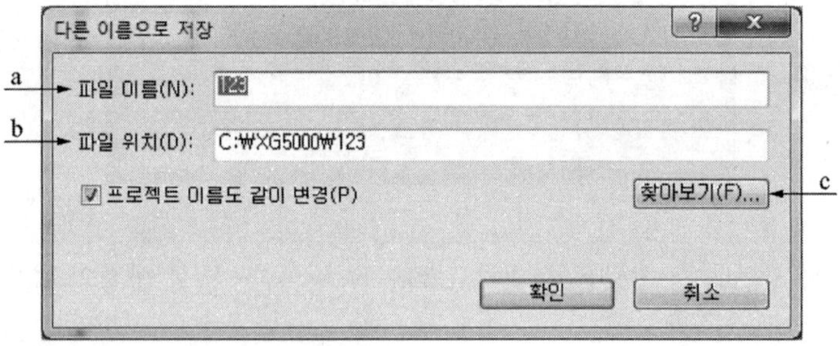

[대화상자 설명]

a. 프로젝트 이름 : 원하는 프로젝트 이름을 입력한다. 이 이름이 프로젝트 파일 이름이 된다. 프로젝트 파일의 확장자는 "xgp"이다.

b. 파일 위치 : 사용자가 입력한 프로젝트 이름과 같은 이름의 폴더에 프로젝트 파일이 생성된다. 폴더를 자동으로 만들어준다.

c. 찾아보기 : 기존 폴더를 보고 프로젝트 파일 위치를 지정해준다.

6.4 파라미터

(1) 기본 파라미터

PLC 동작에 관계된 기본 파라미터를 설정한다.

1. 프로젝트 트리 [파라미터]-[기본 파라미터]를 두 번 누른다.

1) 기본 동작 설정

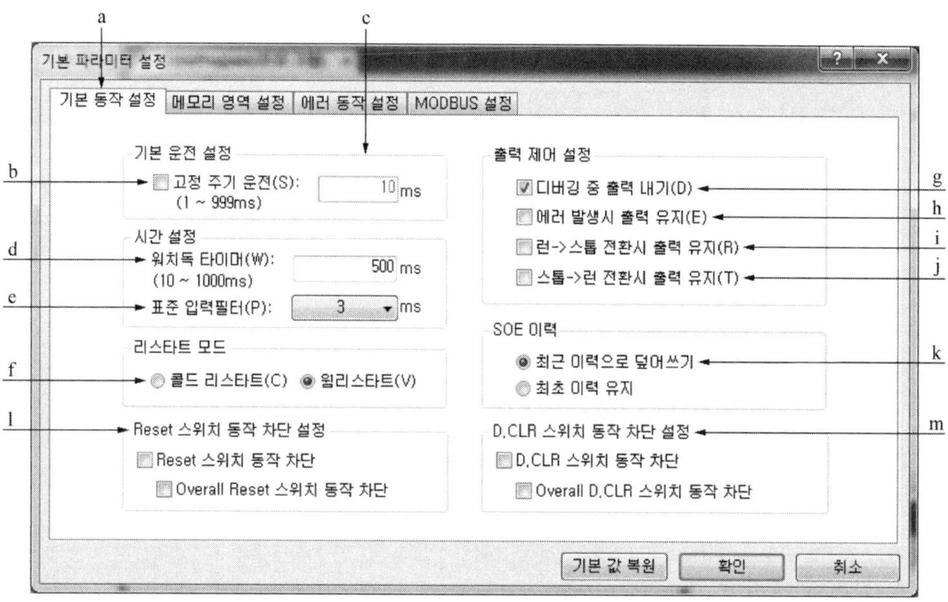

[대화상자 설명]

a. 기본 동작 설명 : [기본 파라미터] 정보 중 기본 운전, 시간, 리스타트 방법, 출력 제어 설정을 위한 탭이다.

b. 고정 주기 운전 : PLC 프로그램을 고정된 주기에 따라 동작시킬 것인지, 스캔 타임에 의해 동작시킬 것인지를 결정한다.

c. 고정 주기 운전 시간 설정 : 고정 주기 운전 설정이 체크되어 있을 때 동작 시간을 사용자가 ms 단위로 입력한다.

d. 워치독 타이머 : 프로그램 오류에 의해 PLC가 멈추는 현상을 제거하기 위한 스캔 워치독 타이머의 시간 값을 설정한다.

e. 표준 입력 필터 : 표준 입력 값을 설정한다.

f. 리스타트 모드 : 리스타트 모드를 설정한다. 콜드/웜 리스타트 중 하나를 선택한다.

g. 디버깅 중 출력 내기 : 디버깅 중에도 출력 모듈에 데이터를 정상적으로 출력할지를 결정한다.

h. 에러 발생 시 출력 유지 : 에러나 특정한 입력이 발생될 때에도 모듈에 데이터를 정상적으로 출력할지를 결정한다.

i. 런→스톱 전환 시 출력 유지 : PLC 동작 모드 RUN에서 STOP로 전환 중에 모듈에 데이터를 정상적으로 출력할지를 결정한다.

j. 스톱→런 전환 시 출력 유지 : PLC 동작 모드 STOP 전환 중에 모듈에 데이터를 정상적으로 출력할지를 결정한다.

k. 이벤트 입력 모듈 전용 기능 : 19장 이벤트 입력 모듈 전용 기능 참조

l. Reset 스위치 동작 차단 설정 : CPU 모듈의 RST(Reset) 스위치의 동작을 차단할 것인지를 결정한다. Overall Reset 동작 차단을 설정할 경우 Overall Reset 동작만 차단된다.

m. D.CLR 스위치 동작 차단 설정 : CPU 모듈의 D.CLR 스위치의 동작을 차단할 것인지를 결정한다. Overall D.CLR 동작 차단을 설정할 경우 Overall D.CLR 동작만 차단된다.

알아두기 **리스타트 모드**

리스타트 모드는 전원을 재투입하거나 또는 모드 전환에 의해서 RUN 모드로 운전을 시작할 때 변수 및 시스템을 어떻게 초기화한 후 RUN 모드 운전을 할 것인가를 설정하는 것으로 콜드, 웜의 두 종류가 있으며, 각 리스타트 모드의 수행 조건은 다음과 같다.

① 콜드 리스타트

a. 파라미터의 리스타트 모드를 콜드 리스타트로 설정하는 경우 수행된다.
b. 초기 값이 설정된 변수를 제외한 모든 데이터를 '0'으로 소거하고 수행한다.
c. 파라미터를 웜 리스타트 모드로 설정해도 수행할 프로그램이 변경된 후 최초 수행 시는 콜드 리스타트 모드로 수행된다.
d. 운전 중 수동 리셋 스위치를 누르면(온라인 리셋 명령과 동일) 파라미터에 설정된 리스타트 모드에 관계없이 콜드 리스타트 모드로 수행된다.

② 웜 리스타트

a. 파라미터의 리스타트 모드를 웜 리스타트로 설정하는 경우 수행된다.
b. 이전 값 유지를 설정한 데이터는 이전 값을 그대로 유지하고 초기 값만 설정된 데이터는 초기 값으로 설정한다. 이외의 데이터는 '0'으로 소거한다.
c. 파라미터를 웜 리스타트 모드로 설정해도 데이터 내용이 비정상일 경우(데이터의 정전 유지가 되지 못함)에는 콜드 리스타트 모드로 수행된다.

(2) I/O 파라미터

PLC 슬롯에 사용할 I/O 종류를 설정하고, 해당 슬롯 별로 파라미터를 설정한다.

1. 프로젝트 트리 [파라미터]-[I/O 파라미터]를 선택한다.

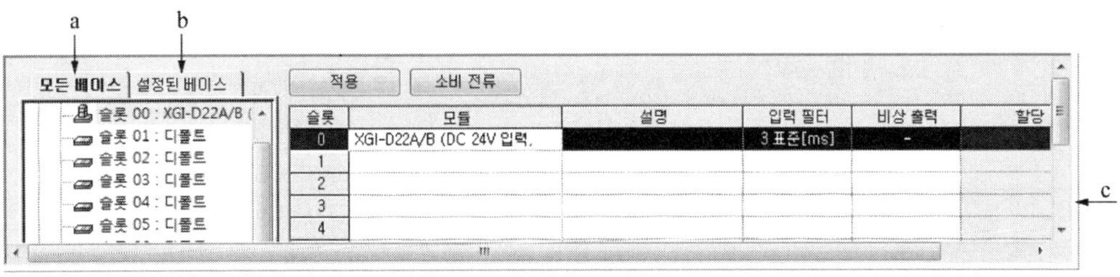

[대화상자 설명]

a. 모든 베이스 : 베이스 모듈 정보와 슬롯 별 모듈 정보를 표시한다. 슬롯에 모듈을 지정하지 않은 경우 '디폴트'로 표시된다.
b. 설정된 베이스 : 모듈이 선택된 베이스만 표시한다.

알아두기

XGI 프로젝트 타입은 고정 할당 방식만을 지원한다. 따라서 할당 정보 열은 항상 비활성화 상태로 표시된다.

6.5 온라인

PLC 연결되었을 때만 가능한 기능을 설명한다.

(1) 접속 옵션

PLC와의 연결 네트워크 설정을 한다.

1) 로컬 접속 설정

로컬 접속 설정은 RS-232C 또는 USB 연결이 가능하다.

1. 메뉴 [온라인]-[접속 설정]을 선택한다.

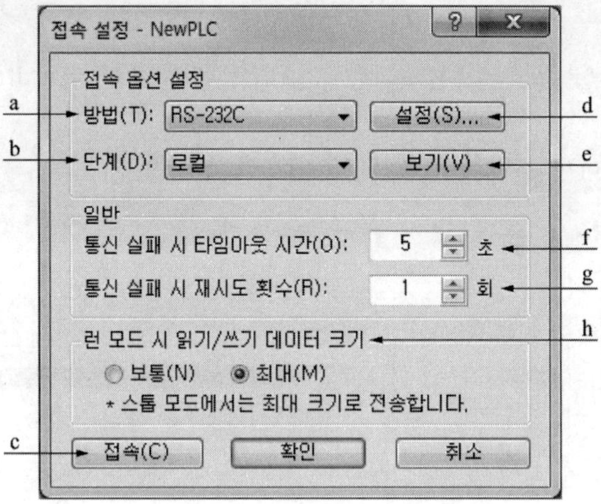

[대화상자 설명]

a. 접속 방법 : PLC와 연결 시 통신 미디어를 설정한다. RS-232C USB, Ethernet, Modem으로 설정을 할 수 있다.

b. 접속 단계 : PLC와의 연결 구조를 설정한다. 로컬, 리모트 1단, 리모트 2단 연결 설정을 할 수 있다.

c. 접속 : 설정된 접속 옵션 사항으로 PLC와 연결을 시도한다.

d. 설정 : 선택된 접속방법에 따른 상세 설정을 할 수 있다.

e. 보기 : 전체적인 접속 옵션을 한눈에 확인할 수 있다.

f. 타임아웃 시간 : 설정된 시간 내에 PLC와의 통신 연결을 재개하지 못할 경우 타임아웃이 발생하여 연결 재시도를 할 수 있다.

g. 재시도 횟수 : PLC와의 통신 연결 실패 시 몇 회를 더 통신 연결할 것인가를 설정한다.

h. 런 모드 시 읽기/쓰기 데이터 크기 : 데이터 전송 프레임의 크기를 설정한다. 이 옵션은 PLC 운전 모드가 RUN일 때만 적용되며, 그 외 운전 모드는 최대 프레임 크기로 전송한다.

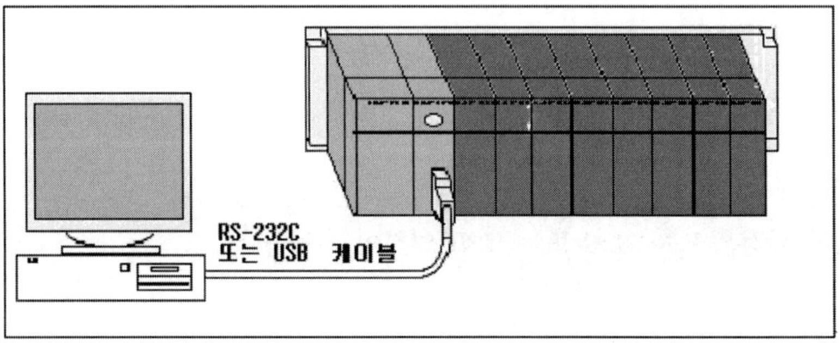

2) 로컬 RS-232C 연결

1. 접속 방법을 RS-232C로 선택한다.
2. 설정 버튼을 눌러 통신 속도 및 통신 COM 포트를 설정한다.
3. 확인 버튼을 눌러 접속 옵션을 저장한다.

알아두기

- 기본 설정이 RS-232C COM1
- 통신 속도는 38,400bps와 115,200bps를 지원한다.
- XGT Series의 전송 속도는 115,200bps이다. Rnet을 이용한 리모트 연결 시에는 38,400bps이다.
- 통신 포트는 COM1~COM8까지 지원한다.
- USB to Serial 장치를 사용할 경우 통신 포트는 가상의 COM 포트를 사용한다. 설정된 포트 번호를 확인하려면 장치관리자를 확인하라.
- XG5000에서 접속과 XG-PD, 디바이스 모니터, 시스템 모니터에서의 접속이 하나의 PLC에 동시에 가능하다. 단, 접속 옵션의 사항이 동일할 경우에만 가능하다.

3) 로컬 USB 연결

1. 접속 방법을 USB로 설정한다.
2. USB 세부 설정 사항이 없다. 그러므로 설정 버튼이 비활성화 된다.
3. 확인 버튼을 눌러 접속 옵션을 저장한다.

알아두기

- USB로 PLC를 연결하기 위해서는 USB 장치 드라이버가 설치되어 있어야 한다. 설치가 되어 있지 않다면 먼저 설치하고 연결하기 바란다.
- XG5000 설치 시 USB 드라이버는 자동 설치된다. USB 드라이버가 정상적으로 설치되지 않을 경우 LS산전 홈페이지에서 드라이버를 다운로드 한 후 설치하기 바란다.

7장 XGI 사양과 프로그램

7.1 XGI 개요

그동안 PLC 고객은 메이커(maker)마다 사용 언어와 통신 네트워크가 서로 달라 많은 불편함을 겪어 왔다. 이러한 불편함을 해소하고, PLC 고객에게 편리성을 도모하고자 IEC(International Electrotechnical Commission : 국제 전기 표준 회의)에서 PLC 국제 표준화 규격이 제정되었다.

국제 표준화 규격(IEC61131)은 크게 5Part로 구성되어 있는데

Part 1은 PLC의 기본 기능 및 용어 정의
Part 2는 설비의 요구 기증 및 시험 조건
Part 3은 프로그램 언어
Part 4는 사용자 지침
Part 5는 통신 네트워크로 구성되어 있다.

XGI PLC는 이 IEC 규격에 의해 개발되었으며, 주요 특징은 다음과 같다.

7.2 XGI PLC의 특징

(1) IEC 표준 언어

IEC 언어에서 새로 도입한 가장 중요한 특징들은 다음과 같다.

- 다양한 데이터 타입을 지원한다.
- 펑션, 펑션 블록, 프로그램과 같은 프로그램 구성요소가 도입되어 상향식, 또는 하향식 설계가 가능하며 프로그램을 구조적으로 작성할 수 있다.
- 사용자가 작성한 프로그램을 라이브러리화하여 다른 프로젝트에서 소프트웨어를 재사용할 수 있다.
- 다양한 언어를 지원하므로 사용자는 최적의 언어를 선택하여 사용할 수 있다.

IEC에서 표준화한 PLC용 언어는 두 개의 도형 기반 언어와 두 개의 문자 기반 언어, 그리고 SFC로 이루어져 있다.

1) 도형식(graphic) 언어

① LD(Ladder Diagram) : 릴레이 로직 표현 방식의 언어

② FBD(Function Block Diagram) : 블록화 한 기능을 서로 연결하여 프로그램을 표현하는 언어

2) 문자식(text) 언어

① IL(Instruction List) : 어셈블리 언어 형태의 언어

② ST(Structured Text) : 파스칼 형식의 고수준 언어

③ SFC(Sequential Function Chart) : 플로우 차트(Flow Chart)와 유사한 형태로 순차적으로 전개되는 프로그램 전개 방식

현재 GLOFA PLC는 IL, LD 및 SFC 언어가 지원된다.

(2) 국제 규격의 통신 프로토콜

- Open 네트워크를 지향하여 이 기종, 멀티 벤더 간의 통신이 가능하다.
- 상위 네트워크로 Ethernet(10Mbps) 채용
- 하위 네트워크로 Fieldbus(1Mbps), Device, net(500Kbps MAX.), Profibus DP(12Mbps MAX.) 채용

(3) 윈도우 환경의 프로그래밍 Tool(XG5000) 지원

- XG5000(Programming & Debugging Tool)의 윈도우 환경 채용으로 프로그램 작성, 수정 시 윈도우 장점을 모두 이용할 수 있다.
- MDI(Multiple Document Interface) 지원 : 하나의 화면에 각기 다른 언어를 사용하여 동시에 프로그램 작성, 수정 및 모니터링이 가능하다.

(4) 프로그램 작성 용이

- 프로그램의 구조화, 모듈화에 의해 프로그램 작성이 매우 편리하다.
- 입출력 식별자명을 실제 접속되는 기기명(한글/한자 또는 영문)으로 프로그래밍이 가능하다.

MASTER-K	XGI
P0000 ─┤├─	리밋 스위치 ─┤├─

7.3 소프트웨어 구조

(1) 개요

PLC 응용 프로그램을 작성하기 전에 소프트웨어 측면에서 전체적인 PLC 시스템을 구성한다. XGI/XGR/XEC PLC에서는 PLC 시스템 전체를 하나의 프로젝트로 정의한다. 프로젝트 안에는 하나의 PLC 시스템에 필요한 모든 것이 계층적으로 정의되어 있다.

- 프로젝트
  - 글로벌/직접변수
  - 파라미터
    - 기본 파라미터
    - I/O 파라미터
    - 이중화 파라미터 (XGR만 해당)
  - 데이터 타입
  - 스캔 프로그램
  - 사용자 펑션/펑션블록
  - 태스크 프로그램

(2) 프로젝트(Project)

XGI/XGR/XEC PLC의 프로그램을 작성하기 위해서는 우선 프로젝트를 구성해야 한다. 하나의 프로젝트를 구성한다는 것은 하나의 PLC 시스템에 필요한 모든 구성요소를 작성한다는 의미이다. 즉, 가장 기본적인 스캔 프로그램(일반적인 PLC 프로그램) 뿐만 아니라 기본 파라미터, I/O 파라미터 등을 작성한다.

(3) 글로벌/직접 변수

글로벌 변수 설정 부분, 직접 변수 설명문, 플래그 부분의 탭으로 보여주며, 사용자가 필요한 정보를 작성 또는 사용하는 부분이다.

(4) 파라미터

- 파라미터 부분은 PLC 시스템의 기동 시 필요한 여러 가지 정보를 작성하는 부분이다.
- **기본 파라미터** : 기본 파라미터 정보 중 기본 운전, 시간, 출력, 제어 설정을 위한 부분과 PLC 전원이 꺼져도 데이터를 보존하는 영역 설정 부문, PLC에 에러가 발생했을 때 동

작 방법의 설정을 위한 부분, 그리고 MODBUS 정보 설정 부분으로 구성되어 있다.

- I/O 파라미터 : PLC 슬롯에 사용할 I/O 종류를 설정하고, 해당 슬롯 별로 파라미터를 설정한다.

(5) 데이터 타입

데이터는 그 데이터의 고유 성질을 나타내는 데이터 타입을 가지고 있다. 예를 들어 ANY_NUM으로 나타내면 LREAL, REAL, LINT, DINT, INT, SINT, ULINT, UDINT, UNIT, USINT를 모두 포함한다. 자세한 사항은 3.2의 항목을 참고하기 바란다.

(6) 스캔 프로그램

입력 모듈에서 입력 데이터를 읽은 후 프로그램을 처음부터 끝까지 한 번 수행하고, 그 수행 결과를 출력 모듈에 쓰는 일련의 동작을 반복하여 수행하는 응용 프로그램이다.

(7) 사용자 펑션/펑션 블록

- **펑션** : 펑션은 내부에 상태를 보관하고 있는 데이터를 갖지 않는다. 즉, 입력이 일정하면 출력 값도 일정해야만 펑션이 된다.
- **펑션 블록** : 펑션 블록은 내부에 데이터를 가질 수 있다. 펑션 블록은 사용하기 전에 변수를 선언하는 것처럼 인스턴스를 선언해야 한다. 인스턴스라는 것은 펑션 블록에서 사용하는 변수들의 집합이다. 즉, 펑션 블록은 내부에서 사용하는 변수뿐 아니라 출력 값도 펑션 블록 자체에서 보관한다. 따라서 인스턴스가 보관된 데이터 메모리를 기억하고 있다. 프로그램도 펑션 블록의 일종이라고 볼 수 있으며, 프로그램 역시 인스턴스를 선언해야 한다. 그러나 프로그램은 펑션 블록과 다르게 프로그램 안이나 펑션 블록 안에서 불러 사용할 수는 없다.

(8) 태스크 프로그램

- 태스크 프로그램은 스캔 프로그램처럼 매 스캔 반복처리를 하지 않고, 실행 조건이 발생할 때만 실행한다. 실행해야 할 태스크가 여러 개 대기하고 있는 경우는 우선순위가 높은 태스크 프로그램부터 처리한다. 우선순위가 동일한 태스크 대기 중일 때는 발생한 순서대로 처리한다.
- 태스크 종류는 정주기 태스크와 내부 접점 태스크가 있습니다.

7.4 공통 요소

XGI/XGR/XEC PLC의 프로그램 구성요소(프로그램, 펑션, 펑션 블록)는 LD, SFC, ST 등 각기 다른 언어로 작성할 수 있다. 하지만 그 언어들도 공통적으로 사용하는 문법 요소들을 가지고 있다.

(1) 표현

1) 식별자(Identifiers)

① 영문자나 밑줄 문자(_)로 시작하는 모든 문자, 숫자, 밑줄 문자의 조합이 식별자가 될 수 있다.

② 식별자는 변수의 이름으로 쓰인다.

③ 식별자는 빈 칸(Space)을 포함하지 않아야 한다.

④ 식별자는 보통 변수 또는 인스턴스 이름인 경우에는 한글, 영문, 한자 모두 제한이 없다.

⑤ 영문자의 경우 대·소문자를 구별하지 않고 모두 대문자로 인식한다.

종 류	사용 예
대문자와 숫자	IW210, IW215Z, QX75, IDENT
대문자와 숫자, 밑줄 글자	LIM_SW_2, LIMSW5, ABCD, AB_CD
밑줄 글자로 시작하는 대문자와 숫자	_MAIN, _12V7, _ABCD

2) 데이터의 표현

XGI/XGR/XEC PLC에서 데이터로 사용하는 것은 숫자(Numeric Literals)와 문자열(Character String), 시간 문자(Time Literals) 등이다.

종 류	사용 예
정수	−12, 0, 123_456, +986
실수	−12.0, 0.0, 0.456, 3.14159_26
승수부를 갖는 실수	−1.34E−12, 1.0E+6, 1.234E6
2진수	2#1111_1111, 2#11100000
8진수	8#377(십진수 255) 8#340(십진수 224)
16진수	16#FF(십진수 255) 16#E0(십진수 224)
BOOL 데이터	0, 1, TRUE, FALSE

① 숫자(Numeric Literals)

㉮ 숫자에는 정수(Integer Literals)와 실수(Real Literals)가 있다.

㉯ 연속되지 않은 밑줄 글자(_)가 숫자 사이에 올 수 있으며, 그 의미는 무시된다.

㉰ 십진수는 일반적인 십진 표현법을 따르고, 소수점이 있으면 실수로 구별된다.

㉱ 승수(Exponent) 표현 시 +, −의 부호가 올 수 있다. 승수부를 구분하는 문자 'E'는 대소문자를 구분하지 않는다.

㉲ 승수부가 있는 실수의 사용 시 다음은 가능하지 않다.
예) 125−E(×) 12.0E−5(○)

㉳ 정수에는 십진수 이외에 2, 8, 16진수가 올 수 있으며, 숫자의 앞부분에 진수 #을 사용하여 구분한다. 아무 것도 붙이지 않으면 십진수로 간주한다.

㉴ 16진수 표현 시 0 − 9, A − F를 쓰며, 소문자 a − f도 쓸 수 있다.

㉵ 16진수 표현 시에는 부호(+, -)가 올 수 없다.

㉶ BOOL 데이터(Boolean Data)는 정수 0과 1로도 표현할 수 있다.

② 문자열(Character String)

㉮ 작은따옴표(' ')로 둘러싸인 모든 문자가 문자열에 해당된다.

㉯ 그 길이는 문자열 상수일 때에는 31자 이내이며, 초기화에 사용할 때 역시 31자로 제한한다.
예) 'CONVEYER'

③ 시간 문자(Time Literals)

시간 문자는 제어 사건(Control Event)의 경과 시간(Elapsed Time)을 재거나 조절하기 위한 경과 시간(Duration) 데이터와 제어 사건의 시작점과 끝점의 시각을 표시하기 위한 날짜와 시각(Time of Day and Date) 데이터로 구분된다.

㉮ 경과 시간(Duration)

- 경과 시간 데이터는 예약어 'T#' 또는 't#'으로 시작한다.
- 일(d), 시간(h), 분(m), 초(s) ms의 순으로 써야 하고, 어느 단위에서 시작되어도 상관없으며, 최소 단위인 ms까지 꼭 쓰지 않아도 되지만 중간 단위를 생략할 수는 없다.
- 밑줄 글자(_)는 사용하지 않는다.
- 최대 단위에서의 오버플로(Overflow)는 허용되며, 최소단위에서의 소수점 이하 표현도 ms 이외에는 가능하다. 단, 최대는 T#49d17h2m47s295ms를 초과할 수 없다.(즉, ms 단위로 32비트)
- 소수점 이하 자릿수의 제한은 현재 초(s) 단위에서의 3자리까지이다.
- ms 단위에서는 소수점이 올 수 없다.

• 단위를 나타내는 문자로는 대·소문자 어느 경우에나 가능하다.

내 용	사용 예
경과 시간(Underline 없음)	T#14ms, T#14.7s, T#14.7m, T#14.7h t#14.7d, t#25h15m, t#5d14h12m18s356ms

㉯ 날짜와 시각(Time of Day And Date)

날짜와 시각의 표현 방법에는 날짜, 시각, 날짜와 시각의 세 가지가 있으며, 다음과 같다.

내 용	접두 예약어
날짜 접두어	D#
시각 접두어	TOD#
날짜 시각 접두어	DT#

• 날짜의 시작점은 1984년 1월 1일을 기점으로 한다.
• 시각과 날짜 시각의 표현에는 엄격한 자릿수의 제한이 있으며, 초를 나타낼 경우 ms 단위는 소수점 이하 세 자리까지 가능하다(1ms 단위).
• 시각과 날짜 시각의 표현 시에는 모든 단위에서 오버플로(Overflow)가 허용되지 않는다.

내 용	접두 예약어
날짜	D#1984-06-25 d#1984-06-25
시각	TOD#15:36:55.36 tod#15:36:55.369
날짜 시각	DT#1984-0625-15:36:55.36 dt#1984-06-25-15:36:369

(2) 데이터 타입

데이터는 그 데이터의 고유 성질을 나타내는 데이터 타입을 가지고 있다.

1) 기본 데이터 타입

XGI/XGR/XEC PLC에서는 20종의 기본 데이터 타입을 가지고 있다.

2) 데이터 타입 계층도

XGI/XGR/XEC PLC에서 사용되는 데이터 타입은 크게 ANY_NUM과 ANY_BIT로 구분된다.

- ANY_NUM으로 나타내면 LREAL, REAL, LINT, DINT, INT, SINT, ULINT, UDINT, UNIT, USINT를 모두 포함한다.
- ANY_BIT로 표현되면 LWORD, DWORD, WORD, BYTE, BOOL 중 하나를 사용할 수 있다.

3) 초기 값

데이터의 초기 값을 지정하지 않으면 자동적으로 아래와 같이 지정된다.

데이터 타입	초 기 값
SINT, INT, DINT, LINT	0
USINT, UNIT, UDINT, ULINT	0
BOOL, BYTE, WORD, DWORD, LWORD	0
REAL, LREAL	0.0
TIME	T#0s
DATE	D#1984-01-01
TIME_OF_DAY	TOD#00:00:00
DATE_AND_TIME	DT#1984-01-01-00:00:00
STRING	‘’(empty string)

- VAR_EXTERNAL의 선언은 외부에서 선언한 변수를 간접 지정한 것이므로 초기 값을 줄 수 없다.
- 변수 선언 시 %1과 %Q로 할당한 변수는 입출력에 해당하므로 초기 값을 줄 수 없다.

(3) 변수

변수란 프로그램 안에서 사용하는 데이터로서 값을 가지고 있다. 변수는 PLC의 입력이나 출력, 내부 메모리 등과 같이 변할 수 있는 대상을 가리킨다.

1) 변수의 표현

① 변수의 표현에는 두 가지가 있다.
 - 식별자에 의한 변수 : 식별자에 의해 변수에 이름을 부여하는 것
 - 직접 변수 : PLC의 입출력 또는 기억 장소에 대해 직접적으로 표현하는 것

② 식별자에 의한 변수는 다른 변수들과 구별하기 위해 그 이름의 변수가 선언된 프로그램 안에서 유일해야 한다.

③ 직접 변수의 표현은 퍼센트 문자(%)를 시작으로 위치를 나타내는 접두어와 데이터의 크기를 나타내는 접두어, 그리고 마침표로 분리되는 하나 이상의 부호 없는 정수의 순으로 표현할 수 있다. 그 접두어들은 다음에 나타나 있다.

㉮ 위치 접두어

번 호	접 두 어	의 미
1	I	입력 위치(Input Location)
2	Q	출력 위치(Output Location)
3	M	내부 메모리 중 M영역 위치(Memory Location)
4	R	내부 메모리 중 R영역 위치(Memory Location)
5	W	내부 메모리 중 W영역 위치(Memory Location)

㉯ 크기 접두어

번 호	접 두 어	의 미
1	X	1비트의 크기
2	None	1비트의 크기
3	B	1바이트(8비트)의 크기
4	W	1워드(16비트)의 크기
5	D	1더블 워드(32비트)의 크기
6	L	1롱 워드(64비트)의 크기

㉰ 표현 형식 : %[위치 접두어][크기 접두어] n1, n2, n3

번 호	I, Q	M, R, W
n1	베이스 번호(0부터 시작)	[크기 접두어]에 따른 n1번째 데이터 (0부터 시작)
n2	슬롯 번호(0부터 시작)	n1번째 데이터상의 n2번째 비트 (0부터 시작) : 생략 가능
n3	[크기 접두어]에 따른 n3번째 데이터 (0부터 시작)	사용하지 않음

예)

%QX3.1.4 또는 %Q3.1.4	3번 베이스의 1번 슬롯의 4번 출력(1비트)
%IW2.4.1	2번 베이스의 4번 슬롯의 워드 단위로 1번 입력(16비트)
%MD48	48의 위치에 있는 더블 워드 단위의 메모리
%MW40.3	40의 위치에 있는 워드 단위의 메모리 중 3번 비트 (내부 메모리는 베이스, 슬롯 등의 개념이 없음)

④ 접두어로는 소문자가 올 수 없다.

⑤ 크기 접두어를 붙이지 않으면 그 변수는 1비트로 처리한다.

⑥ 직접변수는 선언하지 않고 사용할 수 있다.

2) 변수의 선언

① 프로그램 구성요소(즉, 프로그램, 펑션, 펑션 블록)는 그 구성요소에서 사용할 변수를 선언할 수 있는 선언 부분을 가지고 있다.

② 프로그램 구성요소에서 변수를 사용하기 위해서는 우선 사용할 변수를 선언해야 한다.

③ 변수의 선언에서 설정해야 할 사항은 다음과 같다.

㉮ **변수 종류** : 변수를 어떻게 선언할 것인가를 설정한다.

변수 종류	내 용
VAR	읽고 쓸 수 있는 일반적인 변수
VAR_RETAIN	정전유지 변수
VAR_CONSTANT	읽기만 할 수 있는 변수
VAR_EXTERNAL	VAR_GLOVAL로 선언된 변수를 사용하기 위한 선언

㉯ **데이터 타입** : 변수의 데이터 타입을 지정한다.

㉰ **메모리 할당** : 변수가 차지할 메모리를 할당한다.

- 자동(블랭크) : 컴파일러가 변수의 위치를 자동으로 지정(내부 데이터)
- 사용자 정의 : 사용자가 직접변수(%I 또는 %Q)를 사용하여 강제로 위치 지정

참 고

배치 변수는 그 실제 위치가 고정되어 있지 않다. 예를 들어 VAL1이라는 변수를 BOOL 데이터 타입으로 선언하였다면 그 변수가 내부 데이터 영역의 어느 위치에 있는지 고정되어 있지 않다는 것이다. 그 위치는 프로그램을 다 작성한 후 컴파일러와 링커에 의해 정해진다. 만약 프로그램을 수정한 후 다시 컴파일 했다면 그 위치가 변할 수 있다. 자동 배치 변수의 장점은 사용자가 내부 변수로 사용하는 것들의 위치에 신경 쓰지 않아도 된다는 것이다. 다른 이름으로 선언한 변수들은 결코 데이터 메모리에 중복되어 위치하지 않기 때문이다. 직접변수는 변수의 위치가 정해지기 때문에 $\%I$와 $\%Q$를 제외하고는 될 수 있으면 사용하지 않는 것이 좋다. 직접변수는 자동 배치 변수가 아니므로 사용자가 잘못 사용할 경우 중복될 수 있다.

- **초기 값(Initial Value) 지정** : 변수의 초기 값을 지정한다. 지정하지 않으면 3)항의 초기 값으로 지정된다.

참 고

VAR_EXTERNAL의 선언 시에는 초기 값을 줄 수 없다. 변수 선언 시 %I와 %Q로 강제 할당한 변수에는 초기 값을 줄 수 없다.

- PLC의 전원이 끊긴 후에도 데이터의 값을 유지할 필요가 있는 변수는 정전 유지()의 기능이 제공되는 VAR_RETAIN을 써서 선언할 수 있으며, 다음의 규칙을 따른다.
  ① 정전 유지 변수는 시스템의 웜 리스타트 시 그 값이 유지된다.
  ② 시스템의 콜드 리스타트 시에는 사용자가 정의한 초기 값이나 기본 초기 값으로 초기화된다.
- VAR_RETAIN으로 선언되지 않은 변수는 콜드 리스타트나 웜 리스타트 어느 경우에도 사용자가 정의한 초기 값이나 기본 초기 값으로 초기화된다.

참 고

변수 선언 시 %I와 %Q로 강제 할당한 변수는 변수 종류를 VAR_RETAIN, VAR_CONSTANT 로 선언할 수 없다.

- 변수는 기본 데이터 타입을 인자로 갖는 어레이로 선언하여 사용할 수 있다. 어레이 변수로 선언할 때에는 인자로 사용할 데이터의 타입과 어레이의 크기를 설정해야 한다. 단, 기본 데이터 타입 중에 STRING 데이터 타입은 인자로 설정할 수 없다.
- 변수 선언의 유효영역(Scope), 즉 변수를 사용할 수 있는 영역은 그 변수가 선언된 프로그램 구성요소에 한한다. 따라서 다른 프로그램 구성요소에서 선언된 변수는 사용할 수 없다. 글로벌 변수로 선언된 변수는 이와 달리 모든 곳에서 VAR_EXTERNAL 선언에 의해 변수 접근이 가능하다.

※ 변수 선언의 예

변수 이름	변수형	데이터 타입	초기 값	메모리 할당
I_VAL	VAR	INT	1234	자동
BIPOLAR	VAR_RETAIN	REAL	–	자동
LIMIT_SW	VAR	BOOL	–	%I×1.0.2
GLO_SW	VAR_EXTERNAL	DWORD	–	자동
READ_BUF	VAR	ARRAY OF INT[10]	–	자동

3) 예약 변수

- 예약 변수는 시스템에서 미리 선언한 변수들로서 플래그로 사용된다. 사용자가 이 변수 이름으로 변수 선언을 할 수는 없다.
- 이 예약 변수를 사용할 때에는 변수 선언 없이 사용한다.
- ‘XGI-CPUU 사용설명서’의 플래그 일람과 부록 2 ‘플래그 알람’을 참조하기 바란다.

4) 예약어

예약어는 시스템에서 사용하기 위해 미리 정의한 단어들이다. 따라서 식별자로 이 예약어를 사용할 수는 없다.

예 약 어
ACTION ... END_ACTION
ARRAY ... OF
CASE ... OF ... ELSE... END_CASE CONFIGURATION ... END_CONFIGURATION
데이터 타입 이름
DATE#, D#DATE_AND_TIME#, DT#
EXIT
FOR ... TO ... BY ... DO ... END_FOR

예 약 어
FUNCTION ... END_FUNCTION
FUNCTION_BLOCK ... END_FUNCTION_BLOCK
펑션 블록의 이름들
IF ... THEN ... ELSIF ... ELSE ... END_IF
OK
연산자 (IL 언어) 연산자 (ST 언어)
PROGRAM
PROGRAM ... END PROGRAM
REPEAT ... UNTIL ... END_REPEAT
RESOURCE ... END_RESOURCE
RETAIN
RETURN
STEP ... END STEP
STRUCTURE ... END_STRUCTURE
T#
TASK ... WITH
TIME_OF_DAY#, TOD#
TRANSITION ... FROM ... TO ... END_TRANSITION
TYPE ... END TYPE
VAR ... END_VAR VAR_INPUT ... END_VAR VAR_OUTPUT ... END_VAR VAR_IN_OUT ... END_VAR VAR_EXTERNAL ... END_VAR
VAR_ACCESS ... END_VAR
VAR_GLOVAL ... END_VAR
WHILE ... DO ... END_WHILE
WITH

(4) 프로그램 종류

- 프로그램 종류로는 사용자 펑션, 사용자 펑션 블록, 프로그램이 있다.
- 프로그램에서 자기 자신의 프로그램을 호출할 수는 없다(재귀 호출 금지).

1) 사용자 펑션

- 사용자 펑션은 내부에 상태를 보관하고 있는 데이터를 갖지 않는다. 즉, 입력이 일정하면 출력 값도 일정해야만 사용자 펑션이 된다.
- 사용자 펑션의 내부 변수는 초기 값을 가질 수 없다.

- 사용자 펑션은 변수를 VAR_EXTERNAL로 선언하여 사용할 수 없다.
- 사용자 펑션 안에서는 직접변수들을 사용할 수 없다.
- 사용자 펑션은 프로그램 구성요소에서 호출하여 사용한다.
- 사용자 펑션을 호출하는 프로그램 구성요소에서 사용자 펑션으로의 데이터 전달은 입력을 통하여 실행한다.
- 사용자 펑션 안에서는 사용자 펑션 블록이나 프로그램을 호출할 수 없다.
- 사용자 펑션은 그 사용자 펑션 이름과 하나의 출력 데이터 타입 변수 이름이 같다. 이 변수는 하나의 사용자 펑션을 만들 때 자동적으로 생성되며, 사용자 펑션에서 결과값을 이 변수에 넣어서 출력시킨다.

2) 사용자 펑션 블록

- 사용자 펑션 블록은 출력이 여러 개가 될 수 있다.
- 사용자 펑션 블록은 내부에 데이터를 가질 수 있다. 사용자 펑션 블록은 사용하기 전에 변수를 선언하는 것처럼 인스턴트를 선언해야 한다. 인스턴스라는 것은 사용자 펑션 블록에서 사용하는 변수들의 집합이다. 사용자 펑션 블록은 내부에서 사용하는 변수뿐 아니라 출력 값도 자체에서 보관해야 하므로 데이터 메모리를 가지고 있어야 하는데 바로 그것이 인스턴스이다. 프로그램도 사용자 펑션 블록의 일종이라고 볼 수 있으며, 프로그램 역시 인스턴스를 선언해야 한다.
- 사용자 펑션 블록 안에서는 직접변수를 사용할 수 있다. 또한 글로벌 변수로 선언되고, 사용자 정의(AT)로 강제 배치된 직접변수는 VAR_EXTERNAL로 선언하여 사용할 수 있다.
- 사용자 펑션 블록 안에서는 프로그램을 호출할 수 없다.

3) 프로그램

- 프로그램은 사용자 펑션 블록과 같이 인스턴스를 선언하여 사용한다.
- 프로그램 안에서는 직접변수를 사용할 수 있다.
- 프로그램에는 입/출력 변수가 없다.
- 프로그램에는 사용자 펑션 및 사용자 펑션 블록을 호출할 수 있다.

(5) 명령어 선정

1) 내부적으로 결정되는 명령어

- 펑션의 경우 하나의 이름을 갖지만 여러 종류의 변수 타입을 입력할 수 있는 명령어는 사용되는 변수에 따라서 내부적으로 여러 명령어로 구분된다. 예를 들어 ADD의 경우 설정한 입력 개수 및 입력/출력 변수 타입에 따라서 여러 종류로 구분되어 처리된다.

아래와 같이 선택한 경우에는 래더 프로그램 상에서 보이는 명령어는 ADD지만 내부적으로 ADD2_SINT 명령어는 수행하게 되는 것이다.

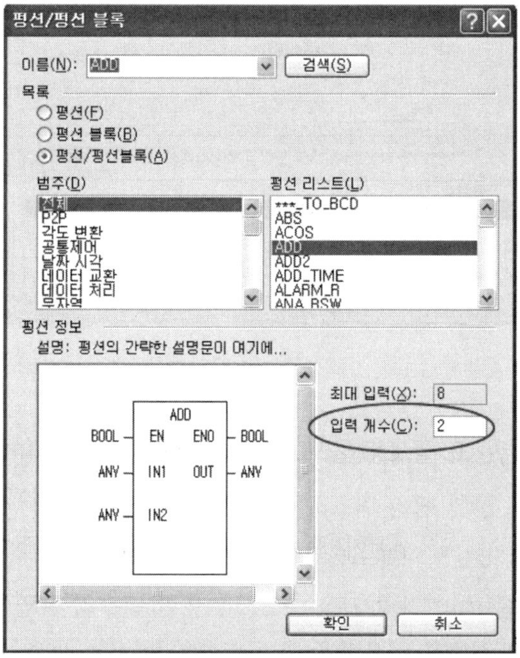

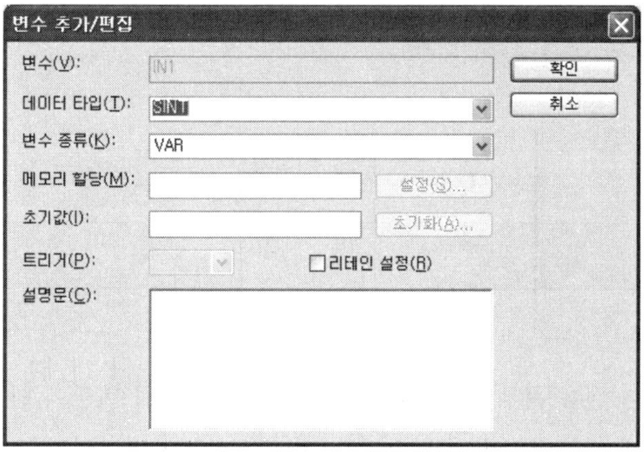

- 내부적으로 사용되는 명령어의 선정은 사용자가 선택한 변수 타입에 따라 XG5000에서 자동 선정하게 된다. 예를 들어 ADD 명령 중 입력 개수 2개를 선택하고, 입력과 출력 변수를 모두 DINT로 선택하면 위에서 설명한 것처럼 ADD2_DINT 선정된다.
- IEC에서는 같은 타입끼리의 연산만을 허용하고 있으나, XG5000에서는 검사 옵션에 엄격한 검사 옵션을 두어 변수의 크기(BYTE, WORD, DWORD, LWORD)만 같으면 연산을 허용하는 옵션이 있다.

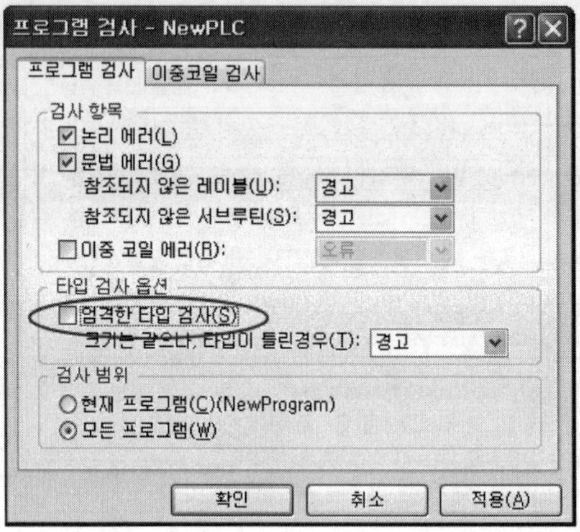

2) 명령어 선정 규칙

- 사용된 변수가 한 가지 타입이 아니고, 크기가 같은 여러 타입일 경우, 입력 변수의 타입이 우선 반영된다. 만약 입력 변수에 모두 상수만 사용되었을 경우 출력 변수에 선언된 타입에 따라 내부적으로 사용되는 명령어가 결정된다.
- 입력 변수의 타입은 여러 가지가 올 수 있고, 출력 변수의 타입은 한 가지만 올 수 있는 명령어에서 입력에 상수를 사용하게 되면 XG5000에서는 상수의 값에 따라 명령어를 결정한다.

  ***_TO)BCD로 예를 들어 보면

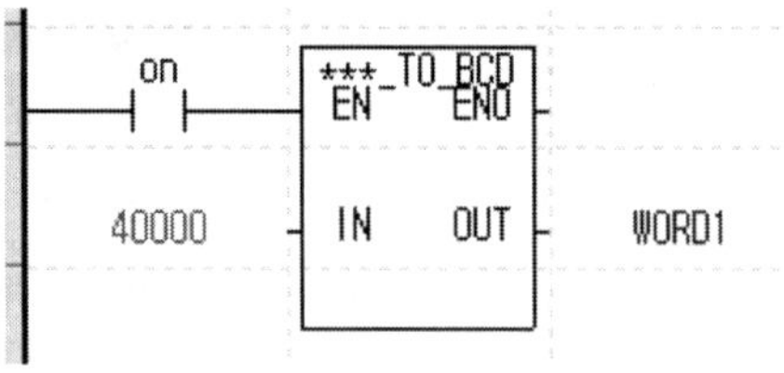

위와 같이 사용했을 경우, 입력 변수가 상수이므로 출력 변수의 타입을 보고 상세 명령어를 결정하게 되는데, 이 명령어는 출력이 WORD인 명령어가 INT_TO_BCD_WORD/UNIT_TO_BCD_WORD 두 개 존재한다. 이 경우에는 상수의 타입에 따라 UNIT_TO_BCD_WORD가 선정된다. 상수 사용 시 양의 값이면 무조건 부호 없는 수(Unsigned)로 판단하고 음수일 경우에는 부호 있는 수(Unsigned)로 판단한다.

7.5 LD (Ladder Diagram)

(1) 개요

- LD 프로그램은 릴레이 로직 다이어그램에서 많이 사용하는 코일이나 접점 등의 그래픽 프로그램을 통해 PLC의 프로그램을 표현하는 것이다.
- 형태

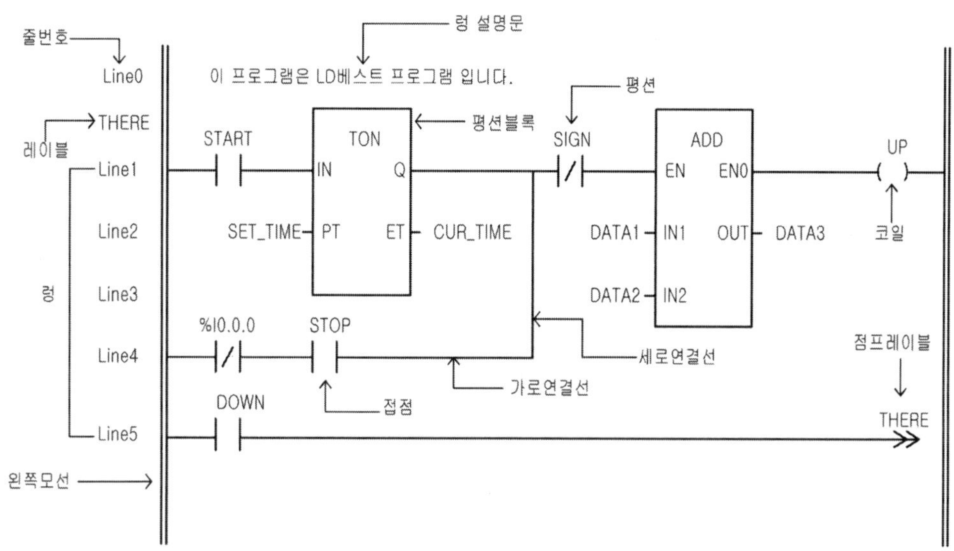

(2) 모선

LD 그래픽 모선도의 왼쪽 끝과 오른쪽 끝에는 전원선 개념의 모선이 세로로 양쪽에 놓여 있게 된다.

No	기 호	이 름	설 명
1	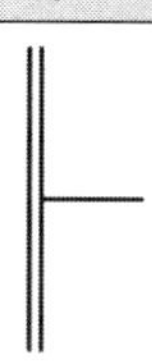	왼쪽 모선	언제나 BOOL 1의 값을 가지고 있다.
2	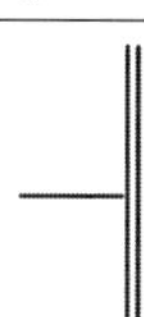	오른쪽 모선	값은 정해지지 않는다.

(3) 연결선

- 왼쪽 모선의 BOOL의 값은 작성한 도면에 따라 오른쪽으로 전달된다. 그 전달되는 값을 가진 선을 전원 흐름선 또는 연결선이라고 하며, 접점이나 코일에 연결되어 있는 선이다. 전원흐름선은 언제나 BOOL 값을 가지고 있으며, 한 렁(Rung)에서 하나만 존재한다. 여기서 렁이란 LD의 처음부터 밑으로 내려가는 선이 없는 줄까지를 말한다.
- LD의 각 요소를 연결하는 연결선에는 가로 연결선과 세로 연결선이 있다.

No	기 호	이 름	설 명
1	────	가로 연결선	왼쪽의 값을 오른쪽으로 전달
2	│	세로 연결선	왼쪽에 있는 가로 연결선들의 논리합

(4) 접점

- 접점은 왼쪽에 있는 가로 연결선의 상태와 현 접점과 연관된 BOOL 입력, 출력, 또는 메모리 변수 간의 논리곱(Boolean AND)을 한 값을 오른쪽에 위치한 가로 연결선에 전달한다. 접점과 관련된 변수 값 자체는 변화시키지 않는다. 표준 접점 기호는 다음 표와 같다.

정적 접점			
No	기 호	이 름	설 명
1	*** ─┤ ├─	평상시 열린 접점 (Normally Open Contact)	BOOL 변수("***"로 표시된 것)의 상태가 ON일 때는 왼쪽의 연결선 상태는 오른쪽의 연결선으로 복사된다. 그렇지 않을 경우에는 오른쪽의 연결선 상태가 OFF이다.
2	*** ─┤/├─	평상시 닫힌 접점 (Normally Closed Contact)	BOOL 변수("***"로 표시된 것)의 상태가 OFF일 때는 왼쪽의 연결선 상태는 오른쪽의 연결선으로 복사된다. 그렇지 않을 경우에는 오른쪽의 연결선 상태가 OFF이다.
3	*** ─┤P├─	양 변환 검출 접점 (Positive Transition-Sensing Contact)	BOOL 변수("***"로 표시된 것)의 상태가 ON일 때는 왼쪽의 연결선 상태는 오른쪽의 연결선으로 복사된다. 그렇지 않을 경우에는 오른쪽의 연결선 상태가 OFF이다.
4	*** ─┤N├─	음 변환 검출 접점 (Negative Transition-Sensing Contact)	BOOL 변수("***"로 표시된 것)의 상태가 OFF일 때는 왼쪽의 연결선 상태는 오른쪽의 연결선으로 복사된다. 그렇지 않을 경우에는 오른쪽의 연결선 상태가 OFF이다.

(5) 코일

- 코일은 왼쪽의 연결선의 상태 또는 상태 변화에 대한 처리 결과를 연관된 BOOL 변수에 저장시킨다. 표준 코일 기호는 다음 표와 같다.
- 코일은 LD의 가장 오른쪽에만 올 수 있습니다. 즉 코일의 우측에는 언제나 오른쪽 모선만 있습니다.

임시 코일(Momentary Coils)			
No	기 호	이 름	설 명
1	*** —( )—	코일(Coil)	왼쪽에 있는 연결선의 상태를 관련된 BOOL 변수("***"로 표시된 것)에 넣는다.
2	*** —(/)—	역 코일(Negated Coil)	왼쪽에 있는 연결선의 상태의 역(Negated) 값을 관련된 BOOL 변수("***"로 표시된 것)에 넣는다. 즉, 왼쪽 연결선 상태가 OFF이면 관련된 변수를 ON시키고, 왼쪽 연결선 상태가 ON이면 관련된 변수를 OFF시킨다.
3	*** —(S)—	Set(Latch) Coil	왼쪽의 연결선 상태가 ON되어 있을 때에는 관련된 BOOL 변수("***"로 표시된 것)는 ON이 되고 Reset 코일에 의해 OFF도기 전까지는 ON되어 있는 상태로 유지된다.
4	*** —(R)—	Reset(Unlatch) Coil	왼쪽의 연결선 상태가 ON이 되었을 때는 관련된 BOOL 변수("***"로 표시된 것)는 OFF되고 Set 코일에 의해 ON되기 전까지는 OFF되어 있는 상태로 유지된다.
5	*** —(P)—	양 변환 검출 코일 (Positive Transition-Sensing Coil)	왼쪽의 연결선 상태가 바로 전 스캔에서 OFF였던 것이 현재 스캔에서 ON되어 있는 경우 관련된 BOOL 변수("***"로 표시된 것)의 값은 현재 스캔 동안만 ON이 된다.
6	*** —(N)—	음 변환 검출 코일 (Negative Transition-Sensing Coil)	왼쪽의 연결선 상태가 ON이었던 것이 현재 스캔에서 OFF되어 있는 경우에 관련된 BOOL 변수("***"로 표시된 것)의 값은 현재 스캔 동안만 ON이 된다.

(6) 펑션과 펑션 블록의 호출

- 펑션과 펑션 블록에 대한 실제적인 입출력 연결은 입출력 표시가 있는 블록 외부에 적절한 데이터 또는 변수를 기입함으로써 이루어진다.

예)

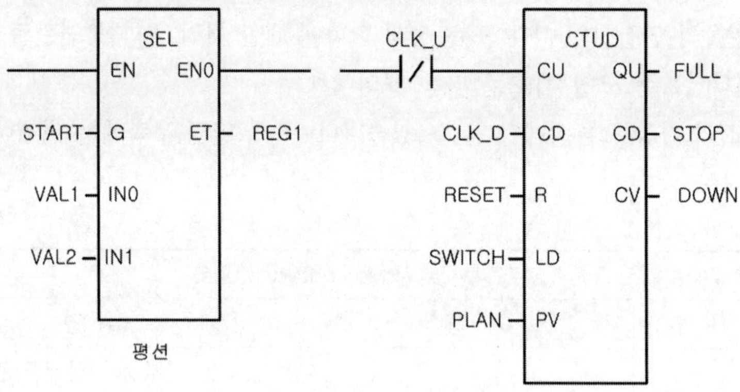

평션 평션블록

• 평션이나 평션 블록 내부로의 전원 흐름(Power Flow)을 허용하기 위해서는 적어도 한 개의 BOOL 타입 입력과 BOOL 타입 출력이 각 평션이나 평션 블록마다 존재해야 한다. 평션에서는 EN과 EN0가 BOOL 타입 입출력이며, 평션 블록에서는 첫 번째 입력과 첫 번째 출력의 데이터 타입이 BOOL이다.

예)

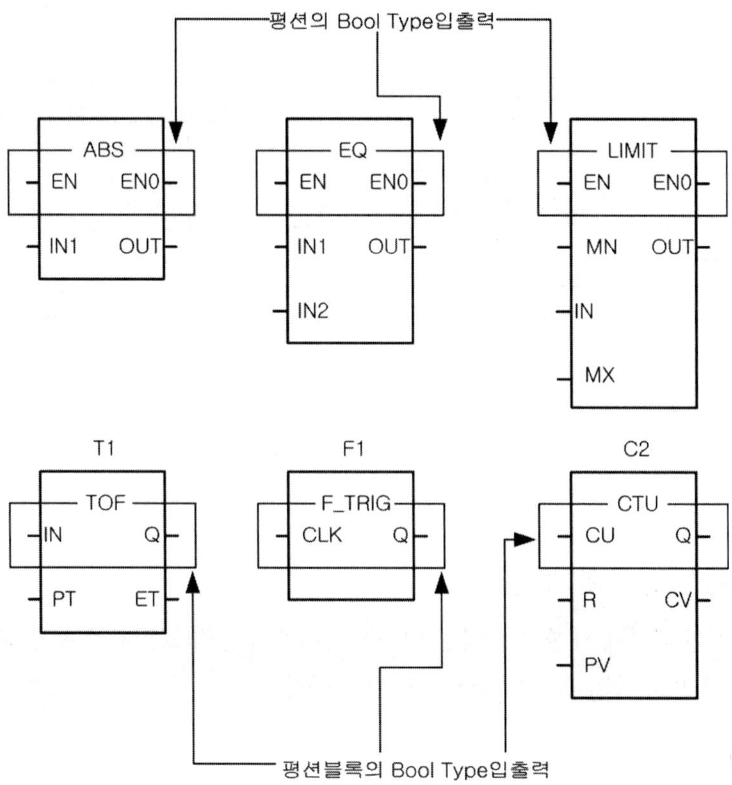

- LD에서의 펑션은 EN이라는 EN0라는 출력이 붙는다. 두 개 다 BOOL 데이터 타입을 가지고 있으며, EN 입력 값이 BOOL 1이면 그 펑션을 수행하고, BOOL 0이면 그 펑션을 수행하지 않는다. EN0 출력은 보통 EN 값이 그대로 나오지만 그 펑션의 수행 시 에러가 발생하면 EN 값이 BOOL 1이라도 EN0 값은 BOOL 0이 나온다. 펑션의 EN은 언제나 전원 흐름선이 되어야 하지만 EN0가 아닌 펑션 출력에 전원 흐름선을 연결할 때는 그 출력의 데이터 타입이 반드시 BOOL이어야 한다. 또한 EN0가 아닌 펑션 출력에 전원 흐름선을 연결할 때는 EN0 출력에는 아무 것도 연결하면 안 된다. 펑션의 모든 입력은 펑션의 왼쪽에 그 값을 기입함으로써 지정되는데 빠짐없이 지정해야 한다. 펑션의 출력 값은 펑션의 오른쪽에 지정한 변수에 보관된다.
- LD 펑션 블록의 입력도 펑션과 같은 방법으로 지정한다. 펑션 블록의 출력은 그 인스턴스 안에 저장되어 있으므로 변수를 지정하지 않더라도 관계없다. 펑션 블록에는 EN, EN0 입출력이 없으므로 펑션 블록을 만나면 항시 수행한다. 따라서 어떤 로직 결과에 따라 펑션 블록의 수행 여부를 결정하기 위해서는 점프(-->>)를 사용해야 한다. 펑션 블록에 전원 흐름선을 연결할 때는 역시 데이터 타입이 BOOL인 입출력에 연결해야 한다.

예)

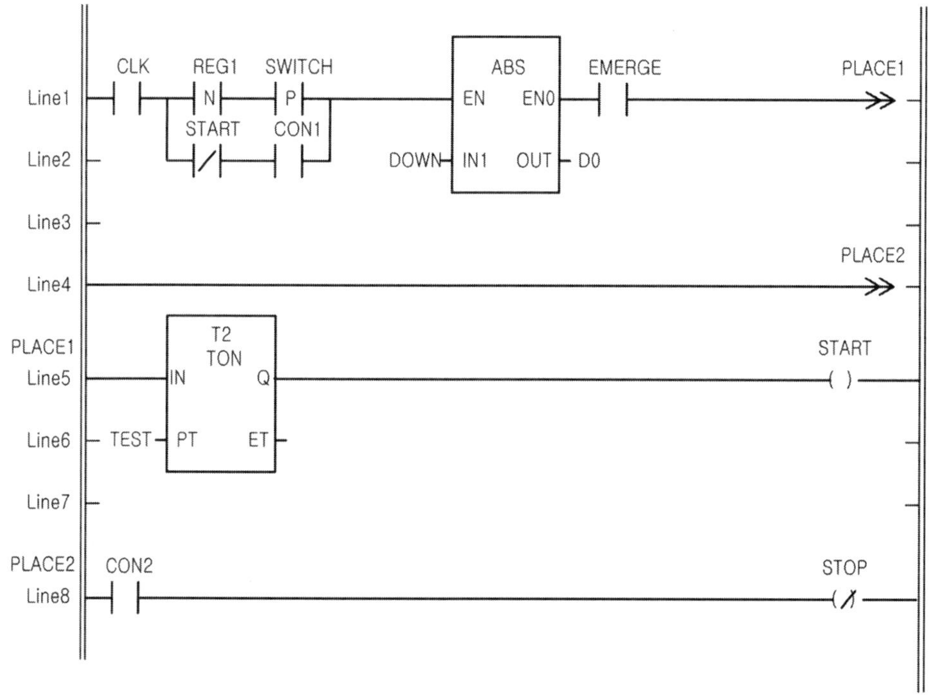

• LD에서 펑션과 펑션 블록은 어느 곳에라도 올 수 있다. 펑션과 펑션 블록의 출력에 전원 흐름선을 연결하고 거기에 접점 등을 연결하여 로직 연산을 계속할 수도 있다.

예)

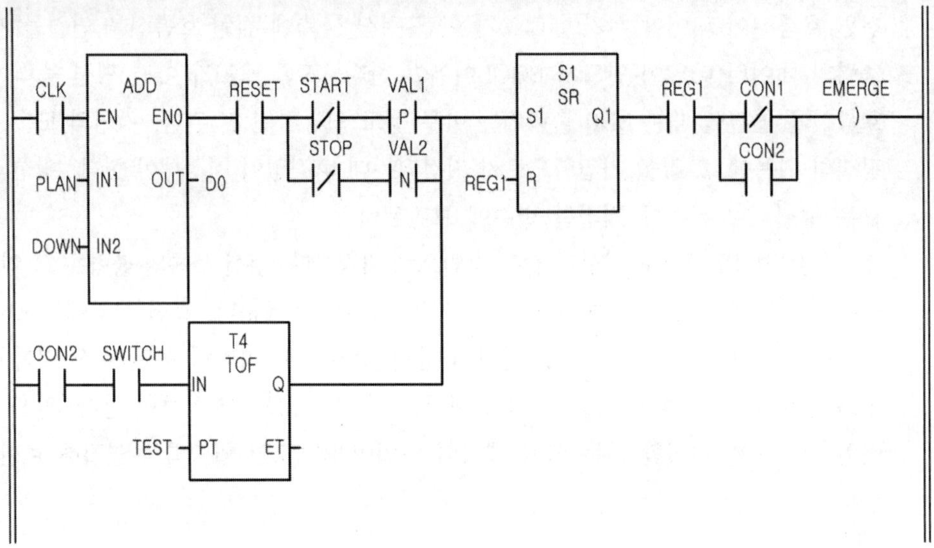

• 하나의 펑션이나 펑션 블록에 연결할 수 있는 전원 흐름선은 단 하나이다.

예)

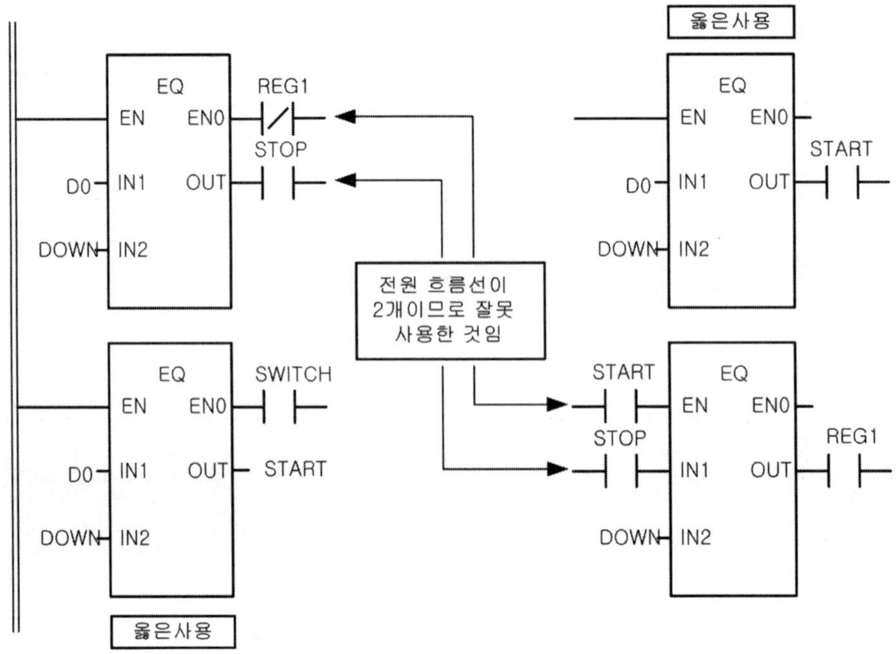

7.6 시스템 구성

XGI 시리즈는 기본 시스템, 컴퓨터 링크 및 네트워크 시스템 구성에 적합한 각종 제품을 구비하고 있다. 본 장은 각 시스템의 구성방법 및 특징에 대해 설명한다.

(1) XGI 시리즈 시스템 구성

XGI 시리즈의 시스템 구성은 아래 그림과 같다.

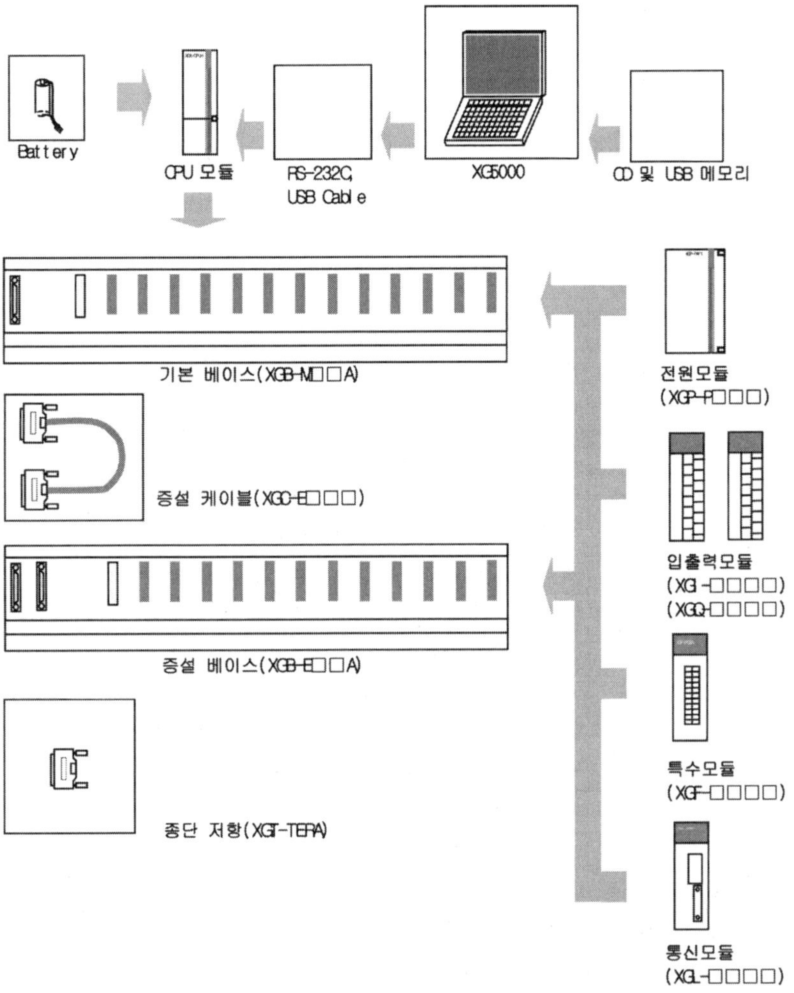

(2) 구성 제품 일람

XGI 시리즈의 제품 구성은 아래 표와 같다.

품명	형명	내용	비고
CPU 모듈	XGI-CPUU/D	CPU 모듈(최대 입출력 점수 : 6,144점, 프로그램 용량 : 1MB)	
	XGI-CPUU	CPU 모듈(최대 입출력 점수 : 6,144점, 프로그램 용량 : 1MB)	
	XGI-CPUH	CPU 모듈(최대 입출력 점수 : 6,144점, 프로그램 용량 : 512KB)	
	XGI-CPUS	CPU 모듈(최대 입출력 점수 : 3,072점, 프로그램 용량 : 128KB)	
	XGI-CPUE	CPU 모듈(최대 입출력 점수 : 1,536점, 프로그램 용량 : 64KB)	
디지털 입력 모듈	XGI-D21A	DC 24[V] 입력, 8점(전류 소스/싱크 입력)	
	XGI-D22A	DC 24[V] 입력, 16점(전류 소스/싱크 입력)	
	XGI-D24A	DC 24[V] 입력, 32점(전류 소스/싱크 입력)	
	XGI-D28A	DC 24[V] 입력, 64점(전류 소스/싱크 입력)	
	XGI-D22B	DC 24[V] 입력, 16점(전류 소스 입력)	
	XGI-D24B	DC 24[V] 입력, 32점(전류 소스 입력)	
	XGI-D28B	DC 24[V] 입력, 64점(전류 소스 입력)	
	XGI-A12A	AC 110[V] 입력, 16점	
	XGI-A21A	AC 220[V] 입력, 8점	
디지털 출력 모듈	XGQ-RY1A	릴레이 출력, 8점(2[A]용, 단독 COM)	
	XGQ-RY2A	릴레이 출력, 16점(2[A]용)	
	XGQ-RY2B	릴레이 출력, 32점(2[A]용), Varistor 부착	
	XGQ-TR2A	트랜지스터 출력, 16점(0.5[A]용, 싱크 출력)	
	XGQ-TR4A	트랜지스터 출력, 32점(0.1[A]용, 싱크 출력)	
	XGQ-TR8A	트랜지스터 출력, 646점(0.1[A]용, 싱크 출력)	
	XGQ-TR2B	트랜지스터 출력, 16점(0.5[A]용, 소스 출력)	
	XGQ-TR4B	트랜지스터 출력, 32점(0.1[A]용, 소스 출력)	
	XGQ-TR8B	트랜지스터 출력, 64점(0.1[A]용, 소스 출력)	
	XGQ-SS2A	트라이액 출력, 16점(0.6[A]용)	
디지털 입출력 혼합 모듈	XGH-DT4A	• DC 24[V] 입력, 16점(전류 소스/싱크 입력) • 트랜지스터 출력, 16점(0.1[A]용, 싱크 출력)	
기본 베이스	XGB-M04A	4모듈 장착용	
	XGB-M06A	6모듈 장착용	
	XGB-M08A	8모듈 장착용	
	XGB-M12A	12모듈 장착용	
증설 베이스	XGB-E04A	4모듈 장착용	
	XGB-E06A	6모듈 장착용	
	XGB-E08A	8모듈 장착용	
	XGB-E12A	12모듈 장착용	

<table>
<tr><th>품명</th><th>형명</th><th colspan="2">내용</th><th>비고</th></tr>
<tr><td rowspan="4">전원 모듈</td><td>XGP-ACF1</td><td>AC 100[V]~240[V] 입력</td><td>DC 5[V] : 3[A]
DC 24[V] : 0.6[A]</td><td></td></tr>
<tr><td>XGP-ACF2</td><td>AC 100[V]~240[V] 입력</td><td>DC 5[V] : 6[A]</td><td></td></tr>
<tr><td>XGP-AC23</td><td>AC 200[V]~240[V] 입력</td><td>DC 5[V] : 8.5[A]</td><td></td></tr>
<tr><td>XGP-DC42</td><td>DC 24[V] 입력</td><td>DC 5[V] : 6[A]</td><td></td></tr>
<tr><td rowspan="7">증설 케이블</td><td>XGC-E041</td><td colspan="2">길이 : 0.4[m]</td><td rowspan="7">총 연장 거리는 15[m]를 넘지 말 것</td></tr>
<tr><td>XGC-E061</td><td colspan="2">길이 : 0.4[m]</td></tr>
<tr><td>XGC-E121</td><td colspan="2">길이 : 0.4[m]</td></tr>
<tr><td>XGC-E301</td><td colspan="2">길이 : 0.4[m]</td></tr>
<tr><td>XGC-E501</td><td colspan="2">길이 : 0.4[m]</td></tr>
<tr><td>XGC-E102</td><td colspan="2">길이 : 0.4[m]</td></tr>
<tr><td>XGC-E152</td><td colspan="2">길이 : 0.4[m]</td></tr>
<tr><td>종단 저항</td><td>XGT-TERA</td><td colspan="2">증설 베이스 연결 시 종단저항 반드시 적용</td><td></td></tr>
<tr><td>방진용 모듈</td><td>XGT-DMMA</td><td colspan="2">미사용 슬록의 방진용 모듈</td><td></td></tr>
<tr><td>배터리</td><td>XGT-BAT</td><td colspan="2">XGT용 배터리(DC 3.0[V]/1,800[mAh])</td><td></td></tr>
</table>

(3) 기본 시스템

1) 기본 시스템의 구성 방법

기본 베이스와 증설 베이스를 케이블로 연결하여 구성되는 기본 시스템의 특징은 아래와 같다.

구분	XGI-CPUU/CPUH/CPUU/D	XGI-CPUS	XGI-CPUE
최대 증설 단수	7단	3단	1단
최대 입출력 모듈 장착 수	96모듈	48모듈	24모듈
최대 입출력 점수	·16점 모듈 장착 시 : 1,536점 ·32점 모듈 장착 시 : 3,072점 ·64점 모듈 장착 시 : 6,144점	·16점 모듈 장착 시 : 768점 ·32점 모듈 장착 시 : 1,536점 ·64점 모듈 장착 시 : 3,072점	·16점 모듈 장착 시 : 384점 ·32점 모듈 장착 시 : 768점 ·64점 모듈 장착 시 : 1,536점
최대 증설 거리	15[m]		
	·입출력 번호는 베이스의 슬롯 당 64점 고정으로 할당되어 있다. ·베이스의 각 슬롯은 모듈의 장착 여부 및 종류에 관계없이 64점씩 할당된다. ·특수 모듈의 장착 위치 및 사용 개수에는 제한이 없다. ·특수 모듈은 디지털 입출력 모듈과는 달리 고정된 입출력 번호가 할당되지 않는다. ·특수 모듈은 전용 펑션 블록에 의해 제어되며, 자동으로 메모리가 할당된다. ·12 Slot 베이스의 입출력 번호의 할당 예는 아래와 같다.		

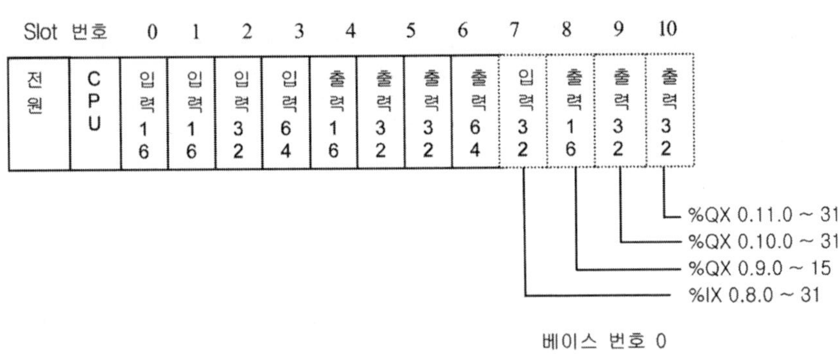

알아두기

① 기본 베이스는 베이스 번호가 '0'으로 고정되며, 증설 베이스는 베이스 번호를 설정하는 스위치가 있다.
② I/O 파라미터로 설정한 모듈 타입과 실제 장착된 모듈의 타입이 일치해야 운전이 개시된다.

기본 시스템 최대 구성

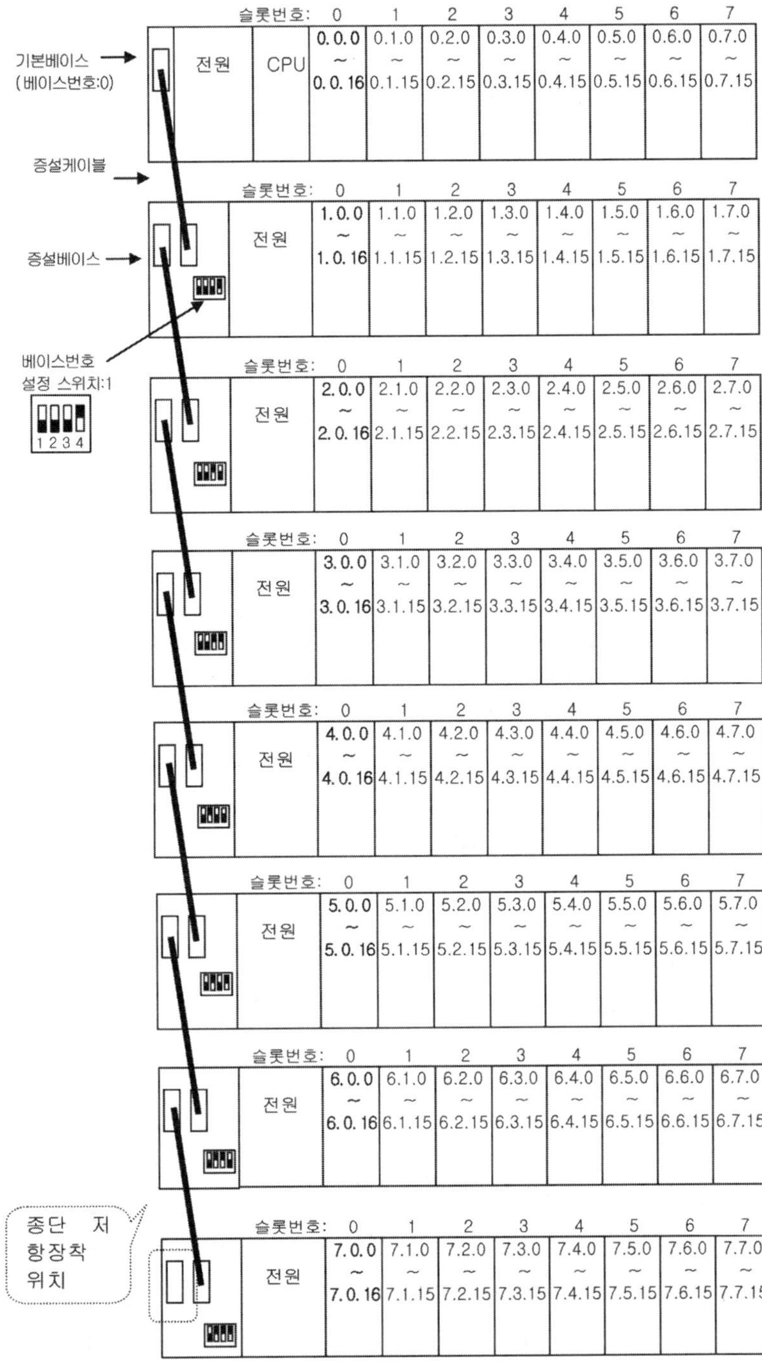

시스템 구성 예 2

- XGI-CPUU/H
- 8 슬롯 베이스
- 16점 모듈 설치 시

2) 종단저항의 접속

기본 베이스와 증설 베이스가 연결되는 시스템의 경우 높은 신뢰성을 위하여 종단저항을 마지막 증설 베이스의 증설 커넥터(OUT)에 반드시 장착한다. 기본 베이스만 사용 시에는 종단저항 장착이 필요 없다.

① 구조

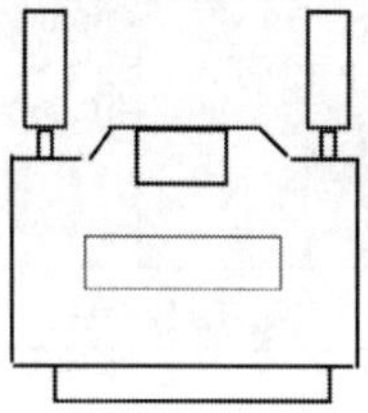

② 장착 위치

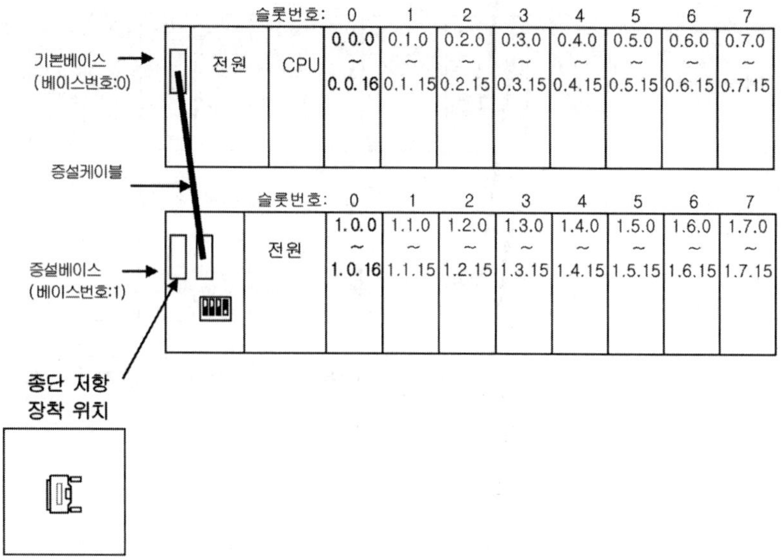

(4) 기본 시스템 구성 시 모듈 선정

기본 시스템 구성 시 각 모듈 별 데이터 리프레시 영역의 크기를 고려해야 한다. 데이터 리프레시 영역은 XGK/XGI CPU 시스템에서 CPU와 장착된 모듈 간 데이터 입출력을 위해 사용되는 영역이다. 각 모듈 별 사용하는 데이터 리프레시 영역의 크기는 채널의 운전 및 입/출력 동작과 관계없이 아래와 같은 크기가 입출력 영역으로 사용된다.

따라서 XGK/XGI CPU 시스템 구성 시 최대 데이터 리프레시 영역 크기인 1,024 WORD 이내로 사용해야 하며, 이를 초과하여 사용할 경우 시스템이 정상동작하지 않는다.

1) 모듈 별 데이터 리프레시 영역 크기

품 명	형 명	리프레시 크기	품 명	형 명	리프레시 크기
디지털 입력 모듈	XGI-A12A	1	디지털 출력 모듈	XGQ-RY1A	1
	XGI-A21A	1		XGQ-RY2A	1
	XGI-A21C	1		XGQ-RY2B	1
	XGI-D12A	1		XGQ-SS2A	1
	XGI-D22A/B	1		XGQ-TR1C	1
	XGI-D24A/B	2		XGQ-TR2A/B	2
	XGI-D28A/B	4		XGQ-TR4A/B	4
디지털 입출력 모듈	XDH-DT4A	2		XGQ-TR8A/B	8
아날로그 입력 모듈	XGF-AC8A	22	온도 입력 모듈	XGF-RD4A	30
	XGF-AV8A	22		XGF-RD4S	30
	XGF-AD8A	22		XGF-TC4S	30
	XGF-AD16A	21		XGF-RD8A	23
	XGF-AD4S	12	온도 제어 모듈	XGF-TC4RT	31
	XGF-AW4S	12		XGF-TC4UD	31
	XGF-AC4H	11	고속 카운터 모듈	XGF-H02A	25
아날로그 출력 모듈	XGF-DC8A	11		XGF-H08A	25
	XGF-DV8A	11		XGF-H08A	25
	XGF-DC4A	11	SOE 모듈	XGF-SOEAC	2
	XGF-DV4A	11	데이터 로그 모듈	XGF-DL16A	32
	XGF-DC4S	11	통신 모듈	XGL-EFMT	16
	XGF-DV4S	11		XGL-EFMF	16
	XGF-DC4H	7		XGL-ESHF	16
아날로그 입/출력 모듈	XGF-AH6A	11		XGL-DMEA	16
위치 제어 모듈	XGF-P01A	2		XGL-PSEA	16
	XGF-P02A	2		XGL-PMEA	16
	XGF-P03A	2		XGL-PMEC	16
	XGF-PD1A	2		XGL-EDMT	16
	XGF-PD2A	2		XGL-EDMF	16
	XGF-PD3A	2		XGL-EDST	16
	XGF-P01H	2		XGL-EDSF	16
	XGF-P02H	2		XGL-RMEA	16

2) 데이터 리프레시 영역 크기 계산

① 시스템에 장착된 데이터 리프레시 영역 크기 제한

시스템에 장착된 모든 모듈의 데이터 리프레시 영역 크기의 총합(WORD)≤1,024WORD

② 예제 : 디지털 입력 64점(20대), 디지털 출력 32점(10대), XGF-AC8A(20대), XGF-RD4A(10대) 장착된 경우의 크기 계산

→ (4×20)+(2×10)+(22×20)+(30×10)=840WORD ≤ 1,024WORD

알아두기

① XGK/XGI 모듈 장착 대수는 데이터 리프레시 영역 크기의 합이 1,024WORD를 초과하지 않아야 한다.

② XGK/I 시스템에서 데이터 리프레시 영역이 최대 범위를 초과 사용하여 운전할 경우 시스템이 정상 동작하지 않는다.

7.7 CPU 모듈

CPU 모듈(XGI CPU)의 성능 규격은 다음과 같다.

<table>
<tr><th colspan="3" rowspan="2">항 목</th><th colspan="5">제 품</th><th rowspan="2">비고</th></tr>
<tr><th>XGI/CPUU/D</th><th>XGI-CPUU</th><th>XGI-CPUH</th><th>XGI-CPUS</th><th>XGI-CPUE</th></tr>
<tr><td colspan="3">연산 방식</td><td colspan="5">반복 연산, 정주기 연산, 고정주기 스캔</td><td></td></tr>
<tr><td colspan="3">입출력 제어방식</td><td colspan="5">스캔 동기 일괄처리 방식(리프레시 방식), 명령어에 의한 다이렉트 방식</td><td></td></tr>
<tr><td colspan="3">프로그램 언어</td><td colspan="5">래더 다이어그램(Ladder Diagram)
SFC(Sequencial Function Chart), ST(Structure Text)</td><td></td></tr>
<tr><td rowspan="4">명령어 수</td><td colspan="2">연산자</td><td colspan="5">18개</td><td></td></tr>
<tr><td colspan="2">기본 펑션</td><td colspan="5">136종 + 실수연산 펑션</td><td></td></tr>
<tr><td colspan="2">기본 펑션 블록</td><td colspan="5">43개</td><td></td></tr>
<tr><td colspan="2">전용 펑션 블록</td><td colspan="5">특수기능 모듈별 전용 펑션 블록, 통신전용 펑션 블록(P2P)</td><td></td></tr>
<tr><td rowspan="3">연산 처리 속도 (기본 명령)</td><td colspan="2">기본</td><td colspan="4">0.028μs/명령어</td><td>0.084μs/명령어</td><td></td></tr>
<tr><td colspan="2">MOVE</td><td colspan="4">0.084μs/명령어</td><td>0.252μs/명령어</td><td></td></tr>
<tr><td colspan="2">실수연산</td><td colspan="4">± : 0.392μs(S), 0.924μs(D)
× : 0.896μs(S), 2.240μs(D)
÷ : 0.924μs(S), 2.254μs(D)</td><td>± : 1.442μs(S), 2.87μs(D)
× : 1.948μs(S), 4.186μs(D)
÷ : 1.974μs(S), 4.2μs(D)</td><td>S : 단장
D : 배장</td></tr>
<tr><td colspan="3">프로그램메모리 용량</td><td colspan="2">1MB</td><td>512KB</td><td>128KB</td><td>64KB</td><td></td></tr>
<tr><td colspan="3">입출력점수 (설치 가능)</td><td colspan="3">6,144점</td><td>3,072점</td><td>1,536점</td><td></td></tr>
<tr><td colspan="3">최대 입출력 메모리 접점</td><td colspan="3">131,072점</td><td colspan="2">32,768점</td><td></td></tr>
<tr><td rowspan="12">데이터 메모리</td><td colspan="2">자동변수 영역(A)</td><td colspan="3">512KB
(최대 256KB 리테인 설정 가능)</td><td>128KB
(최대 64KB 리테인 설정가능)</td><td>64KB
(최대 328KB 리테인 설정 가능)</td><td></td></tr>
<tr><td colspan="2">입력 변수(I)</td><td colspan="3">16KB</td><td colspan="2">4KB</td><td></td></tr>
<tr><td colspan="2">출력변수(Q)</td><td colspan="3">16KB</td><td colspan="2">4KB</td><td></td></tr>
<tr><td rowspan="3">직접 변수</td><td>M</td><td colspan="3">256KB
(최대 128KB 리테인 설정 가능)</td><td>64KB
(최대 32KB 리테인 설정 가능)</td><td>32KB
(최대 168KB 리테인 설정 가능)</td><td></td></tr>
<tr><td>R</td><td>64KB×16블록</td><td colspan="2">64KB×2블록</td><td>64KB×1블록</td><td>32KB×1블록</td><td></td></tr>
<tr><td>W</td><td>1,024KB</td><td colspan="2">128KB</td><td>64KB</td><td>32KB</td><td>R과 동일영역</td></tr>
<tr><td rowspan="4">플래그 변수</td><td>F</td><td colspan="5">4KB</td><td>시스템 플래그</td></tr>
<tr><td>K</td><td colspan="3">16KB</td><td colspan="2">4KB</td><td>PID 운전영역</td></tr>
<tr><td>L</td><td colspan="5">22KB</td><td>고속링크플래그</td></tr>
<tr><td>U</td><td colspan="3">8KB</td><td>4KB</td><td>2KB</td><td>아날로그데이터 리프레시영역</td></tr>
<tr><td colspan="3">플래시 영역</td><td colspan="4">2MB, 32블록</td><td>1MB, 16블록</td><td>R디바이스 이용</td></tr>
</table>

항 목		제 품					비고
		XGI/CPUU/D	XGI-CPUU	XGI-CPUH	XGI-CPUS	XGI-CPUE	
타이머		• 점수 제한 없음 • 시간 범위 : 0.001초~4,294,967,295초(1,193시간)					1점당 자동 변수 영역의 20바이트 점유
카운터		• 점수 제한 없음 • 계수 범위 : 64비트 표현 범위					1점당 자동 변수 영역의 8바이트 점유
프로그램 구성	총 프로그램 수	256개					
	초기화 태스크	1개					
	정주기 태스크	32개					
	내부디바이스태스크	32개					
운전모드		RUN, STOP, DEBUG					
리스타트 모드		콜드, 웜					
자기진단 기능		연산지연감시, 메모리 이상, 입출력 이상, 배터리 이상, 전원 이상 등					
정전 시 데이터 보존방법		기본 파라미터에서 리테인 영역 설정					
최대 증설 베이스		7단			3단	1단	총 연장 15m
내부 소비 전류		960mA			940mA		
중 량		0.12kg					

알아두기

CPU OS 버전에 따른 기능 지원 : OS 버전과 관련된 XG5000을 사용해야 함.

CPU OS 버전	XG5000 버전	기 능	비고
V3.0	V3.1	이벤트 입력 모듈(XGF-SOEA) 모듈	-
V3.1	V3.2	아날로그 입력 모듈 기능(유효변환값, 알람 가능)	-
V3.20	V3.4	접속 비밀번호 강화(XG5000 V3.4 이상에서만 접속 가능) 리셋/D.Clear 스위치 동작 차단 설정 버전 두 자리 표기(_OS_VER_PATCH 플래그 추가)	-
V3.30	V3.6	XGI-CPUE/CPUU/D 기종 추가	-
V3.40	V3.61	정주기 태스크 스캔 타임 관련 플래그 P2P, HS enable-disable 관련 플래그 SOE 관련 플래그	-

(1) 각부 명칭 및 기능

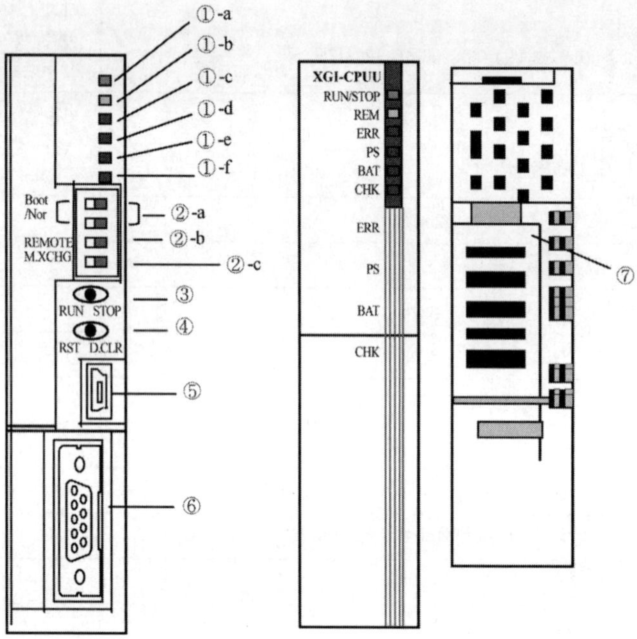

No.	명 칭	용 도
①–a	RUN/STOP LED	CPU 모듈의 동작상태를 나타낸다. · 녹색 점등 : 'RUN' 모드 상태로 운전 중을 표시 – RUN/STOP 모드 스위치에 의해 'RUN' 운전 중 – RUN/STOP 모드 스위치가 'STOP'인 상태에서 '리모트 RUN' 운전 중 · 적색 점등 : 'STOP' 모드 상태로 운전 중을 표시 – RUN/STOP 모드 스위치에 의해 'STOP' 운전 중 – 모드 스위치가 'STOP'인 상태에서 리모트 'STOP' 운전 중 – 운전을 정지하는 에러를 검출한 경우
①–b	REM LED	· 점등(황색) : 리모트 허용 상태임을 표시 – 'REMOTE' 스위치가 'ON'인 경우 · 소등 : 리모트 금지 상태임을 표시 – 'REMOTE' 스위치가 'OFF'인 경우
①–c	ERR LED	· 점등(적색) : 운전이 불가한 에러가 발생한 경우를 표시 · 소등 : 이상 없음을 표시
①–d	PS LED (Programmable Status)	· 점등(적색) : 리모트 허용 상태임을 표시 – '사용자 지정 플래그'가 'ON'인 경우 – '에러 시 운전 속행' 설정으로 에러 상태에서 운전 중인 경우 – 'M.XCHG' 스위치가 'ON'인 상태에서 모듈을 빼거나 다른 모듈을 장착한 경우 · 소등 : 이상 없음을 표시
①–e	BAT LED	· 점등(적색) : 배터리 전압이 저하된 경우 · 소등 : 배터리 이상 없음

<table>
<tr><th>No.</th><th>명 칭</th><th>용 도</th></tr>
<tr><td>①-f</td><td>CHK LED</td><td>· 점등(적색) : 표준 설정과 다른 내용이 설정되어 있는 경우에 표시
(파라미터로 추가/삭제[해제] 가능)
– '모듈 교체' 스위치가 '모듈 교체'로 설정된 경우
– '디버그 모드'에서 운전 중인 경우
– '강제 ON' 설정 상태
– '고장 마스크', 'SKIP' 플래그가 설정된 경우
– 운전 중 경고장(Warning)이 발생한 경우
– 증설 베이스 전원 이상
· 소등 : 표준설정으로 운전 중에 표시</td></tr>
<tr><td rowspan="2">②-a</td><td rowspan="2">Boot/Nor 스위치</td><td>출하 전 O/S를 다운로드하는 경우에 사용한다.
· ON(우측) : 정상운전 모드에서 제어동작을 수행
· OFF(좌측) : 제조 시 사용하는 모드로, 사용자 조작 금지
(O/S의 다운로드 모드)</td></tr>
<tr><td>Boot/Nor 스위치는 항상 ON(우측) 상태로 유지해야 한다. OFF(좌측) 상태로 설정하게 되면 모듈 소손의 원인이 된다.</td></tr>
<tr><td>②-b</td><td>REMOTE 허용 스위치</td><td>리모트 접속을 통한 PLC의 동작을 제한한다.
· ON(우측) : 모든 기능 허용(REMOTE 모드)
· OFF(좌측) : 리모트 기능 제한
–프로그램의 D/L, 운전모드 조작 제한
–모니터, 데이터 변경 등은 조작 허용</td></tr>
<tr><td>②-c</td><td>M.XCHG
(모듈교체 스위치)</td><td>운전 중 모듈 교체를 실시하는 경우 사용한다.
· ON(우측) : 모듈 교체 실시
–키 스위치의 조작만으로 모듈 교체 가능
· OFF(좌측) : 모듈 교체 완료</td></tr>
<tr><td>③</td><td>RUN/STOP
모드 스위치</td><td>CPU 모듈의 운전모드를 설정한다.
· STOP → RUN : 프로그램의 연산 실행
· RUN → STOP : 프로그램의 연산 정지
REMOTE 스위치에 우선하여 동작한다.</td></tr>
<tr><td>④</td><td>리셋/D.Clear
스위치</td><td>리셋/D.Clear에 대해 "XG5000 → 기본 파라미터 → 기본 동작 설정"에 대해 동작 차단을 설정할 수 있다.
· 리셋 스위치 동작 차단 설정을 하지 않을 경우
<table>
<tr><th>동 작</th><th>결 과</th></tr>
<tr><td>좌측이동 → 중앙 복귀</td><td>리셋</td></tr>
<tr><td>좌측이동 → 3초 이상 유지 → 중앙 복귀</td><td>오버올 리셋</td></tr>
</table>
· D.Clear 스위치 동작 차단 설정을 하지 않을 경우
<table>
<tr><th>동 작</th><th>결 과</th></tr>
<tr><td>우측으로 누름
→ 중앙 복귀</td><td>일반 데이터 영역 및 리테인 설정 영역
(M, 자동변수) 데이터 지움.</td></tr>
<tr><td>우측으로 누름
→ 3초 이상 유지
→ 중앙 복귀</td><td>일반 데이터 영역, 리테인 설정 영역(M, 자동변수)
데이터 지움과 R영역 데이터까지 지움.</td></tr>
</table>
· 데이터 클리어 동작은 "STOP" 운전모드에서만 동작한다.</td></tr>
</table>

No.	명 칭	용 도
⑤	USB 커넥터	주변기기(XG5000)와 접속하기 위한 커넥터(USB 1.1 지원)
⑥	RS-232C 커넥터	주변기기와 접속하기 위한 커넥터 · XG5000 접속 : 기본적으로 지원 · Modbus 기기 접속 : Modbus 프로토콜 지원 TX:7번 Pin, RX:8번 Pin, GND:5번 Pin
⑦	배터리 장착 커버	백업 배터리 장착용 커버

(2) 배터리

1) 배터리 규격

항 목	규 격
공칭전압/전류	DC 3.0[V] / 1,800[mAh]
보증기간	5년(상온)
용도	프로그램 및 데이터 백업, 정전 시 RTC 운전
규격	이산화 망간 리튬 배터리
외형 치수(mm)	ϕ17.0×33.5[mm]

2) 사용 시 주의사항

배터리는 충전, 분해, 가열, 불 속에 투입, 쇼트 납땜 등을 하지 않는다. 배터리의 취급을 잘못하면 발열, 파열, 발화 등으로 인해 부상 화재의 우려가 있다.

3) 배터리의 수명

배터리의 수명은 정전 시간, 사용 온도 조건 등에 따라 달라진다(상온 사용 : 최소 5년 이상 사용). 배터리의 전압이 낮아지면 CPU 모듈은 '배터리 전압 저하 경고'를 발생한다. CPU 모듈의 LED와 플래그 및 XG5000의 에러 메시지를 통해 확인할 수 있다.
배터리 전압 저하 경고가 발생하면 신속히 배터리를 교환하여 사용한다.

알아두기

통상의 경우 구입 후 5년 후에나 경고가 발생하나 배터리의 불량 또는 누설전류 등 회로의 이상이 있어서 과다하게 전류가 방전된 경우는 그보다 일찍 발생할 수도 있다. 배터리 교체 후 짧은 시간 후에 다시 경고가 발생하는 경우는 CPU 모듈의 A/S를 받아야 한다.

4) 배터리 교환 방법

프로그램 및 데이터의 정전 시 백업용으로 사용되는 배터리는 정기적인 교환이 필요하다. 배터리를 제거해도 프로그램 및 정전 유지 데이터는 슈퍼 커패시터에 의해 30분 정도는 내용이 유지되지만 가능한 빠른 시간 내에 교환해주어야 한다.

배터리 교환 순서는 다음과 같다.

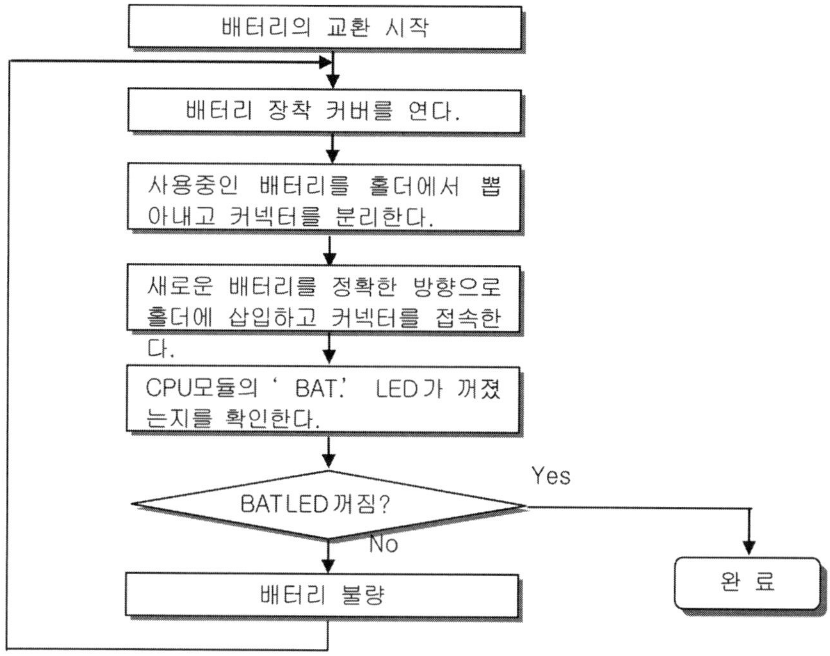

7.8 각종 I/O 모듈 사양

(1) 디지털 입력 모듈 규격

1) 8점 DC 24[V] 입력 모듈(소스/싱크 타입)

규격 \ 형명		DC 입력 모듈 XGI-D21A
입력 점수		8점
절연 방식		포토 커플러 절연
정격 입력 전압		DC 24[V]
정격 입력 전류		약 4[mA]
사용전압 범위		DC 20.4~28.8[V] (리플률 5% 이내)
입력 Derating		없음
ON 전압/ON 전류		DC 19[V] 이상 / 3[mA] 이상
OFF 전압/OFF 전류		DC 11[V] 이하 / 1.7[mA] 이하
입력 저항		약 5.6[Ω]
응답 시간	OFF → ON	1ms/3ms/5ms/10ms/20ms/70ms/100ms(CPU 파라미터로 설정) 초기값 : 3ms
	ON → OFF	1ms/3ms/5ms/10ms/20ms/70ms/100ms(CPU 파라미터로 설정) 초기값 : 3ms
절연 내압		AC 560[V] rms/3Cycle (표고 2,000m)
절연 저항		절연 저항계로 10[MΩ] 이상
코먼 방식		16점 / COM
적합 전선 size		연선 0.3~0.75[mm^2](외경 2.8mm 이하)
적합 압착 단자		R1.25-3(Sleeve 부착 압착 단자는 사용할 수 없다.)
내부소비전류(mA)		20[mA]
동작 표시		입력 ON 시 LED 점등
외부접속방식		9점 단자대 커넥터(M3×6 나사)
중량		0.1kg

회로 구성

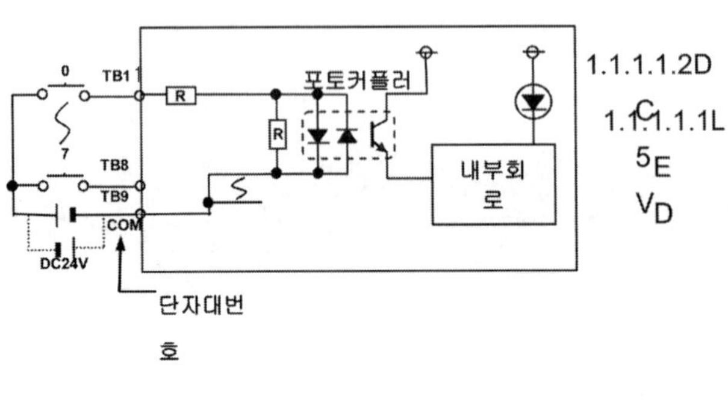

단자대	접점명
TB1	0
TB2	1
TB3	2
TB4	3
TB5	4
TB6	5
TB7	6
TB8	7
TB9	COM

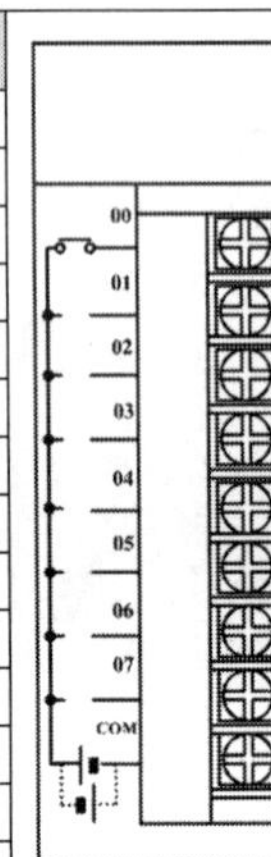

2) 16점 DC 24[V] 입력 모듈(소스/싱크 타입)

형명 \ 규격	DC 입력 모듈 XGI-D22A
입력 점수	16점
절연 방식	포토 커플러 절연
정격 입력 전압	DC 24[V]
정격 입력 전류	약 4[mA]
사용전압 범위	DC 20.4~28.8[V] (리플률 5% 이내)
입력 Derating	없음
ON 전압/ON 전류	DC 19[V] 이상 / 3[mA] 이상
OFF 전압/OFF 전류	DC 11[V] 이하 / 1.7[mA] 이하
입력 저항	약 5.6[Ω]
응답 시간 OFF → ON	1ms/3ms/5ms/10ms/20ms/70ms/100ms(CPU 파라미터로 설정) 초기값 : 3ms
응답 시간 ON → OFF	1ms/3ms/5ms/10ms/20ms/70ms/100ms(CPU 파라미터로 설정) 초기값 : 3ms
절연 내압	AC 560[V] rms/3Cycle (표고 2,000m)
절연 저항	절연 저항계로 10[MΩ] 이상
코먼 방식	16점 / COM
적합 전선 size	연선 0.3~0.75[mm^2](외경 2.8mm 이하)
적합 압착 단자	R1.25-3(Sleeve 부착 압착 단자는 사용할 수 없다.)
내부소비전류(mA)	30[mA]
동작 표시	입력 ON 시 LED 점등
외부접속방식	18점 단자대 커넥터(M3×6 나사)
중량	0.12kg

회로 구성

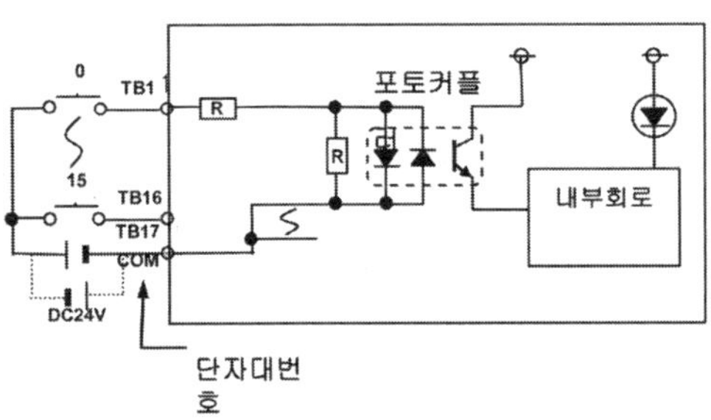

1.1.1.1.3D
1.1.1.1.4L
C
5E
VD

단자대	접점명
TB1	0
TB2	1
TB3	2
TB4	3
TB5	4
TB6	5
TB7	6
TB8	7
TB9	8
TB10	9
TB11	10
TB12	11
TB13	12
TB14	13
TB15	14
TB16	15
TB17	COM
TB18	NC

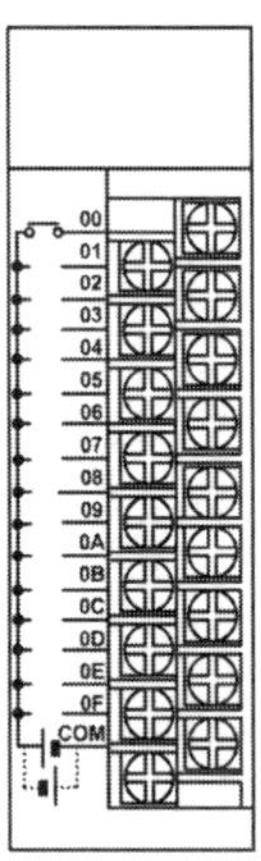

3) 16점 DC 24[V] 입력 모듈(싱크 타입)

규격 \ 형명		DC 입력 모듈 XGI-D22B
입력 점수		16점
절연 방식		포토 커플러 절연
정격 입력 전압		DC 24[V]
정격 입력 전류		약 4[mA]
사용전압 범위		DC 20.4~28.8[V] (리플률 5% 이내)
입력 Derating		없음
ON 전압/ON 전류		DC 19[V] 이상 / 3[mA] 이상
OFF 전압/OFF 전류		DC 11[V] 이하 / 1.7[mA] 이하
입력 저항		약 5.6[Ω]
응답 시간	OFF → ON	1ms/3ms/5ms/10ms/20ms/70ms/100ms(CPU 파라미터로 설정) 초기값 : 3ms
	ON → OFF	1ms/3ms/5ms/10ms/20ms/70ms/100ms(CPU 파라미터로 설정) 초기값 : 3ms
절연 내압		AC 560[V] rms/3Cycle (표고 2,000m)
절연 저항		절연 저항계로 10[MΩ] 이상
코먼 방식		16점 / COM
적합 전선 size		연선 0.3~0.75[mm^2](외경 2.8mm 이하)
적합 압착 단자		R1.25-3(Sleeve 부착 압착 단자는 사용할 수 없다.)
내부소비전류(mA)		30[mA]
동작 표시		입력 ON 시 LED 점등
외부접속방식		18점 단자대 커넥터(M3×6 나사)
중량		0.12kg

회로 구성

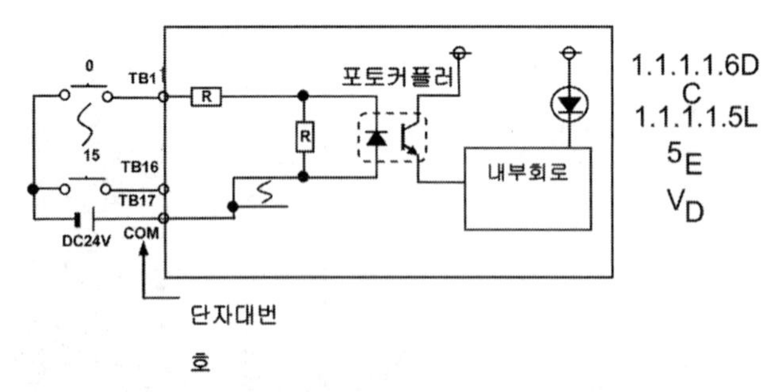

단자대	접점명
TB1	0
TB2	1
TB3	2
TB4	3
TB5	4
TB6	5
TB7	6
TB8	7
TB9	8
TB10	9
TB11	10
TB12	11
TB13	12
TB14	13
TB15	14
TB16	15
TB17	COM
TB18	NC

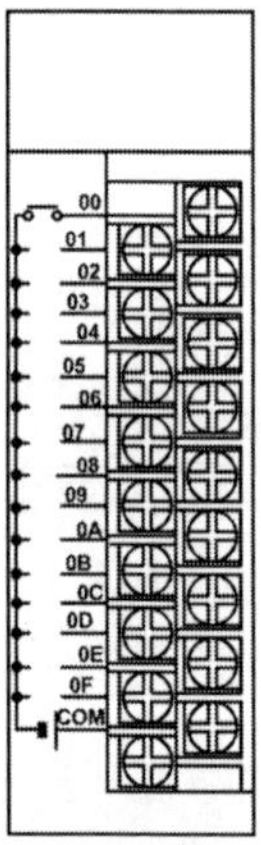

4) 32점 DC 24[V] 입력 모듈(소스/싱크 타입)

규격 \ 형명		DC 입력 모듈
		XGI-D24A
입력 점수		32점
절연 방식		포토 커플러 절연
정격 입력 전압		DC 24[V]
정격 입력 전류		약 4[mA]
사용전압 범위		DC 20.4~28.8[V] (리플률 5% 이내)
입력 Derating		아래 Derating도 참조
ON 전압/ON 전류		DC 19[V] 이상 / 3[mA] 이상
OFF 전압/OFF 전류		DC 11[V] 이하 / 1.7[mA] 이하
입력 저항		약 5.6[Ω]
응답 시간	OFF → ON	1ms/3ms/5ms/10ms/20ms/70ms/100ms(CPU 파라미터로 설정) 초기값 : 3ms
	ON → OFF	1ms/3ms/5ms/10ms/20ms/70ms/100ms(CPU 파라미터로 설정) 초기값 : 3ms
절연 내압		AC 560[V] rms/3Cycle (표고 2,000m)
절연 저항		절연 저항계로 10[MΩ] 이상
코먼 방식		32점 / COM
적합 전선 size		0.3[mm^2]
내부소비전류(mA)		30[mA]
동작 표시		입력 ON 시 LED 점등
외부접속방식		40점 커넥터
중량		0.1kg

회로 구성

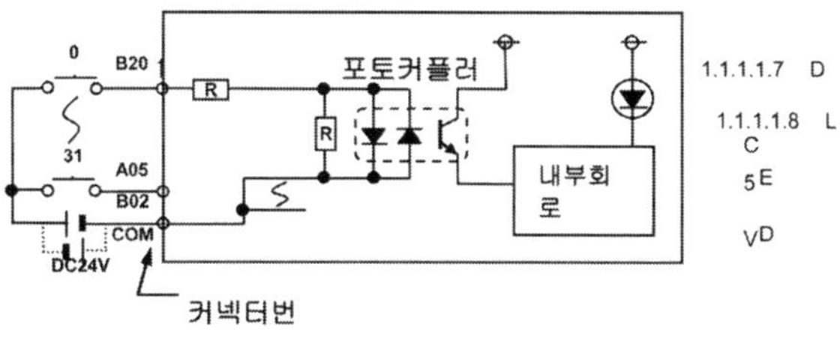

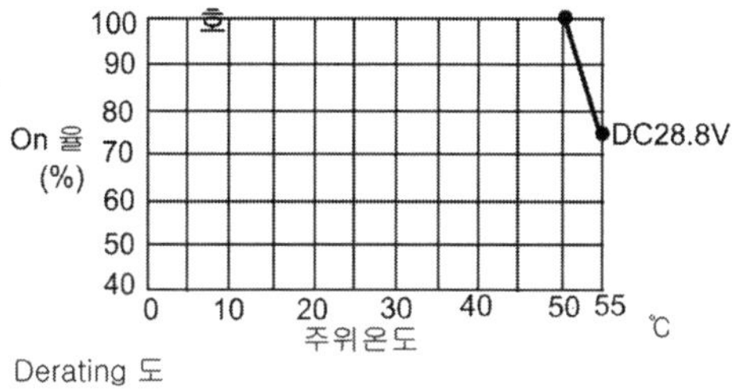

Derating 도

No	접점	No	접점
B20	0	A20	16
B19	1	A19	17
B18	2	A18	18
B17	3	A17	19
B16	4	A16	20
B15	5	A15	21
B14	6	A14	22
B13	7	A13	23
B12	8	A12	24
B11	9	A11	25
B10	10	A10	26
B09	11	A09	27
B08	12	A08	28
B07	13	A07	29
B06	14	A06	30
B05	15	A05	31
B04	NC	A04	NC
B03	NC	A03	NC
B02	COM	A02	COM
B01	COM	A01	COM

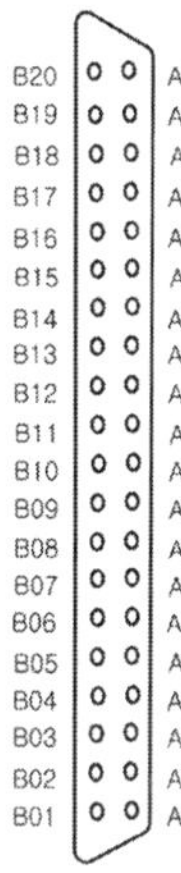

5) 32점 DC 24[V] 입력 모듈(싱크 타입)

규 격 \ 형 명		DC 입력 모듈
		XGI-D24B
입력 점수		32점
절연 방식		포토 커플러 절연
정격 입력 전압		DC 24[V]
정격 입력 전류		약 4[mA]
사용전압 범위		DC 20.4~28.8[V] (리플률 5% 이내)
입력 Derating		아래 Derating도 참조
ON 전압/ON 전류		DC 19[V] 이상 / 3[mA] 이상
OFF 전압/OFF 전류		DC 11[V] 이하 / 1.7[mA] 이하
입력 저항		약 5.6[Ω]
응답 시간	OFF → ON	1ms/3ms/5ms/10ms/20ms/70ms/100ms(CPU 파라미터로 설정) 초기값 : 3ms
	ON → OFF	1ms/3ms/5ms/10ms/20ms/70ms/100ms(CPU 파라미터로 설정) 초기값 : 3ms
절연 내압		AC 560[V] rms/3Cycle (표고 2,000m)
절연 저항		절연 저항계로 10[MΩ] 이상
코먼 방식		32점 / COM
적합 전선 size		0.3[mm^2]
내부소비전류(mA)		50[mA]
동작 표시		입력 ON 시 LED 점등
외부접속방식		40점 커넥터
중량		0.1kg

회로 구성

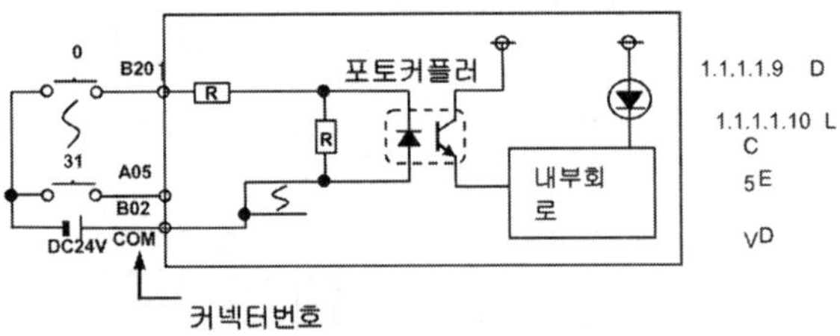

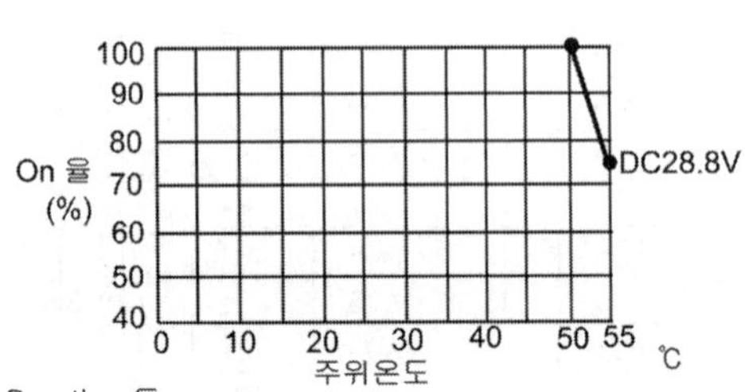

Derating 도

No	접점	No	접점
B20	0	A20	16
B19	1	A19	17
B18	2	A18	18
B17	3	A17	19
B16	4	A16	20
B15	5	A15	21
B14	6	A14	22
B13	7	A13	23
B12	8	A12	24
B11	9	A11	25
B10	10	A10	26
B09	11	A09	27
B08	12	A08	28
B07	13	A07	29
B06	14	A06	30
B05	15	A05	31
B04	NC	A04	NC
B03	NC	A03	NC
B02	COM	A02	COM
B01	COM	A01	COM

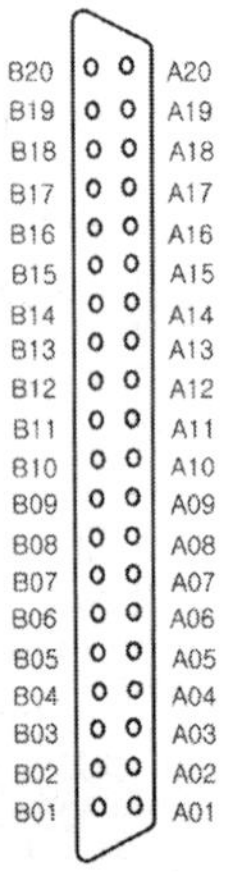

6) 64점 DC 24[V] 입력 모듈(소스/싱크 타입)

규 격 \ 형 명		DC 입력 모듈
		XGI-D28A
입력 점수		64점
절연 방식		포토 커플러 절연
정격 입력 전압		DC 24[V]
정격 입력 전류		약 4[mA]
사용전압 범위		DC 20.4~28.8[V] (리플률 5% 이내)
입력 Derating		아래 Derating도 참조
ON 전압/ON 전류		DC 19[V] 이상 / 3[mA] 이상
OFF 전압/OFF 전류		DC 11[V] 이하 / 1.7[mA] 이하
입력 저항		약 5.6[Ω]
응 답 시 간	OFF → ON	1ms/3ms/5ms/10ms/20ms/70ms/100ms(CPU 파라미터로 설정) 초기값:3ms
	ON → OFF	1ms/3ms/5ms/10ms/20ms/70ms/100ms(CPU 파라미터로 설정) 초기값:3ms
절연 내압		AC 560[V] rms/3Cycle (표고 2,000m)
절연 저항		절연 저항계로 10[MΩ] 이상
코먼 방식		32점 / COM
적합 전선 size		0.3[mm^2]
내부소비전류(mA)		60[mA]
동작 표시		입력 ON 시 LED 점등(스위치 조작에 따른 32점 LED 점등)
외부접속방식		40점 커넥터×2개
중량		0.15kg

회로 구성

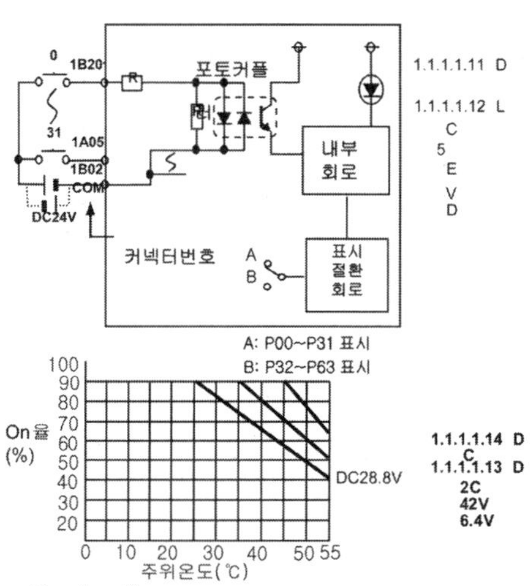

Derating 도

No	접점	No	접점	No	접점	No	접점
1B20	0	1A20	16	2B20	32	2A20	48
1B19	1	1A19	17	2B19	33	2A19	49
1B18	2	1A18	18	2B18	34	2A18	50
1B17	3	1A17	19	2B17	35	2A17	51
1B16	4	1A16	20	2B16	36	2A16	52
1B15	5	1A15	21	2B15	37	2A15	53
1B14	6	1A14	22	2B14	38	2A14	54
1B13	7	1A13	23	2B13	39	2A13	55
1B12	8	1A12	24	2B12	40	2A12	56
1B11	9	1A11	25	2B11	41	2A11	57
1B10	10	1A10	26	2B10	42	2A10	58
1B09	11	1A09	27	2B09	43	2A09	59
1B08	12	1A08	28	2B08	44	2A08	60
1B07	13	1A07	29	2B07	45	2A07	61
1B06	14	1A06	30	2B06	46	2A06	62
1B05	15	1A05	31	2B05	47	2A05	63
1B04	NC	1A04	NC	2B04	NC	2A04	NC
1B03	NC	1A03	NC	2B03	NC	2A03	NC
1B02	COM	1A02	NC	2B02	COM	2A02	NC
1B01	COM	1A01	NC	2B01	COM	2A01	NC

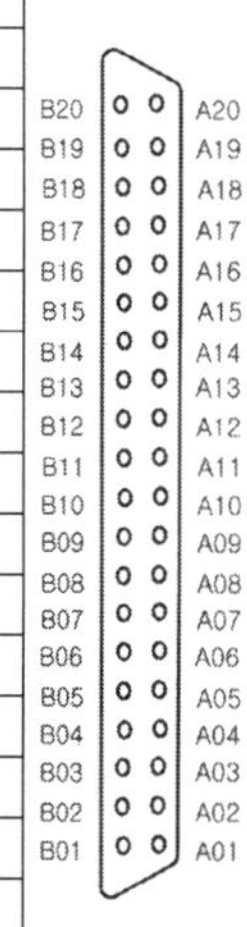

7) 64점 DC 24[V] 입력 모듈(싱크 타입)

규 격 \ 형 명		DC 입력 모듈
		XGI-D28B
입력 점수		64점
절연 방식		포토 커플러 절연
정격 입력 전압		DC 24[V]
정격 입력 전류		약 4[mA]
사용전압 범위		DC 20.4~28.8[V] (리플률 5% 이내)
입력 Derating		아래 Derating도 참조
ON 전압/ON 전류		DC 19[V] 이상 / 3[mA] 이상
OFF 전압/OFF 전류		DC 11[V] 이하 / 1.7[mA] 이하
입력 저항		약 5.6[Ω]
응 답 시 간	OFF → ON	1ms/3ms/5ms/10ms/20ms/70ms/100ms(CPU 파라미터로 설정) 초기값:3ms
	ON → OFF	1ms/3ms/5ms/10ms/20ms/70ms/100ms(CPU 파라미터로 설정) 초기값:3ms
절연 내압		AC 560[V] rms/3Cycle (표고 2,000m)
절연 저항		절연 저항계로 10[MΩ] 이상
코먼 방식		32점 / COM
적합 전선 size		0.3[mm^2]
내부소비전류(mA)		60[mA]
동작 표시		입력 ON 시 LED 점등(스위치 조작에 따른 32점 LED 점등)
외부접속방식		40점 커넥터×2개
중량		0.15kg

회로 구성

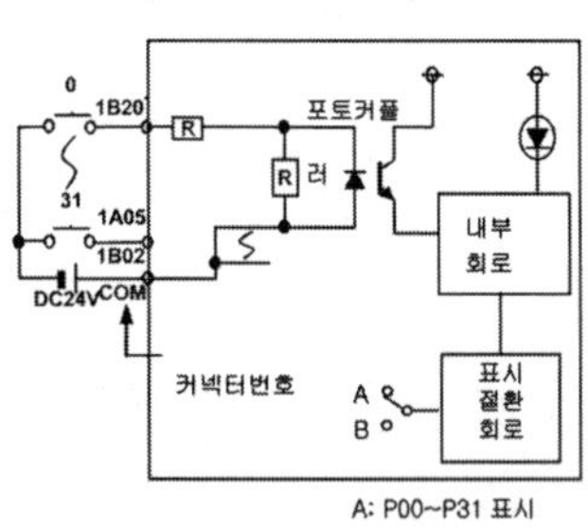

1.1.1.1.15 D C
1.1.1.1.16 L
5 E
V D

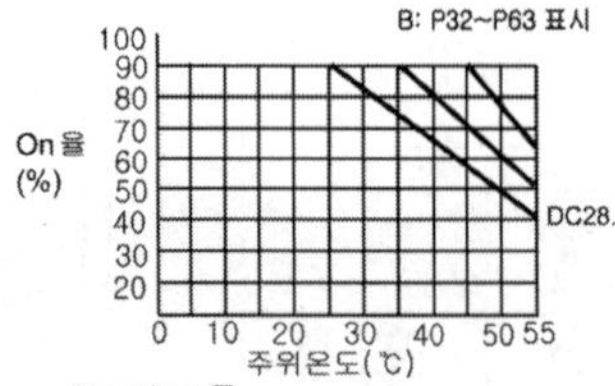

Derating 도

1.1.1.1.18 D
1.1.1.1.17 D
2C
42V
6.4V

No	접점	No	접점	No	접점	No	접점
1B20	0	1A20	16	2B20	32	2A20	48
1B19	1	1A19	17	2B19	33	2A19	49
1B18	2	1A18	18	2B18	34	2A18	50
1B17	3	1A17	19	2B17	35	2A17	51
1B16	4	1A16	20	2B16	36	2A16	52
1B15	5	1A15	21	2B15	37	2A15	53
1B14	6	1A14	22	2B14	38	2A14	54
1B13	7	1A13	23	2B13	39	2A13	55
1B12	8	1A12	24	2B12	40	2A12	56
1B11	9	1A11	25	2B11	41	2A11	57
1B10	10	1A10	26	2B10	42	2A10	58
1B09	11	1A09	27	2B09	43	2A09	59
1B08	12	1A08	28	2B08	44	2A08	60
1B07	13	1A07	29	2B07	45	2A07	61
1B06	14	1A06	30	2B06	46	2A06	62
1B05	15	1A05	31	2B05	47	2A05	63
1B04	NC	1A04	NC	2B04	NC	2A04	NC
1B03	NC	1A03	NC	2B03	NC	2A03	NC
1B02	COM	1A02	NC	2B02	COM	2A02	NC
1B01	COM	1A01	NC	2B01	COM	2A01	NC

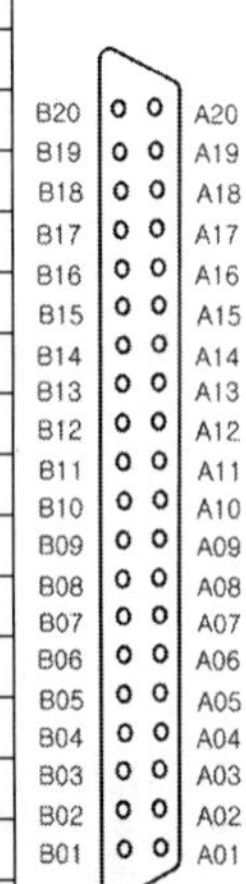

8) 16점 AC 110[V] 입력 모듈

규격 \ 형명		AC 입력 모듈 XGI-A12A
입력 점수		16점
절연 방식		포토 커플러 절연
정격 입력 전압		AC 100-120[V](+10/-15%) 50/60[Hz](±3[Hz])(왜율 5% 이내)
정격 입력 전류		약 8[mA] (AC 100, 60[Hz]), 약 3[mA] (AC 100, 50[Hz])
돌입전류		최대 200[mA] 1[ms] 이내 (AC 132[V] 시)
입력 Derating		아래 Derating도 참조
ON 전압/ON 전류		AC 80[V] 이상 / 5[mA] 이상(50, 60[Hz])
OFF 전압/OFF 전류		AC 30[V] 이하 / 1[mA] 이하(50, 60[Hz])
입력 저항		약 12[kΩ](60[Hz]), 약 15[kΩ](50[Hz])
응답 시간	OFF → ON	15[ms] 이하(AC 100[V] 50, 60[Hz])
	ON → OFF	25[ms] 이하(AC 100[V] 50, 60[Hz])
절연 내압		AC 1,780[V] rms/3Cycle (표고 2,000m)
절연 저항		절연 저항계로 10[MΩ] 이상
코먼 방식		16점 / COM
적합 전선 size		연선 0.3~0.75[mm^2](외경 2.8mm 이하)
적합 압착 단자		R1.25-3(Sleeve 부착 압착 단자는 사용할 수 없다.)
내부소비전류(mA)		30[mA]
동작 표시		입력 ON 시 LED 점등
외부접속방식		18점 단자대 커넥터(M3×6 나사)
중량		0.13kg

회로 구성

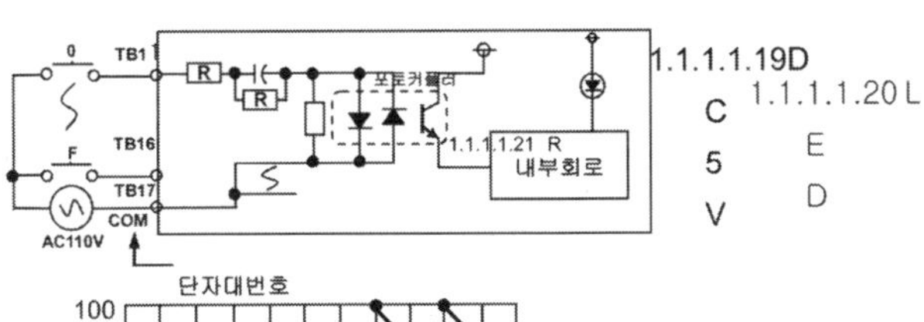

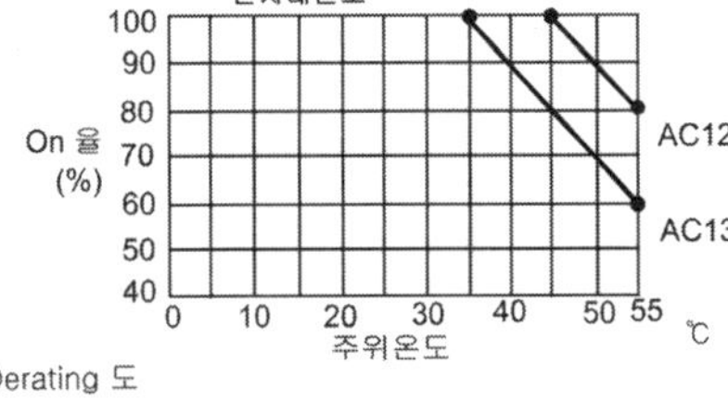

Derating 도

단자대	접점명
TB1	0
TB2	1
TB3	2
TB4	3
TB5	4
TB6	5
TB7	6
TB8	7
TB9	8
TB10	9
TB11	10
TB12	11
TB13	12
TB14	13
TB15	14
TB16	15
TB17	COM
TB18	NC

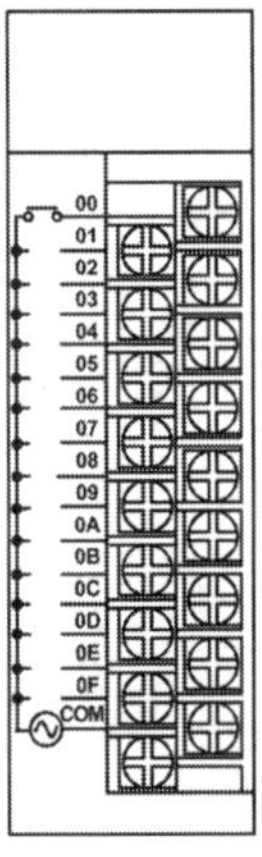

9) 8점 AC 220[V] 입력 모듈

규 격 \ 형 명		AC 입력 모듈 XGI-A21A
입력 점수		8점
절연 방식		포토 커플러 절연
정격 입력 전압		AC 100-240[V](+10/-15%) 50/60[Hz](±3[Hz])(왜율 5% 이내)
정격 입력 전류		약 17[mA] (AC 200, 60[Hz]), 약 14[mA] (AC 200, 50[Hz])
돌입전류		최대 500[mA] 1[ms] 이내 (AC 264[V] 시)
입력 Derating		아래 Derating도 참조
ON 전압/ON 전류		AC 80[V] 이상 / 5[mA] 이상(50, 60[Hz])
OFF 전압/OFF 전류		AC 30[V] 이하 / 1[mA] 이하(50, 60[Hz])
입력 저항		약 12[kΩ](60[Hz]), 약 15[kΩ](50[Hz])
응답 시간	OFF → ON	15[ms] 이하(AC 100[V] 50, 60[Hz])
	ON → OFF	25[ms] 이하(AC 100[V] 50, 60[Hz])
절연 내압		AC 2,830[V] rms/3Cycle (표고 2,000m)
절연 저항		절연 저항계로 10[MΩ] 이상
코먼 방식		8점 / COM
적합 전선 size		연선 0.3~0.75[mm^2](외경 2.8mm 이하)
적합 압착 단자		R1.25-3(Sleeve 부착 압착 단자는 사용할 수 없다.)
내부소비전류(mA)		20[mA]
동작 표시		입력 ON 시 LED 점등
외부접속방식		9점 단자대 커넥터(M3×6 나사)
중량		0.13kg

회로 구성

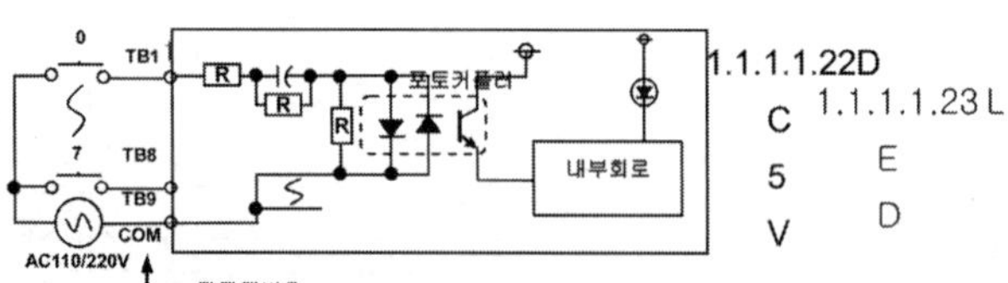

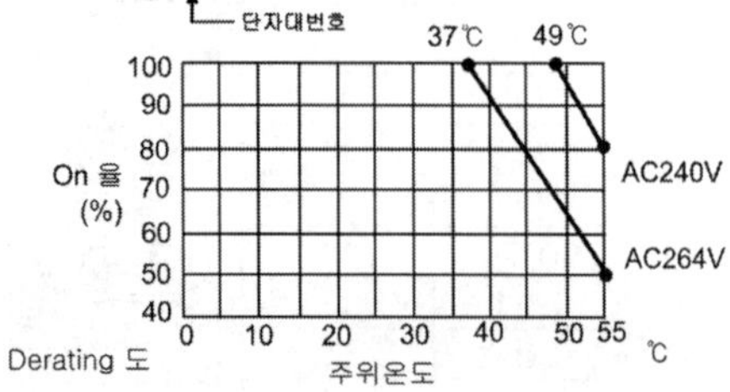

Derating 도

단자대	접점명
TB1	0
TB2	1
TB3	2
TB4	3
TB5	4
TB6	5
TB7	6
TB8	7
TB9	COM

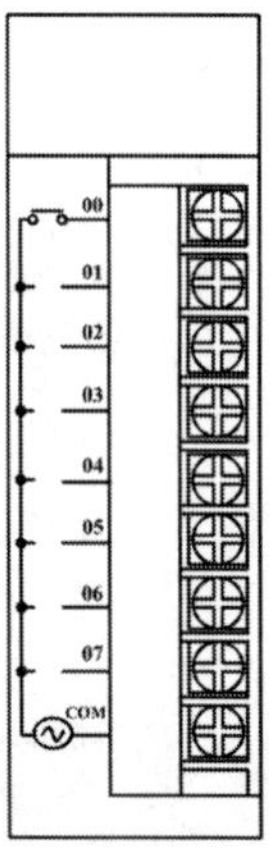

10) 8점 AC 220[V] 입력 모듈(독립 접점)

규격 \ 형명		AC 입력 모듈 XGI-A21C
입력 점수		8점
절연 방식		포토 커플러 절연
정격 입력 전압		AC 100-240[V](+10/-15%) 50/60[Hz](±3[Hz])(왜율 5% 이내)
정격 입력 전류		약 17[mA] (AC 100, 60[Hz]), 약 14[mA] (AC 200, 50[Hz])
돌입전류		최대 500[mA] 1[ms] 이내 (AC 264[V] 시)
입력 Derating		아래 Derating도 참조
ON 전압/ON 전류		AC 80[V] 이상 / 5[mA] 이상(50, 60[Hz])
OFF 전압/OFF 전류		AC 30[V] 이하 / 1[mA] 이하(50, 60[Hz])
입력 저항		약 12[kΩ](60[Hz]), 약 15[kΩ](50[Hz])
응답 시간	OFF → ON	15[ms] 이하(AC 100[V] 50, 60[Hz])
	ON → OFF	25[ms] 이하(AC 100[V] 50, 60[Hz])
절연 내압		AC 2,830[V] rms/3Cycle (표고 2,000m)
절연 저항		절연 저항계로 10[MΩ] 이상
코먼 방식		1점 / COM
적합 전선 size		연선 0.3~0.75[mm^2](외경 2.8mm 이하)
적합 압착 단자		R1.25-3(Sleeve 부착 압착 단자는 사용할 수 없다.)
내부소비전류(mA)		20[mA]
동작 표시		입력 ON 시 LED 점등
외부접속방식		18점 단자대 커넥터(M3×6 나사)
중량		0.13kg

회로 구성

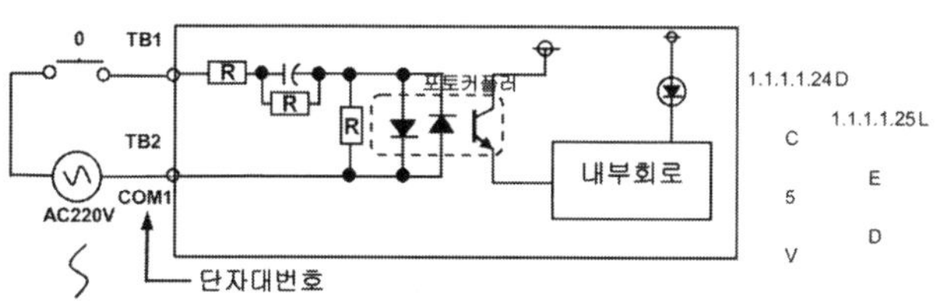

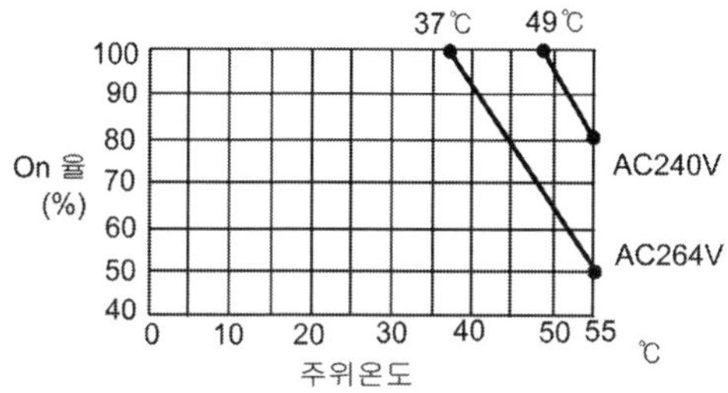

단자대	접점명
TB1	P0
TB2	COM0
TB3	P1
TB4	COM1
TB5	P2
TB6	COM2
TB7	P3
TB8	COM3
TB9	P4
TB10	COM4
TB11	P5
TB12	COM5
TB13	P6
TB14	COM6
TB15	P7
TB16	COM7
TB17	NC
TB18	NC

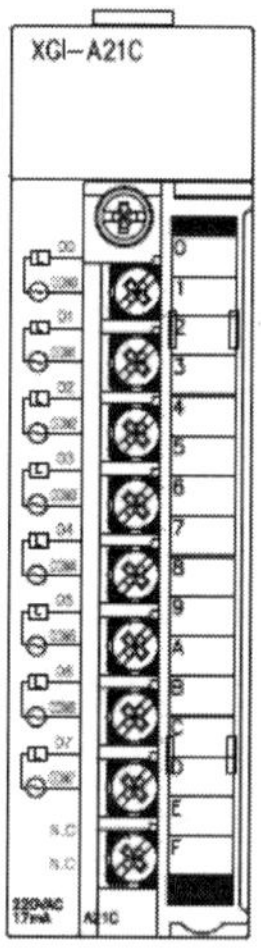

(2) 디지털 출력 모듈 규격

1) 8점 릴레이 출력 모듈

규격 \ 형명		Relay 출력 모듈
		XGQ-RY1A
출력 점수		8점
절연 방식		릴레이 절연
정격 부하전압/전류		DC 24[V] 2[A](저항 부하) / AC 220[V] 2[A] ($\cos\psi$ =1)
최소부하전압/전류		DC 5[V] / 1[mA]
최대부하전압/전류		AC 250[V], DC 125[V]
OFF 시 누설전류		0.1[mA] (AC 220[V], 60[Hz])
최대 개폐 빈도		3,600회 / 시간
서지 킬러		없음
수명	기계적	2,000만회 이상
	전기적	정격 부하 전압 / 전류 10만회 이상
		AC 200[V] / 1.5[A], AC 240[V] / 1[A] ($\cos\psi$ =0.7) 10만회 이상
		AC 200[V] / 1[A], AC 240[V] / 0.5[A] ($\cos\psi$ =0.35) 10만회 이상
		DC 24[V] / 1[A], DC 100[V] / 0.1[A] (L/R=7ms) 10만회 이상
응답시간	OFF→ON	10ms 이하
	ON→OFF	12ms 이하
코먼 방식		1점 / 1COM(독립 접점)
내부소비전류		260[mA](전점 ON 시)
동작 표시		출력 ON 시 LED 점등
외부접속방식		18점 단자대 커넥터(M3×6 나사)
중량		0.13kg

회로 구성

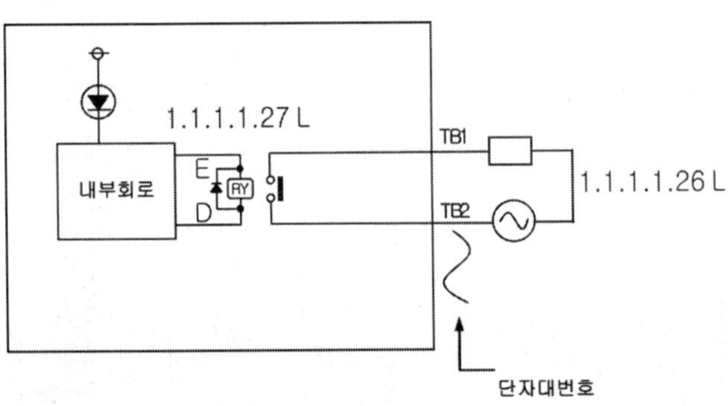

단자대	접점명
TB1	0
TB2	COM0
TB3	1
TB4	COM1
TB5	2
TB6	COM2
TB7	3
TB8	COM3
TB9	4
TB10	COM4
TB11	5
TB12	COM5
TB13	6
TB14	COM6
TB15	7
TB16	COM7
TB17	NC
TB18	NC

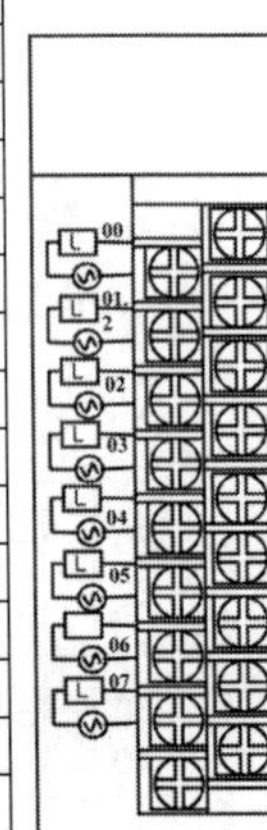

2) 16점 릴레이 출력 모듈

규격 \ 형명		Relay 출력 모듈 XGQ-RY2A
출력 점수		16점
절연 방식		릴레이 절연
정격 부하전압/전류		DC 24[V] 2[A](저항 부하) / AC 220[V] 2[A] (cosψ =1)
최소부하전압/전류		DC 5[V] / 1[mA]
최대부하전압/전류		AC 250[V], DC 125[V]
OFF 시 누설전류		0.1[mA] (AC 220[V], 60[Hz])
최대 개폐 빈도		3,600회 / 시간
서지 킬러		없음
수명	기계적	2,000만회 이상
	전기적	정격 부하 전압 / 전류 10만회 이상
		AC 200[V] / 1.5[A], AC 240[V] / 1[A] (cosψ =0.7) 10만회 이상
		AC 200[V] / 1[A], AC 240[V] / 0.5[A] (cosψ =0.35) 10만회 이상
		DC 24[V] / 1[A], DC 100[V] / 0.1[A] (L/R=7ms) 10만회 이상
응답시간	OFF→ON	10ms 이하
	ON→OFF	12ms 이하
코먼 방식		16점 / 1COM(독립 접점)
내부소비전류		500[mA](전점 ON 시)
동작 표시		출력 ON 시 LED 점등
외부접속방식		18점 단자대 커넥터(M3×6 나사)
중량		0.17kg

회로 구성

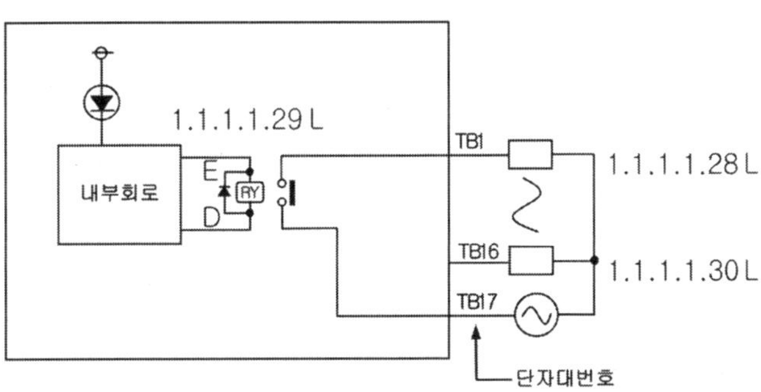

단자대	접점명
TB1	0
TB2	1
TB3	2
TB4	3
TB5	4
TB6	5
TB7	6
TB8	7
TB9	8
TB10	9
TB11	10
TB12	11
TB13	12
TB14	13
TB15	14
TB16	15
TB17	COM
TB18	NC

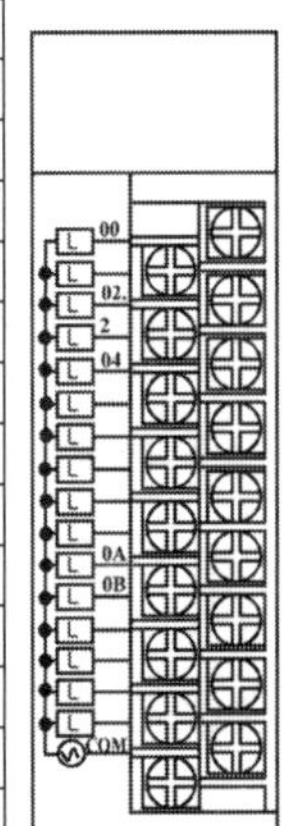

3) 16점 릴레이 출력 모듈(Surge Killer 내장 타입)

규 격 \ 형 명		Relay 출력 모듈
		XGQ-RY2B
출력 점수		16점
절연 방식		릴레이 절연
정격 부하전압/전류		DC 24[V] 2[A](저항 부하) / AC 220[V] 2[A] (cosψ =1)
최소부하전압/전류		DC 5[V] / 1[mA]
최대부하전압/전류		AC 250[V], DC 125[V]
OFF 시 누설전류		0.1[mA] (AC 220[V], 60[Hz])
최대 개폐 빈도		3,600회 / 시간
서지 킬러		Varistor(387~473[V]), C.R 업소버
수명	기계적	2,000만회 이상
	전기적	정격 부하 전압 / 전류 10만회 이상
		AC 200[V] / 1.5[A], AC 240[V] / 1[A] (cosψ =0.7) 10만회 이상
		AC 200[V] / 1[A], AC 240[V] / 0.5[A] (cosψ =0.35) 10만회 이상
		DC 24[V] / 1[A], DC 100[V] / 0.1[A] (L/R=7ms) 10만회 이상
응답시간	OFF→ON	10ms 이하
	ON→OFF	12ms 이하
코먼 방식		16점 / 1COM(독립 접점)
내부소비전류		500[mA](전점 ON 시)
동작 표시		출력 ON 시 LED 점등
외부접속방식		18점 단자대 커넥터(M3×6 나사)
중량		0.19kg

회로 구성

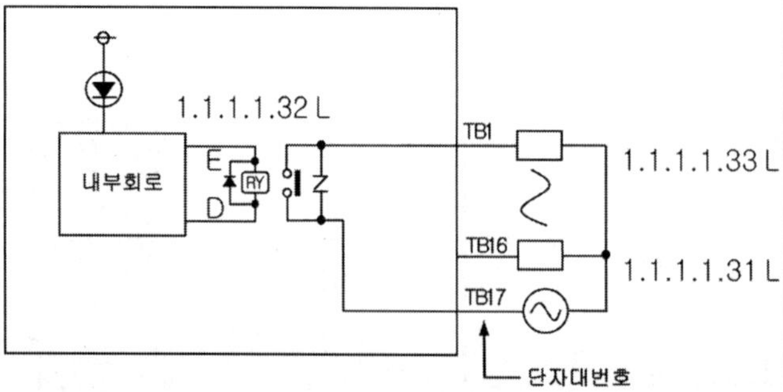

단자대	접점명
TB1	0
TB2	1
TB3	2
TB4	3
TB5	4
TB6	5
TB7	6
TB8	7
TB9	8
TB10	9
TB11	10
TB12	11
TB13	12
TB14	13
TB15	14
TB16	15
TB17	COM
TB18	NC

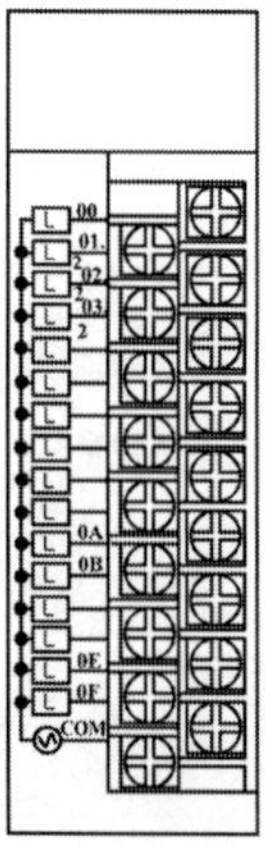

4) 16점 트라이액 출력 모듈

규격 \ 형명		Relay 출력 모듈 XGQ-SS2A
출력 점수		16점
절연 방식		릴레이 절연
정격 부하전압		AC 100~240[V](50/60[Hz])
최대부하전압		AC 264[V]
최대부하전류		0.6[A] / 1점, 4[A]/ 1COM
최소부하전류		20[mA]
OFF 시 누설전류		2.5[mA] (AC 220[V], 60[Hz])
최대돌입전류		20[A] / Cycle 이하
ON 시 최대전압강하		AC 1.5[V] 이하(2[A])
서지 킬러		Varistor(387~473[V]), C.R 업소버
응답시간	OFF→ON	1ms 이하
	ON→OFF	0.5Cycle + 1ms 이하
코먼 방식		16점 / 1COM(독립 접점)
내부소비전류		300[mA](전점 ON 시)
동작 표시		출력 ON 시 LED 점등
외부접속방식		18점 단자대 커넥터(M3×6 나사)
중량		0.2kg

회로 구성

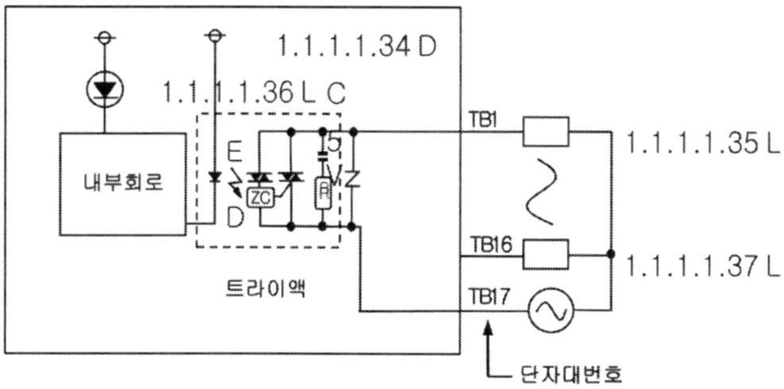

단자대	접점명
TB1	0
TB2	1
TB3	2
TB4	3
TB5	4
TB6	5
TB7	6
TB8	7
TB9	8
TB10	9
TB11	10
TB12	11
TB13	12
TB14	13
TB15	14
TB16	15
TB17	COM
TB18	NC

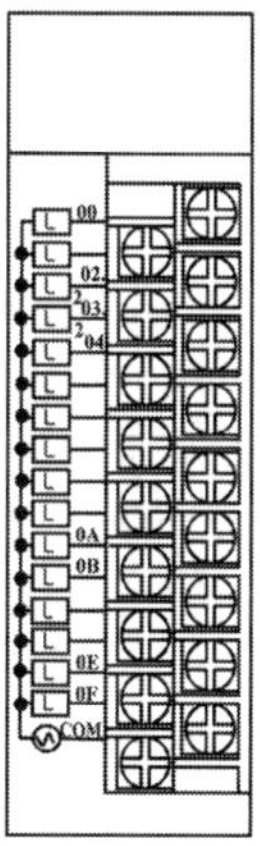

5) 16점 트랜지스터 출력 모듈(소스 타입)

규 격 \ 형 명		트랜지스터 출력 모듈 XGQ-TR2A
출력 점수		16점
절연 방식		포토 커플러 절연
정격 부하전압		DC 12~24[V]
사용부하전압범위		DC 1.2~26.4[V]
최대부하전류		0.5[A] / 1점, 4[A]/ 1COM
OFF 시 누설전류		0.1[mA] 이하
최대돌입전류		4[A] / 10[ms] 이하
ON 시 최대전압강하		DC 0.3[V] 이하
서지 킬러		제너 다이오드
퓨즈		4[A]×2개(교환 불가)(퓨즈 차단 용량 : 50[A])
퓨즈 단선 표시		유(퓨즈 단선 시 LED 점등, CPU에 신호 전달) 외부 공급 전원 OFF시 퓨즈 단선 감지되지 않음
응답시간	OFF→ON	1ms 이하
	ON→OFF	1ms 이하(정격부하, 정격전압)
코먼 방식		16점 / 1COM
내부소비전류		70[mA](전점 ON 시)
외부공급전원	전압	DC 12/24[V] ± 10%(리플 전압 4Vp-p 이하)
	전류	10[mA] 이하(DC 24[V] 연결 시)
동작 표시		출력 ON 시 LED 점등
외부접속방식		18점 단자대 커넥터
중량		0.11kg

회로 구성

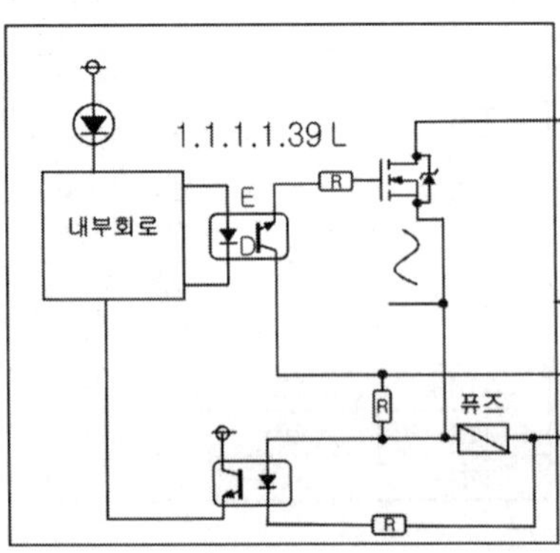

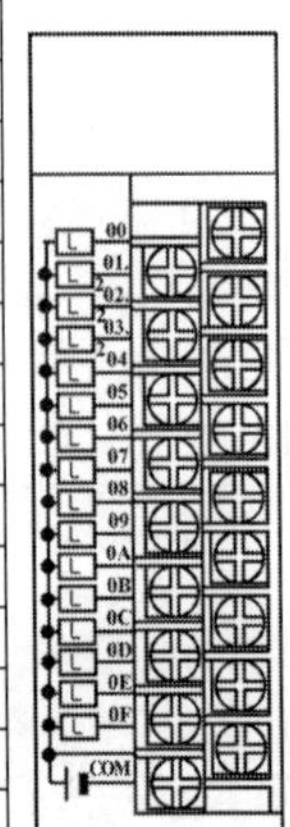

단자대	접점명
TB1	0
TB2	1
TB3	2
TB4	3
TB5	4
TB6	5
TB7	6
TB8	7
TB9	8
TB10	9
TB11	10
TB12	11
TB13	12
TB14	13
TB15	14
TB16	15
TB17	DC24[V]
TB18	COM

6) 32점 트랜지스터 출력 모듈(소스 타입)

규격 \ 형명		트랜지스터 출력 모듈 XGQ-TR4A
출력 점수		32점
절연 방식		포토 커플러 절연
정격 부하전압		DC 12 / 24[V]
사용부하전압범위		DC 10.2~26.4[V]
최대부하전류		0.1[A] / 1점, 2[A] / 1COM
OFF 시 누설전류		0.1[mA] 이하
최대 돌입 전류		0.7[A] / 10[ms] 이하
ON 시 최대전압강하		DC 0.2[V] 이하
서지 킬러		제너 다이오드
응답 시간	OFF → ON	1ms 이하
	ON → OFF	1ms 이하(정격부하, 저항부하)
코먼 방식		32점 / COM
내부소비전류(mA)		130[mA] (전점 ON 시)
외부공급전원	전압	DC 12/24[V] ± 10%(리플 전압 4Vp-p 이하)
	전류	10[mA] 이하(DC 24[V] 연결 시)
동작 표시		출력 ON 시 LED 점등
외부접속방식		40 Pin Connector
적합 전선 size		0.3[mm^2]
중량		0.1[kg]

회로 구성

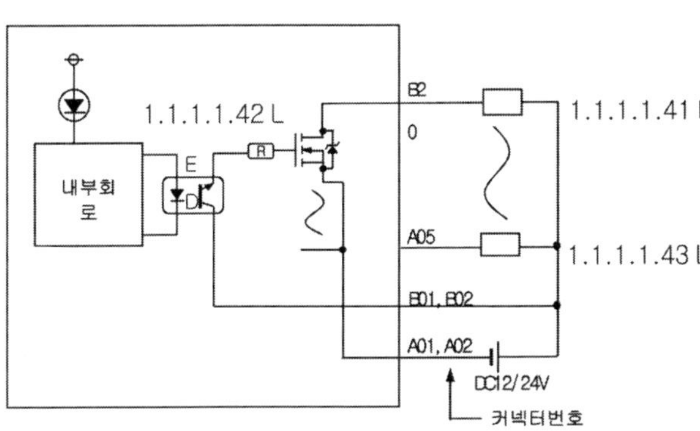

No	접점	No	접점
B20	0	A20	16
B19	1	A19	17
B18	2	A18	18
B17	3	A17	19
B16	4	A16	20
B15	5	A15	21
B14	6	A14	22
B13	7	A13	23
B12	8	A12	24
B11	9	A11	25
B10	10	A10	26
B09	11	A09	27
B08	12	A08	28
B07	13	A07	29
B06	14	A06	30
B05	15	A05	31
B04	NC	A04	NC
B03	NC	A03	NC
B02	DC12/24[V]	A02	COM
B01		A01	COM

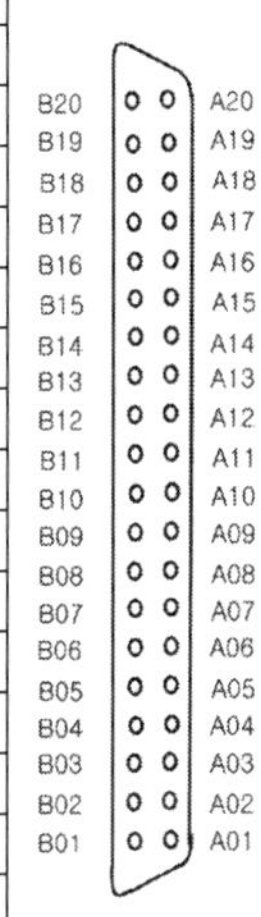

7) 32점 트랜지스터 출력 모듈(소스 타입)

규격 \ 형명		트랜지스터 출력 모듈
		XGQ-TR8A
출력 점수		64점
절연 방식		포토 커플러 절연
정격 부하전압		DC 12 / 24[V]
사용부하전압범위		DC 10.2~26.4[V]
최대부하전류		0.1[A] / 1점, 2[A] / 1COM
OFF 시 누설전류		0.1[mA] 이하
최대돌입전류		0.7[A] / 10[ms] 이하
ON 시 최대전압강하		DC 0.2[V] 이하
서지 킬러		제너 다이오드
응 답 시 간	OFF → ON	1ms 이하
	ON → OFF	1ms 이하(정격부하, 저항부하)
코먼 방식		16점 / COM
내부소비전류		절연 저항계로 10[MΩ] 이상
코먼 방식		32점 / COM
외부공급전원	전압	DC 12/24[V] ± 10%(리플 전압 4Vp-p 이하)
	전류	10[mA] 이하(DC 24[V] 연결 시)
동작 표시		출력 ON 시 LED 점등(스위치 조작에 따른 32점 LED 점등)
외부접속방식		40Pin Connector×2개
적합 전선 size		0.3[mm^2]
중량		0.15kg

회로 구성

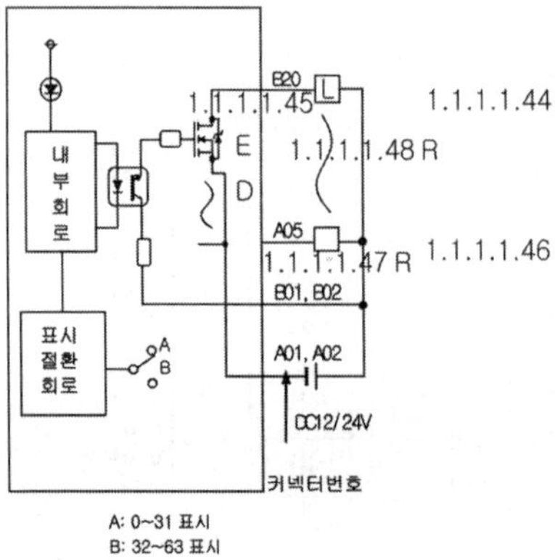

No	접점	No	접점	No	접점	No	접점
1B20	0	1A20	16	2B20	32	2A20	48
1B19	1	1A19	17	2B19	33	2A19	49
1B18	2	1A18	18	2B18	34	2A18	50
1B17	3	1A17	19	2B17	35	2A17	51
1B16	4	1A16	20	2B16	36	2A16	52
1B15	5	1A15	21	2B15	37	2A15	53
1B14	6	1A14	22	2B14	38	2A14	54
1B13	7	1A13	23	2B13	39	2A13	55
1B12	8	1A12	24	2B12	40	2A12	56
1B11	9	1A11	25	2B11	41	2A11	57
1B10	10	1A10	26	2B10	42	2A10	58
1B09	11	1A09	27	2B09	43	2A09	59
1B08	12	1A08	28	2B08	44	2A08	60
1B07	13	1A07	29	2B07	45	2A07	61
1B06	14	1A06	30	2B06	46	2A06	62
1B05	15	1A05	31	2B05	47	2A05	63
1B04	NC	1A04	NC	2B04	NC	2A04	NC
1B03	NC	1A03	NC	2B03	NC	2A03	NC
1B02	12/24 VDC	1A02	COM1	2B02	12/24 VDC	2A02	COM2
1B01		1A01		2B01		2A01	

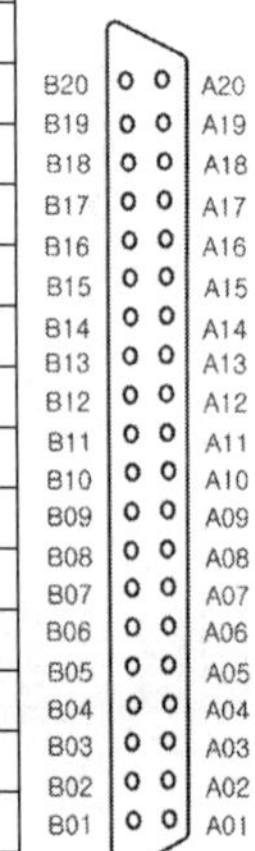

8) 16점 트랜지스터 출력 모듈(싱크 타입)

규격 \ 형명		트랜지스터 출력 모듈
		XGQ-TR2B
출력 점수		16점
절연 방식		포토 커플러 절연
정격 부하전압		DC 12~24[V]
사용부하전압범위		DC 10.2~26.4[V]
최대부하전류		0.5[A] / 1점, 4[A]/ 1COM
OFF 시 누설전류		0.1[mA] 이하
최대돌입전류		4[A] / 10[ms] 이하
ON 시 최대전압강하		DC 0.3[V] 이하
서지 킬러		제너 다이오드
퓨즈		4[A]×2개(교환 불가)(퓨즈 차단 용량 : 50[A])
퓨즈 단선 표시		유(퓨즈 단선 시 LED 점등, CPU에 신호 전달)
응답시간	OFF→ON	1ms 이하
	ON→OFF	1ms 이하(정격부하, 정격전압)
코먼 방식		16점 / 1COM
내부소비전류		70[mA](전점 ON 시)
외부공급전원	전압	DC 12/24[V] ± 10%(리플 전압 4Vp-p 이하)
	전류	10[mA] 이하(DC 24[V] 연결 시)
동작 표시		출력 ON 시 LED 점등
외부접속방식		18점 단자대 커넥터
중량		0.12kg

회로 구성

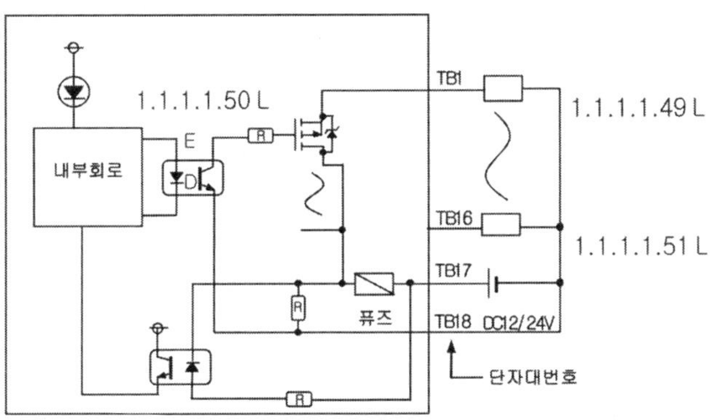

단자대	접점명
TB1	0
TB2	1
TB3	2
TB4	3
TB5	4
TB6	5
TB7	6
TB8	7
TB9	8
TB10	9
TB11	10
TB12	11
TB13	12
TB14	13
TB15	14
TB16	15
TB17	COM
TB18	0[V]

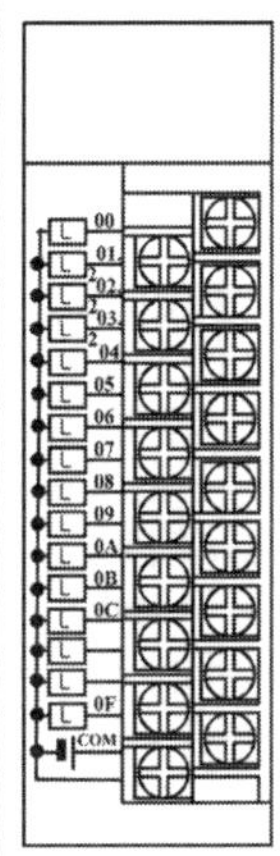

9) 32점 트랜지스터 출력 모듈(소스 타입)

규격 \ 형명		트랜지스터 출력 모듈
		XGQ-TR4B
출력 점수		32점
절연 방식		포토 커플러 절연
정격 부하전압		DC 12 / 24[V]
사용부하전압범위		DC 10.2~26.4[V]
최대부하전류		0.1[A] / 1점, 2[A] / 1COM
OFF 시 누설전류		0.1[mA] 이하
최대 돌입 전류		4[A] / 10[ms] 이하
ON 시 최대전압강하		DC 0.3[V] 이하
서지 킬러		제너 다이오드
응답 시간	OFF → ON	1ms 이하
	ON → OFF	1ms 이하(정격부하, 저항부하)
코먼 방식		32점 / COM
내부소비전류		130[mA] (전점 ON 시)
외부공급전원	전압	DC 12/24[V] ± 10%(리플 전압 4Vp-p 이하)
	전류	10[mA] 이하(DC 24[V] 연결 시)
동작 표시		출력 ON 시 LED 점등
외부접속방식		40Pin Connector
적합 전선 size		$0.3mm^2$
중량		0.1kg

회로 구성

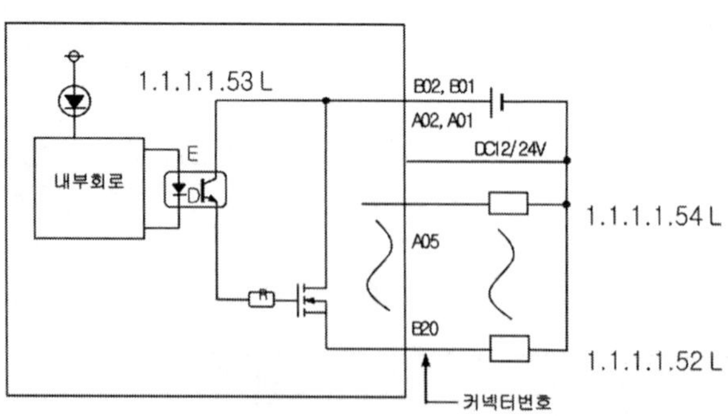

No	접점	No	접점
B20	0	A20	16
B19	1	A19	17
B18	2	A18	18
B17	3	A17	19
B16	4	A16	20
B15	5	A15	21
B14	6	A14	22
B13	7	A13	23
B12	8	A12	24
B11	9	A11	25
B10	10	A10	26
B09	11	A09	27
B08	12	A08	28
B07	13	A07	29
B06	14	A06	30
B05	15	A05	31
B04	NC	A04	NC
B03	NC	A03	NC
B02	COM	A02	0[V]
B01		A01	

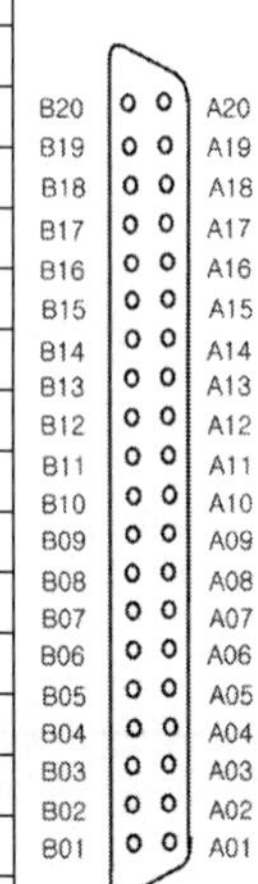

10) 64점 트랜지스터 출력 모듈(소스 타입)

규격 \ 형명		트랜지스터 출력 모듈
		XGQ-TR8B
출력 점수		64점
절연 방식		포토 커플러 절연
정격 부하전압		DC 12 / 24[V]
사용부하전압범위		DC 10.2~26.4[V]
최대부하전류		0.1[A] / 1점, 2[A] / 1COM
OFF 시 누설전류		0.1[mA] 이하
최대돌입전류		4[A] / 10[ms] 이하
ON 시 최대전압강하		DC 0.3[V] 이하
서지 킬러		제너 다이오드
응답 시간	OFF → ON	1[ms] 이하
	ON → OFF	1[ms] 이하(정격부하, 저항부하)
코먼 방식		32점 / 1COM
내부소비전류		절연 저항계로 10[MΩ] 이상
코먼 방식		32점 / COM
외부공급전원	전압	DC 12/24[V] ± 10%(리플 전압 4Vp-p 이하)
	전류	10[mA] 이하(DC 24[V] 연결 시)
동작 표시		출력 ON 시 LED 점등(스위치 조작에 따른 32점 LED 점등)
외부접속방식		40Pin Connector×2개
적합 전선 size		0.3[mm^2]
중량		0.15kg

회로 구성

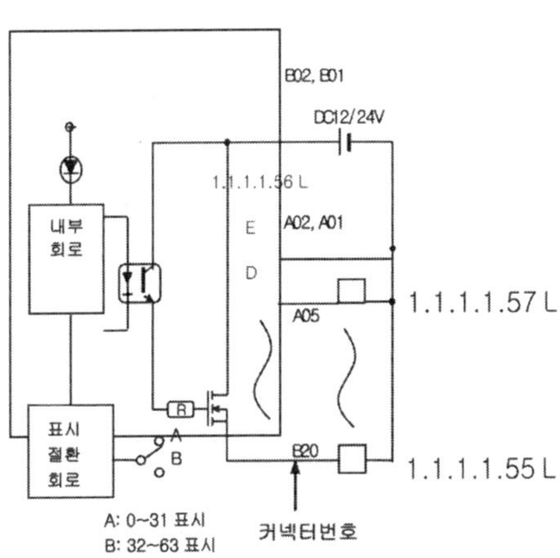

No	접점	No	접점	No	접점	No	접점
1B20	0	1A20	16	2B20	32	2A20	48
1B19	1	1A19	17	2B19	33	2A19	49
1B18	2	1A18	18	2B18	34	2A18	50
1B17	3	1A17	19	2B17	35	2A17	51
1B16	4	1A16	20	2B16	36	2A16	52
1B15	5	1A15	21	2B15	37	2A15	53
1B14	6	1A14	22	2B14	38	2A14	54
1B13	7	1A13	23	2B13	39	2A13	55
1B12	8	1A12	24	2B12	40	2A12	56
1B11	9	1A11	25	2B11	41	2A11	57
1B10	10	1A10	26	2B10	42	2A10	58
1B09	11	1A09	27	2B09	43	2A09	59
1B08	12	1A08	28	2B08	44	2A08	60
1B07	13	1A07	29	2B07	45	2A07	61
1B06	14	1A06	30	2B06	46	2A06	62
1B05	15	1A05	31	2B05	47	2A05	63
1B04	NC	1A04	NC	2B04	NC	2A04	NC
1B03	NC	1A03	NC	2B03	NC	2A03	NC
1B02	COM	1A02	0[V]	2B02	COM	2A02	0[V]
1B01		1A01		2B01		2A01	

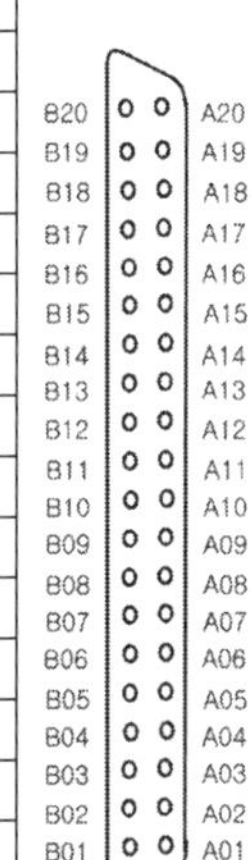

11) 8점 트랜지스터 출력 모듈(독립 접점)

규격 \ 형명		트랜지스터 출력 모듈
		XGQ-TR1C
출력 점수		8점
절연 방식		포토 커플러 절연
정격 부하전압		DC 12~24[V]
사용부하전압범위		DC 10.2~26.4[V]
최대부하전류		2[A] / 1점
OFF 시 누설전류		0.1[mA] 이하
최대돌입전류		8[A] / 10[ms] 이하
ON 시 최대전압강하		DC 0.3[V] 이하
서지 킬러		제너 다이오드
응답시간	OFF→ON	3[ms] 이하
	ON→OFF	10[ms] 이하(정격부하, 정격전압)
공통(Common)방식		1점 / 1COM
내부소비전류		100[mA](전점 ON 시)
동작 표시		출력 ON 시 LED 점등
외부접속방식		18점 단자대 커넥터
중량		0.11kg

회로 구성

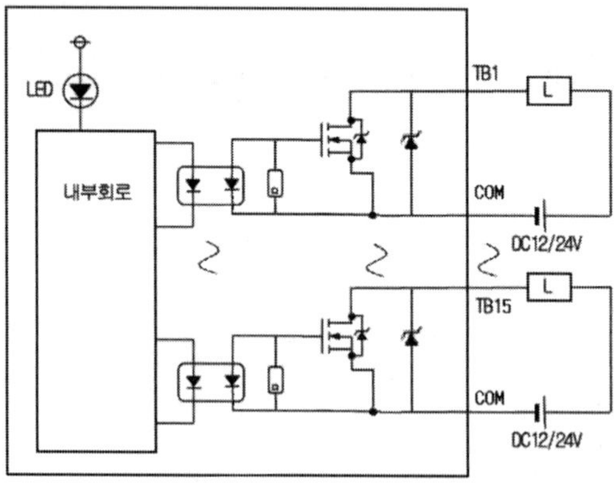

단자대	접점명
TB1	P0
TB2	COM0
TB3	P1
TB4	COM1
TB5	P2
TB6	COM2
TB7	P3
TB8	COM3
TB9	P4
TB10	COM4
TB11	P5
TB12	COM5
TB13	P6
TB14	COM6
TB15	P7
TB16	COM7
TB17	NC
TB18	NC

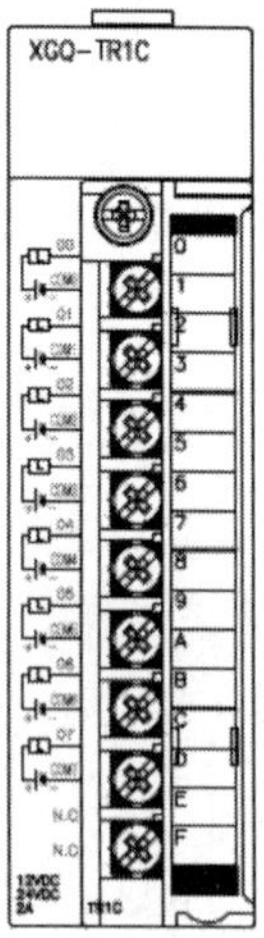

(3) 디지털 입출력 혼합 모듈 규격

1) 32점(DC 입력 · 트랜지스터 출력) 입출력 혼합 모듈

XGH-DT4A					
입 력			출 력		
입력 점수		8점	출력 점수		16점
절연 방식		포토 커플러 절연	절연 방식		포토 커플러 절연
정격입력전압		DC 24[V]	정격부하전압		DC 12 / 24[V]
정격입력전류		4[mA]	사용부하전압범위		DC 10.2~26.4[V]
사용전압범위		DC20.4~28.8[V](리플률 5%이내)	최대부하전류		0.1[A]/1점, 1.6[A]/1COM
절연내압		AC560[V]rms/3Cycle(표고2,000m)	OFF 시 누설전류		0.1[mA] 이하
ON전압/ON전류		DC 19[V] 이상/3[mA] 이상	최대돌입전류		0.7[A]/10[ms] 이하
OFF전압/OFF전류		DC 11[V] 이하/1.7[mA] 이하	서지 킬러		제너 다이오드
입력저항		약 5.6[kΩ]	ON시최대전압강하		DC 0.2[V] 이하
응답 시간	OFF→ON	1ms/3ms/5ms/10ms/20ms/70ms/100ms(CPU 파라미터로 설정) 초기값 : 3ms	응답 시간	OFF→ON	1[ms] 이하
	ON→OFF	1ms/3ms/5ms/10ms/20ms/70ms/100ms(CPU 파라미터로 설정) 초기값 : 3ms		ON→OFF	1[ms] 이하(정격부하, 저항부하)
코먼 방식		16점 / COM	코먼 방식		16점 / 1COM
동작 표시		입력 ON 시 LED 점등	동작 표시		출력 ON 시 LED 점등
내부소비전류		110[mA](전점 ON 시)			
외부접속방식		40Pin Connector×1개			
중량		0.1kg			

회로 구성

회로구성

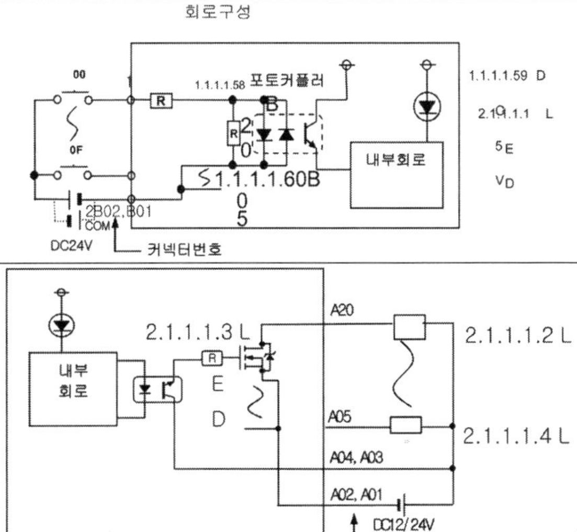

외부 접속

No	접점	No	접점
B20	0	A20	16
B19	1	A19	17
B18	2	A18	18
B17	3	A17	19
B16	4	A16	20
B15	5	A15	21
B14	6	A14	22
B13	7	A13	23
B12	8	A12	24
B11	9	A11	25
B10	10	A10	26
B09	11	A09	27
B08	12	A08	28
B17	13	A07	29
B06	14	A06	30
B05	15	A05	31
B04	NC	A04	DC12 /24V
B03	NC	A03	
B02	COM	A02	0[V]
B01		A01	

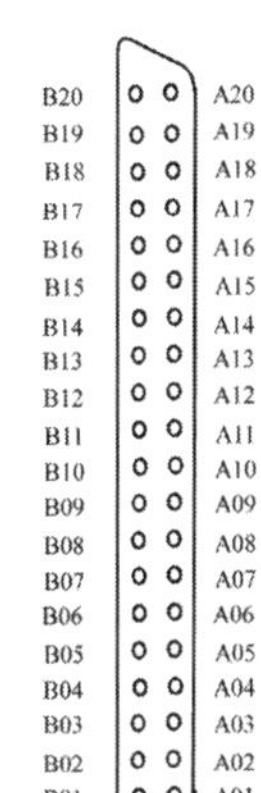

(4) 이벤트 입력 모듈 규격

1) 이벤트 입력 모듈(소스/싱크 타입)

항 목		XGF-SOEA
입력 점수		32점
절연 방식		포토 커플러 절연
메모리 사이즈		1[Mbit], 이벤토 정보 기록(XGF-SOEA 모듈당 300개의 이벤트 정보 저장)
정밀도		1[ms] (±2[ms] : 모듈 간 오차)
정격 입력 전압		DC 24[V]
정격 입력 전류		약 4[mA]
사용전압 범위		DC 20.4~28.8[V] (리플률 5% 이내)
ON 전압/ON 전류		DC 19[V] 이상 / 3[mA] 이상
OFF 전압/OFF 전류		DC 11[V] 이하 / 1.7[mA] 이하
입력 저항		약 5.6[Ω]
응 답 시 간	OFF → ON	H/W 딜레이(10μs :Normal)+입력 필터 시간(사용자 설정:0~100ms)+CPU 스캔 시간 딜레이(50μs)
	ON → OFF	H/W 딜레이(84μs :Normal)+입력 필터 시간(사용자 설정:0~100ms)+CPU 스캔 시간 딜레이(50μs)
절연 내압		AC 560[V] rms / 3Cycle (표고 2,000m)
절연 저항		절연 저항 10[MΩ] 이상(DC 500[V])
Common 방식		32점 / COM
내부소비전류(A)		0.7(MAX)
동작 표시		입력 ON 시 LED 점등
외부접속방식		40점 커넥터
사이즈		27×98×90
중량		0.2kg

회로 구성

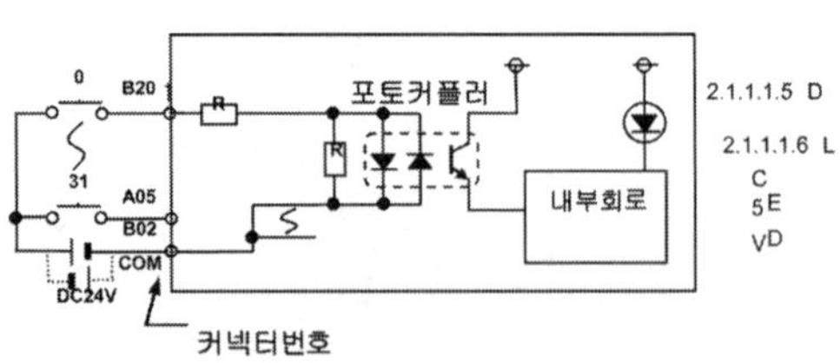

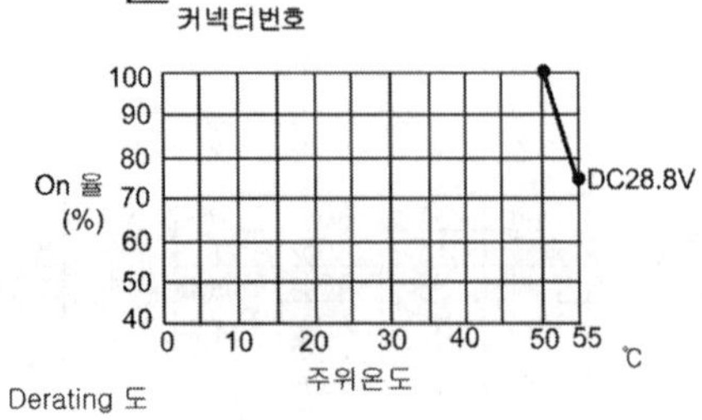

No	접점	No	접점
B20	0	A20	16
B19	1	A19	17
B18	2	A18	18
B17	3	A17	19
B16	4	A16	20
B15	5	A15	21
B14	6	A14	22
B13	7	A13	23
B12	8	A12	24
B11	9	A11	25
B10	10	A10	26
B09	11	A09	27
B08	12	A08	28
B07	13	A07	29
B06	14	A06	30
B05	15	A05	31
B04	NC	A04	NC
B03	NC	A03	NC
B02	COM	A02	COM
B01	COM	A01	COM

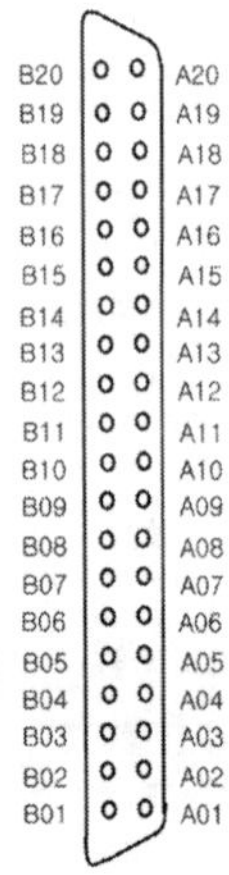

(5) Smart Link의 적용

1) Smart Link 접속 가능 모듈

XGI 시리즈에 사용되는 디지털 입출력 모듈 중 Smart Link와 연결 가능한 모듈은 아래와 같다.

제품명	규 격	Pin 수
XGI-D24A/B	DC 입력 32점 모듈	40Pin Connector × 1개
XGI-D28A/B	DC 입력 64점 모듈	40Pin Connector × 2개
XGQ-TR4A	TR 출력 32점 모듈(싱크 타입)	40Pin Connector × 1개
XGQ-TR4B	TR 출력 32점 모듈(소스 타입)	40Pin Connector × 1개
XGQ-TR8A	TR 출력 64점 모듈(싱크 타입)	40Pin Connector × 2개
XGQ-TR8B	TR 출력 64점 모듈(소스 타입)	40Pin Connector × 2개
XGH-DR4A	DC 입력 16점/TR 출력 16점 혼합 모듈	40Pin Connector × 1개

커넥터 타입 출력이 모듈의 배선 용이성 등 제품 사용의 편리성을 위해 폐사에서 Smart Link 제품이 준비되어 있다. 보다 자세한 내용에 대해서는 Smart Link 제품 안에 동봉되어 있는 데이터시트를 참조해 주기 바란다.

제품명	규 격	Pin 수
단자대 보드	SLP-T40P	40Pin 단자대
릴레이 보드	SLP-RY4A, SLP-RY4B	32점 릴레이 장착
케이블	SLP-C101-XG	1m 케이블 Ass'y
	SLP-C201-XG	2m 케이블 Ass'y

2) Smart Link 접속 방법

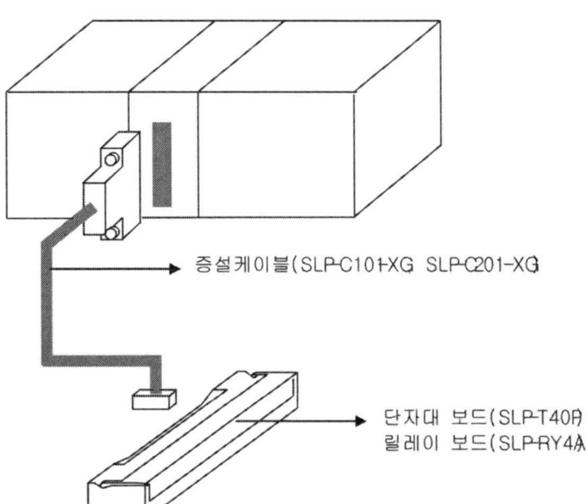

3) Smart Link 결선도

-SLP-T40P와의 결선도

SLP-T40P 단자대 No.	입출력 모듈 커넥터 No.		SLP-T40P 단자대 No.
B1	B20	A20	A1
B2	B19	A19	A2
B3	B18	A18	A3
B4	B17	A17	A4
B5	B16	A16	A5
B6	B15	A15	A6
B7	B14	A14	A7
B8	B13	A13	A8
B9	B12	A12	A9
B10	B11	A11	A10
B11	B10	A10	A11
B12	B09	A09	A12
B13	B08	A08	A13
B14	B07	A07	A14
B15	B06	A06	A15
B16	B05	A05	A16
B17	B04	A04	A17
B18	B03	A03	A18
B19	B02	A02	A19
B20	B01	A01	A20

-SLP-RY4A, SLP-RY4B와의 결선도

SLP-RY4A/B 단자대 No.	입출력 모듈 커넥터 No.		SLP-RY4A/B 단자대 No.
B1	B20	A20	A1
B2	B19	A19	A2
B3	B18	A18	A3
B4	B17	A17	A4
B5	B16	A16	A5
B6	B15	A15	A6
B7	B14	A14	A7
B8	B13	A13	A8
B9	B12	A12	A9
B10	B11	A11	A10
B11	B10	A10	A11
B12	B09	A09	A12
B13	B08	A08	A13
B14	B07	A07	A14
B15	B06	A06	A15
B16	B05	A05	A16
B17	B04	A04	A17
B18	B03	A03	A18
B19	B02	A02	A19
B20	B01	A01	A20

7.9 프로그래밍과 명령어 상세 설명

(1) 시퀀스 프로그램

1) 시퀀스 연산자

XGI PLC의 시퀀스 연산자는 접점(Contact), 코일(Coil), 점프(Jump) 등이 있다.

① 입력 접점의 종류 및 기능

XGI PLC 입력 접점의 종류 및 기능은 다음과 같다.

접 점	이 름	기 능
┤├	평상시 열린 접점	BOOL 변수의 상태가 ON일 때 해당 접점 연결
┤/├	평상시 닫힌 접점	BOOL 변수의 상태가 OFF일 때 해당 접점 연결
┤P├	양 변환 검출 접점	BOOL 변수의 값이 OFF → ON으로 변화하는 순간 해당 접점을 현재 1스캔 동안 연결
┤N├	음 변환 검출 접점	BOOL 변수의 값이 ON → OFF로 변화하는 순간 해당 접점을 현재 1스캔 동안 연결

② 출력 코일의 종류 및 기능

XGI PLC 출력 코일의 종류 및 기능은 다음과 같다.

접 점	이 름	기 능
-( )-	출력 코일	왼쪽에 있는 연결선의 상태를 지정된 BOOL 변수 접점으로 출력
-(/)-	반전 코일	왼쪽에 있는 연결선의 상태를 반전하여 지정된 BOOL 변수 접점으로 출력
-(P)-	양 변환 검출 코일	왼쪽 연결선 상태가 전 스캔 OFF에서 현재 스캔 ON 시, 지정된 BOOL 변수 출력 접점을 현재 1스캔 동안 ON
-(N)-	음 변환 검출 코일	왼쪽 연결선 상태가 전 스캔 ON에서 현재 스캔 OFF 시, 지정된 BOOL 변수 출력 접점을 현재 1스캔 동안 ON
-(S)-	셋 코일	왼쪽 연결선 상태가 1회 ON되었다가 OFF되어도 지정된 BOOL 변수 출력 접점은 ON 상태를 유지
-(R)-	리셋 코일	왼쪽 연결선 상태가 ON 시, 지정된 BOOL 변수 출력 접점의 ON 상태를 OFF(리셋)시킴

③ 연산회로의 반전

입력 접점의 상태를 연산하여 그 결과를 반전하고자 할 경우 사용되는 연산회로 반전 기능이 있다.

연산자	이름	기능
	NOT	현재까지 연산된 결과를 반전함. (1 → 0), (0 → 1)

④ 기타 시퀀스 연산자(확장 명령어)

연산자	이름	기능
BREAK	브레이크	FOR~NEXT를 회전 도중 탈출할 때 사용
CALL	서브루틴 콜	메인 프로그램 연산 도중 서브루틴 프로그램 호출
END	엔드	프로그램 연산 종료
FOR	포	FOR~NEXT를 N회 실행할 경우 반복문의 시작을 알림
NEXT	넥스트	FOR~NEXT 반복문의 끝을 알림
INIT_DONE	이닛던	초기화 태스크의 종류를 알려주는 플래그
JMP	점프(Jump)	지정된 LABLE 위치로 연산 이동
SBRT	서브루틴	콜에 의해 실행될 프로그램 위치
RET	리턴(Return)	서브루틴 연산 완료 후 메인 프로그램으로 복귀

⑤ 시퀀스 연산자 기호

XG5000에서 사용되는 입력 또는 출력 접점의 아이콘 표시는 다음과 같다. 표시 하단에 있는 F3, F4 등의 표기는 펑션 키를 의미한다.

- 입력 접점 표시용 아이콘 : 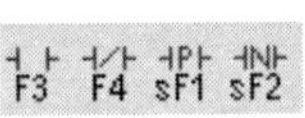
- 논리합용 입력 접점 표시용 아이콘 : 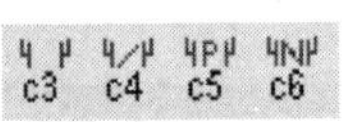
- 출력 접점 표시용 아이콘 : 
- 확장 명령어 표시용 아이콘 : 

⑥ 펑션 또는 펑션 블록 입력용 연산자 기호 

GMWIN에서는 펑션과 펑션 블록이 도구 모음에서 [F], [FB]로 나뉘어 있었지만 XG5000에서는 [F] 하나의 펑션 키로 사용되고, 펑션 키를 선택 후에 펑션과 펑션 블록으로 구분하여 입력할 수 있다.

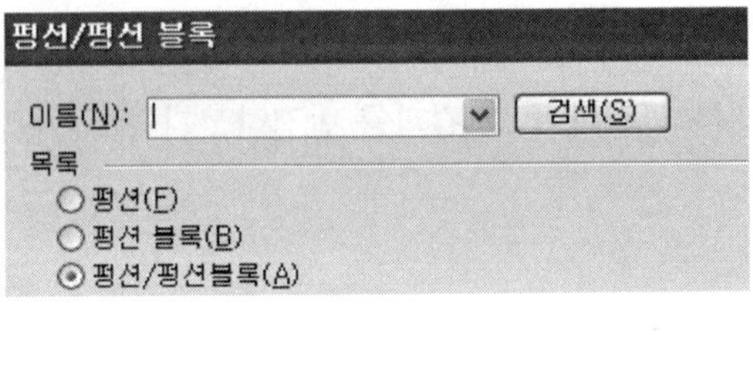

2) 입력 접점 및 출력 코일 프로그램

① 직접 변수 프로그램

직접 변수를 사용하여 MASTER-K 등과 같은 방식으로 모터 제어 프로그램을 작성한 예이다.

㉮ 직접 변수를 사용한 모터 제어 프로그램

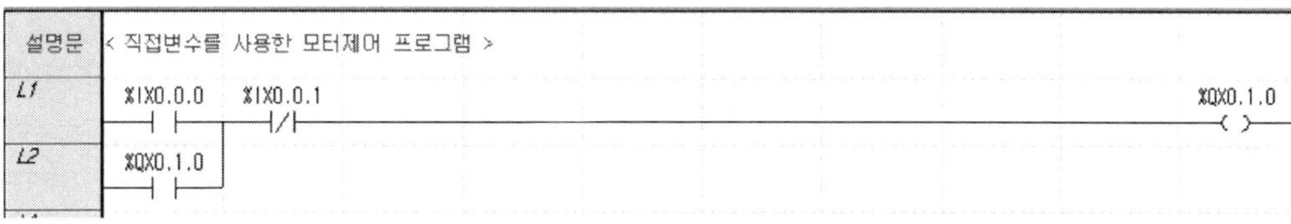

☞ 직접 변수를 사용하면 변수 선언이 불필요하므로 지역 변수 목록에 포함되지 않는다.

㉯ 직접 변수를 사용하고 설명문을 단 모터 제어 프로그램

XGI PLC는 직접변수를 사용했을 경우 설명문(코멘트)을 달 수 있다.

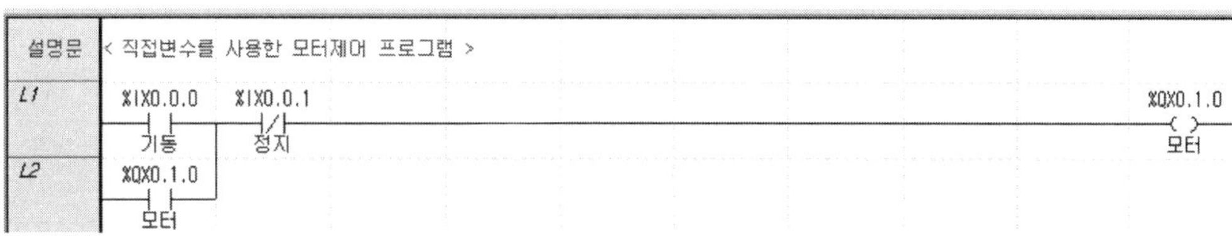

② 네임드 변수 프로그램

네임드 변수를 사용하여 모터 제어 프로그램을 작성한 예이다.

㉮ 네임드 변수를 사용한 모터 제어 프로그램

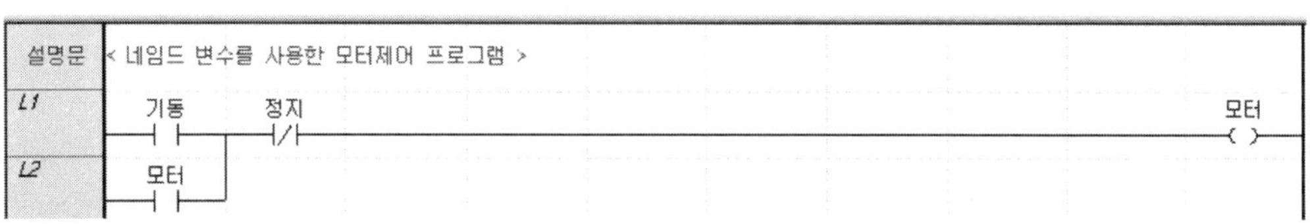

	변수 종류	변수	타입	메모리 할당	초기값	리테인	사용 유무	설명문
1	VAR	기동	BOOL	%IX0.0.0		☐	☑	푸시버튼스위치 1
2	VAR	모터	BOOL	%QX0.1.0		☐	☑	푸시버튼스위치 2
3	VAR	정지	BOOL	%IX0.0.1		☐	☑	콘베이어 구동용

변수명을 지정하고 메모리 할당을 사용자 정의로 한 경우 사용자 정의 메모리 할당은 직접변수 선언 방법과 동일한 방법으로 표현합니다.

㉯ 네임드 변수를 사용하고 설명문을 단 모터 제어 프로그램

네임드 변수로 변수 선언을 하고 추가로 설명문(코멘트)을 달 수 있다.

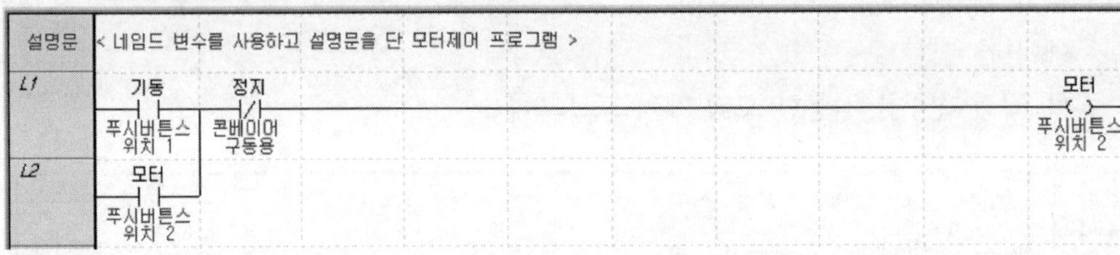

	변수 종류	변수	타입	메모리 할당	초기값	리테인	사용 유무	설명문
1	VAR	기동	BOOL	%IX0.0.0		□	☑	푸시버튼스위치 1
2	VAR	모터	BOOL	%QX0.1.0		□	☑	푸시버튼스위치 2
3	VAR	정지	BOOL	%IX0.0.1		□	☑	콘베이어 구동용
4						□	□	

네임드 변수명를 사용하고 설명문을 사용한 경우
변수의 설명문란에 커서를 이동하여 설명문을 입력합니다.

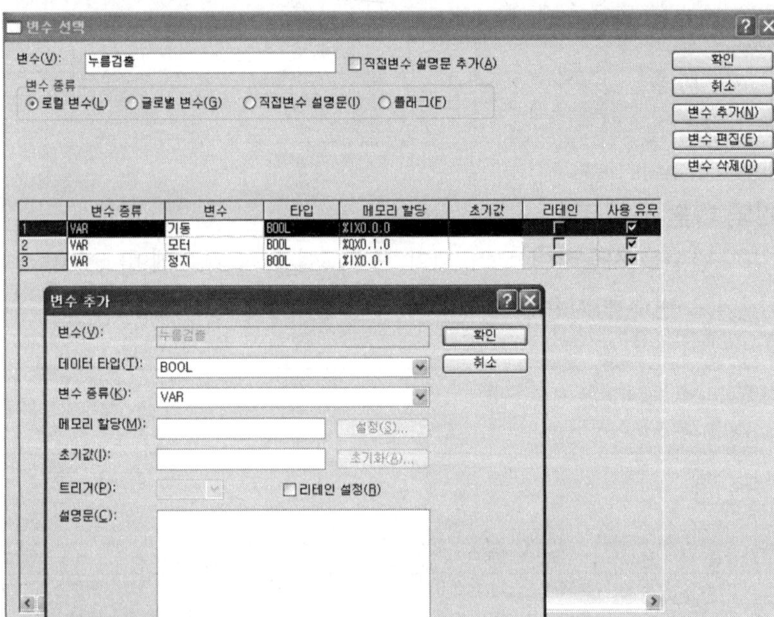

변수를 추가하고자 하는 경우
변수를 추가할 경우에 위와 같이 입력합니다.

3) 변환 검출 접점, 코일 프로그램

① 양 변환 검출 접점 및 음 변환 검출 접점 프로그램

㉮ 누름 검출이 0에서 1로 변하는 순간을 검출하여 오른쪽 연결선이 해당 스캔에서 다음 1스캔 동안만 연결된다.

㉯ 누름 검출에 병렬 접속된 램프 1을 자기유지 회로라고 한다.

㉰ 점등된 램프 1은 소등 스위치 1에 의해서 소등된다.

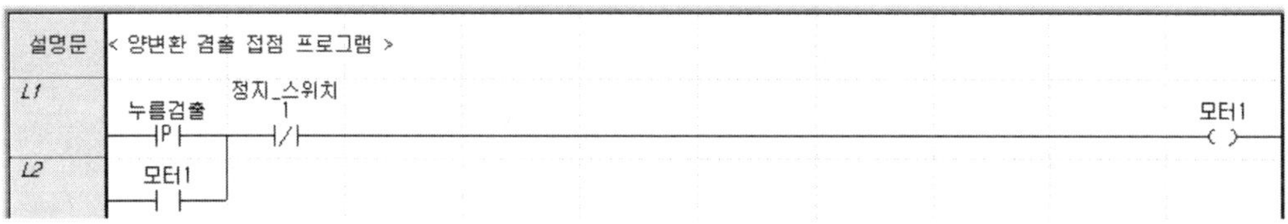

㉱ 복귀 검출이 0에서 1로 변하는 순간을 검출하여 오른쪽 연결선이 해당 스캔에서 다음 1스캔 동안만 연결된다.

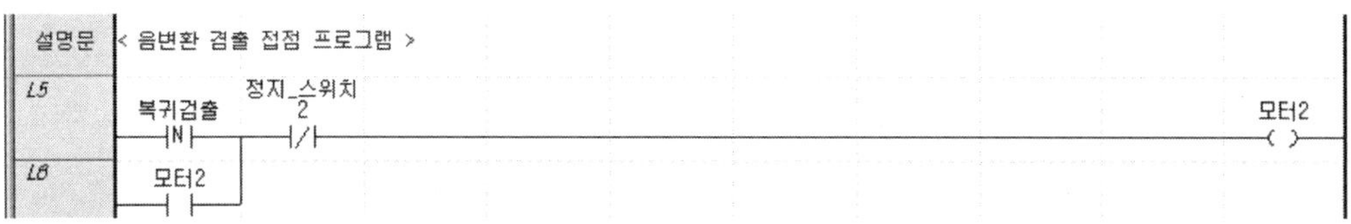

② 양 변환 검출 코일 및 음 변환 검출 코일 프로그램

㉮ 기동 스위치 1을 누르는 순간(접점 상태가 0(OFF)에서 1(ON)으로 변환) 모터 1은 기동되고, 정지 스위치 1에 의해 정지된다.

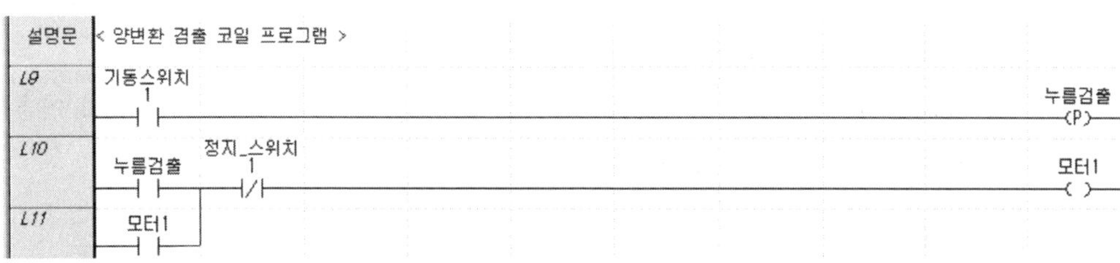

㉯ 기동 스위치 2를 누르는 순간(접점 상태가 1(ON)에서 0(OFF)으로 변환) 모터 2는 기동되고, 정지 스위치 2에 의해 정지된다.

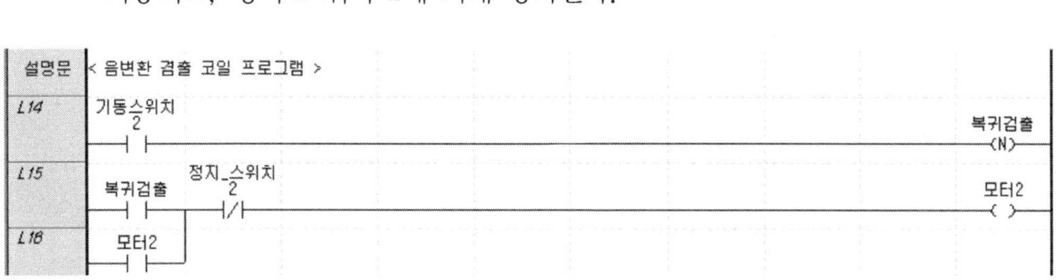

■ 다이내믹 플립플롭

스위치를 한 번 OFF → ON하면 램프가 ON되고, 다시 OFF → ON하면 램프가 OFF된다.

■ 타임 차트

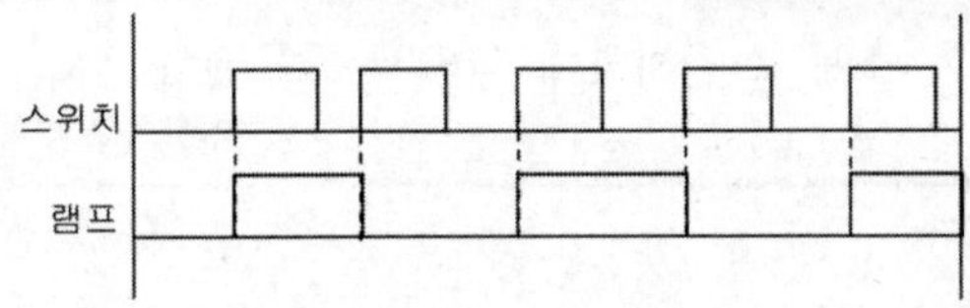

■ 프로그램 및 변수 설정

	변수 종류	변수	타입	메모리 할당	초기값	리테인	사용 유무	설명문
1	VAR	램프	BOOL	%QX0.1.0		☐	☑	LED
2	VAR	스위치	BOOL	%IX0.0.0		☐	☑	신호입력
3	VAR	펄스	BOOL			☐	☑	펄스

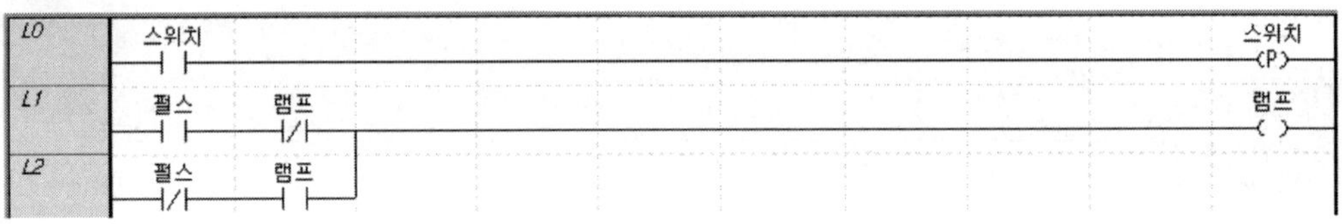

■ 모터의 기동 수 제어

순간 접촉 푸시 버튼 PB0을 첫 번째 누르면 모터 1이 ON, 두 번째 누르면 모터 2가 ON, 세 번째 누르면 모터 3이 ON된다. 결국 순간 접촉 푸시 버튼 PB0를 세 번 누르면 세 대의 모터가 모두 기동하게 된다. 순간 접촉 푸시 버튼 PB1을 누르면 모든 모터의 기동이 중지된다.

본 예제는 PLC 시퀀스의 정확한 이해로 작성할 수 있다. 직렬처리방식과 입출력 리프레시의 관계를 고려해야만 정확한 결과를 나타낼 수 있다.

■ 시스템도

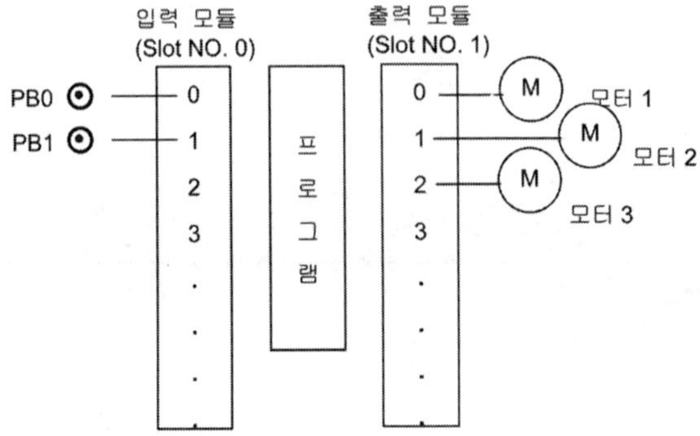

■ 타임 차트

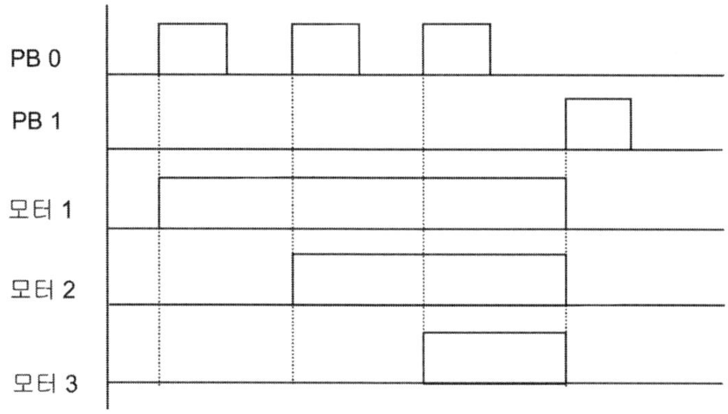

■ 프로그램 및 변수 설정

	변수 종류	변수	타입	메모리 할당	초기값	리테인	사용 유무	설명문
1	VAR	PB0	BOOL	%IX0.0.0		☐	☑	
2	VAR	PB1	BOOL	%IX0.0.1		☐	☑	
3	VAR	모터1	BOOL	%QX0.1.0		☐	☑	
4	VAR	모터2	BOOL	%QX0.1.1		☐	☑	
5	VAR	모터3	BOOL	%QX0.1.2		☐	☑	
6	VAR	정지	BOOL			☐	☑	
7	VAR	펄스	BOOL			☐	☑	

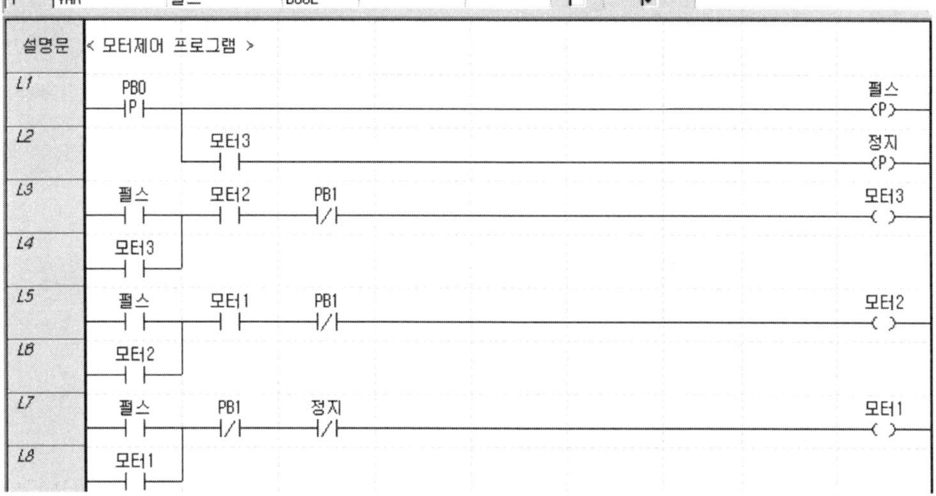

4) 셋 및 리셋 코일 프로그램

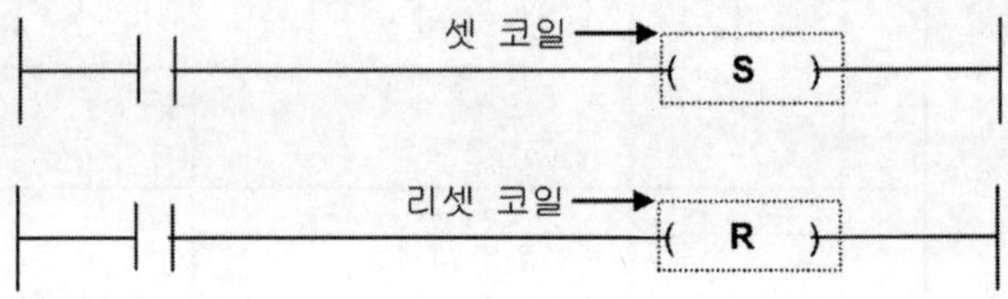

■ 셋 코일

입력 조건이 ON되면 지정된 비트 영역이 ON된다. 지정된 비트 영역이 ON된 후 입력조건이 OFF되어도 지정된 비트 영역은 ON 상태를 유지한다.

■ 리셋 코일

리셋 코일의 입력 조건이 ON되었을 때 리셋 코일로 지정된 비트 영역이 ON 상태이면 OFF 상태로 만든다. 리셋 코일의 입력 조건이 ON되었을 때 리셋으로 지정된 비트 영역이 OFF 상태이면 아무런 변화도 일어나지 않는다.

참 고 자기유지 회로

푸시 버튼 스위치 입력조건을 받아 출력 코일을 ON시킨 후 푸시 버튼에서 손을 떼어도 계속 출력을 ON으로 유지시킬 수 있는 방법은 자기유지 회로 방식과 SET/RESET 코일을 이용하는 두 가지 방법이 있다.

자기유지 회로란 출력 접점을 한 번 작동시킨 후 그 출력 접점의 ON/OFF 정보를 다시 자기 입력으로 받는 방식이다.

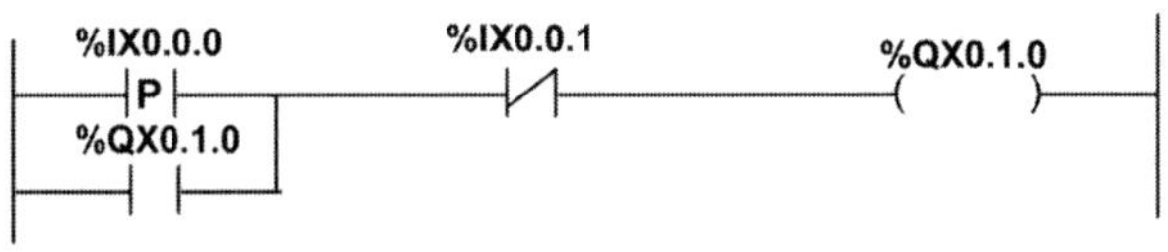

■ 셋 및 리셋 프로그램의 예

셋 코일은 자기유지 기능을 갖고 있기 때문에 코일 출력이 한 번이라도 셋 되고 나면 '차단' 입력이 들어올 때까지 셋 되어 있는 상태를 유지한다. 정전 후 복전 시 변수 설정에서 리테인 설정 여부에 따라 동작이 달라진다.

기본 파라미터 설정에서 리스타트 모드가 웜 리스타트로 설정되고 리테인으로 설정된 변수 '래치'는 정전 후(PLC 전원 OFF) 복전(PLC 전원 ON) 시에도 정전 이전의 상태를 그대로 유지한다.

	변수 종류	변수	타입	메모리 할당	초기값	리테인	사용 유무	설명문
1	VAR	래치	BOOL			☑	☑	
2	VAR	램프	BOOL	%QX0.1.0		☐	☑	
3	VAR	차단SW	BOOL	%IX0.0.1		☐	☑	
4	VAR	투입SW	BOOL	%IX0.0.0		☐	☑	
5						☐	☐	

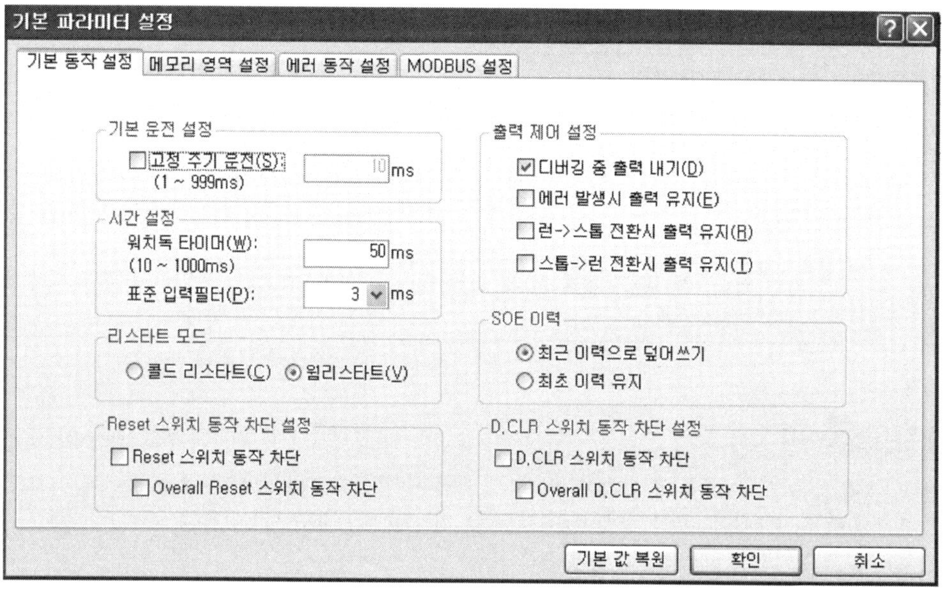

(2) 펑션 프로그램

1) 펑션(Function)과 펑션 블록(Function Block)

XGI 시리즈 PLC에서 사용되는 언어 구성체는 크게 펑션과 펑션 블록으로 구분된다.

- 펑션은 입력에 대한 연산 결과를 1스캔에 즉시 출력한다.
- 펑션 출력이 하나이다.

펑션은 1스캔에 입력을 받아 동일 스캔에 연산을 실행하여 그 결과를 만들어내는 구성체이다.

- 펑션 블록은 여러 스캔에 걸쳐 누계된 연산 결과를 출력한다.
- 펑션 블록은 출력이 여러 개가 될 수 있다.

펑션 블록은 여러 스캔에 걸쳐 누계된 연산 결과를 출력하므로 연산 중 누계되는 데이터를 보관하기 위한 내부 메모리가 필요하다. 따라서 펑션 블록은 사용하기 전에 인스턴스 변수를 선언한다. 인스턴스 변수는 펑션 블록 내에서 사용하는 변수들의 집합이다.
펑션과 펑션 블록의 차이점을 표로 나타내면 다음과 같다.

구분	펑션	펑션 블록
입력의 수	1개 이상(최대 8개)	2개 이상
출력의 수	오직 1개	1개 이상
연산 시간	1스캔에 결과 출력	여러 스캔 누계 결과 출력
데이터	입·출력 데이터를 반드시 모두 지정	입력 데이터는 반드시 지정하고, 출력 데이터는 생략 가능함
데이터 타입	입력변수와 출력변수의 모든 데이터 타입이 동일	변수의 기능에 따라 다양한 데이터 타입
예	전송 펑션, 형 변환 펑션, 비교 펑션, 산술 연산 펑션 등	타이머, 카운터, 응용 펑션 블록 특수 모듈 초기화 펑션 블록 등

알아두기

펑션 또는 펑션 블록 사용 시 여러 개의 입·출력 변수가 있어도 좌측 모선과 우측 모선에 연결할 수 있는 입력 단자는 1개이며, 우측 모선에 연결할 수 있는 출력단자도 1개이다.

2) 기본 펑션의 종류

기본 펑션에는 전송 펑션, 형 변환 펑션, 비교 펑션, 산술 연산 펑션, 논리 연산 펑션, 비트 시프트 펑션 등이 있다.

① 전송 펑션

펑션 이름	기 능
MOVE	데이터 전송(IN → OUT)
ARY_MOVE	배열 변수 부분 전송

② 비교 펑션

비교 결과가 참(True)이면 OUT으로 출력된다.

펑션 이름	기 능 (단, n은 8까지 가능)
GT >	'크다' 비교 (IN1>IN2)And(IN2>IN3)And … And(INn−1>INn) → OUT
GE ≥	'크거나 같다' 비교 (IN1≥IN2)And(IN2≥IN3)And … And(INn−1≥INn) → OUT
EQ =	'같다' 비교 (IN1=IN2)And(IN2=IN3)And … And(INn−1=INn) → OUT
LE ≤	'작거나 같다' 비교 (IN1≤IN2)And(IN2≤IN3)And … And(INn−1≤INn) → OUT
LT <	'작다' 비교 (IN1<IN2)And(IN2<IN3)And … And(INn−1<INn) → OUT
NE ≠	'같지 않다' 비교 (IN1≠IN2)And(IN2≠IN3)And … And(INn−1≠INn) → OUT

③ 산술 연산 펑션

산술 연산 펑션 중 일반적인 것은 사칙연산(덧셈, 뺄셈, 곱셈, 나눗셈, 나머지) 펑션이다.

펑션 이름	기 능 (단, n은 8까지 가능)
ADD	더하기(IN1 + IN2 + … + INn → OUT) (단, n은 8까지 가능)
MUL	곱하기(IN1 × IN2 × … × INn → OUT) (단, n은 8까지 가능)
SUB	빼기(IN1 − IN2 → OUT)
DIV	나누기(IN1 ÷ IN2 → OUT)
MOD	나눗셈 나머지 구하기

④ 논리 연산 펑션

펑션 이름	기 능(단, n은 8까지 가능)
ADD	논리곱(IN1 AND IN2 AND … AND INn → OUT)
OR	논리합(IN1 OR IN2 OR … OR INn → OUT)
XOR	배타적 논리합(IN1 XOR IN2 XOR … XOR INn → OUT)
NOT	논리 반전(NOT IN1 → OUT)

⑤ 비트 시프트 펑션

펑션 이름	기 능 (단, n은 8까지 가능)
SHL	입력을 N비트 왼쪽으로 이동(오른쪽은 0으로 채움)
SHR	입력을 N비트 오른쪽으로 이동(왼쪽은 0으로 채움)
ROL	입력을 N비트 왼쪽으로 회전
ROR	입력을 N비트 오른쪽으로 회전

⑥ 형(type) 변환 펑션

펑션 그룹	펑션 이름	입력 데이터 타입	출력 데이터 타입	비 고
BCD_TO_***	BYTE_BCD_TO_INT 등 8종	BYTE(BCD)	SINT	–
SINT_TO_***	SINT_TO_INT 등 15종	SINT	INT	–
INT_TO_***	INT_TO_SINT 등 15종	INT	SINT	–
DINT_TO_***	DINT_TO_SINT 등 10종	DINT	SINT	–
DINT_TO_***	DINT_TO_DWORD 등 5종	DINT	DWORD	–
LINT_TO_***	DINT_TO_SINT 등 15종	LINT	SINT	–
USINT_TO_***	USINT_TO_SINT 등 15종	USINT	SINT	–
UNIT_TO_***	UNIT_TO_SINT 등 11종	UNIT	SINT	–
UNIT_TO_***	UNIT_TO_LWORD 등 5종	UNIT	LWORD	–
UDINT_TO_***	UDINT_TO_SINT 등 17종	UDINT	SINT	–
UDINT_TO_***	ULINT_TO_SINT 등 15종	ULINT	SINT	–
BOOL_TO_***	BOOL_TO_SINT 등 9종	BOOL	SINT	–
BOOL_TO_***	BOOL_TO_WORD 등 4종	BOOL	SORD	–
BYTE_TO_***	BYTE_TO_SINT 등 13종	BYTE	SINT	–
WORD_TO_***	WORD_TO_SINT 등 16종	WORD	SINT	–
DWORD_TO_***	DWORD_TO_SINT 등 15종	DWORD	SINT	–
LWORD_TO_***	LWORD_TO_SINT 등 19종	LWORD	SINT	–
STRING_TO_***	STRING_TO_SINT 등 19종	STRING	SINT	–
TIME_TO_***	TIME_TO_UDINT 등 8종	TIME	UDINT	–
DATE_TO_***	DATE_TO_UDINT 등 8종	DATE	UNIT	–
TOD_TO_***	TOD_TO_UDINT 등 8종	TOD	UDINT	–
DT_TO_***	DT_TO_LWORD 등 8종	DT	LWORD	–
***_TO_BCD	SINT_TO_BCD_BYTE 등8종	SINT	BYTE(BCD)	–

3) 기본 펑션 프로그램

① 기본 펑션 프로그램 작성

XG5000에서 펑션을 편집하는 방법에 대해서 설명한다.

■ 새 프로젝트를 다음과 같이 작성한다.

프로젝트 이름 : 전송 펑션 예제

프로그램 파일 이름 : 전송 펑션 예제

PLC 기종 : XGI_CPUE

사용 언어 : LD

프로그램의 종류 : 프로그램 블록

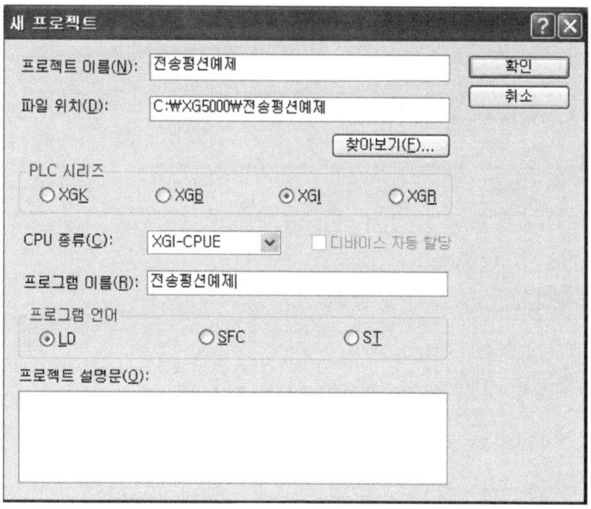

■ 도구 바에서 펑션( )을 선택한 후 프로그램 창에서 클릭하면 펑션 선택 화면이 나타난다. 펑션 선택 화면에서 사용하고자 하는 펑션의 이름을 입력하고 '확인'을 클릭하면 프로그램 창에 펑션이 등록된다.

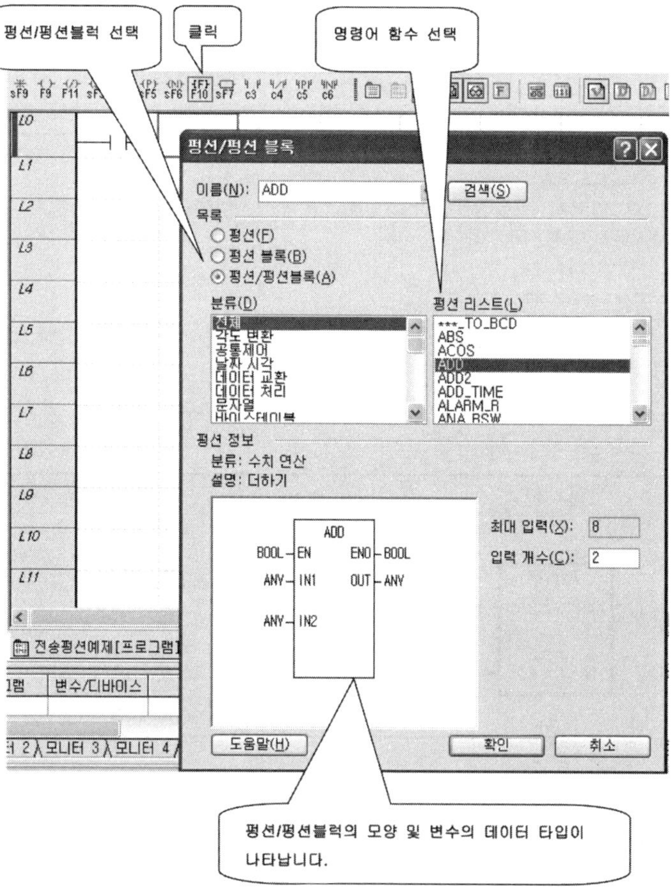

■ 펑션이 등록되었으면 시퀀스 연산자를 이용하여 입력 변수 및 출력 변수를 설정한다.

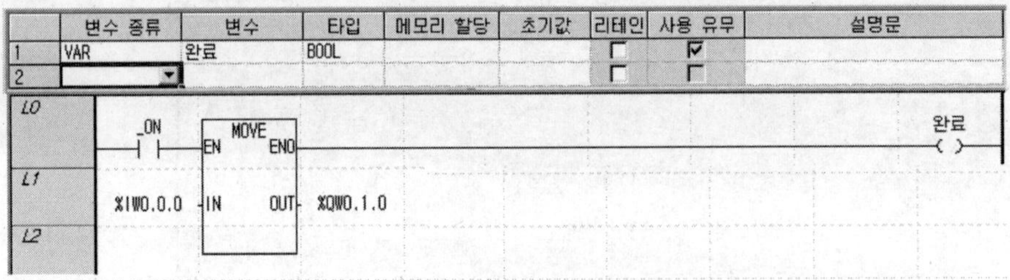

■ 다음과 같이 입력 변수 2개 이상을 좌측 모선에 연결하거나 출력 변수 2개 이상을 우측 모선에 연결하면 에러가 발생한다.

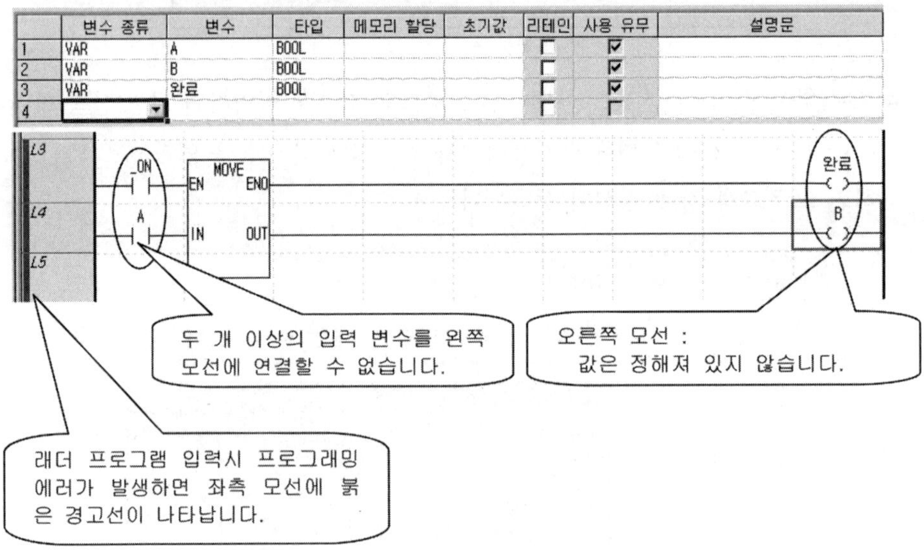

② 전송 펑션

㉮ MOVE

펑 션	설명
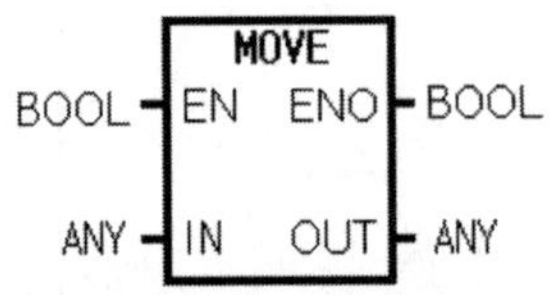	입력 : EN : EN이 1일 때 펑션 실행 IN : 전송할 값 또는 전송할 데이터가 저장된 변수 출력 : ENO : 펑션이 수행되면 1 출력 OUT : 데이터가 저장될 영역

㉠ 기능

EN이 ON되면 IN으로 입력되는 데이터를 OUT으로 전송한다.

㉡ **프로그램 예1**

실행 조건이 ON되면 스위치의 하위 1Byte(%IB0.0.0=%IX0.0.0~%IX0.0.7)까지의 ON/OFF 정보가 복사되어 LED의 하위 1Byte(%QB0.1.0=%QX0.1.0~%QX0.1.7)로 전송된다.

	변수 종류	변수	타입	메모리 할당	초기값	리테인	사용 유무
1	VAR	LED	BYTE	%QB0.1.0		☐	☑
2	VAR	스위치	BYTE	%IB0.0.0		☐	☑
3	VAR	완료	BOOL			☐	☑
4						☐	☐

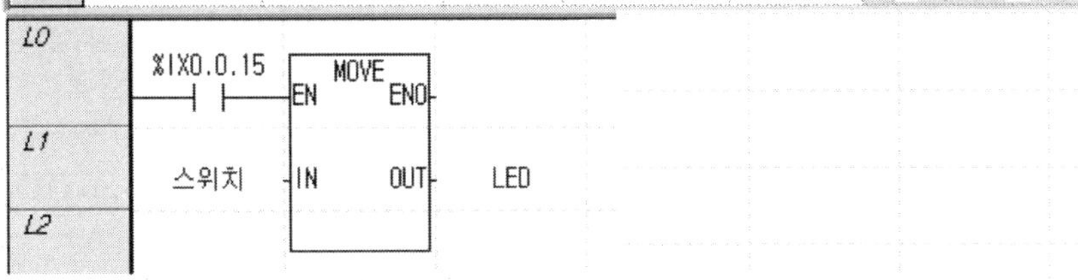

알아두기

펑션에서 EN은 입력 변수가 아닌 펑션 실행의 조건이며, EN0는 출력 변수가 아닌 펑션 실행 완료 신호이다. 그리고 입력 변수와 출력 변수의 데이터 타입은 동일해야 한다.

㉢ **프로그램 예2**

스위치 0, 1, 2 중 하나를 ON하면 MOVE 펑션이 실행되어 해당 코드 값을 LED(%Q0.1.0)로 전송한다.

	변수 종류	변수	타입	메모리 할당	초기값	리테인	사용 유무
1	VAR	LED상태	WORD	%QW0.1.0		☐	☑
2	VAR	스위치1	BOOL	%IX0.0.0		☐	☑
3	VAR	스위치2	BOOL	%IX0.0.1		☐	☑
4	VAR	스위치3	BOOL	%IX0.0.2		☐	☑
5						☐	☐

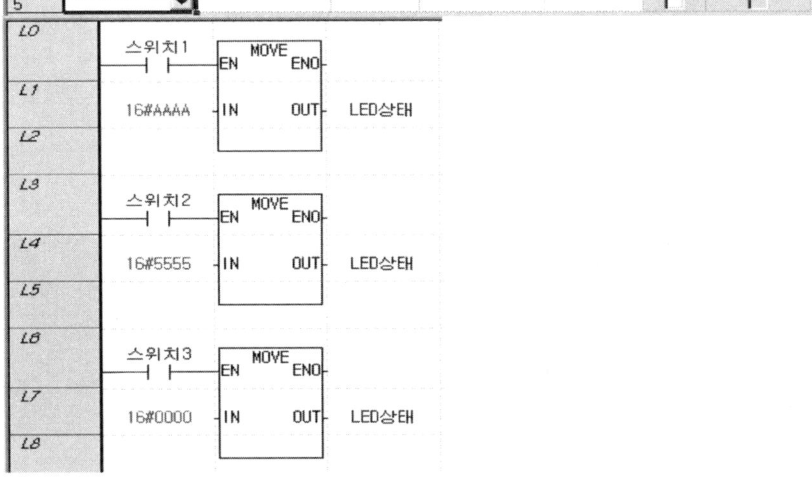

③ 형 변환 펑션

㉮ BCD_TO_***

펑 션	설명
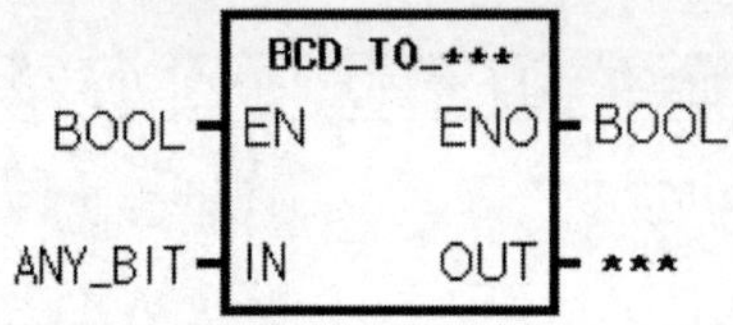	입력 : EN : EN이 1일 때 펑션 실행 IN : BCD 형태의 데이터를 갖는 ANY_BIT 입력값 출력 : EN0 : 펑션이 수행되면 1 출력 OUT : 타입 변환된 데이터가 저장될 변수

㉠ 기능

BCD 코드의 입력 데이터를 바이너리 코드(정수)로 바꾸어 OUT으로 설정된 변수에 저장한다.

펑션 그룹	펑션 이름	입력 데이터 타입	출력 데이터 타입	비 고
BCD_TO_***	BYTE_BCD_TO_SINT	BYTE(BCD)	SINT	–
	WORD_BCD_TO_INT	WORD(BCD)	INT	–
	DWORD_BCD_TO_DINT	WORD(BCD)	DINT	–
	LWORD_BCD_TO_LINT	LWORD(BCD)	LINT	–
	BYTE_BCD_TO_USINT	BYTE(BCD)	USINT	–
	WORD_BCD_TO_UINT	WORD(BCD)	UINT	–
	DWORD_BCD_TO_UDINT	WORD(BCD)	UDINT	–
	LWORD_BCD_TO_ULINT	LWORD(BCD)	ULINT	–

알아두기

BCD 코드란 A~F까지를 사용할 수 없는 16진수를 말한다. 따라서 입력 변수에 16#A, 16#AF 등은 사용할 수 없다. 입력 변수가 BCD형이 아닐 경우 출력은 0이 되고, _ERR(연산 에러 플래그), _LER(연산 에러 래치 플래그)가 ON된다.

㉡ 프로그램 예

디지털 스위치(%IW0.0.1)를 사용하여 BCD 값을 입력하고, 스위치 0(IX0.0.0)를 ON하면 정수로 변환되어 정수값에 저장된다. 만일 입력의 데이터가 BCD형이 아닐 경우 에러 램프가 ON된다.

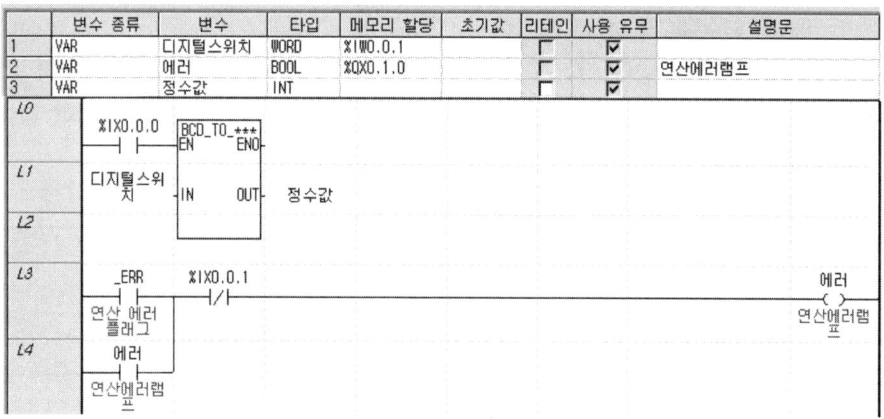

㉯ INT_TO_***

펑 션	설명
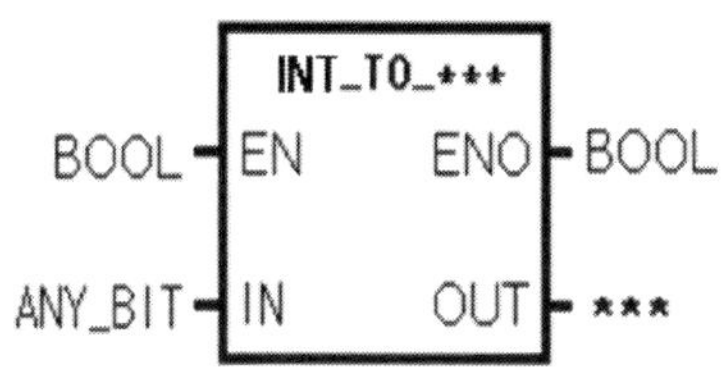	입력 : EN : EN이 1일 때 펑션 실행 IN : BCD 형태의 데이터를 갖는 ANY_BIT 입력값 출력 : EN0 : 펑션이 수행되면 1 출력 OUT : 타입 변환된 데이터가 저장될 변수

㉠ 기능

정수형의 입력 데이터를 BCD 코드로 형 변환하여 OUT으로 설정된 변수에 저장한다.

펑션 이름	출력 타입	입력 타입	비 고
INT_TO_SINT	INT	SINT	입력이 128~127일 때
INT_TO_DINT	INT	DINT	정상 변환
INT_TO_LINT	INT	LINT	정상 변환
INT_TO_USINT	INT	USINT	입력이 0~255일 때 정상 변환
INT_TO_UINT	INT	UINT	입력이 0~32767일 때 정상 변환
INT_TO_UDINT	INT	UDINT	입력이 0~32767일 때 정상 변환
INT_TO_ULINT	INT	UDINT	입력이 0~32767일 때 정상 변환
INT_TO_BOOL	INT	BOOL	하위 1비트를 취해서 BOOL로 변환
INT_TO_BYTE	INT	BYTE	하위 1비트를 취해서 BYTE로 변환
INT_TO_WORD	INT	WORD	비트 배열의 변화 없이 WORD로 변환
INT_TO_DWORD	INT	DWORD	상위 비트열을 0으로 채움
INT_TO_LWORD	INT	LWORD	상위 비트열을 0으로 채움
INT_TO_REAL	INT	REAL	INT 타입을 REAL 타입으로 변환
INT_TO_LREAL	INT	LREAL	INT 타입을 REAL 타입으로 변환
INT_TO_STRING	INT	STRING	INT 타입을 STRING 타입으로 변환

㉡ **프로그램 예**

변수 강제 입력 기능을 이용하여 정수 값에 0~9999 사이의 임의의 값을 입력했을 때 BCD 타입으로 형 변환하여 BCD 표시기로 표시된다. 입력 값이 0~9999 사이의 값이 아닐 경우 에러 램프가 ON된다.

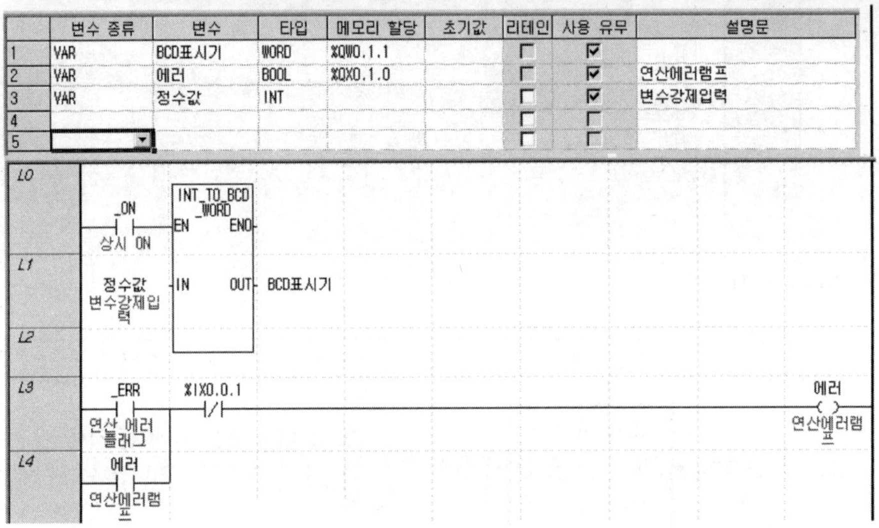

■ 프로그램을 작성하여 PLC로 전송한 후 모니터를 실행한다. 모니터를 실행하면서 펑션의 입력 변수 '정수값'을 더블 클릭하면 다음과 같은 변수 강제 입력창이 나타난다.

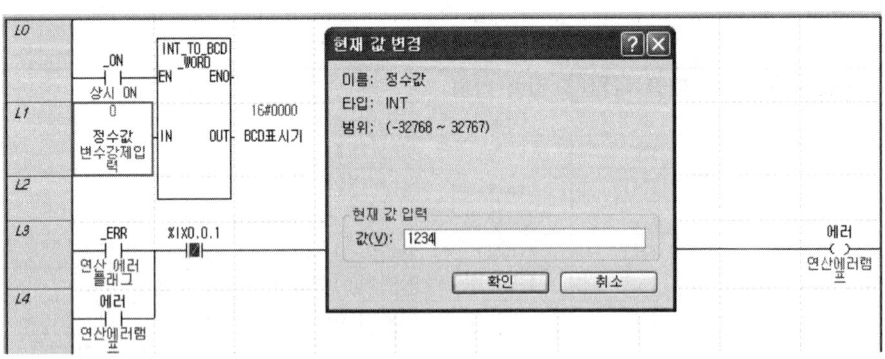

■ 변수 강제 입력창에서 0~9999 사이의 임의의 값을 입력하고 확인을 클릭한다.

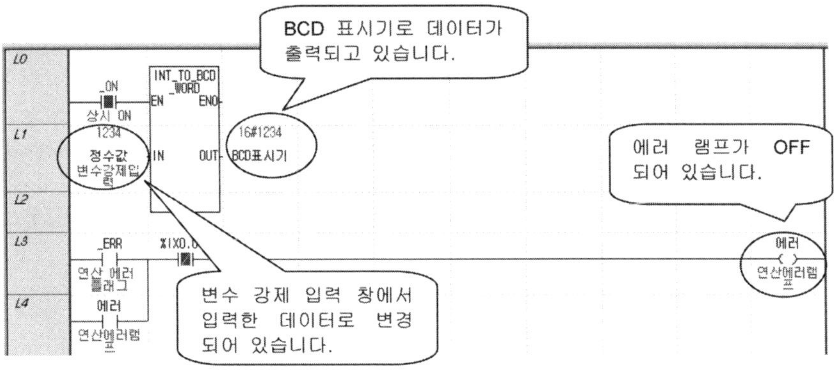

■ 변수 강제 입력 창에서 0~9999 이외의 임의의 값을 입력하고 확인을 클릭한다.

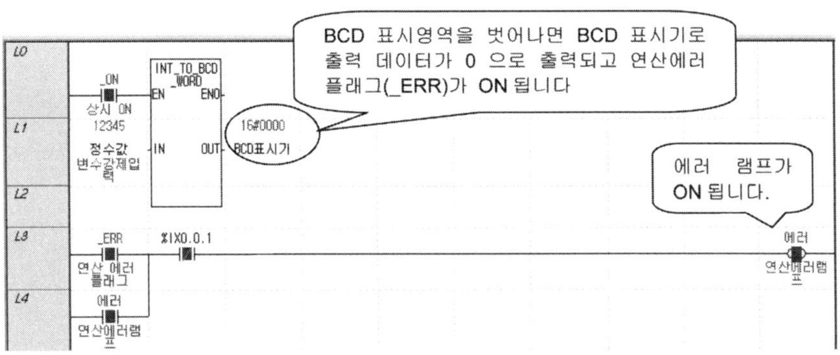

④ 비교 펑션

GT	적용 기종	발생 플래그
'크다' 비교	XGI, XGR, XEC	–

펑션	설 명
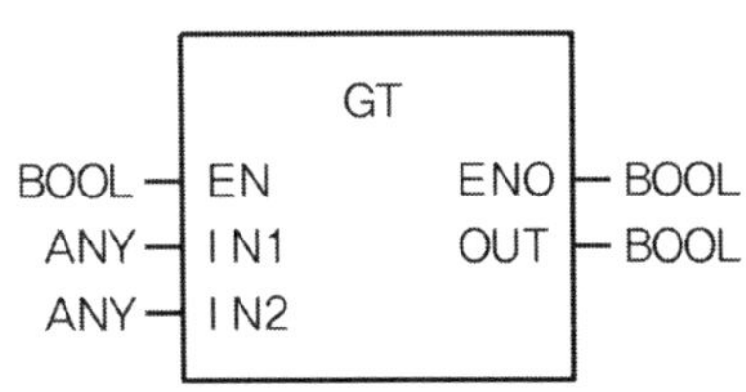	**입력** EN : 1일 때 펑션 실행 IN1 : 비교될 값 IN2 : 비교할 값 입력은 8개까지 확장 가능 IN1, IN2,…는 모두 같은 타입이어야 함 **출력** ENO : EN 값이 그대로 출력 OUT : 비교 결과 값

ANY 타입 변수 설명	변수명	BOOL	BYTE	WORD	DWORD	LWORD	SINT	INT	DINT	LINT	USINT	UINT	UDINT	ULINT	REAL	LREAL	TIME	DATE	TOD	DT	STRING
	IN1	○	○	○	○	○	○	○	○	○	○	○	○	○	○	○	○	○	○	○	○
	IN2	○	○	○	○	○	○	○	○	○	○	○	○	○	○	○	○	○	○	○	○

㉮ 기능

입력 값의 비교 결과 IN1>IN2>IN3 … > INn(n은 입력 개수, 8까지 가능)이 참이면 OUT으로 1을 출력한다. IN1>IN2>IN3 … > INn의 조건 중 하나라도 만족하지 않으면 OUT으로 0을 출력한다.

㉯ 프로그램 예

입력 1, 입력 2, 입력 3 세 개의 입력을 받아 입력 1 > 입력 2 > 입력 3의 조건을 만족하면 출력 LED 램프가 ON된다.

	변수 종류	변수	타입	메모리 할당	초기값	리테인	사용 유무
1	VAR	입력	BOOL	%IX0.0.0		☐	☑
2	VAR	입력1	INT			☐	☑
3	VAR	입력2	INT			☐	☑
4	VAR	입력3	INT			☐	☑
5	VAR	출력	BOOL	%QX0.1.0		☐	☑
						☐	☐

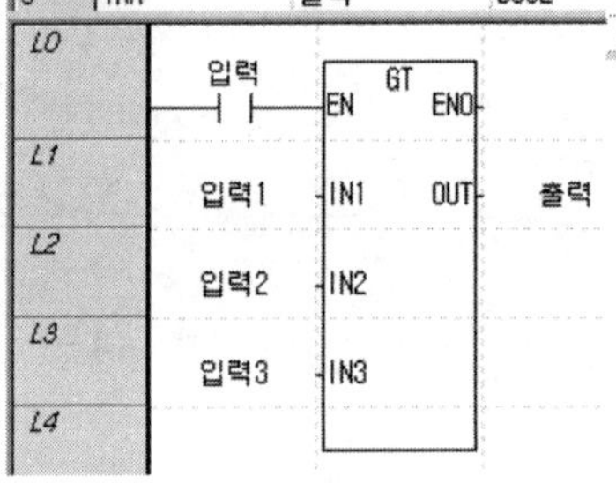

〈프로그램 및 지역 변수〉

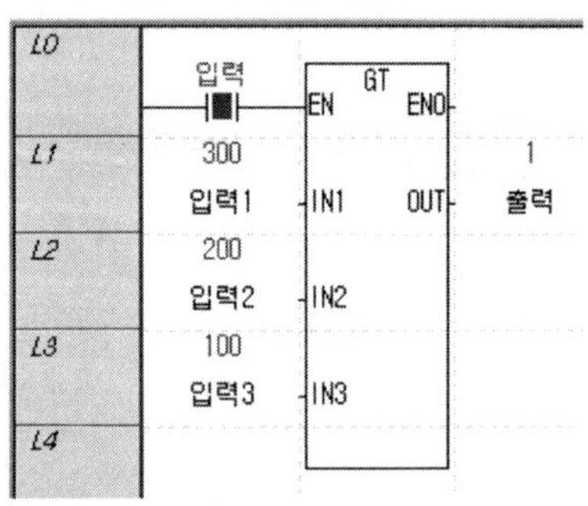

〈모니터링 1〉

입력 1 > 입력 2 > 입력 3을 만족하므로 OUT 단자에 1이 출력되며, LED가 ON된다.

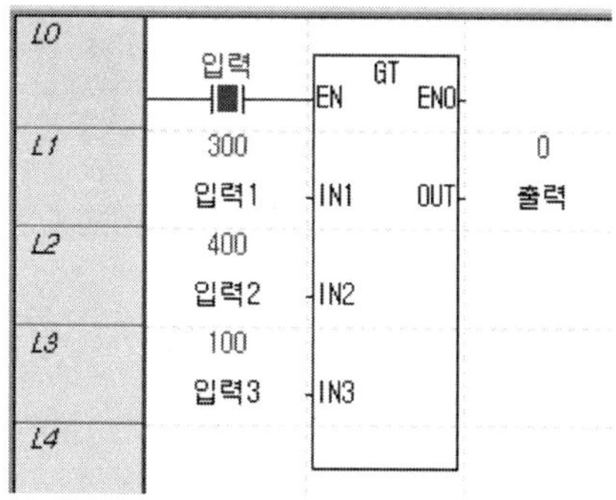

〈모니터링 2〉

입력 1>입력 2>입력 3을 만족하지 못하므로 OUT 단자에 0이 출력되며, LED가 OFF된다.

GE	적용 기종	발생 플래그
'크거나 같다' 비교	XGI, XGR, XEC	–
펑션	설 명	
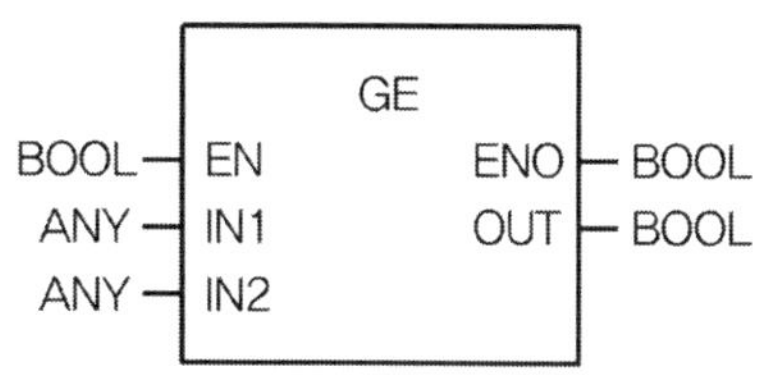	**입력** EN : 1일 때 펑션 실행 IN1 : 비교할 값 IN2 : 비교할 값 입력은 8개까지 확장 가능 IN1, IN2,…는 모두 같은 타입이어야 함 **출력** ENO : EN 값이 그대로 출력 OUT : 비교 결과 값	

ANY 타입 변수 설명	변수명	BOOL	BYTE	WORD	DWORD	LWORD	SINT	INT	DINT	LINT	USINT	UINT	UDINT	ULINT	REAL	LREAL	TIME	DATE	TOD	DT	STRING
	IN1	○	○	○	○	○	○	○	○	○	○	○	○	○	○	○	○	○	○	○	○
	IN2	○	○	○	○	○	○	○	○	○	○	○	○	○	○	○	○	○	○	○	○

㉮ 기능

입력 값의 비교 결과 IN1≥IN2≥IN3 … ≥ INn(n은 입력 개수, 8까지 가능)이 참이면 OUT으로 1을 출력한다. IN1≥IN2≥IN3 … ≥ INn을 만족하지 못하는 경우 OUT으로 0을 출력한다.

㉯ **프로그램**

네 개의 입력을 받아 입력 1≥입력2≥입력3의 조건을 만족하면 출력 LED 램프가 ON된다.

	변수 종류	변수	타입	메모리 할당	초기값	리테인	사용 유무	설명문
1	VAR	램프	BOOL	%QX0.1.0		□	☑	
2	VAR	실행	BOOL	%IX0.0.0		□	☑	
3	VAR	입력1	INT			□	☑	
4	VAR	입력2	INT			□	☑	
5	VAR	입력3	INT			□	☑	
6	VAR	입력4	INT			□	☑	

〈프로그램 및 지역 변수〉

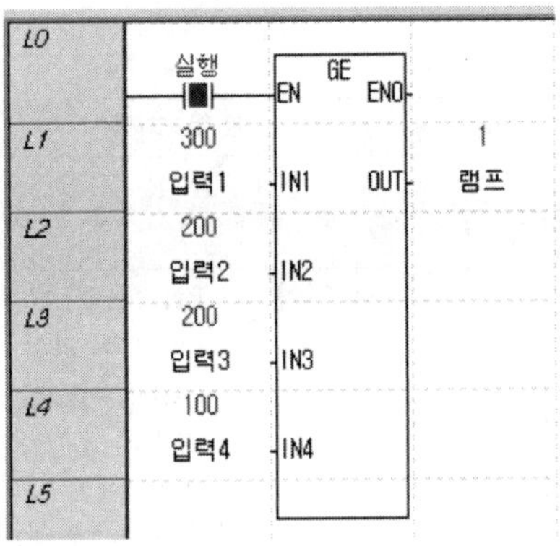

〈모니터링 1〉

입력 1≥입력2≥입력3≥입력4의 조건을 만족하므로 OUT 단자에 1이 출력되며, LED가 ON된다.

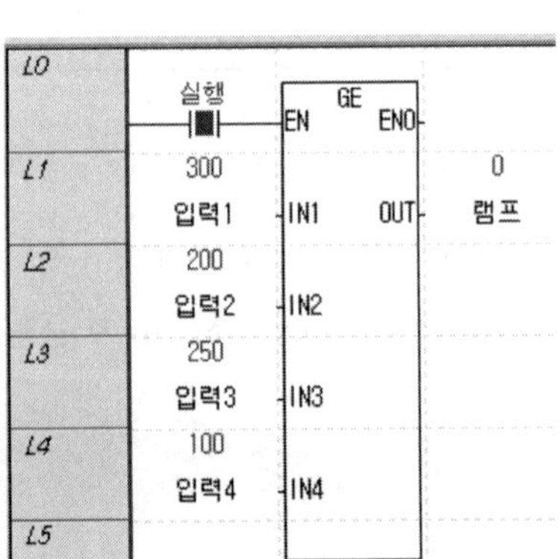

〈모니터링 2〉

입력1≥입력2≥입력3≥입력4의 조건을 만족하지 못하므로 OUT 단자에 0이 출력되며, LED가 OFF된다.

EQ	적용 기종	발생 플래그
'같다' 비교	XGI, XGR, XEC	–
펑션	**설 명**	
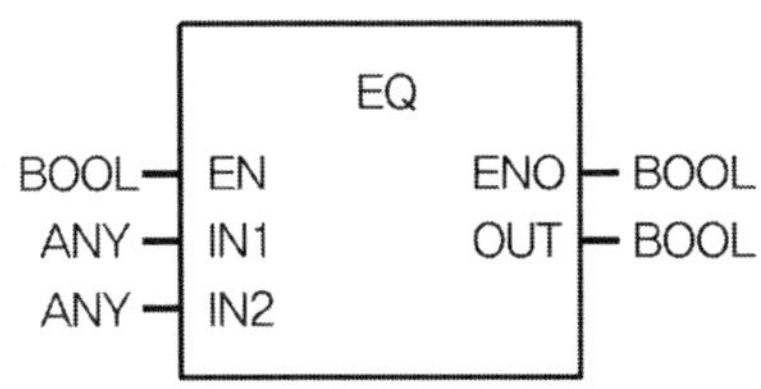	**입력** EN : 1일 때 펑션 실행 IN1 : 비교할 값 IN2 : 비교할 값 입력은 8개까지 확장 가능 IN1, IN2,…는 모두 같은 타입이어야 함 **출력** ENO : EN 값이 그대로 출력 OUT : 비교 결과 값	

ANY 타입 변수 설명	변수명	BOOL	BYTE	WORD	DWORD	LWORD	SINT	INT	DINT	LINT	USINT	UINT	UDINT	ULINT	REAL	LREAL	TIME
	IN1	○	○	○	○	○	○	○	○	○	○	○	○	○	○	○	○
	IN2	○	○	○	○	○	○	○	○	○	○	○	○	○	○	○	○

㉮ 기능

입력 값의 비교 결과 IN1=IN2=IN3 … = INn(n은 입력 개수, 8까지 가능)이 참이면 OUT으로 1을 출력한다. 입력 값의 비교 결과 IN1=IN2=IN3 … = INn을 만족하지 못하는 경우에는 OUT으로 0을 출력한다.

㉯ 프로그램

세 개의 입력 값이 동일할 때 LED 램프가 ON된다.

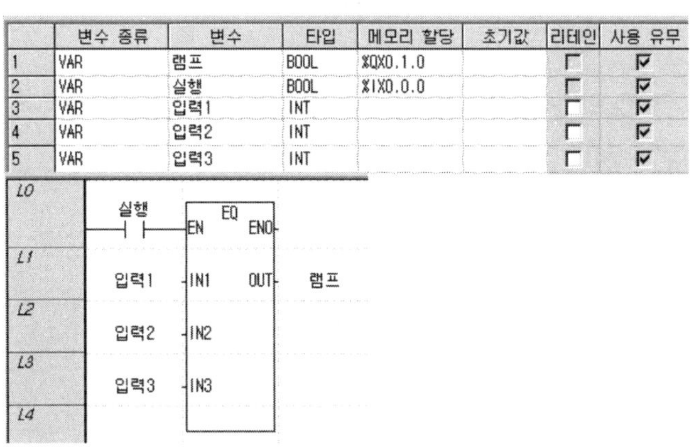

〈프로그램 및 지역 변수〉

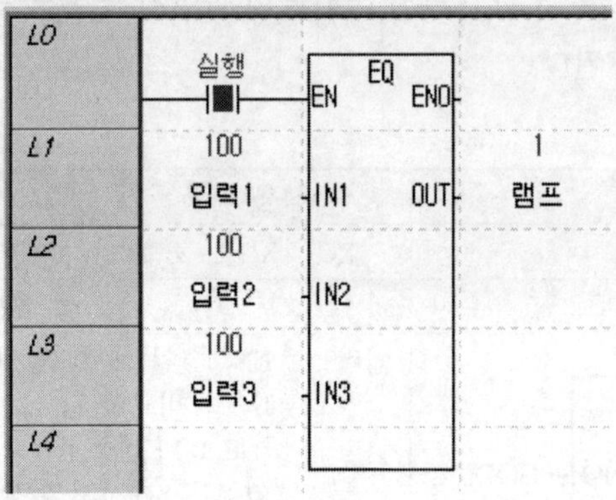

〈모니터링 1〉

입력 1 = 입력2 = 입력3의 조건을 만족하므로 OUT 단자에 1이 출력되며, 램프가 ON 된다.

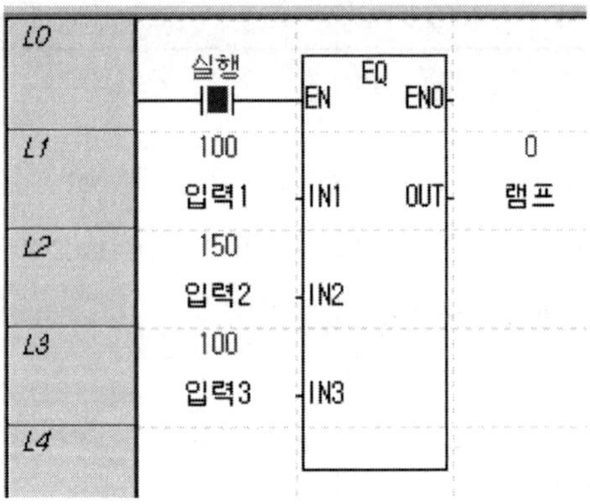

〈모니터링 2〉

입력1 = 입력2 = 입력3의 조건을 만족하지 못하므로 OUT 단자에 0이 출력되며, 램프가 OFF된다.

LE	적용 기종	발생 플래그
'작거나 같다' 비교	XGI, XGR, XEC	–
펑션	**설 명**	
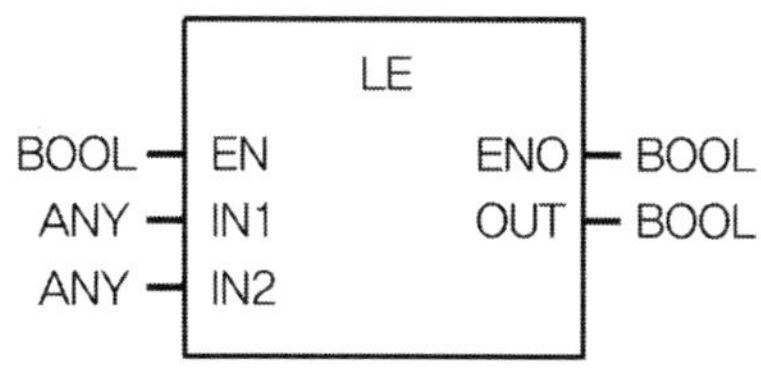	**입력** EN : 1일 때 펑션 실행 IN1 : 비교할 값 IN2 : 비교할 값 입력은 8개까지 확장 가능 IN1, IN2,…는 모두 같은 타입이어야 함 **출력** ENO : EN 값이 그대로 출력 OUT : 비교 결과	

ANY 타입 변수 설명	변수명	BOOL	BYTE	WORD	DWORD	LWORD	SINT	INT	DINT	LINT	USINT	UINT	UDINT	ULINT	REAL	LREAL	TIME	DATE	TOD	DT	STRING
	IN1	○	○	○	○	○	○	○	○	○	○	○	○	○	○	○	○	○	○	○	○
	IN2	○	○	○	○	○	○	○	○	○	○	○	○	○	○	○	○	○	○	○	○

㉮ 기능

입력 값의 비교 결과 IN1≤IN2≤IN3 … ≤ INn(n은 입력 개수, 8까지 가능)을 만족하면 OUT으로 1을 출력한다. 입력 값의 비교 결과 IN1 ≤ IN2 ≤ IN3 … ≤ INn을 만족하지 못하면 OUT으로 0을 출력한다.

㉯ 프로그램

세 개의 정수를 입력으로 받아 입력 1 ≤ 입력 2 ≤ 입력 3을 만족하면 램프가 ON된다.

	변수 종류	변수	타입	메모리 할당	초기값	리테인	사용 유무
1	VAR	램프	BOOL	%QX0.1.0		☐	☑
2	VAR	실행	BOOL	%IX0.0.0		☐	☑
3	VAR	입력1	INT			☐	☑
4	VAR	입력2	INT			☐	☑
5	VAR	입력3	INT			☐	☑

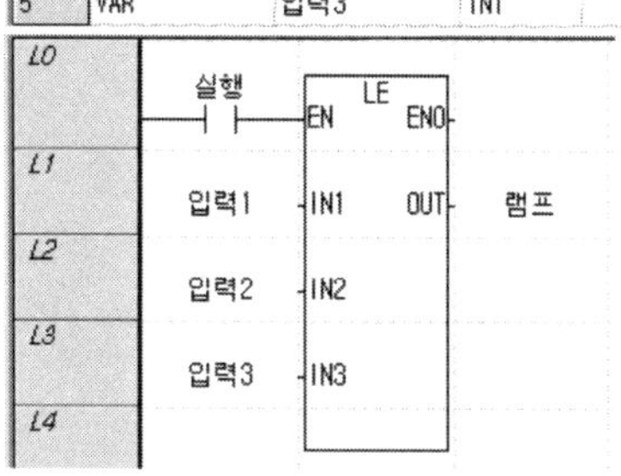

〈프로그램 및 지역 변수〉

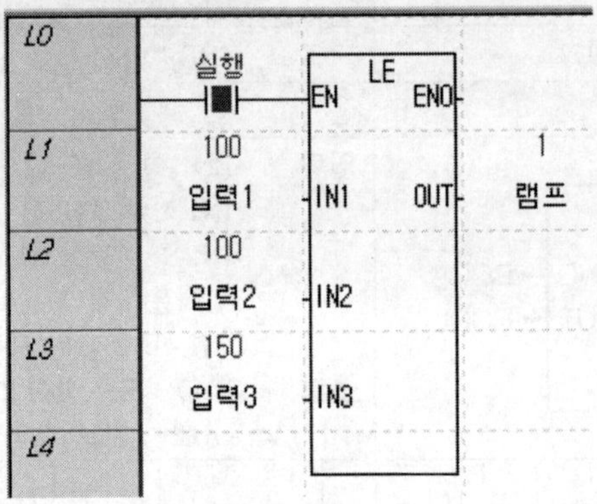

〈모니터링 1〉

입력 1 ≤ 입력2 ≤ 입력 3의 조건을 만족하므로 OUT 단자에 1이 출력되며, 램프는 ON된다.

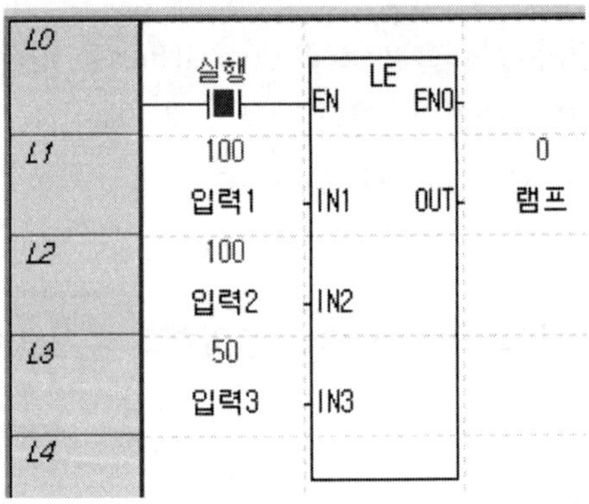

〈모니터링 2〉

입력 1 ≤ 입력 2 ≤ 입력 3의 조건을 만족하지 못하므로 OUT 단자에 0이 출력되며, 램프는 OFF된다.

LT	적용 기종	발생 플래그
'작다' 비교	XGI, XGR, XEC	–

펑션	설 명
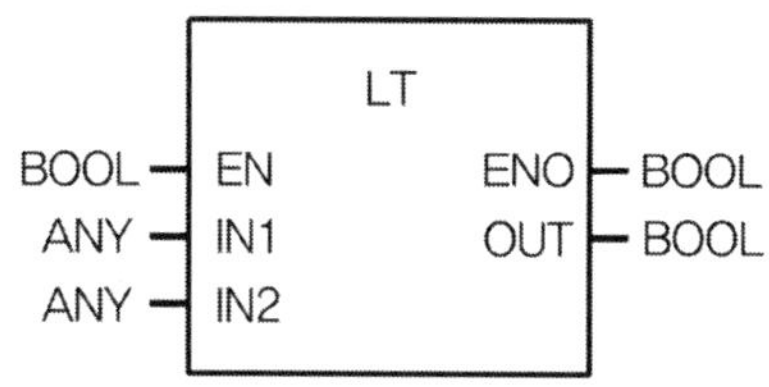	**입력** EN : 1일 때 펑션 실행 IN1 : 비교할 값 IN2 : 비교할 값 입력은 8개까지 확장 가능 IN1, IN2,…는 모두 같은 타입이어야 함 **출력** ENO : EN 값이 그대로 출력 OUT : 비교 결과값

ANY 타입 변수 설명	BOOL	BYTE	WORD	DWORD	LWORD	SINT	INT	DINT	LINT	USINT	UINT	UDINT	ULINT	REAL	LREAL	TIME	DATE	TOD	DT	STRING
IN1	○	○	○	○	○	○	○	○	○	○	○	○	○	○	○	○	○	○	○	○
IN2	○	○	○	○	○	○	○	○	○	○	○	○	○	○	○	○	○	○	○	○

㉮ 기능

입력 값의 비교 결과 IN1<IN2<IN3 … <INn(n은 입력 개수, 8까지 가능)을 만족하면 OUT으로 1을 출력한다. 입력 값의 비교 결과 IN1 < IN2 < IN3 … < INn을 만족하지 않으면 OUT으로 0을 출력한다.

㉯ 프로그램

세 개의 정수를 입력으로 받아 입력 1 < 입력 2 < 입력 3의 조건을 만족하면 램프가 ON된다.

	변수 종류	변수	타입	메모리 할당	초기값	리테인	사용 유무
1	VAR	램프	BOOL	%QX0.1.0		☐	☑
2	VAR	실행	BOOL	%IX0.0.0		☐	☑
3	VAR	입력1	INT			☐	☑
4	VAR	입력2	INT			☐	☑
5	VAR	입력3	INT			☐	☑

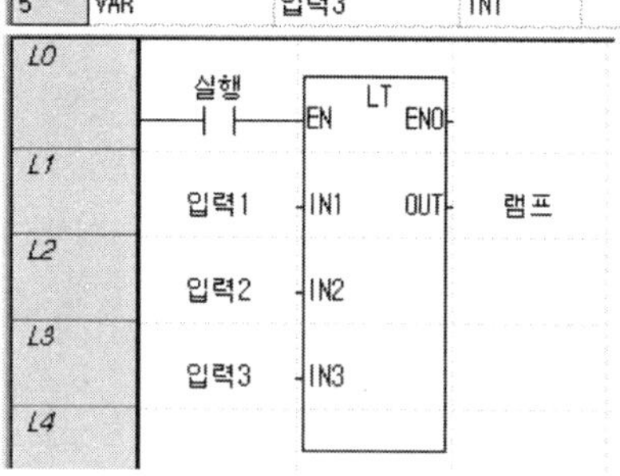

〈프로그램 및 지역 변수〉

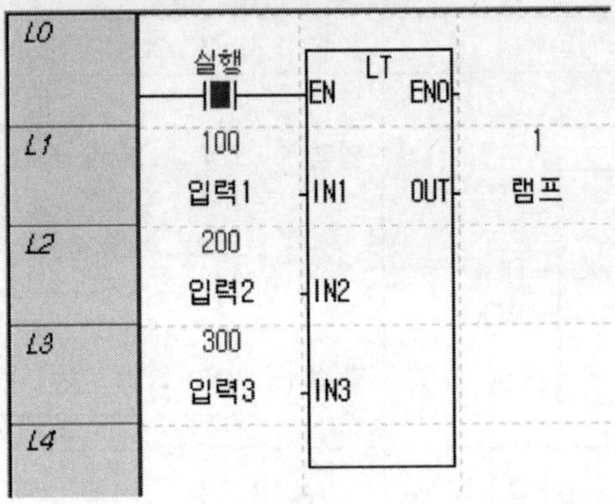

〈모니터링 1〉

입력 1 < 입력2 < 입력 3을 만족하지 못하므로 OUT 단자에는 1이 출력되고, 램프는 ON된다.

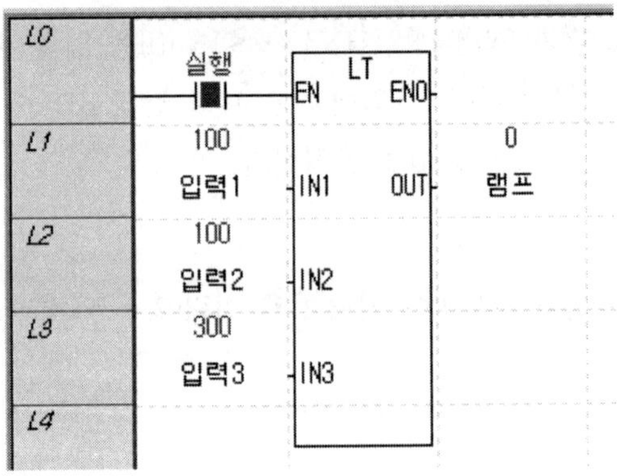

〈모니터링 2〉

입력 1 < 입력 2 < 입력 3을 만족하지 못하므로 OUT 단자에는 0이 출력되고, 램프는 OFF된다.

NE	적용 기종	발생 플래그
'같지 않다' 비교	XGI, XGR, XEC	–
펑션	**설 명**	
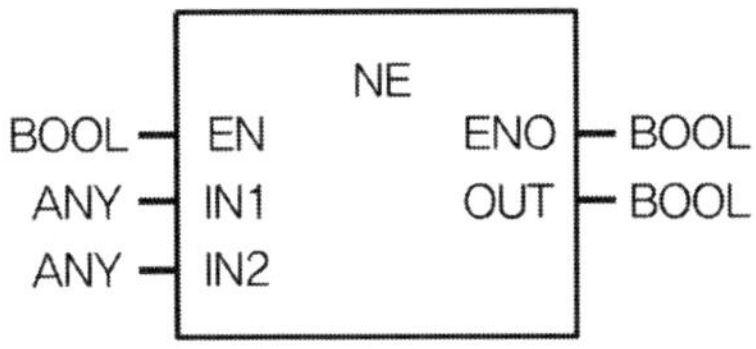 	**입력** EN : 실행 허용 IN1 : 비교될 값 IN2 : 비교될 값 IN1, IN2는 같은 타입이어야 함 **출력** EN0 : EN 값이 그대로 출력 OUT : 비교 결과값	

ANY 타입 변수 설명	변수명	BOOL	BYTE	WORD	DWORD	LWORD	SINT	INT	DINT	LINT	USINT	UINT	UDINT	ULINT	REAL	LREAL	TIME	DATE	TOD	DT	STRING
	IN1	○	○	○	○	○	○	○	○	○	○	○	○	○	○	○	○	○	○	○	○
	IN2	○	○	○	○	○	○	○	○	○	○	○	○	○	○	○	○	○	○	○	○

㉮ 기능

IN1과 IN2를 비교하여 그 결과가 같지 않으면 OUT으로 1을 출력한다.
IN1과 IN2를 비교하여 그 결과가 같으면 OUT으로 0을 출력한다.

㉯ 프로그램

두 개의 정수 입력을 받아 비교하여 두 개의 값이 다르면 램프가 ON되고, 두 개의 값이 같으면 램프가 OFF된다.

	변수 종류	변수	타입	메모리 할당	초기값	리테인	사용 유무
1	VAR	램프	BOOL	%QX0.1.0		☐	☑
2	VAR	실행	BOOL	%IX0.0.0		☐	☑
3	VAR	입력1	INT			☐	☑
4	VAR	입력2	INT			☐	☑

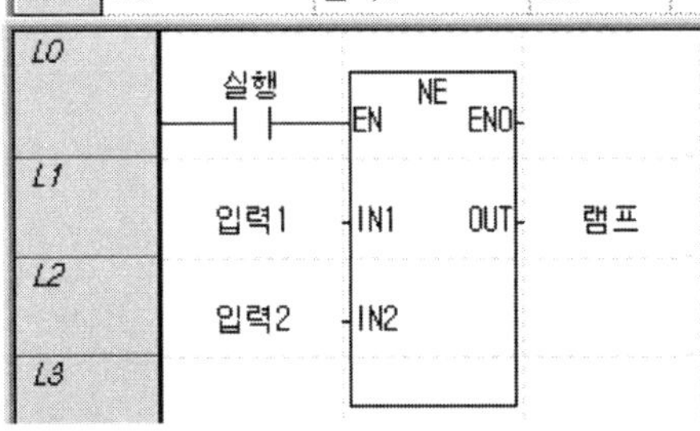

〈프로그램 및 지역 변수〉

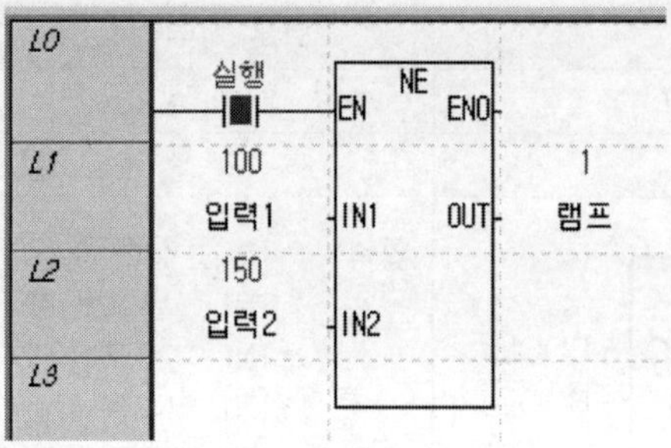

〈모니터링 1〉

입력 1과 입력2의 값이 다르므로 OUT 단자에는 1이 출력되고, 램프는 ON된다.

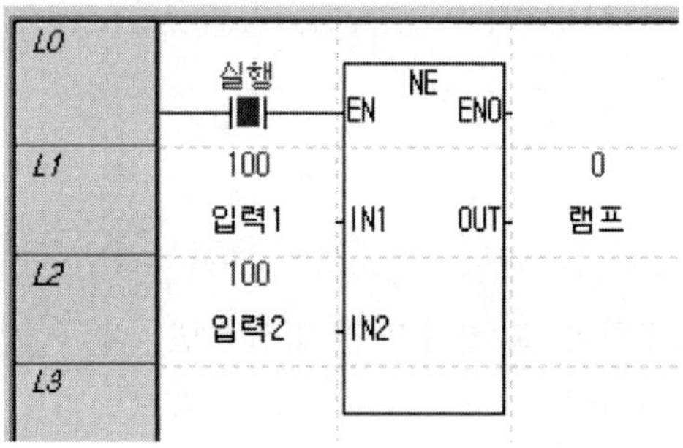

〈모니터링 2〉

입력 1과 입력2의 값이 다르므로 OUT 단자에는 0이 출력되고, 램프는 OFF된다.

㉰ 비교 펑션 프로그램 예

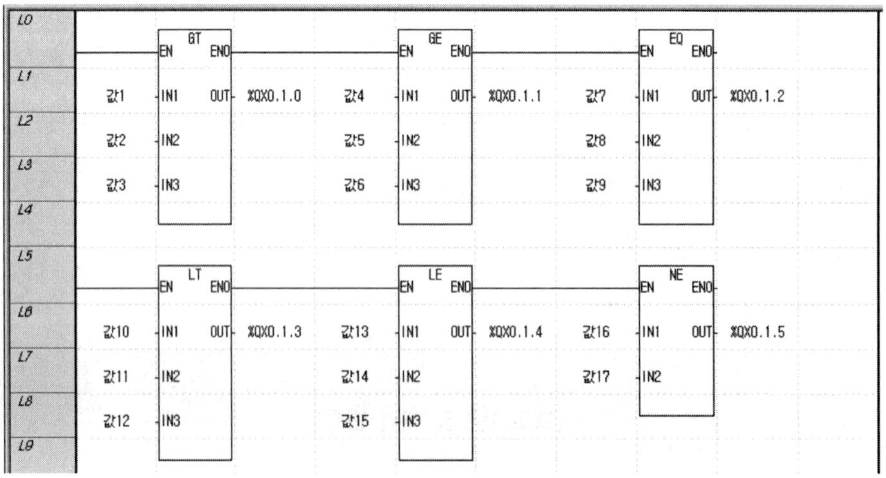

	변수 종류	변수	타입	메모리 할당	초기값	리테인	사용 유무
1	VAR	값1	INT		300	☐	☑
2	VAR	값10	INT		150	☐	☑
3	VAR	값11	INT		200	☐	☑
4	VAR	값12	INT		250	☐	☑
5	VAR	값13	INT		100	☐	☑
6	VAR	값14	INT		200	☐	☑
7	VAR	값15	INT		300	☐	☑
8	VAR	값16	INT		300	☐	☑
9	VAR	값17	INT		200	☐	☑
10	VAR	값2	INT		200	☐	☑
11	VAR	값3	INT		100	☐	☑
12	VAR	값4	INT		300	☐	☑
13	VAR	값5	INT		200	☐	☑
14	VAR	값6	INT		200	☐	☑
15	VAR	값7	INT		300	☐	☑
16	VAR	값8	INT		300	☐	☑
17	VAR	값9	INT		300	☐	☑

4) 펑션 블록 프로그램

① 타이머 종류

타이머는 시간을 측정하는 데 사용되며, XGI에서는 기본적으로 다음과 같은 종류의 타이머가 있다.

No.	펑션 블록	기 능	비 고
1	TP	펄스 타이머(Pulse Timer)	-
2	TON	ON 딜레이 타이머(On-Delay Timer)	-
3	TOF	OFF 딜레이 타이머(Off-Delay Timer)	-
4	TMR	적산 타이머(Intergrating Timer)	-
5	TP_RST	펄스 타이머의 출력 OFF가 가능한 노스테이블 타이머	-
6	TRGT	리트리거블 타이머(Retriggerable Timer)	-
7	TOF_RST	동작 중 출력 OFF가 가능한 딜레이 타이머(Off-Delay Timer)	-
8	TON_UNIT	정수 설정 ON 딜레이 타이머(On-Delay Timer)	-
9	TOF_UNIT	정수 설정 OFF 딜레이 타이머(Off-Delay Timer)	-
10	TP_UNIT	정수 설정 펄스 타이머(Pulse Timer)	-
11	TMR_UNIT	정수 설정 적산 타이머(Intergrating Timer)	-
12	TMR_FLK	점멸 기능 타이머	-
13	TRGT_UNIT	정수 설정 리트리거블 타이머	-

② TON(ON-Delay Timer)

펑 션	설명
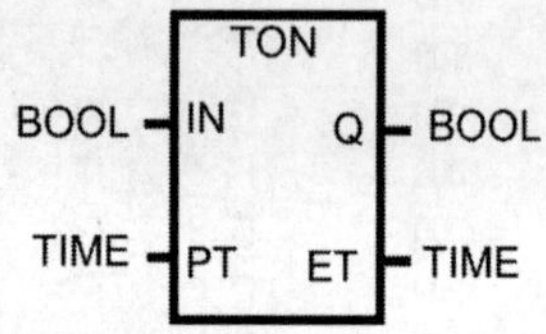	**입력 :** IN : 타이머의 기동 조건 PT : 설정 시간 **출력 :** Q : 타이머 접점 출력 CV : 경과 시간

㉮ 기능

IN이 1이 된 후 경과시간이 ET로 출력된다. 만일 경과시간 ET가 설정시간에 도달하기 전에 IN이 0이면 경과시간은 0으로 된다.

㉯ 타임 차트

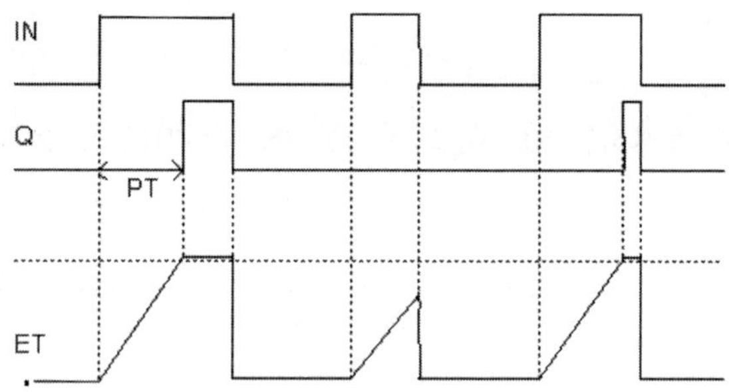

㉰ 프로그램

ON 스위치를 ON시킨 후 5초 이상 ON 상태를 유지시키면 5초 후에 LED 램프가 ON된다. 만일 ON 스위치를 5초 이전에 OFF시키면 경과시간은 0으로 리셋되고, LED 램프는 ON되지 않는다.

참 고 **타이머의 최대 설정 시간 : T#49D17H2M47S95MS**

타이머의 설정시간은 TIME형으로 설정하며, 날짜는 D, 시간은 H, 분은 M, 초는 S, 1/1,000초는 ms 단위를 사용한다.
예) 1일 2시간 3분 4초 567MS → T#1D2H3M4S567MS

• XG5000에서 프로젝트 및 프로그램 정의 후 프로그램 창에 펑션 블록을 등록한다. 펑션 블록 등록 시 블록 인스턴스를 등록해야 한다.

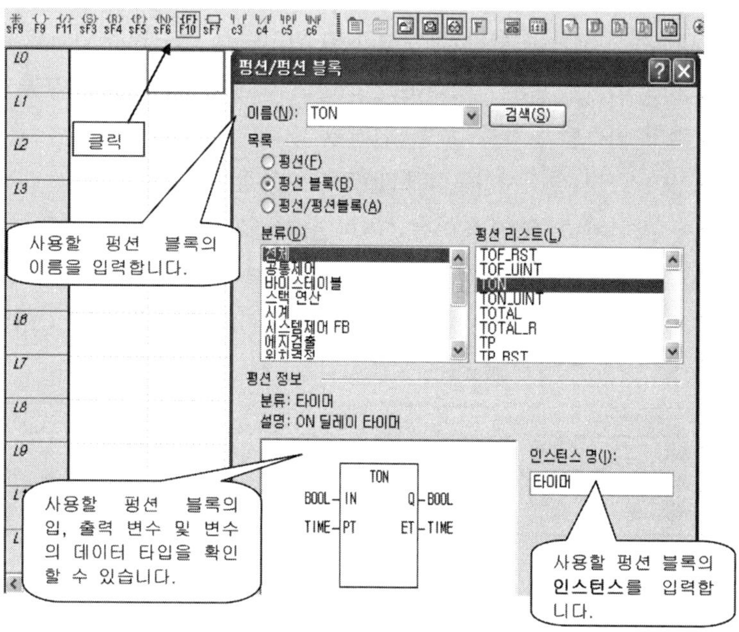

참 고

펑션 블록 인스턴스란 펑션 블록에 관련된 입·출력 변수를 통합적으로 관리하기 위해 설정하는 변수명이다.

	변수 종류	변수	타입	메모리 할당	초기값	리테인	사용 유무
1	VAR	LED램프	BOOL	%QX0.1.0		☐	☑
2	VAR	ON스위치	BOOL	%IX0.0.0		☐	☑
3	VAR	타이머1	TON			☐	☑

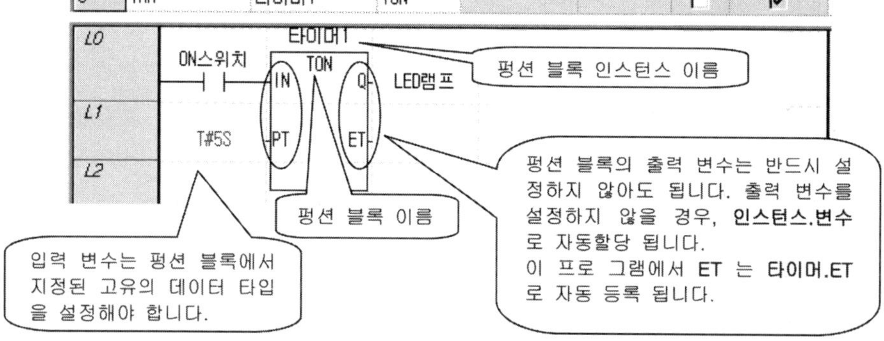

㉣ **프로그램 예**

☞ TON은 펑션 블록이므로 연산 중 누계되는 데이터를 잠시 보관하기 위한 **인스턴스 변수**를 반드시 선언해야 한다.

☞ XG5000에서 프로그램 편집 시 TON의 인스턴스 변수를 선언하면 타이머 출력은 **인스턴스 이름.Q**, 경과 시간은 **인스턴스 이름.ET**로 변수가 자동 생성된다.

- TON의 인스턴스 변수 T1을 선언한다.
- 타이머 T1의 설정시간을 7초(T#7S)로 설정한다.
- 기동 스위치 0(%IX0.0.0)를 ON하면 T1.ET에 경과시간이 표시된다.
- 경과시간 T1.ET가 설정시간 7초에 도달하면 타이머 출력 T1.Q가 ON된다.
- T1.Q가 ON된 후 기동 SW(%IX0.0.0)를 OFF하면 T1.Q는 OFF된다.

	변수 종류	변수	타입	메모리 할당	초기값	리테인	사용 유무
1	VAR	T1	TON			☐	☑
2	VAR	기동스위치	BOOL	%IX0.0.0		☐	☑
3	VAR	램프1	BOOL	%QX0.1.0		☐	☑

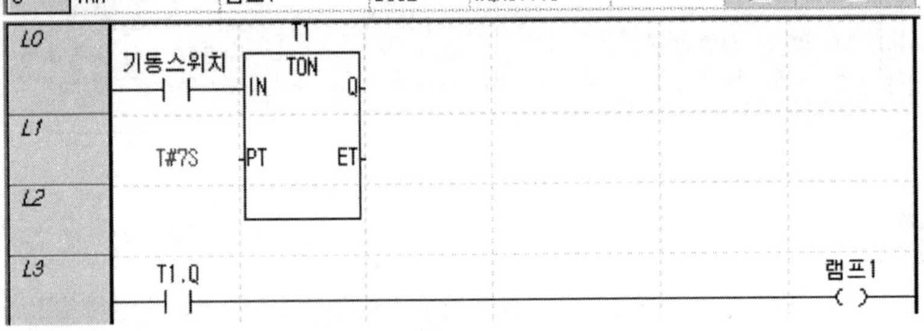

㉤ [ON-Delay Timer를 이용한 프로그램 : 플리커 회로

ON-Delay 타이머 두 개를 사용하여 램프를 플리커시킨다.

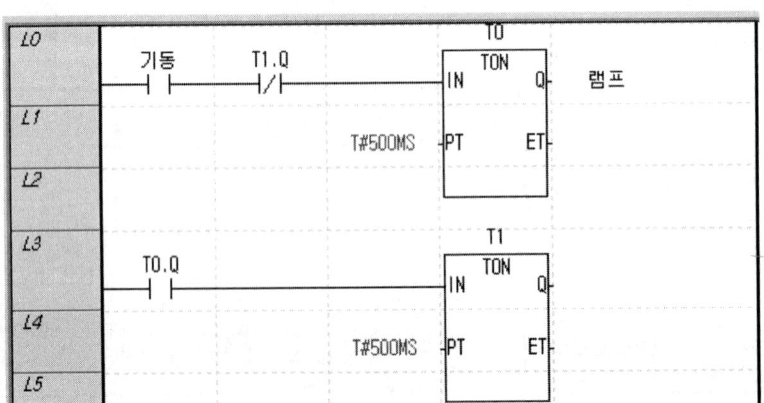

〈프로그램〉

	변수 종류	변수	타입	메모리 할당	초기값	리테인	사용 유무
1	VAR	T0	TON			☐	☑
2	VAR	T1	TON			☐	☑
3	VAR	T2	TON			☐	☑
4	VAR	기동	BOOL	%IX0.0.0		☐	☑
5	VAR	램프	BOOL	%QX0.1.0		☐	☑

〈지역변수〉

③ TOF(OFF-Delay Timer)

펑 션	설명
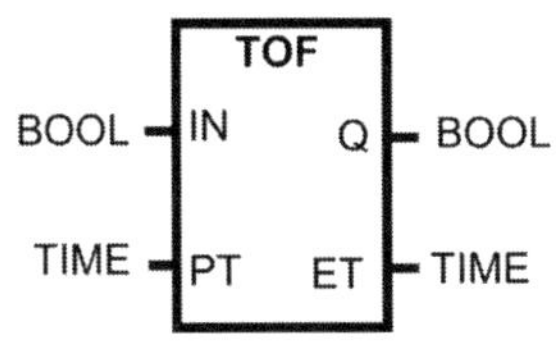	**입력 :** IN : 타이머의 기동 조건 PT : 설정 시간 **출력 :** Q : 타이머 접점 출력 CV : 경과 시간

㉮ 기능

IN이 ON되면 Q가 ON되고, IN이 OFF된 후부터 PT에 의해서 지정된 설정시간이 경과한 후 Q가 OFF된다.

IN이 OFF된 후 경과시간이 ET로 출력된다. 만일 경과시간 ET가 설정시간에 도달하기 전에 IN이 ON되면 경과시간은 다시 0으로 된다.

㉯ 타임 차트

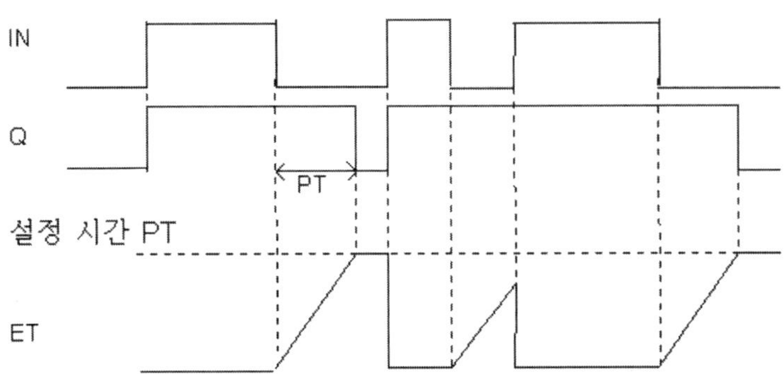

㉰ 프로그램 예

☞ TOF는 펑션 블록이므로 연산 중 누계되는 데이터를 잠시 보관하기 위한 **인스턴스 변수**를 반드시 선언해야 한다.

☞ XG5000에서 프로그램 편집 시 TOF의 인스턴스 변수를 선언하면 타이머 출력은 **인스턴스 이름.Q**, 경과 시간은 **인스턴스 이름.ET**로 변수가 자동 생성된다.

- TOF의 인스턴스 변수 T2를 선언한다.
- 타이머 T2의 설정시간을 5초(T#5S)로 설정한다.
- 기동 SW1(%IX0.0.1)을 ON하면 타이머 출력 T2.Q가 ON된다.
- 기동 SW1(%IX0.0.1)을 OFF하면 T2.ET에 경과시간이 표시된다.
- 경과시간 T2.ET가 설정시간 5초에 도달하면 타이머 출력 T2.Q가 OFF된다.

	변수 종류	변수	타입	메모리 할당	초기값	리테인	사용 유무
1	VAR	T2	TOF			☐	☑
2	VAR	기동SW2	BOOL	%IX0.0.0		☐	☑
3	VAR	램프2	BOOL	%QX0.1.0		☐	☑

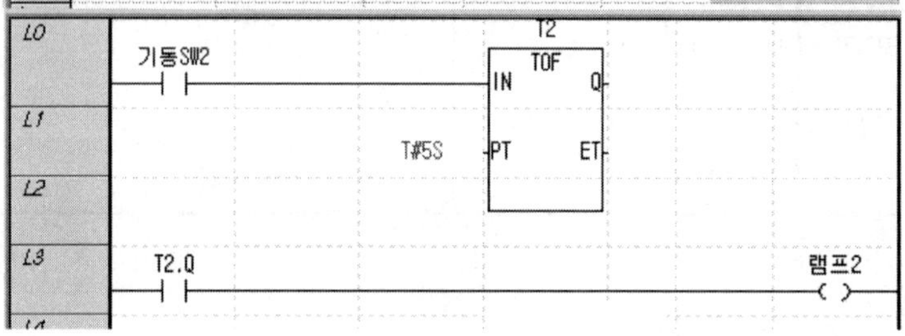

㉣ TON, TOF를 이용한 프로그램 : 화장실 자동 밸브 제어

사용자가 변기에 접근한 후 1초 뒤 2초 간 물이 나오고, 이탈 후 즉시 3초간 물이 공급되는 회로이다.

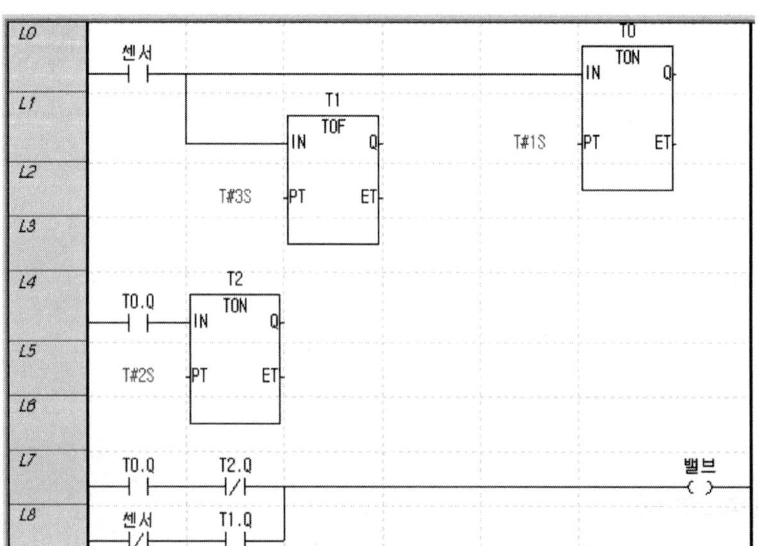

〈프로그램〉

	변수 종류	변수	타입	메모리 할당	초기값	리테인	사용 유무
1	VAR	T0	TON			☐	☑
2	VAR	T1	TOF			☐	☑
3	VAR	T2	TON			☐	☑
4	VAR	밸브	BOOL	%QX0.1.0		☐	☑
5	VAR	센서	BOOL	%IX0.0.0		☐	☑

〈지역변수〉

④ PT(Pulse Timer)

펑 션	설명
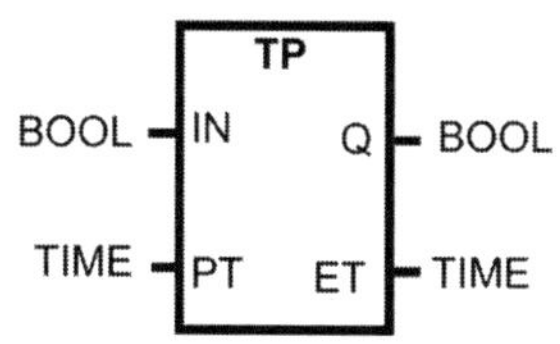	**입력 :** IN : 타이머의 기동 조건 PT : 설정 시간 **출력 :** Q : 타이머 접점 출력 CV : 경과 시간

㉮ 기능

IN이 ON되면 PT에 의해서 지정된 설정시간 동안만 Q가 ON되고 ET가 설정시간에 도달하면 자동으로 0이 된다. 경과시간 ET는 IN이 ON되었을 때부터 증가하며, PT에 이르면 값을 유지하다가 IN이 0이 될 때 0의 값이 된다.

ET가 증가할 동안 IN이 OFF되거나 다시 ON되어도 영향이 없다. ET가 PT에 도달한 후 IN이 다시 ON되면 ET가 증가한다.

㉯ 타임 차트

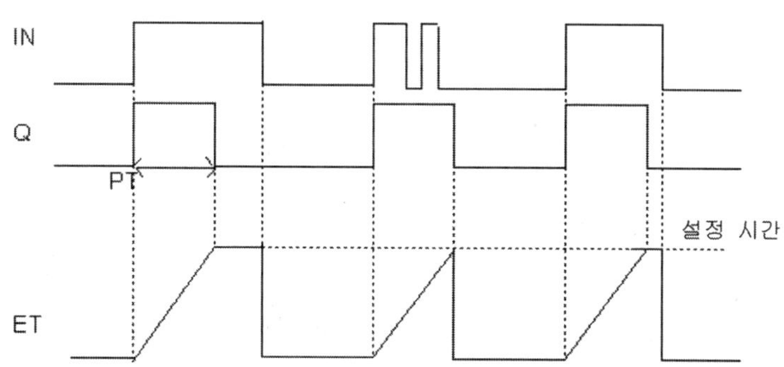

㉰ 프로그램 예

☞ TP는 펑션 블록이므로 연산 중 누계되는 데이터를 잠시 보관하기 위한 **인스턴스 변수**를 반드시 선언해야 한다.

☞ XG5000에서 프로그램 편집 시 TP의 인스턴스 변수를 선언하면 타이머 출력은 **인스턴스 이름.Q**, 경과 시간은 **인스턴스 이름.ET**로 변수가 자동 생성된다.

- TOF의 인스턴스 변수 T3를 선언한다.
- 타이머 T3의 설정시간을 5초(T#5S)로 설정한다.
- 기동 SW0(%IX0.0.0)를 OFF→ON하면 타이머 출력 T3.Q가 5초 동안 ON했다 OFF한다.
- T3.ET가 증가할 동안 기동 스위치 0가 OFF되거나 다시 ON되어도 영향이 없다.
- T3.ET가 증가할 동안 T3.ET에 경과시간이 표시된다.

	변수 종류	변수	타입	메모리 할당	초기값	리테인	사용 유무
1	VAR	T3	TP			☐	☑
2	VAR	기동SW0	BOOL	%IX0.0.0		☐	☑
3	VAR	램프0	BOOL	%QX0.1.0		☐	☑

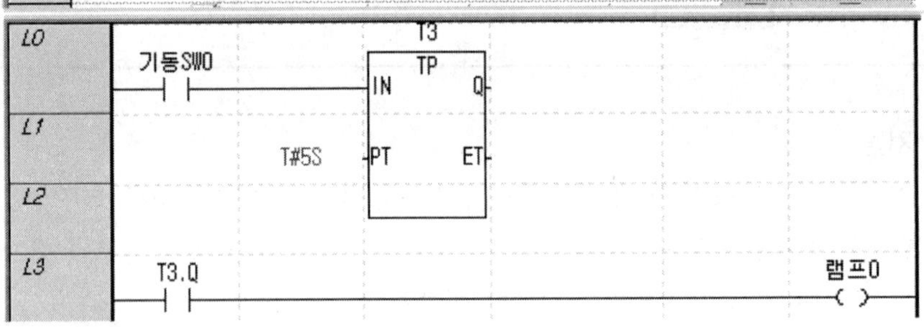

㉣ **TP를 이용한 프로그램 : 신호 떨림 방지 회로**

신호를 얻는다.

㉤ **시스템도**

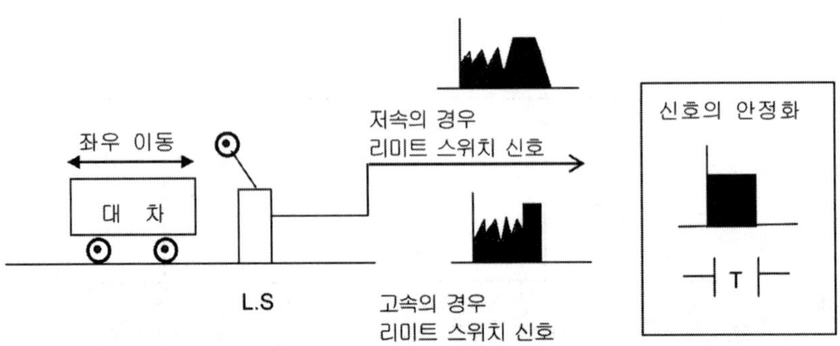

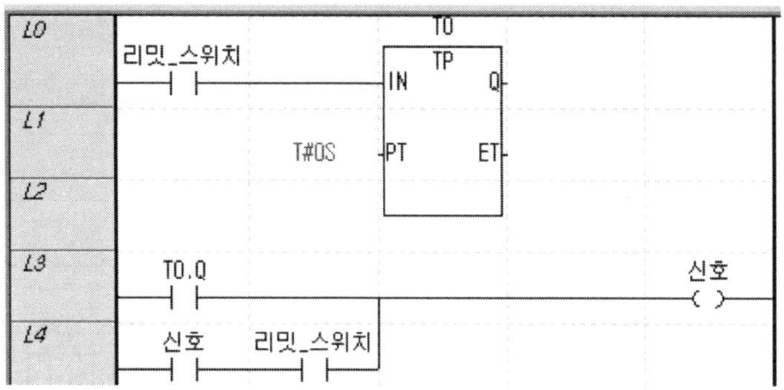

〈프로그램〉

	변수 종류	변수	타입	메모리 할당	초기값	리테인	사용 유무
1	VAR	T0	TP			☐	☑
2	VAR	리밋_스위치	BOOL	%IX0.0.0		☐	☑
3	VAR	신호	BOOL	%QX0.1.0		☐	☑

〈지역변수〉

㉣ TON을 이용한 프로그램 : 신호등 제어

보행자가 보행 버튼을 누르면 30초 후 차선의 신호등은 황색 램프가 점등되며, 1초 후 적색으로 바뀐다. 이때 보행자 신호등은 청색 램프가 10초간 점등된 두 10초간 점멸하며, 이후 적색으로 바뀐다.

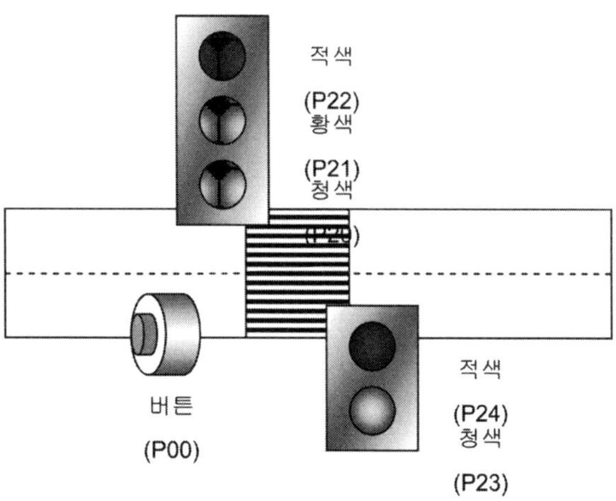

㉯ 타임 차트

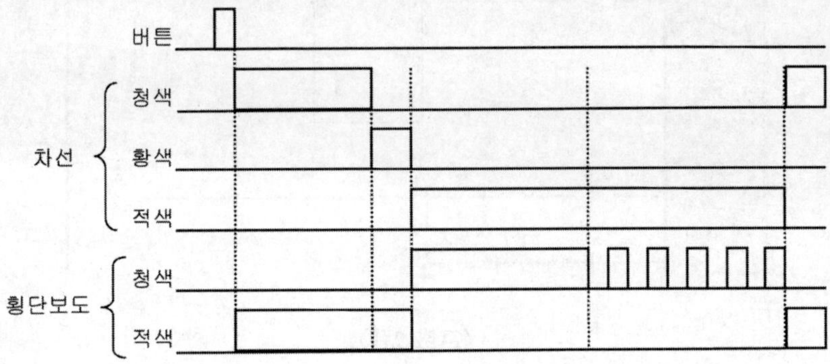
버튼
차선
청색
황색
적색
횡단보도
청색
적색

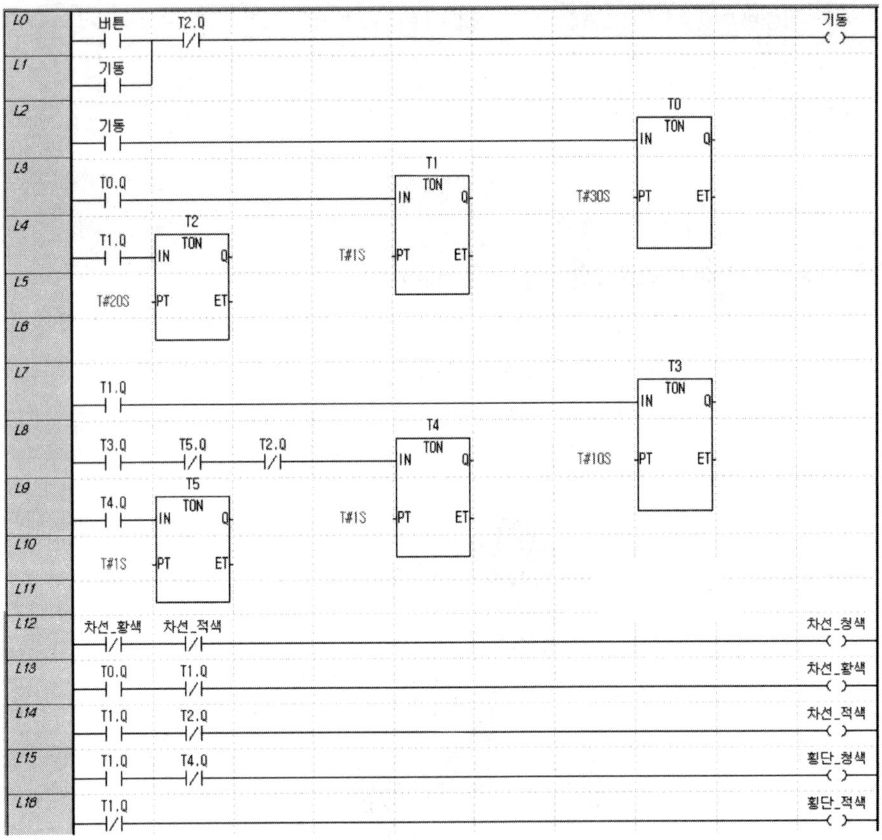
L0
버튼
T2.Q
기동
L1
기동
L2
기동
T0
TON
IN
Q
L3
T0.Q
T1
TON
IN
Q
T#30S
PT
ET
L4
T1.Q
T2
TON
IN
Q
T#1S
PT
ET
L5
T#20S
PT
ET
L6
L7
T1.Q
T3
TON
IN
Q
L8
T3.Q
T5.Q
T2.Q
T4
TON
IN
Q
T#10S
PT
ET
L9
T4.Q
T5
TON
IN
Q
T#1S
PT
ET
L10
T#1S
PT
ET
L11
L12
차선_황색
차선_적색
차선_청색
L13
T0.Q
T1.Q
차선_황색
L14
T1.Q
T2.Q
차선_적색
L15
T1.Q
T4.Q
횡단_청색
L16
T1.Q
횡단_적색

〈프로그램〉

	변수 종류	변수	타입	메모리 할당	초기값	리테인	사용 유무	설명문
1	VAR	T0	TON			☐	☑	
2	VAR	T1	TON			☐	☑	
3	VAR	T2	TON			☐	☑	
4	VAR	T3	TON			☐	☑	
5	VAR	T4	TON			☐	☑	
6	VAR	T5	TON			☐	☑	
7	VAR	기동	BOOL			☐	☑	
8	VAR	버튼	BOOL	%IX0.0.0		☐	☑	
9	VAR	차선_적색	BOOL	%QX0.1.2		☐	☑	
10	VAR	차선_청색	BOOL	%QX0.1.0		☐	☑	
11	VAR	차선_황색	BOOL	%QX0.1.1		☐	☑	
12	VAR	횡단_적색	BOOL	%QX0.1.4		☐	☑	
13	VAR	횡단_청색	BOOL	%QX0.1.3		☐	☑	

〈지역변수〉

5) 응용 타이머

① TON_UNIT*

펑 션	설명
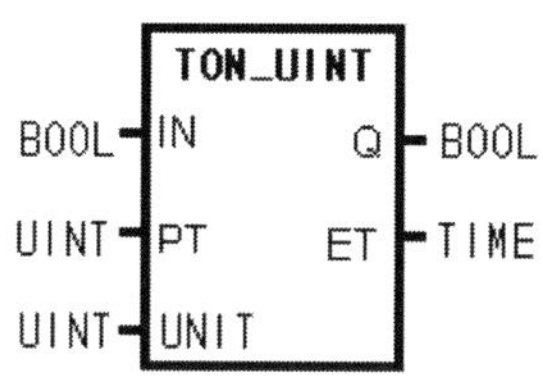	**입력 :** IN : 타이머의 기동 조건 PT : 설정시간 UNIT : 설정시간의 단위 **출력 :** Q : 타이머 접점 출력 CV : 경과 시간

㉮ 기능

- TON_UNIT 펑션 블록은 IN이 ON된 후 경과시간이 ET로 출력된다.
- 만일 경과시간 ET가 설정시간에 도달하기 전에 IN이 OFF되면 경과시간 ET는 0으로 된다.
- Q가 ON된 후 IN이 OFF되면 Q는 OFF된다.
- 설정시간은 PT×UNIT[ms]이다.

㉯ 타임 차트

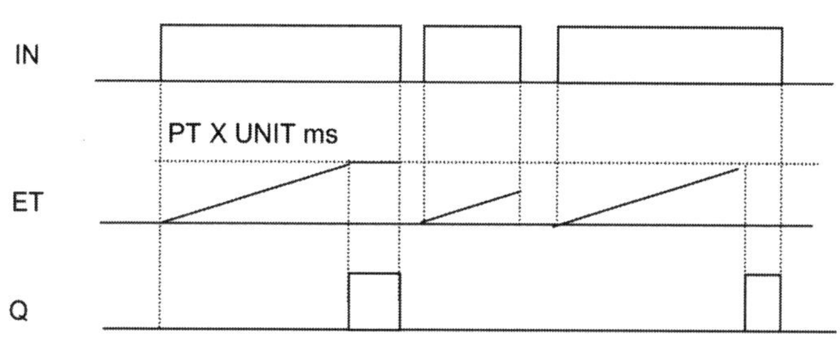

TON-Delay 타이머의 시간설정을 UNIT 단위로 설정할 수 있는 펑션 블록이다. UNIT는 1ms 단위로 설정이 가능하며, PT는 설정치, ET는 현재치가 된다.

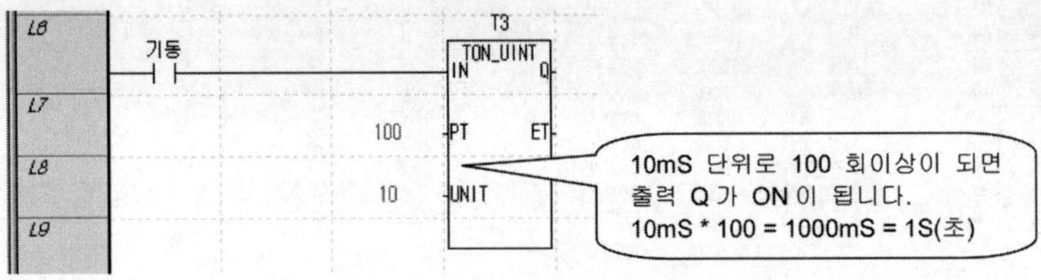

② TOF_UNIT*

펑 션	설명
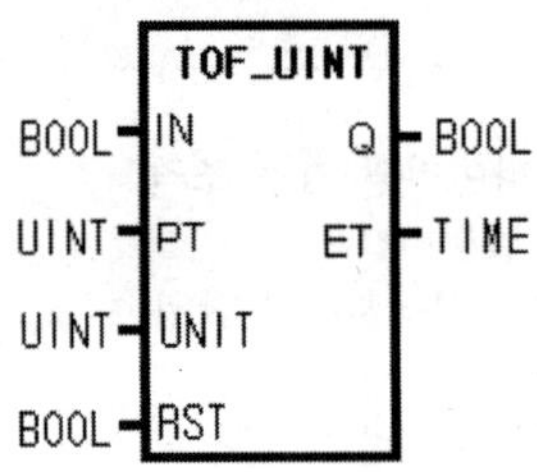	**입력 :** IN : 타이머의 기동 조건 PT : 설정시간 UNIT : 설정시간의 단위 RST : 리셋 입력 **출력 :** Q : 타이머 접점 출력 CV : 경과 시간

㉮ 기능

- TOF_UNIT 펑션 블록은 IN이 ON되는 순간 Q는 ON되고, IN이 OFF된 후부터 PT에 의해 지정된 설정시간이 경과한 후 Q가 OFF된다.
- IN이 OFF된 후 경과 시간이 ET로 출력된다.
- 만일 경과시간 ET가 설정시간에 도달하기 전에 IN이 ON되면 경과시간은 다시 0으로 된다.
- Reset 입력조건이 성립하면 타이머 출력 Q는 OFF되고 경과시간도 0이 된다.
- 설정시간은 PT×UNIT[ms]이다.

㉯ 타임 차트

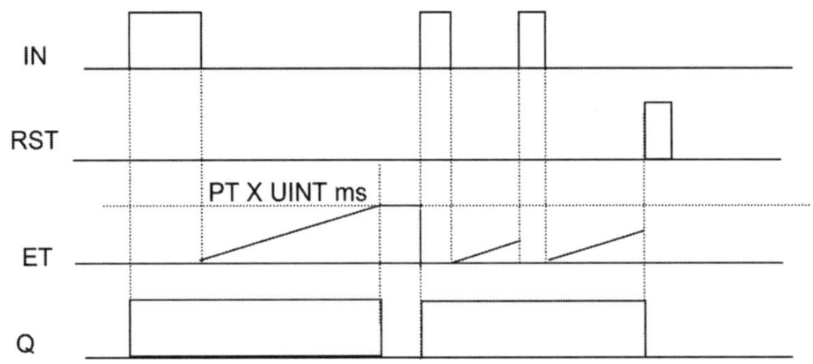

③ TMR*

펑 션	설명
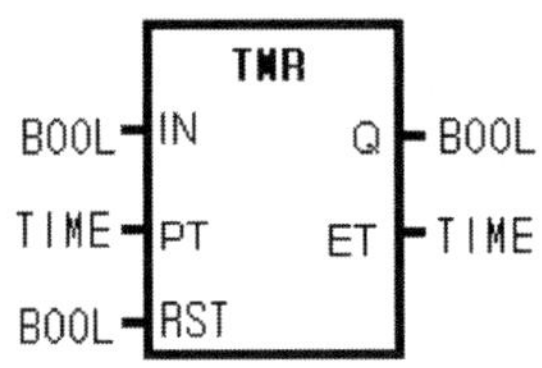	**입력 :** IN : 타이머의 기동 조건 PT : 설정시간 RST : 리셋 입력 **출력 :** Q : 타이머 접점 출력 CV : 경과 시간

㉮ 기능

- TMR 펑션 블록은 IN이 ON된 후 경과시간이 ET로 출력된다.
- 경과시간 ET가 설정시간에 도달하기 전에 IN이 ON되어도 현재의 경과시간을 유지하다가 IN이 다시 ON되면 경과시간을 다시 증가시킨다.
- 경과시간이 설정시간에 도달하면 Q가 ON된다.
- Reset 입력조건이 성립되면 Q는 OFF되고 경과시간도 0이 된다.

㉯ 타임 차트

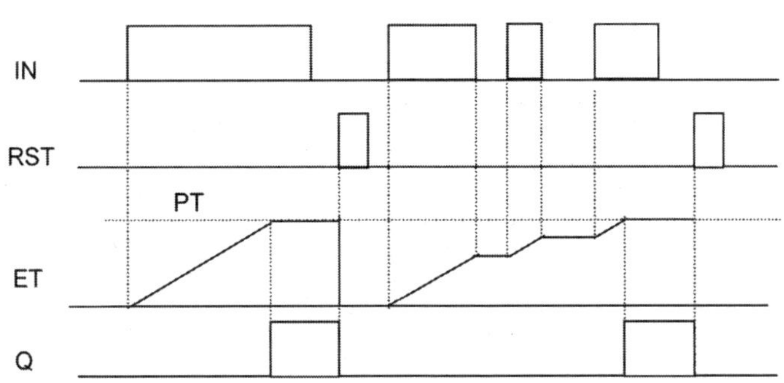

6) 카운터 종류

XGT에는 카운터 종류가 다음과 같이 기본적으로 4종이 제공된다.

No.	펑션 블록 이름	기 능	비 고
1	CTU_***	가산 카운터(Up Counter) INT, DINT, LINT, UINT, UDINT, ULINT	–
2	CTD_***	감산 카운터(Down Counter) INT, DINT, LINT, UINT, UDINT, ULINT	–
3	CTUD_***	가감산 카운터(Up Down Counter) INT, DINT, LINT, UINT, UDINT, ULINT	–
4	CTR	링 카운터(Ring Counter)	–

① CTU(업 카운터)

펑 션	설명
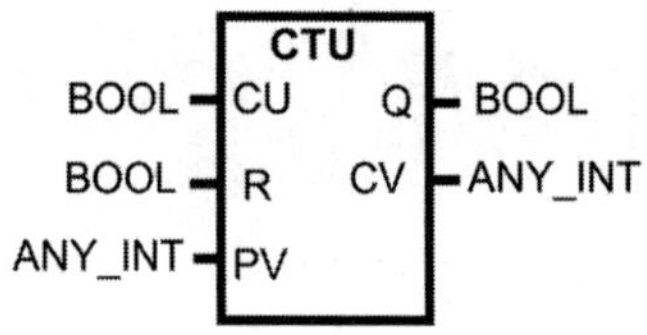	**입력 :** CU : 펄스 신호 입력 R : 리셋 신호 입력 PV : 설정값 **출력 :** Q : 카운터 접점 신호 출력 CV : 카운터 현재값 출력

㉮ 기능

- 가산 카운터 펑션 블록 CTU는 업 카운터 펄스 입력 CU가 0에서 1이 되면 현재값 CV가 이전값보다 1만큼 증가하는 카운터이다.
- 단, CV가 PV의 최대값 미만일 때만 증가하고, 최대값이 되면 더 이상 증가하지 않는다.
- 리셋 입력 R이 1이 되면 현재값 CV는 0으로 클리어(Clear)된다.
- 출력 Q는 CV가 PV 이상이 될 때에만 1이 된다.
- PV 값은 CTU 펑션 블록을 수행 시 설정값을 새롭게 가져와 연산한다.

펑션 블록	PV	동작 설명
CTUD_INT	INT	INT(설정값)의 −32,768~32,767만큼 증가, 감소한다.
CTUD_DINT	DINT	DINT(설정값)의 0~$2^{31}-1$만큼 증가, 감소한다.
CTUD_LINT	LINT	LINT(설정값)의 0~$2^{63}-1$만큼 증가, 감소한다.
CTUD_UINT	UINT	UINT(설정값)의 0~65535만큼 증가, 감소한다.
CTUD_UDINT	UDINT	UDINT(설정값)의 0~$2^{32}-1$만큼 증가, 감소한다.
CTUD_ULINT	ULINT	ULINT(설정값)의 0~$2^{63}-1$만큼 증가, 감소한다.

㉯ 타임 차트

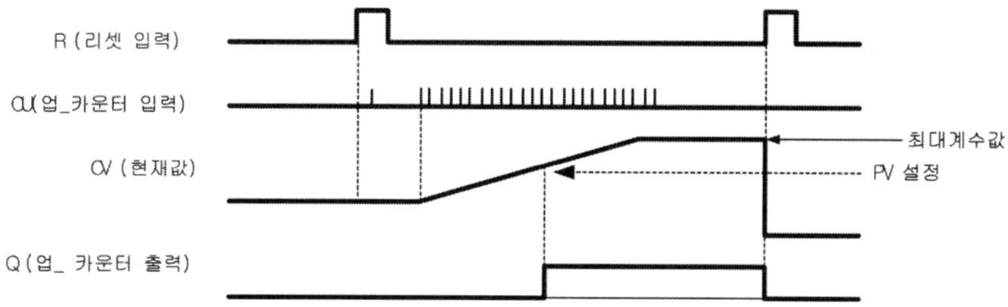

㉰ 프로그램

카운터의 설정값을 정수(INT)로 설정한다. 스위치가 ON될 때마다 카운터의 현재값이 증가하게 되며, 카운터 현재값이 설정값 이상이면 램프가 ON된다.

입력 접점 %IX0.1.15에 10번의 펄스가 들어오면 출력 접점 %QX0.3.0을 Set 시키는 프로그램

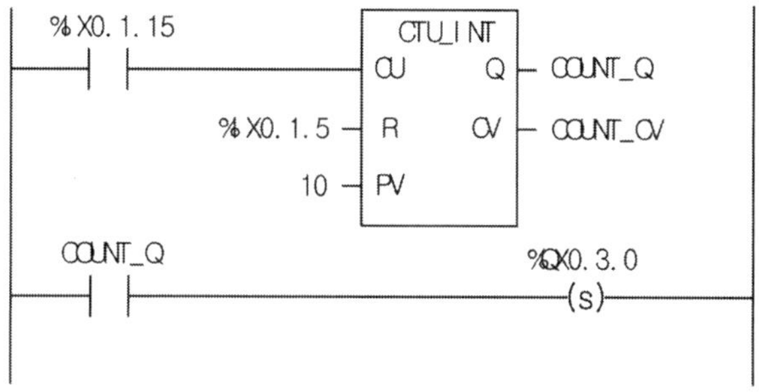

알아두기

펑션 블록은 여러 스캔에 걸쳐 출력을 만들기 때문에 펑션 블록을 사용할 때는 연산 중 누계되는 데이터를 잠시 보관하기 위한 **인스턴스 변수**를 반드시 선언해야 한다.
XG5000에서 프로그램 편집 시 카운터 인스턴스 변수를 선언하면 카운터 출력은 **인스턴스 이름.Q**, 현재값은 **인스턴스 이름.CV**로 변수가 자동 생성된다.

㉱ 프로그램 예

☞ CTU는 펑션 블록이므로 연산 중 누계되는 데이터를 잠시 보관하기 위한 **인스턴스 변수**를 반드시 선언해야 한다.

☞ XG5000에서 프로그램 편집 시 CTU의 인스턴스 변수를 선언하면 카운터 출력은 **인스턴스 이름.Q**, 현재값은 **인스턴스 이름.CV**로 변수가 자동 생성된다.

- CTU의 인스턴스 변수 C1을 선언한다.

- 토글 스위치 0(%IX0.0.0)로 CU에 상승(Rising Edge) 펄스를 입력하면 현재 값이 증가한다.
- 현재 값을 우측 디지털 표시기(%QW0.1.1)에 출력한다.
- 현재 값이 설정 값 이상이면 카운터 출력(C1.Q)이 1이 되어 램프(%QX0.1.0)가 점등된다.
- 토글 스위치 1(%IX0.1.0)을 ON하면 현재 값 및 카운터 출력이 리셋되어 0이 된다.
- 현재 값(C1.CV)이 0~9999 사이를 벗어나면 펑션 INT_TO_BCD에 의해 _ERR, _LER 플래그가 ON된다.

	변수 종류	변수	타입	메모리 할당	초기값	리테인	사용 유무
1	VAR	C1	CTU_INT			☐	☑
2	VAR	램프	BOOL	%QX0.1.0		☐	☑
3	VAR	리셋	BOOL	%IX0.0.1		☐	☑
4	VAR	표시기_右	WORD	%QW0.1.1		☐	☑

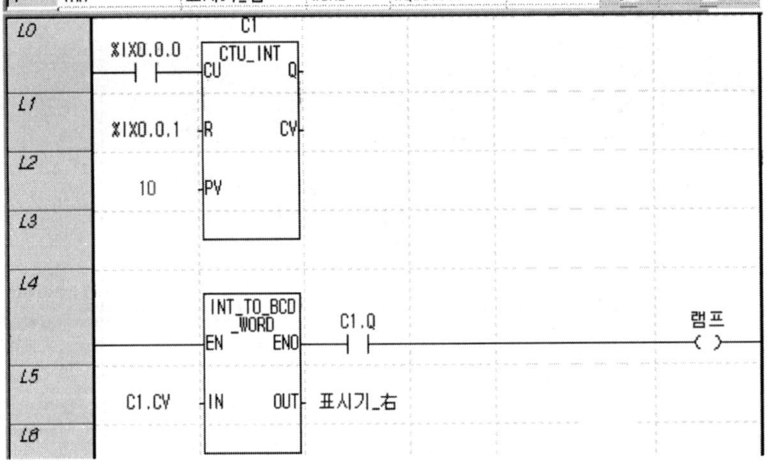

② CTD(다운 카운터)

펑 션	설명
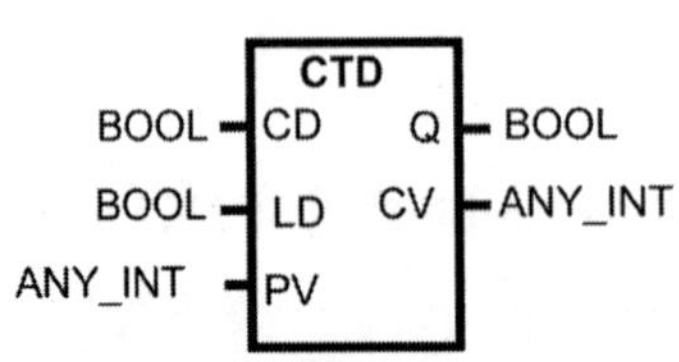	**입력 :** CD : 펄스 신호 입력 LD : 설정 값 입력 PV : 설정 값 **출력 :** Q : 카운터 접점 신호 출력 CV : 카운터 현재 값 출력

㉮ 기능

- 감산 카운터 펑션 블록 CTD는 다운 카운터 펄스 입력 CD가 0에서 1이 되면 현재

값 CV가 이전 값보다 1만큼 감소하는 카운터이다.

- 단, CV는 PV의 최소보다 클 때만 감소하고, 최솟값이 되면 더 이상 감소하지 않는다.
- 설정 값 입력 LD가 1이 되면 현재 값 CV는 설정 값 PV 값이 로드된다.
- 출력 Q는 CV가 0 이하일 때에만 1이 된다.

펑션 블록	PV	동작 설명
CTUD_INT	INT	INT(설정값)의 −32,768~32,767만큼 증가, 감소한다.
CTUD_DINT	DINT	DINT(설정값)의 $0 \sim 2^{31}-1$만큼 증가, 감소한다.
CTUD_LINT	LINT	LINT(설정값)의 $0 \sim 2^{63}-1$만큼 증가, 감소한다.
CTUD_UINT	UINT	UINT(설정값)의 0~65535만큼 증가, 감소한다.
CTUD_UDINT	UDINT	UDINT(설정값)의 $0 \sim 2^{32}-1$만큼 증가, 감소한다.
CTUD_ULINT	ULINT	ULINT(설정값)의 $0 \sim 2^{63}-1$만큼 증가, 감소한다.

㈏ 타임 차트

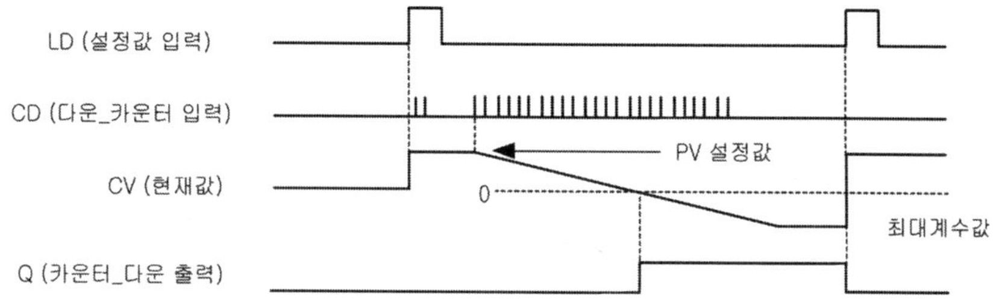

㈐ 프로그램

정수(INT)로 카운터의 설정값을 설정하고 로드 스위치를 ON하면 카운터의 설정 값이 현재 값으로 로드된다.

토글 스위치가 ON될 때마다 카운터의 현재 값이 감소하게 되며, 카운터 현재 값이 0보다 작거나 같으면 램프가 ON된다.

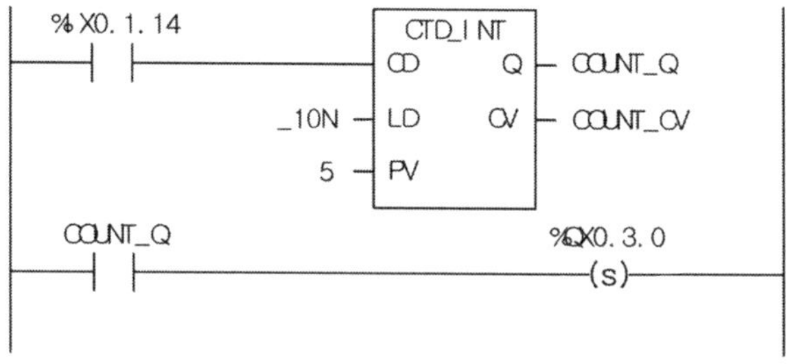

㉣ **프로그램 예**

- CTD의 인스턴스 변수 C2를 선언하고 설정 값을 5로 셋팅한다.
- 초기에 _1ON(첫 스캔 ON)에 의해 LD가 1이 되어 설정 값이 현재 값에 로드된다.
- 토글 스위치 1(%IX0.0.14)로 CD에 상승(Rising Edge) 펄스를 입력하면 현재 값이 감소한다.
- 현재 값이 0 이하이면 카운터 출력(C2.Q)이 1이 되어 램프 1(%QX0.3.0)이 점등된다.
- 토글 스위치 2(%IX0.0.2)를 ON하면 LCD가 1이 되어 설정 값이 현재 값에 로드된다.

	변수 종류	변수	타입	메모리 할당	초기값	리테인	사용 유무
1	VAR	C2	CTD_INT			☐	☑
2	VAR	PV로드	BOOL			☐	☑
3	VAR	램프1	BOOL	%QX0.1.1		☐	☑
4	VAR	램프2	BOOL	%QX0.1.2		☐	☑
5	VAR	표시기_右	WORD	%QW0.1.1		☐	☑

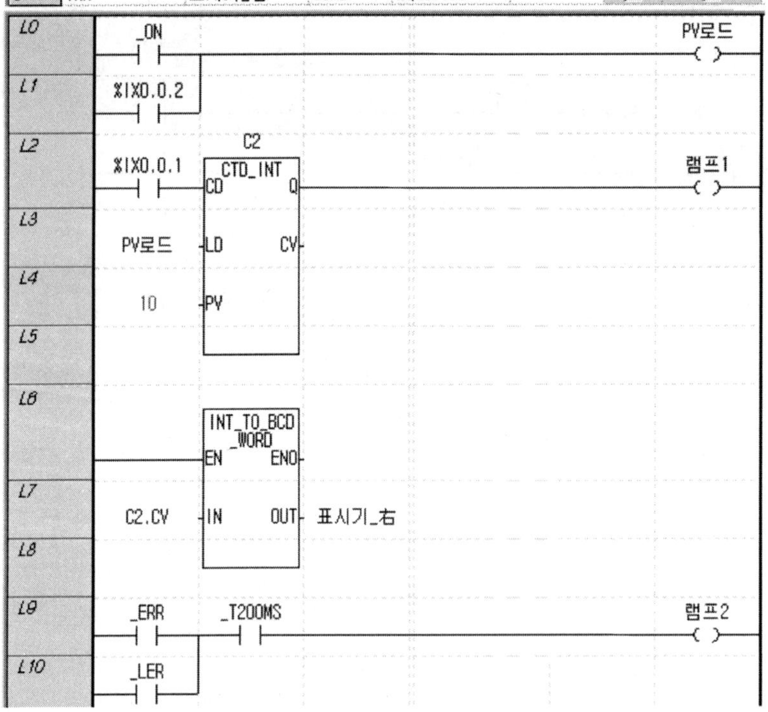

③ CTUD(업-다운 카운터)

<table>
<tr><th>펑 션</th><th>설명</th></tr>
<tr><td>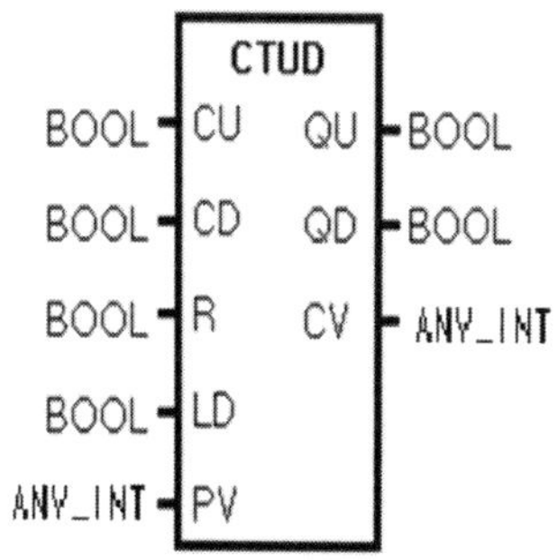
</td><td>입력 :
CU : 업 카운터 펄스 입력
CD : 다운 카운터 펄스 입력
R : 리셋 신호 입력
LD : 설정 값 입력
PV : 설정 값
출력 :
QU : 업 카운터 접점 출력
QD : 다운 카운터 접점 출력
CV : 카운터 현재 값 출력</td></tr>
</table>

㉮ 기능

- 가감산 카운터 펑션 블록 CTUD는 업카운터 펄스 입력 CU가 0에서 1이 되면 현재 값 CV가 이전 값보다 1만큼 증가하고, 다운 카운터 펄스 입력 CD가 0에서 1이 되면 현재값 CV가 이전 값보다 1만큼 감소하는 카운터이다.
- 단, CV는 PV의 최솟값과 최댓값 사이의 값을 가지며 최대, 최솟값에 이르면 각각 더 이상 증가, 감소하지 않는다.
- 설정 값 입력 LD가 1이 되면 현재 값 CV에는 설정 값 PV 값이 로드된다.
- 설정 값 입력 R이 1이 되면 현재 값 CV는 0으로 클리어된다.
- 출력 QU는 CV가 PV보다 크면 1이 되고,QD는 CV가 0 이하일 때 1이 된다.
- 각 입력신호에 대해서 R>LD>CU>CD순으로 동작을 수행하며, 신호의 중복 발생 시 우선순위가 높은 동작 하나만 수행한다.

펑션 블록	PV	동작 설명
CTUD_INT	INT	INT(설정값)의 −32,768~32,767만큼 증가, 감소한다.
CTUD_DINT	DINT	DINT(설정값)의 $0\sim2^{31}-1$만큼 증가, 감소한다.
CTUD_LINT	LINT	LINT(설정값)의 $0\sim2^{63}-1$만큼 증가, 감소한다.
CTUD_UINT	UINT	UINT(설정값)의 0~65535만큼 증가, 감소한다.
CTUD_UDINT	UDINT	UDINT(설정값)의 $0\sim2^{32}-1$만큼 증가, 감소한다.
CTUD_ULINT	ULINT	ULINT(설정값)의 $0\sim2^{63}-1$만큼 증가, 감소한다.

㉯ 타임 차트

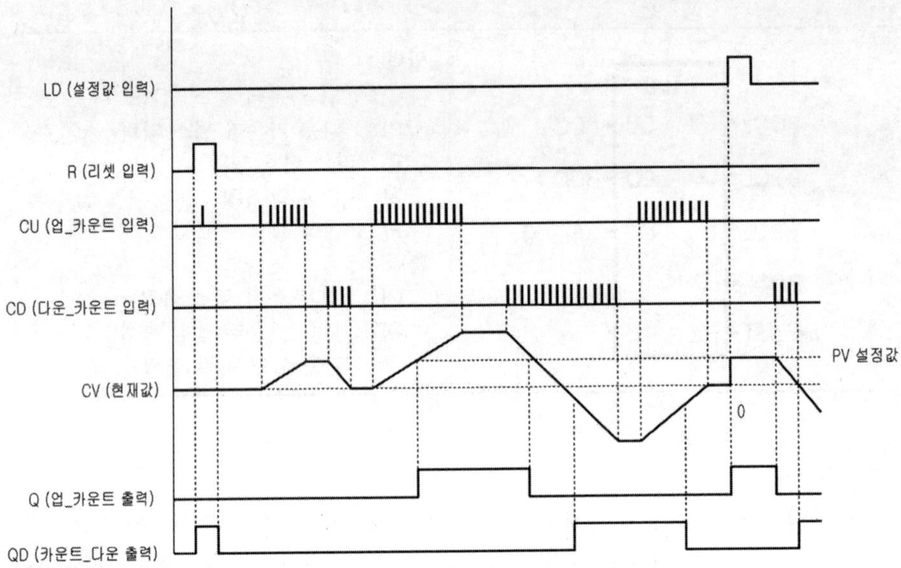

㉰ 프로그램 예

- 초기에 _1ON(첫 스캔 ON)에 의해 5가 C3.CV에 전송되어 현재값은 5가 된다.
- 토글 스위치 0(%IX0.0.0)로 CU에 상승 펄스를 입력하면 현재값이 증가한다.
- 토글 스위치 1(%IX0.0.1)로 CD에 상승 펄스를 입력하면 현재값이 감소한다.
- 현재값이 설정값 이상이면 C3.QU가 1이 되어 램프 1(%QX0.1.1)이 점등된다.
- 토글 스위치 2(%IX0.0.2)를 ON하면 리셋되어 현재값은 0으로 클리어된다.
- 토글 스위치 3(%IX0.0.2)를 ON하면 LD가 1이 되어 설정값이 현재값에 로드된다.
- 현재값이 0 이상이면 GE 펑션 출력이 ON되어 펑션 INT_TO_BCD가 실행된다. 단, 현재값 0~9999 사이를 벗어나면 펑션 INT_TO_BCD에 의해 _ERR, _LER 플래그가 ON된다.

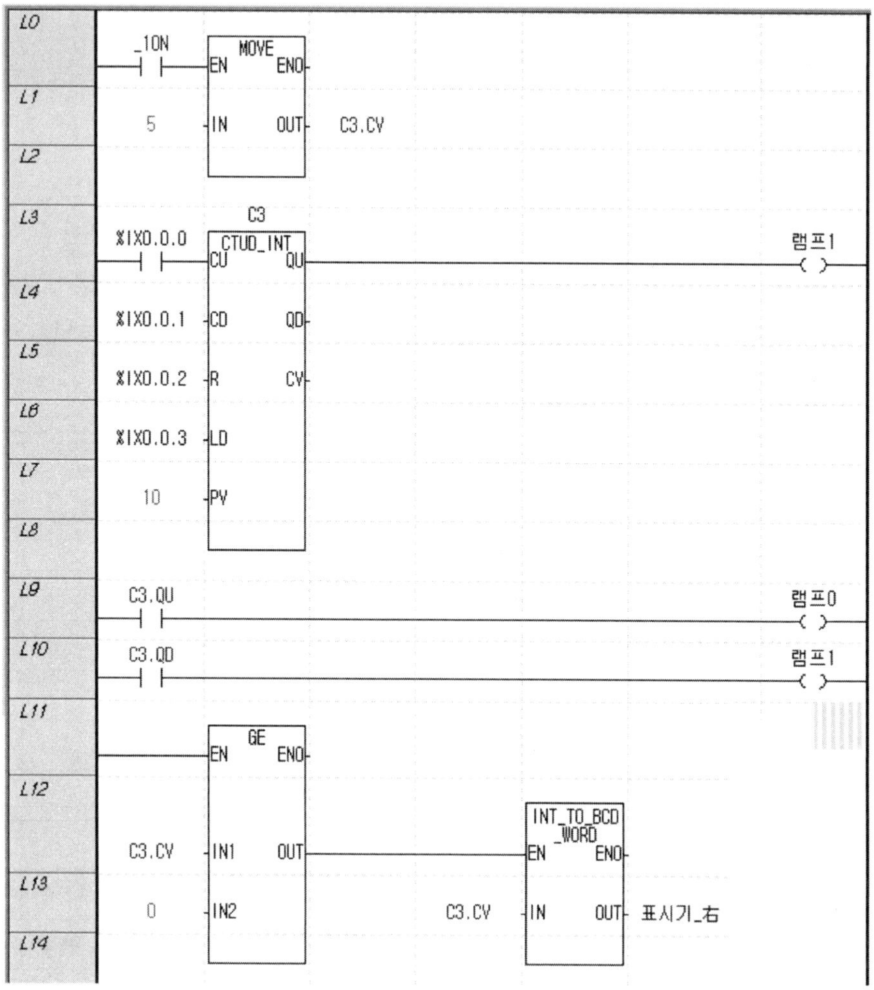

	변수 종류	변수	타입	메모리 할당	초기값	리테인	사용 유무	설명문
1	VAR	C3	CTUD_INT			☐	☑	
2	VAR	램프0	BOOL	%QX0.1.0		☐	☑	
3	VAR	램프1	BOOL	%QX0.1.1		☐	☑	
4	VAR	표시기_右	WORD	%QW0.1.1		☐	☑	

7.10 표준 펑션 / 펑션 블록 / 플래그 일람표

(1) 표준 펑션 및 펑션 블록

표준 펑션에는 전송 펑션, 변환 펑션, 비교 펑션, 산술 연산 펑션, 논리 연산 펑션, 비트 시프트 펑션, 선택 펑션, 문자열 펑션, 날짜 시각 펑션, 시스템 제어 펑션 등이 있고, 표준 펑션 블록에는 카운터, 타이머, 에지 검출, 바이스터블 펑션 블록 등이 있다.

1) 시퀀스 연산자

구분	명령어	기호	기능 설명	비고
시퀀스 연산자	A접점	—| |—	A접점 연산	
	B접점	—|/|—	B접점 연산	
	양 변환 검출 접점	—|P|—	상승 에지에서 1Scan On 접점	
	음 변환 검출 접점	—|N|—	하강 에지에서 1Scan On 접점	
	출력 코일	—( )—	연산 결과 출력	
	반전 코일	—(/)—	연산 결과 반전 출력	
	출력 Set	—(S)—	연산 결과 세트 출력	
	출력 Reset	—(R)—	연산 결과 리셋 출력	
	양 변환 검출 코일	—(P)—	연결선이 연결될 때 1Scan On 출력	
	양 변환 검출 코일	—(N)—	연결선이 끊어질 때 1Scan On 출력	
	점프	—>>	레이블 위치로 점프	
	프로그램 종료	—<RETURN>	현재 프로그램 종료	

2) 펑션

구분	명령어	기호	기능 설명	비고
전송 펑션	MOVE	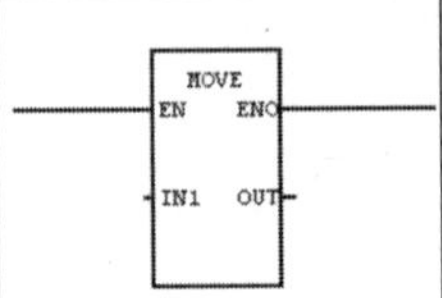	데이터 전송(복사) IN1 : MOVE할 값(ANY) OUT : MOVE된 값(ANY)	IN, OUT 변수는 같은 Data Type이어야 함

구분	명령어	기호	기능 설명	비고
변환 펑션	****_TO_****	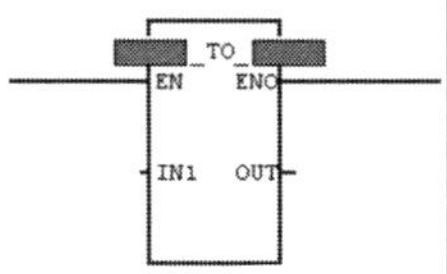	데이터 형식 변환 펑션 IN1 : 전송원 OUT : 전송선 변환 명령 펑션의 종류 SINT_TO_INT 외 14종 INT_TO_SINT 외 14종 DINT_TO_SINT 외 14종 LINT_TO_SINT 외 14종 USINT_TO_SINT 외 14종 UINT_TO_SINT 외 14종 UDINT_TO_SINT 외 14종 ULINT_TO_SINT 외 14종 BYTE_TO_SINT 외 14종 WORD_TO_SINT 외 14종 DWORD_TO_SINT 외 14종 LWORD_TO_SINT 외 14종 BCD_TO_SINT 외 7종 REAL_TO_SINT 외 7종 LREAL_TO_SINT 외 7종 STRING_TO_SINT 외 18종 NUM_TO_SINT TIME_TO_UDINT 외 2종 DATE_TO_UINT 외 2종 TOD_TO_SINT 외 2종 DT_TO_DATE 외 2종_	LINT ULINT LWORD REAL LREAL 관련 펑션은 GM1과 GM2만 가능
	TRUNC	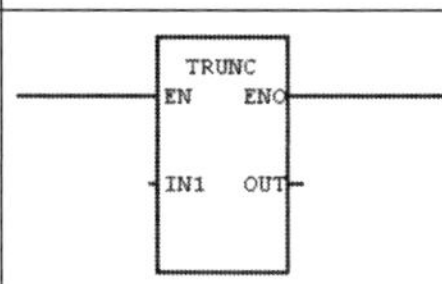	소수점 이하 값을 버리고 정수로 변환 (실수>정수) IN1 : 변환될 Real 값(ANY_REAL) OUT : MOVE된 값(ANY_INT)	GM1,GM2 전용
수치 연산 펑션	ADD	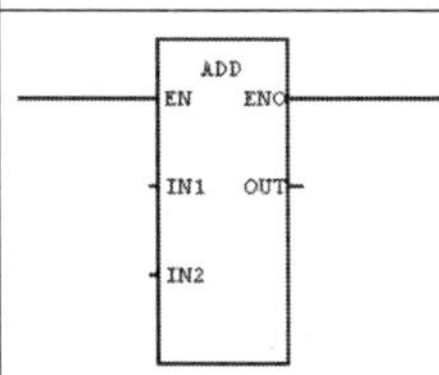	덧셈 IN1~IN8 : 더할 값(ANY_NUM) OUT : 더한 결과값(ANY_NUM)	IN, OUT 변수는 같은 Data Type이어야 함
	SUB	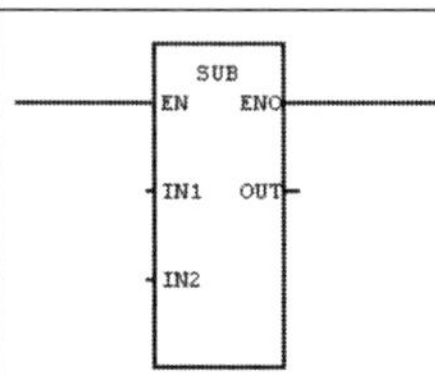	뺄셈 IN1 : 빼어질 값(ANY_NUM) IN2 : 뺄 값(ANY_NUM) OUT : 뺀 결과값(ANY_NUM)	IN, OUT 변수는 같은 Data Type이어야 함
	MUL	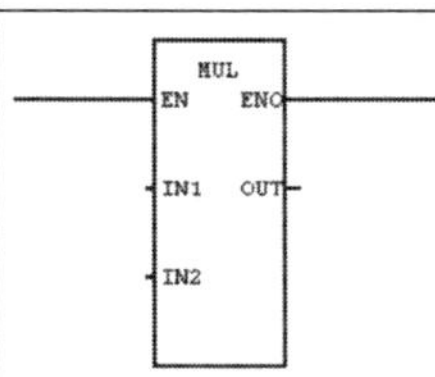	곱셈 IN1~IN8 : 곱할 값(ANY_NUM) OUT : 곱한 결과값(ANY_NUM)	IN, OUT 변수는 같은 Data Type이어야 함

구분	명령어	기호	기능 설명	비고
수치 연산 펑션	DIV	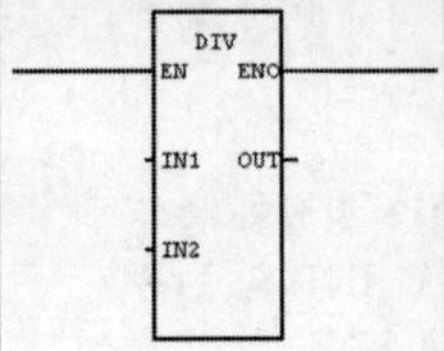	나눗셈(몫 구하기) IN1 : 나누어질 값(ANY_NUM) IN2 : 나눌 값(ANY_NUM) OUT : 몫(ANY_NUM) 단, 몫의 소수점 이하 버림.	IN, OUT 변수는 같은 Data Type 이어야 함
	MOD	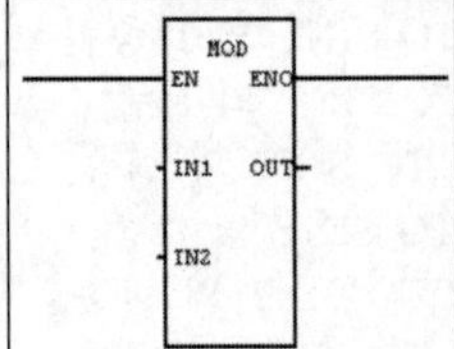	나눗셈(나머지 구하기) IN1 : 나누어질 값(ANY_INT) IN2 : 나눌 값(ANY_INT) OUT : 나머지 값(ANY_INT)	IN, OUT 변수는 같은 Data Type 이어야 함
	EXPT	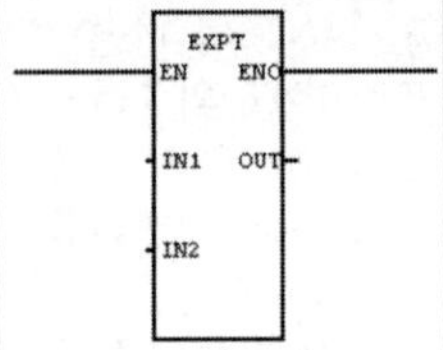	지수 연산 IN1 : 진수(ANY_REAL) IN2 : 나눌 값(ANY_NUM) OUT : 나머지 값(ANY_REAL) *GM1, GM2 전용	IN, OUT 변수는 같은 Data Type 이어야 함
	ABS	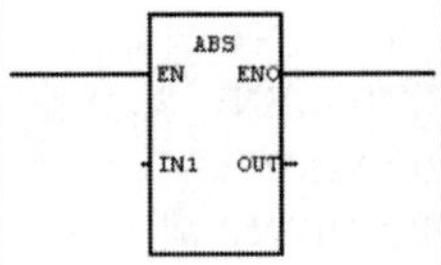	절대값 연산 IN1 : 변환될 Real 값(ANY_NUM) OUT : MOVE된 값(ANY_NUM)	IN, OUT 변수는 같은 Data Type 이어야 함
	SQRT	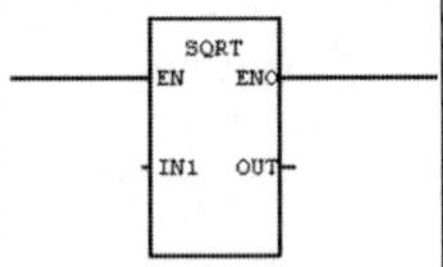	제곱근 연산 IN1 : 제곱근연산입력값(ANY_REAL) OUT : 제곱근값(ANY_REAL)	GM1, GM2 전용
	LN	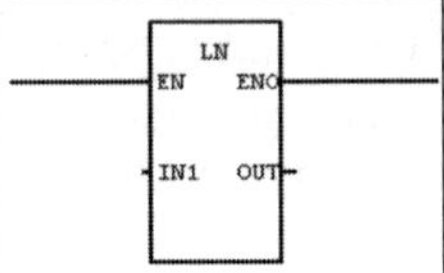	자연대수 연산 IN1 : 연산원(ANY_REAL) OUT : 자연대수값(ANY_REAL)	GM1, GM2 전용
	LOG	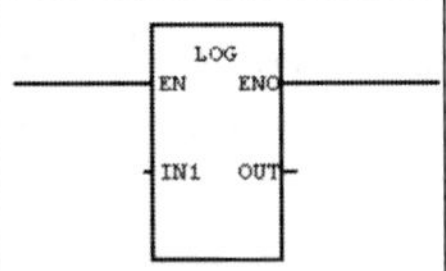	상용대수 연산 IN1~IN8 : 연산원(ANY_REAL) OUT : 상용대수연산값(ANY_REAL)	GM1, GM2 전용
	EXP	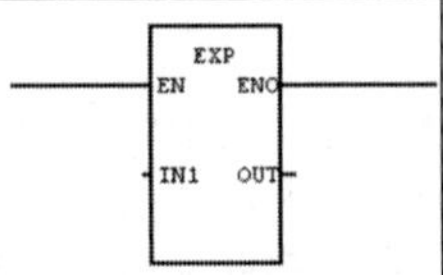	자연지수 연산 IN1 : 연산원(ANY_REAL) OUT : 지수연산결과값(ANY_REAL)	GM1, GM2 전용
삼각 펑션	SIN	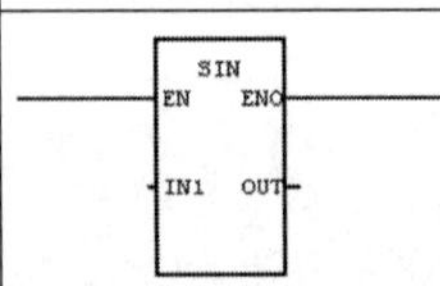	Sine 연산 IN1 : 연산원(ANY_REAL) OUT : 결과값(ANY_REAL)	GM1, GM2 전용

구분	명령어	기호	기능 설명	비고
삼각평션	COS	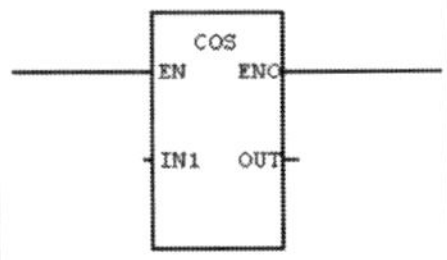	Cosine 연산 IN1 : 연산원(ANY_REAL) OUT : 결과값(ANY_REAL)	GM1, GM2 전용
	TAN	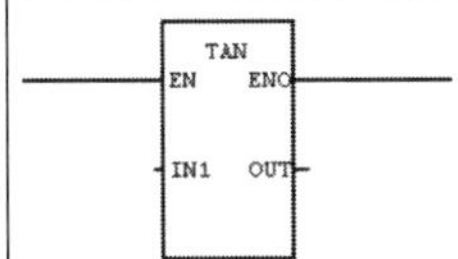	Tangent 연산 IN1 : 연산원(ANY_REAL) OUT : 결과값(ANY_REAL)	GM1, GM2 전용
	ASIN	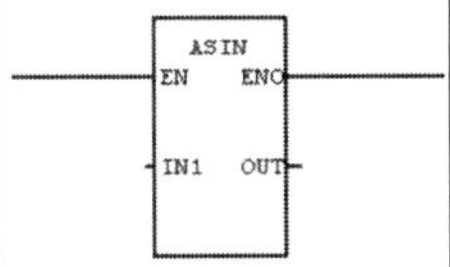	Arc Sine 연산 IN1 : 연산원(ANY_REAL) OUT : 결과값(ANY_REAL)	GM1, GM2 전용
	ACOS	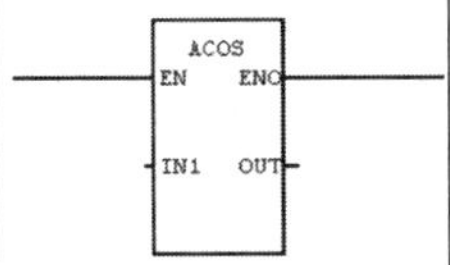	Arc Cosine 연산 IN1 : 연산원(ANY_REAL) OUT : 결과값(ANY_REAL)	GM1, GM2 전용
	ATAN	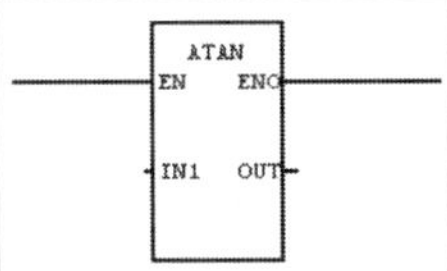	Arc Tangent 연산 IN1 : 연산원(ANY_REAL) OUT : 결과값(ANY_REAL)	GM1, GM2 전용
이동평션	SHL	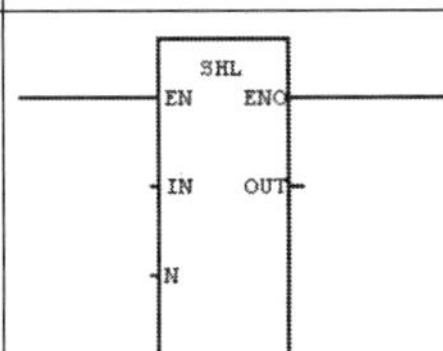	비트열 왼쪽으로 이동 IN : 이동될 비트 열(ANY_BIT) N : 이동할 비트 수(INT) OUT : 이동된 값(ANY_BIT)	
	SHR	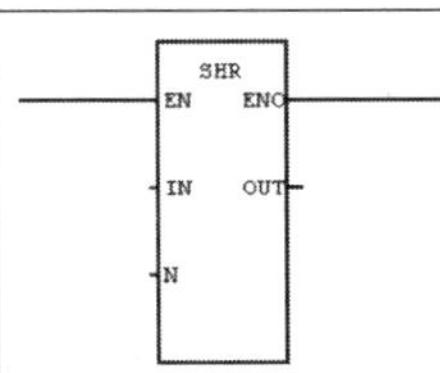	비트열 오른쪽으로 이동 IN : 이동될 비트 열(ANY_BIT) N : 이동할 비트 수(INT) OUT : 이동된 값(ANY_BIT)	
회전명령	ROL	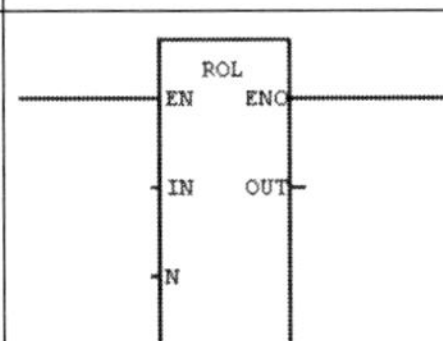	비트열 왼쪽으로 회전 IN : 회전될 값(ANY_BIT) N : 회전할 비트 수(INT) OUT : 회전된 값(ANY_BIT)	
	ROR	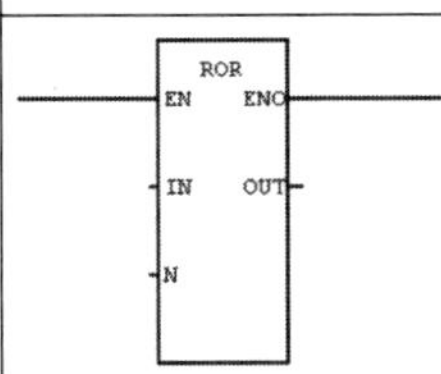	비트열 오른쪽으로 회전 IN : 회전될 값(ANY_BIT) N : 회전할 비트 수(INT) OUT : 회전된 값(ANY_BIT)	

구분	명령어	기호	기능 설명	비고
논리 연산	AND	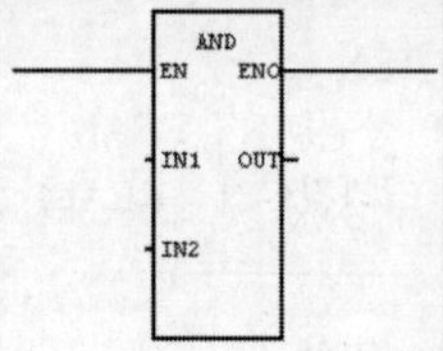	논리곱 IN1~IN8 : AND 될 값(ANY_BIT) OUT : AND 된 값(ANY_BIT)	IN, OUT은 모두 같은 Data Type 이어야 함
	OR	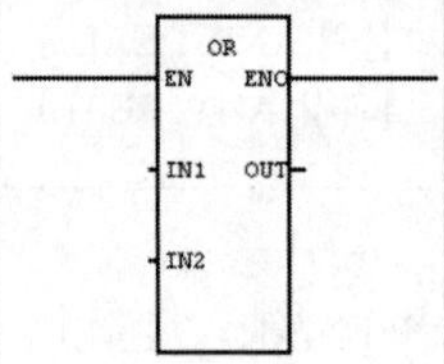	논리합 IN1~IN8 : OR 될 값(ANY_BIT) OUT : OR 된 값(ANY_BIT)	IN, OUT은 모두 같은 Data Type 이어야 함
	XOR	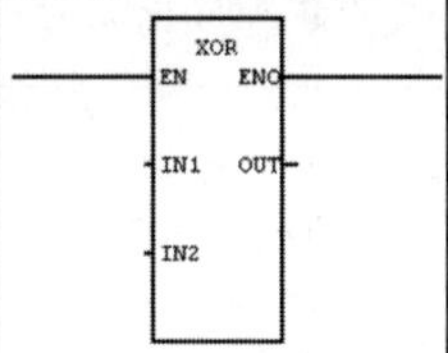	배타적 논리합(Exclusive OR) IN1~IN8 : XOR될 값(ANY_BIT) OUT : XOR된 값(ANY_BIT)	IN, OUT은 모두 같은 Data Type 이어야 함
	NOT	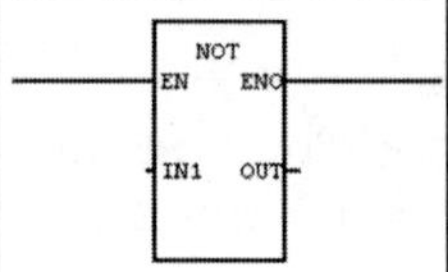	논리 반전 IN1, IN2 : NOT될 값(ANY_BIT) OUT : NOT된 값(ANY_BIT)	IN, OUT은 모두 같은 Data Type 이어야 함
선택 펑션	SEL	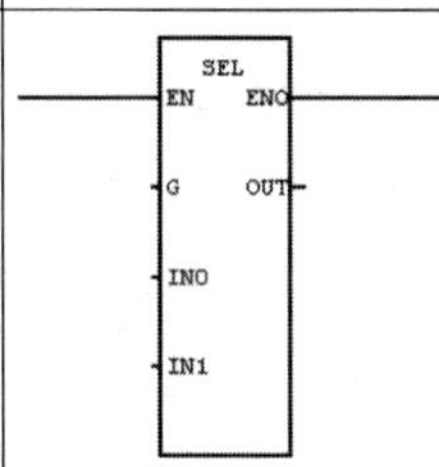	2중 선택 G : 출력 선택(BOOL)>0 또는 1 IN0 : G가 0일 경우 선택될 값(ANY) IN1 : G가 1일 경우 선택될 값(ANY) OUT : 선택된 값(ANY)	IN, OUT은 모두 같은 Data Type이어야 함
	MAX	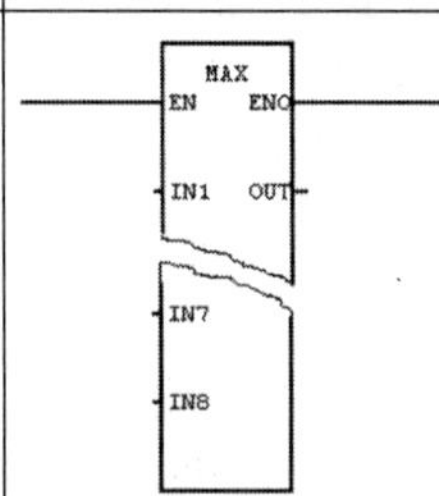	최댓값 구하기 IN1~IN8 : 비교될 값(ANY_NUM) OUT : 입력값 중 최댓값(ANY_NUM)	IN, OUT은 모두 같은 Data Type이어야 함
	MIN	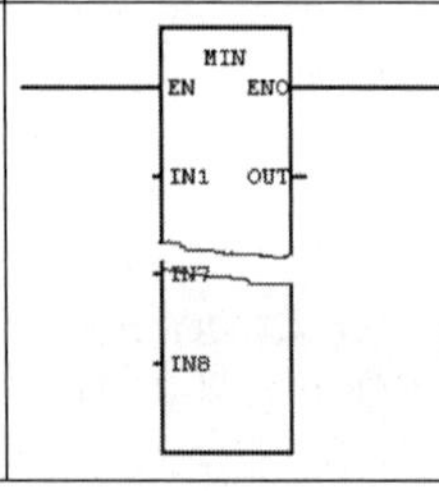	최솟값 구하기 IN1~IN8 : 비교될 값(ANY_NUM) OUT : 입력값 중 최솟값(ANY_NUM)	IN, OUT은 모두 같은 Data Type이어야 함

구분	명령어	기호	기능 설명	비고
선택 펑션	LIMIT	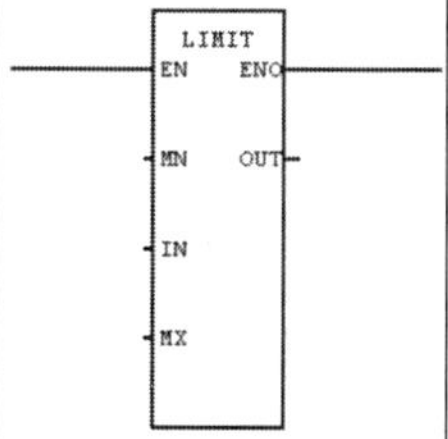	상하한 제한값 MN : 최솟값(ANY_NUM) IN : 제한될 값(ANY_NUM) MX :최댓값(ANY_NUM) OUT : 범위 안에 든 값(ANY_NUM)	MIN, IN, MX, OUT은 모두 같은 Data Type이어야 함
	MUX	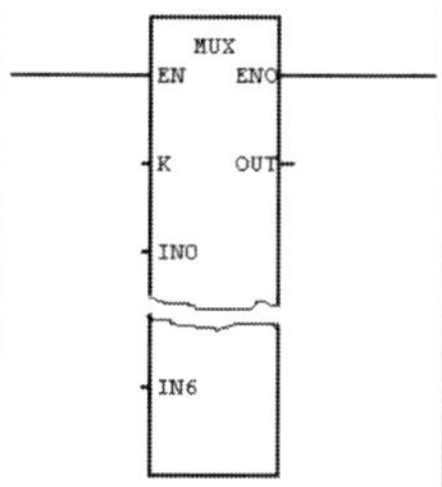	여러 개 중 선택(입력 최대 7개) K : 선택 입력 번호(INT) IN0 : 전송원 0번(ANY) IN1 : 전송원 1번(ANY) IN2 : 전송원 2번(ANY) IN3 : 전송원 3번(ANY) IN4 : 전송원 4번(ANY) IN5 : 전송원 5번(ANY) IN6 : 전송원 6번(ANY) OUT : 선택된 값(ANY)	IN0, IN1, ···, OUT은 모두 같은 Data Type이어야 함
비교 펑션	GT(>)	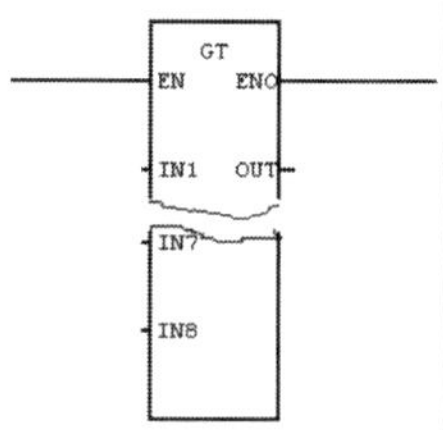	'크다' 비교 IN1~IN8 : 비교 데이터(ANY) OUT : 비교 결과값(BOOL) IN1>IN2> ··· >IN7>IN8 의 조건 성립 시 OUT 출력 ON	IN1, IN2, ···는 모두 같은 Data Type 이어야 함
	GE(≥)	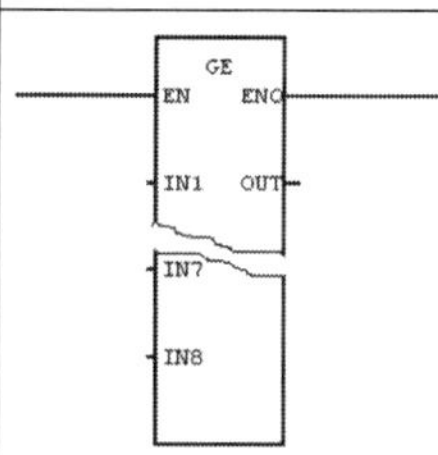	'크거나 같다' 비교 IN1~IN8 : 비교 데이터(ANY) OUT : 비교 결과값(BOOL) IN1≥IN2≥ ··· ≥IN7≥IN8 의 조건 성립 시 OUT 출력 ON	IN1, IN2, ···는 모두 같은 Data Type 이어야 함
	EQ(=)	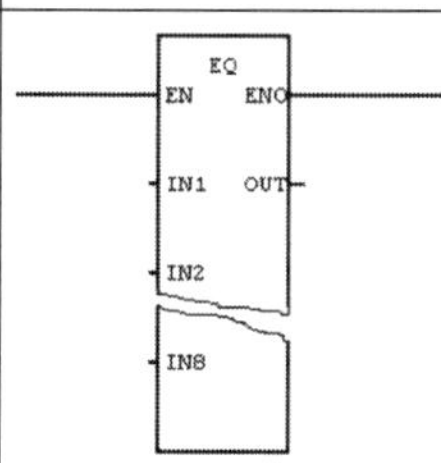	'같다' 비교 IN1~IN8 : 비교 데이터(ANY) OUT : 비교 결과값(BOOL) IN1=IN2= ··· =IN7=IN8 의 조건 성립 시 OUT 출력 ON	IN1, IN2, ···는 모두 같은 Data Type 이어야 함
	LE(≤)	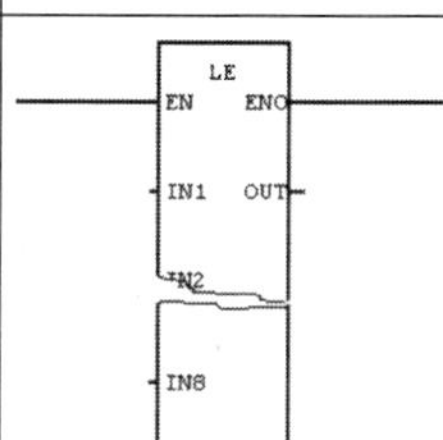	'작거나 같다' 비교 IN1~IN8 : 비교 데이터(ANY) OUT : 비교 결과값(BOOL) IN1≤IN2≤ ··· ≤IN7≤IN8 의 조건 성립 시 OUT 출력 ON	IN1, IN2, ···는 모두 같은 Data Type이어야 함

구분	명령어	기호	기능 설명	비고
비교 펑션	LT(<)	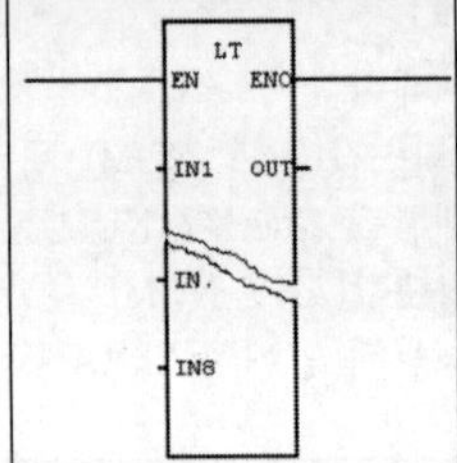	'작다' 비교 IN1~IN8 : 비교 데이터(ANY) OUT : 비교 결과값(BOOL) IN1<IN2< … <IN7<IN8의 조건 성립 시 OUT 출력 ON	IN1, IN2, …는 모두 같은 Data Type 이어야 함
	NE(≠)	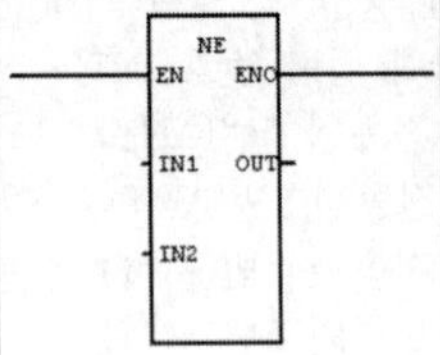	'같지 않다' 비교 IN1~IN8 : 비교 데이터(ANY) OUT : 비교 결과값(BOOL) IN1≠IN2의 조건 성립 시 OUT 출력 ON	IN1, IN2는 모두 같은 Data Type 이어야 함
문자열 펑션	LEN	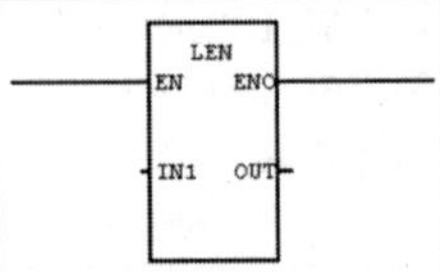	문자열 길이 IN1 : 문자열 입력(STRING) OUT : 문자열 길이(INT)	
	LEFT	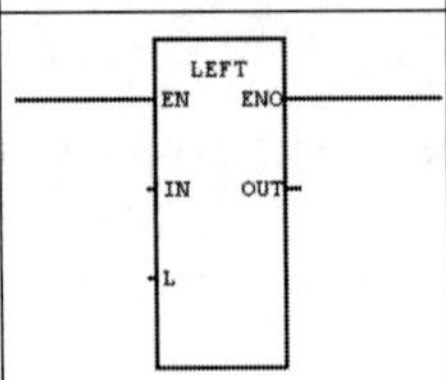	문자열 왼쪽 부분 전송 IN1 : 문자열 입력(STRING) L : 문자열 길이(INT) OUT : 문자열 출력(STRING)	
	RIGHT	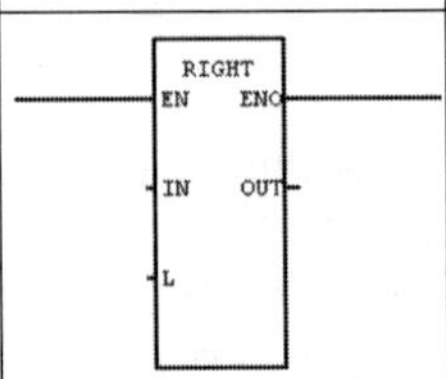	문자열 오른쪽 부분 전송 IN1 : 문자열 입력(STRING) L : 문자열 길이(INT) OUT : 문자열 출력(STRING)	
	MID	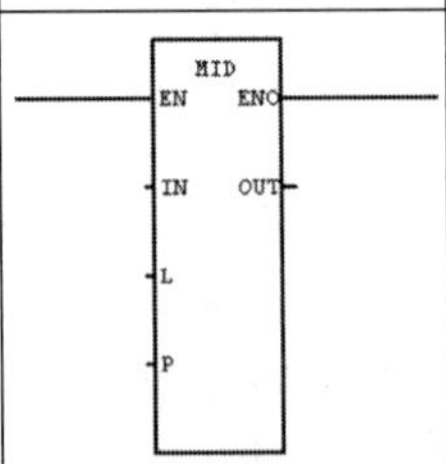	문자열 중간 부분 전송 IN1 : 문자열 입력(STRING) L : 문자열 길이(INT) P : 문자열 선두 위치(INT) OUT : 문자열 출력(STRING)	
	CONTACT	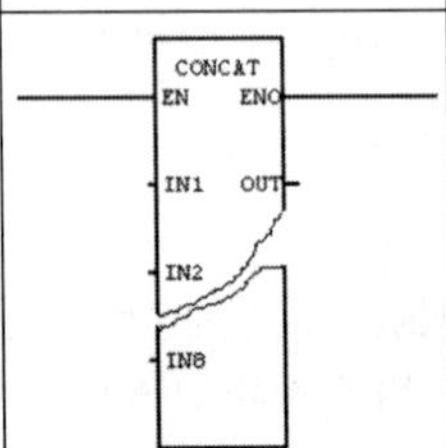	문자열 연결 입력 문자열을 순서대로 연결 IN1~IN8 : 문자열(STRING) OUT : 문자열 출력(STRING)	

구분	명령어	기호	기능 설명	비고
문자열 펑션	INSERT	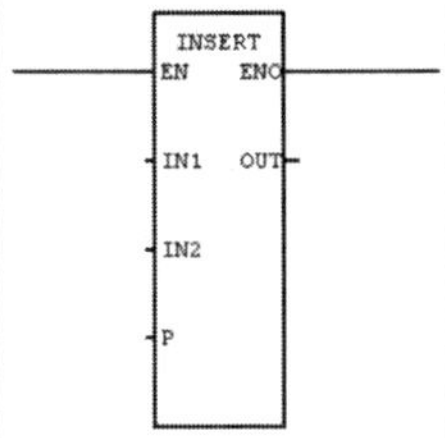	문자열 삽입 IN1 : 문자열 입력(STRING) IN2 : 삽입할 문자열(STRING) P : 문자열 선두 위치(INT) OUT : 문자열 출력(STRING)	
	DELETE	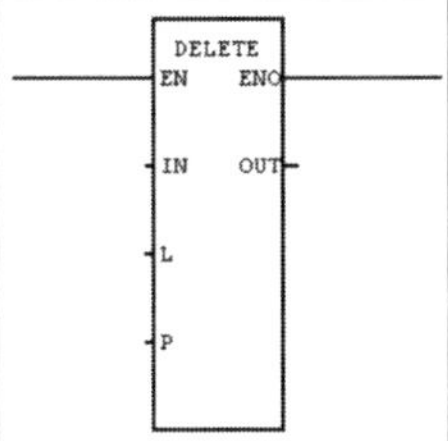	문자열 삭제 IN1 : 문자열 입력(STRING) L : 삽입할 문자열 길이(STRING) P : 문자열 선두 위치(INT) OUT : 문자열 출력(STRING)	
	REPLACE	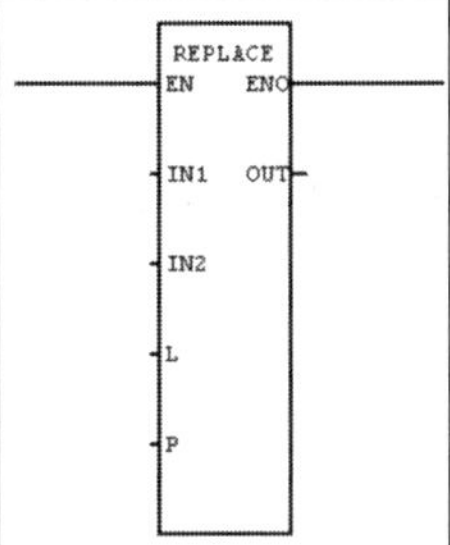	문자열 대체 IN1 : 문자열 입력(STRING) IN2 : 대체할 문자열(STRING) P : 문자열 선두 위치(INT) OUT : 문자열 출력(STRING)	
	FIND	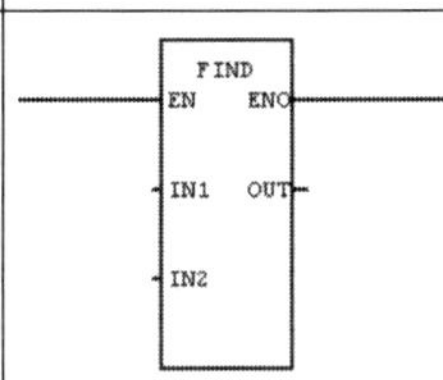	문자열 찾기 IN1 : 문자열 입력(STRING) IN2 : 검색할 문자열(STRING) P : 문자열 선두 위치(INT)	
날짜 시간 펑션	ADD_TIME	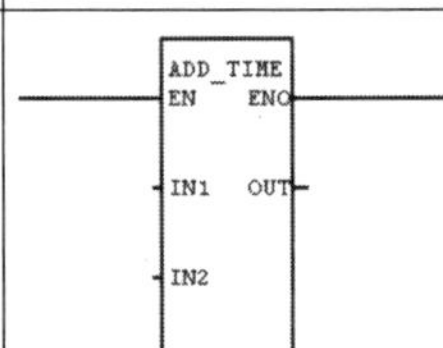	시간 더하기 IN1 : 시각 또는 시간(TIME, TOD,TD) IN2 : 더할 시간(TIME) OUT : 결과 시각 또는 시간 (TIME, TOD,TD)	
	SUB_TIME	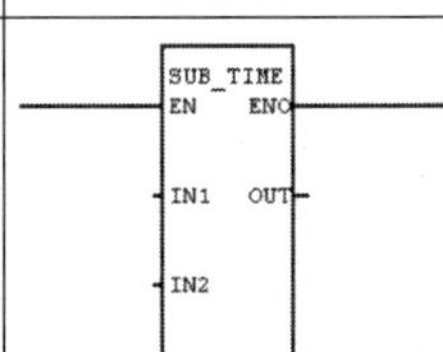	시간 빼기 IN1 : 시각 또는 시간(TIME, TOD,TD) IN2 : 뺄 시간(TIME) OUT : 결과 시각 또는 시간 (TIME, TOD,TD)	
	SUB_DATE	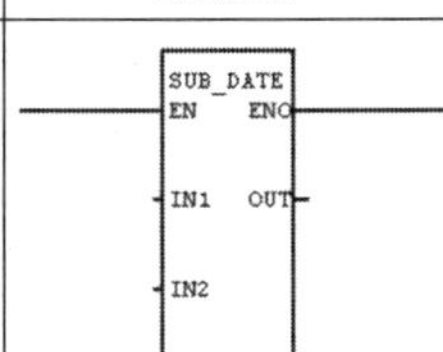	날짜 빼기 IN1 : 날짜(DATE) IN2 : 뺄 날짜(TIME) OUT : 결과 시간(TIME)	

3) 펑션 블록

구분	명령어	기호	기능 설명	비고
타이머 펑션 블록	TON	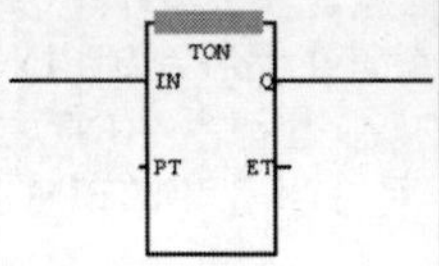	ON 딜레이 타이머 IN : 타이머 기동 조건(BOOL) PT : 설정 시간(TIME) Q : 타이머 출력(BOOL) ET : 경과 시간	IN이 ON된 후 PT에 도달하면 타이머 출력. 단, IN이 OFF면 타이머 출력 즉시 OFF
	TOF	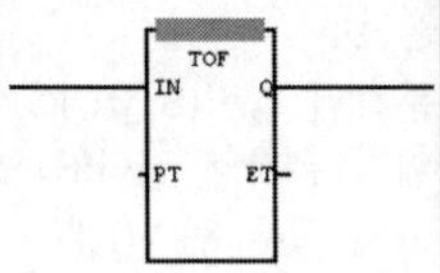	OFF 딜레이 타이머 IN : 타이머 기동 조건(BOOL) PT : 설정 시간(TIME) Q : 타이머 출력(BOOL) ET : 경과 시간	IN이 ON되면 타이머 출력. 단, IN이 OFF면 PT 경과 후 타이머출력 OFF
	TP	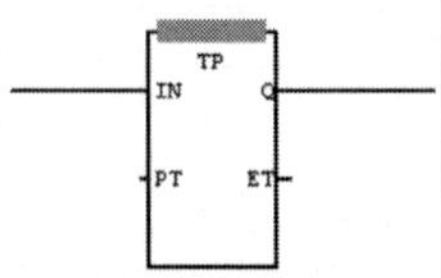	펄스 타이머 IN : 타이머 기동 조건(BOOL) PT : 설정 시간(TIME) Q : 타이머 출력(BOOL) ET : 경과 시간(TIME)	IN이 ON되면 PT 동안에만 타이머 출력
카운터 펑션 블록	CTU	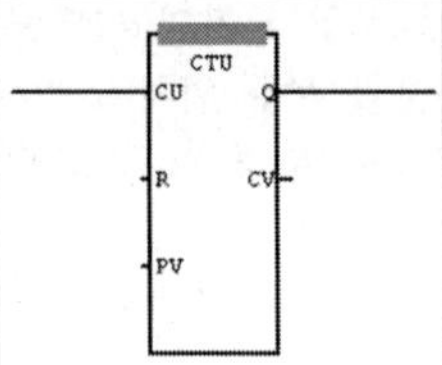	Up 카운터 CU : 가산 펄스 입력(BOOL) R : 리셋 입력(BOOL) P : 설정값(INT) Q : 카운터 출력(BOOL) CV : 현재값(INT)	현재값이 설정값 이상이면 카운터 출력ON
	CTD	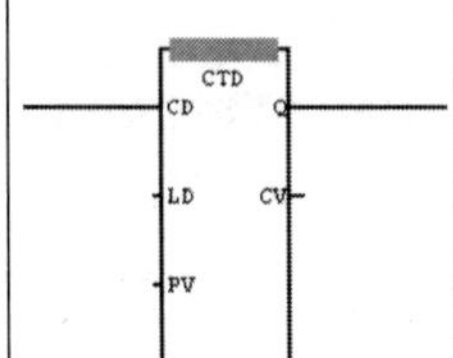	Down 카운터 CD : 감산 펄스 입력(BOOL) LD : 설정값 입력 LD가 1이면 PV를 CV로 로드(BOOL) PV : 설정값(INT) Q : 카운터 출력(BOOL) CV : 현재값(INT)	현재값이 0 이하이면 카운터 출력 ON
	CTUD	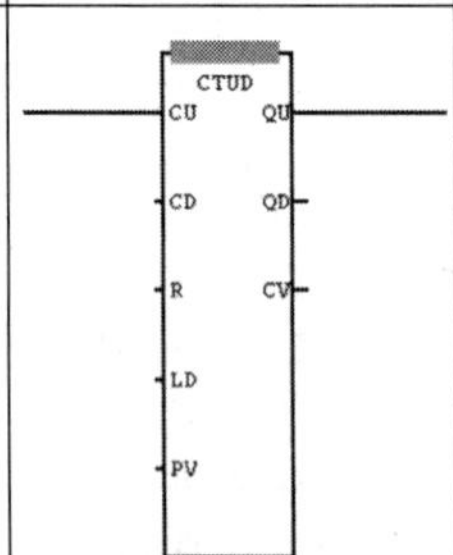	가감산(Up/Down) 카운터 CU : 가산 펄스 입력(BOOL) CD : 감산 펄스 입력(BOOL) R : 리셋 입력(BOOL) LD : 로드 입력(BOOL) PV : 설정값(INT) QU : 업 카운터 출력(BOOL) QD : 다운 카운터 출력(BOOL) CV : 현재값(INT)	QU ON 조건 : CV가 PV 이상일 때 QD ON 조건 : CV가 0 이하일 때
펑션 블록	SEMA	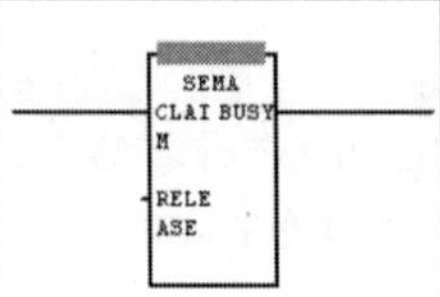	시스템 자원 제어(Semaphore) CLAIM : 자원독점 요구 신호(BOOL) RELEASE : 해제신호(BOOL) BUSY : 자원 취득 불가 신호 (대기)(BOOL)	

구분	명령어	기호	기능 설명	비고
펑션 블록	SR	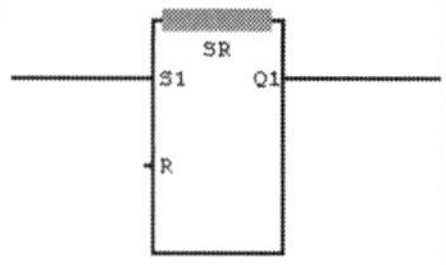	Set 우선 쌍안정 (Bistable) S1 : Set 조건(BOOL) R : Reset 조건(BOOL) Q1 : 연산 결과(BOOL)	
	RS	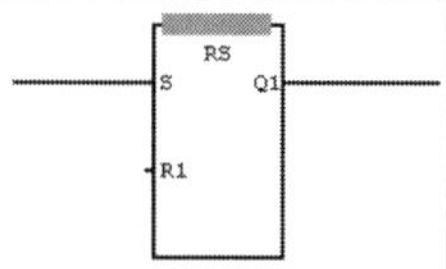	Reset 우선 쌍안정(Bistable) S : Set 조건(BOOL) R1 : Reset 조건(BOOL) Q1 : 연산 결과(BOOL)	
	R_TRIG	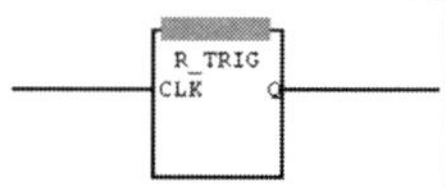	상승 에지 검출 CLK : 입력(BOOL) Q : 출력(BOOL)	
	F_TRIG	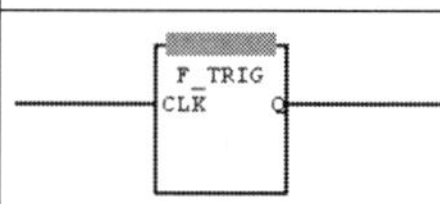	하강 에지 검출 CLK : 입력(BOOL) Q : 출력(BOOL)	

(5) 플래그 일람표(예약 변수)

① 예약 변수

예약 변수는 시스템에서 미리 선언한 변수들이다. 이 변수들은 특수한 용도로 사용하며, 사용자가 이 변수 이름으로 변수 선언을 할 수는 없다.

이 예약 변수를 사용할 때에는 변수 선언 없이 사용한다.

㉮ 사용자 플래그

예약 변수	데이터 타입	내 용
_ERR	BOOL	연산 에러 접점
_LER	BOOL	연산 에러 래치 접점
_T20MS	BOOL	20ms 클록 접점
_T100MS	BOOL	100ms 클록 접점
_200MS	BOOL	200ms 클록 접점
_T1S	BOOL	1초 클록 접점
_T2S	BOOL	2초 클록 접점
_T10S	BOOL	10초 클록 접점
_T20S	BOOL	20초 클록 접점
_T60S	BOOL	60초 클록 접점
_ON	BOOL	항시 ON 접점
_OFF	BOOL	항시 OFF 접점
_1ON	BOOL	1스캔 ON 접점
_1OFF	BOOL	1스캔 OFF 접점
_STOG	BOOL	스캔마다 반전
_INIT_DONE	BOOL	초기화 프로그램 완료
_RTC_DATE	DATE	RTC의 현재 날짜
_RTC_TOD	TOD	RTC의 현재 시간
_RTC_WEEK	UINT	RTC의 현재 요일

㉯ 시스템 에러 대표 플래그

예약 변수	데이터 타입	내 용
_CNF_ER	WORD	시스템의 에러(중고장)
_CPU_ER	BOOL	CPU 구성 에러
_IO_TYER	BOOL	모듈 타입 불일치 에러
_IO_DEER	BOOL	모듈 착탈 에러
_FUSE_ER	BOOL	Fuse 단선 에러
_IO_RWER	BOOL	입·출력 모듈 읽기/쓰기 에러(고장)
_SP_IFER	BOOL	특수/통신 모듈 인터페이스 에러(고장)
_ANNUN_ER	BOOL	외부기기의 중고장 검출 에러
_WD_ER	BOOL	Scan watch-dog 에러
_CODE_ER	BOOL	프로그램 코드 에러
_STACK_ER	BOOL	Stack overflow 에러
_P_BCK_ER	BOOL	프로그램 에러

㉰ 시스템 에러 해제 플래그

예약 변수	데이터 타입	내 용
_CNF_ER_M	BYTE	시스템 에러(중고장) 해제
_IO_DEER_M	BOOL	모듈 착탈 에러 해제
_FUSE_ER_M	BOOL	퓨즈 단선 에러 해제
_IO_RWER_M	BOOL	입·출력 모듈 읽기/쓰기 에러 해제
_SP_IFER_M	BOOL	특수/통신 모듈 인터페이스 에러 해제
_ANNUN_ER_M	BOOL	외부기기의 중고장 검출 에러 해제

㉱ 시스템 경고 대표 플래그

예약 변수	데이터 타입	내 용
_CNF_WAR	WORD	시스템의 경고(경고장)
_RTC_ERR	BOOL	RTC 데이터 이상
_D_BCK_ER	BOOL	데이터 백업 에러
_H_BCK_ER	BOOL	핫 리스타트 수행 불가 에러
_AB_SD_ER	BOOL	비정상 전원 차단(abnormal shutdown)
_TASK_ERR	BOOL	태스크(task) 충돌(정주기, 외부 태스크)
_BAT_ERR	BOOL	배터리 이상
_ANNUN_WR	BOOL	외부기기의 경고장 검출
_HSPMT1_ER	BOOL	고속 링크 파라미터 1 이상
_HSPMT2_ER	BOOL	고속 링크 파라미터 2 이상
_HSPMT3_ER	BOOL	고속 링크 파라미터 3 이상
_HSPMT4_ER	BOOL	고속 링크 파라미터 4 이상

㉤ 시스템 에러 상세 플래그

예약 변수	데이터 타입	내 용
_IO_TYER_N	UINT	모듈 타입 불일치 슬롯 넘버
_IO_TYERR	ARRAY OF BYTE	모듈 타입 불일치 위치
_IO_DEER_N	UINT	모듈 착탈 슬롯 넘버
_IO_DEERR	ARRAY OF BYTE	모듈 착탈 위치
_FUSE_ER_N	UINT	Fuse 단선 슬롯 넘버
_FUSE_ERR	ARRAY OF BYTE	Fuse 단선 슬롯 위치
_IO_RWER_N	UINT	입·출력 모듈 읽기/쓰기 에러 슬롯 넘버
_IO_RWERR	ARRAY OF BYTE	입·출력 모듈 읽기/쓰기 에러 슬롯 위치
_IP_IFER_N	UINT	특수/링크 모듈 인터페이스 에러 슬롯 넘버
_IP_IFERR	ARRAY OF BYTE	특수/링크 모듈 인터페이스 에러 슬롯 위치
_ANC_ERR	ARRAY OF UINT	외부기기의 중고장 검출
_ANC_WAR	ARRAY OF UINT	외부기기의 경고장 검출
_ANC_WB	ARRAY OF BIT	외부기기의 경고장 검출 비트 Map
_TC_BMAP	ARRAY OF BYTE	태스크 충돌 표시
_TC_CNT	UINT	태스크 충돌 카운터
_BAT_ER_TM	DT	배터리 전압 저하 시각
_AC_F_CNT	UINT	전원 차단 카운터
_AC_F_TM	ARRAY OF DT	순시 정전 이력

㉥ 시스템 운전 상태 정보

예약 변수	데이터 타입	내 용
CPU TYPE	UINT	시스템의 형태
VER NUM	UINT	PLC O/S 버전 번호
MEM TYPE	UINT	메모리 모듈의 타입
SYS STATE	WORD	PLC 모드 및 상태
GMWN CN	BYTE	PADT 연결 상태
RST TY	BYTE	리스타트 모드 정보
INIT RUN	BIT	초기화 수행 중
SCAN MAX	UINT	최장 스캔 시간(ms)
SCAN MIN	UINT	최단 스캔 시간(ms)
SCAN CUR	UINT	현재 스캔 시간(ms)
STSK NUM	UINT	실행 시간 확인을 요하는 태스크 넘버
STSK MAX	UINT	최장 태스크 실행 시간(ms)
STSK MIN	UINT	최단 태스크 실행 시간(ms)
STSK CUR	UINT	현재 태스크 실행 시간(ms)
RTC TIME	ARRAY OF BYTE	현재 시각
SYS ERR	UINT	이상 종류

㈔ 통신 모듈 정보 플래그

[n : 통신 모듈이 장착되어 있는 슬롯 번호(n = 0 ~ 7)]

예약 변수	데이터 타입	내 용
_CnVERNO	UINT	통신 모듈의 버전 No.
_CnSTNOH _CnSTNOL	UINT	통신 모듈의 국번
_CnTXECNT	UINT	통신 프레임 전송 에러
_CnRXECNT	UINT	통신 프레임 수신 에러
_CnSVCFCNT	UINT	통신 서비스 처리 에러
_CnSCANMX	UINT	통신 스캔 타임 최대(1ms 단위)
_CnSCANAV	UINT	통신 스캔 타임 평균(1ms 단위)
_CnSCANMN	UINT	통신 스캔 타임 최소(1ms 단위)
_CnLINF	UINT	통신 모듈 시스템 정보
_CnCRDER	BOOL	통신 모듈의 시스템 에러(에러=1)
_CnSVBSY	BOOL	공용 RAM 자원 부족(부족=1)
_CnIFERR	BOOL	인터페이스 에러(에러=1)
_CnINRING	BOOL	통신 참여(IN_RING=1)
_HSmLTRBL	BIT	고속 링크의 비정상 정보(link trouble)
_HSmSTATE	ARRAY OF BIT	고속 링크의 파라미터에서 k 데이터 블록의 종합적 통신 상태 정보
_HSmMOD	ARRAY OF BIT	고속 링크의 파라미터에서 k 데이터 블록에 설정된 국의 모드 정보(Run=1, 이외=0)
_HSmTRX	ARRAY OF BIT	고속 링크의 파라미터에서 k 데이터 블록의 통신 상태 정보(정상=1, 비정상=0)
_HSmERR	ARRAY OF BIT	고속 링크의 파라미터에서 k 데이터 블록에 설정된 국의 상태 정보(정상=0, 에러=1)

8장 PLC 구축 시 Trouble 및 Noise 대책

Programmable Logic Controller

8.1 PLC 구축 시 Trouble 대책

PLC 반도체 소자로 구성된 IC 회로이다. 반도체 소자는 온도, 습도, 먼지 및 서지 전압과 Noise에 대하여 취약하다. 그러므로 PLC를 구축할 때는 환경적인 영향과 전원 및 Noise 대책을 수립하는 것이 가장 중요한 구축 기술이다.

(1) PLC 전원 구축 기술 및 Trouble 대책

① PLC 전원은 동력 전원과 공용하면 안 된다. 만약 동력 전원과 공용할 경우에는 정전압 변압기나 AVR을 설치하여 전원을 공급하여야 한다.

② PLC 전원은 Noise원 전원과 공용하면 안 된다. Noise원 전원과 공용 시 및 Noise원 기기가 많은 현장에서는 NCT(noise 절연 변압기)나 Noise 필터를 설치하여 전원을 공급하여야 한다.

③ PLC 모든 전원선은 Twist 시켜야 한다.

④ PLC 전원은 정전압 변압기, AVR, NCT 등과 같은 안정화 장치를 이용하여 전원을 공급해야 한다.

⑤ PLC 전원선은 다른 전력선과 근접시키면 안 된다.

⑥ PLC 입·출력 모듈 전원과 입력기기, 출력기기 전원과 공용하면 안 된다.

⑦ PLC 전원 모듈의 FG와 LG는 꼭 접지하여야 한다.

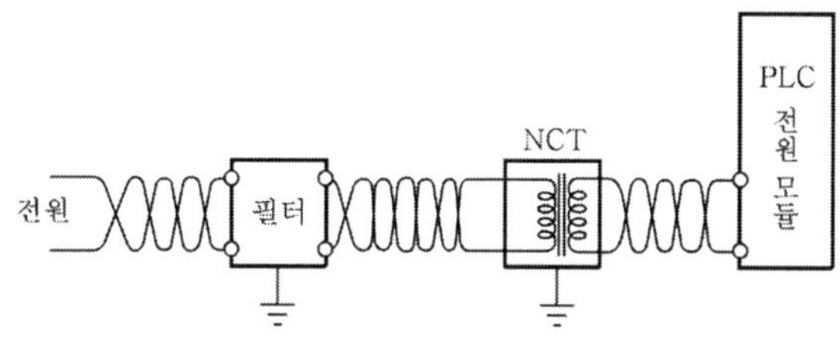

〈그림 8-1〉 필터와 NCT 조합 전원 장치

(2) 환경적 영향과 Trouble 대책

① 고온 및 저온에 대한 대책

PLC 반도 소자로 구성된 시스템이므로, 주위 온도가 0~55℃ 이내이어야 한다. PLC 주위온도가 0℃ 이하로 내려갈 우려가 있거나 55℃ 이상 되는 경우에는 이에 대한 대책이 필요하다.

㉮ 온도가 고온이 될 우려가 있는 경우에는 배전반에 냉각 팬을 설치하거나 통풍이 잘 되게 한다.

㉯ 직사광선을 피하도록 하고, 발열 장치를 접근시키지 않는다.

㉰ 배전반 주위 온도가 영하로 내려갈 수 있는 환경에서는 히터 설비를 하거나 PLC 전원을 계속적으로 공급한다.

㉱ 급격한 온도 변화가 없는 환경에 배전반을 설치한다.

② 습도 및 결로에 대한 대책

PLC 주위 습도는 5~95% RH 정도가 되어야 한다. 특히 고습도가 되면 누전 우려가 있고, 절연이 떨어지므로 이 경우에는 배전반에 흡습제를 설치하거나 배전반 주위에 히터 설비를 하여야 한다.

③ 먼지 및 분진에 대한 대책

PLC 주위에 먼지 및 분진이 발생하는 환경에는 먼지 및 분진 우려가 없는 장소에 PLC 배전반을 설치하여야 한다. 먼지 및 분진이 PLC 모듈 내부에 침투하면 회로를 단락 및 지락시켜서 PLC가 Down되는 현상이 일어나기 때문이다.

(3) Noise 영향 및 Trouble 대책

① Noise 종류

㉮ **자연계 노이즈** : 자연계 노이즈는 비교적 저주파로, 낙뢰를 제외하고는 주로 무선 송・수신 장치에만 영향을 주고, 아래와 같은 종류로 구분된다.

㉠ 전리층 노이즈

㉡ 태양계 노이즈

㉢ 우주 노이즈

㉣ 대기 노이즈(주로 낙뢰)

㉤ 열 노이즈(지구상의 대지・물・수증기의 열에 의한 노이즈)

㉥ 지구 내부 노이즈

㉯ **인공 노이즈** : 인공적으로 제작된 시스템 사이에 발생되는 노이즈로, 비교적 자연계에 비하여 고조파이다. 자연 노이즈는 시간에 따라 주기적이거나 변화하는 반면, 인공 노이즈는 연속적으로 발생한다.

㉰ **전도성 노이즈**

㉠ COMMON MODE 노이즈 : 각 전원선과 접시 사이에 나타나는 형태의 노이즈

㉡ NORAL MODE 노이즈 : 두 전원선 사이에 나타나는 형태 노이즈

㉱ **복사 노이즈** : 전도성 노이즈가 자유공간을 통해 정전 결합에 의해 2차 유도를 일으켜 복사되는 노이즈이다.

㉲ **부품 내부 노이즈** : 전자파 노이즈 대책을 마련하는 데 가장 어려운 부분이 내부 노이즈를 제거하는 기술이다. 이는 회로 내부의 발진 소자의 유무, 회로 패턴의 인접 현상에 의한 정전 유도 대전류에 의한 전자 유도, 2차 유도에 의한 복사 노이즈 문제 해결에 상당한 몫을 차지하고 있다.

② **노이즈 경로**

노이즈의 침입 경로는 통계(D.R.J. White, EMC Handbook, 1980)를 보면 〈그림 8-2〉와 같다.

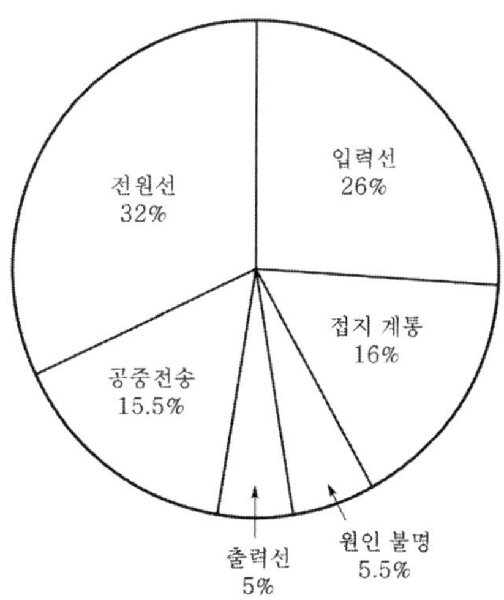

〈그림 8-2〉 Noise 경로에 따른 통계

㉮ **전원 라인의 전도 노이즈 구분 :** 전도 노이즈는 다음과 같이 NM, CM으로 구분된다.

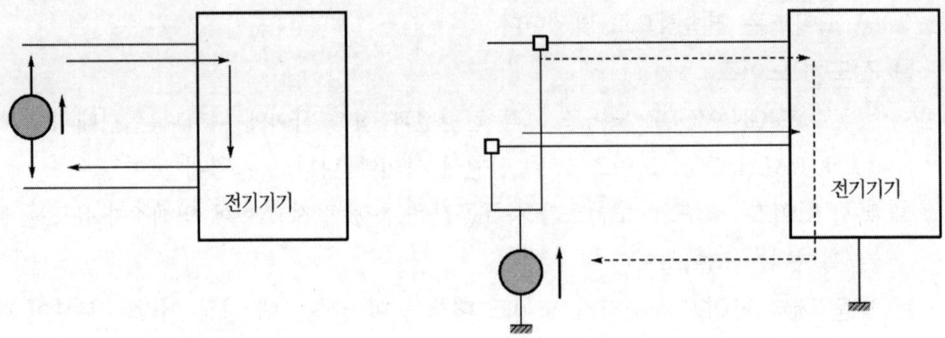

(a) Normal Mode Noise(NM)　　(b) Common Mode Noise(CM)

〈그림 8-3〉 전도 노이즈 분류

㉯ **CM(Common Mode Noise)과 NM(Normal Mode Noise)과의 상관 관계 :** 이 두 가지의 노이즈 구분은 흔히 사용하는 것으로, 이는 잡은 주파수에 따라 서로 상관관계를 갖는데, 이에 대해 살펴보면 다음과 같다.

㉠ CM → NM과의 상관관계 : 〈그림 8-4〉에서 E_n과 E_c는 다음 식으로 표시된다.

$$E_n = E_c\left(\frac{Z_1}{R_1} + Z_1 - \frac{Q_2}{R_2} + Z_2\right)$$

여기서, E_n : NM 노이즈

E_c : CM 노이즈

Z_1, Z_2: 전원선과 접지선 간의 임피던스

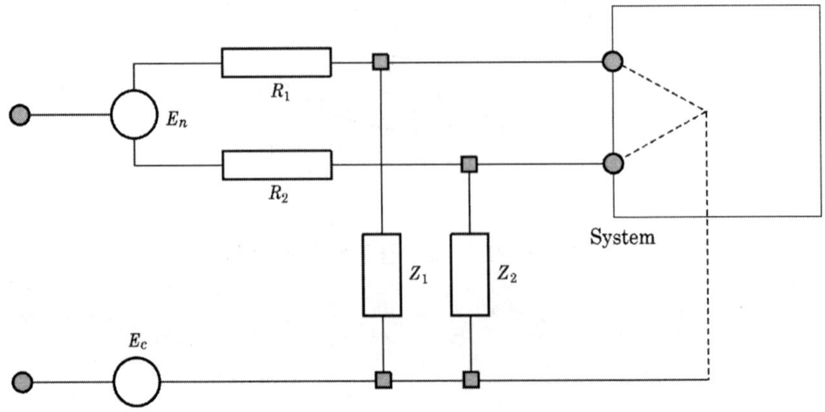

〈그림 8-4〉 CM과 NM과의 상관관계

위 식의 의미로 NM 노이즈와 CM 노이즈는 임피던스에 의해 상관관계가 있음을 나타내준다.

㉡ NM → CM의 변환 : NM을 CM으로 변환시켜 보면 〈그림 8-5〉와 같이 표현된다. 그림에서 NM과 CM은 다음 식으로 표시된다.

$$E_{c1} = E_n \frac{Z_1}{R_1} + Z_1$$

$$E_{c2} = E_n \frac{Z_2}{R_2} + Z_2$$

위와 같은 식은 시스템의 종류와 사용 주파수에 따라 달라지므로 실제 이용상 큰 의미가 부여되지 않는다.

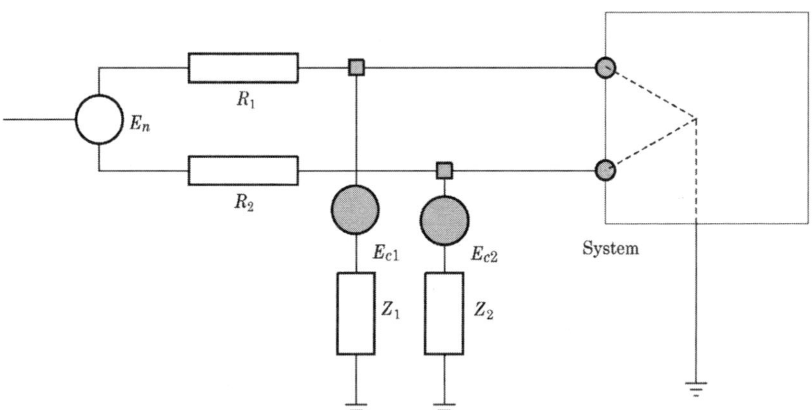

〈그림 8-5〉 NM의 CM으로의 변환

㉰ 기타 노이즈에 영향을 주는 요소(기기 내) : 노이즈에 영향을 주는 요소는 많지만 원인으로 볼 때 전압에 의한 정전 유도, 전류에 의한 전자 유도를 들 수 있는데, 전자의 경우 임피던스와 관계가 있고, 유도 경로는 도체와 접지 사이에 발생하여 CM 성분이 된다. 후자의 경우 유도 회로와 관계없이 도체와 도체 사이의 자계에 의한 상호 결합에 의해 생기며, 이는 NM과 관계가 깊다.

③ Noise에 의한 Trouble 대책 및 개선 사례

㉮ 접지 회로의 배선 방법 개선

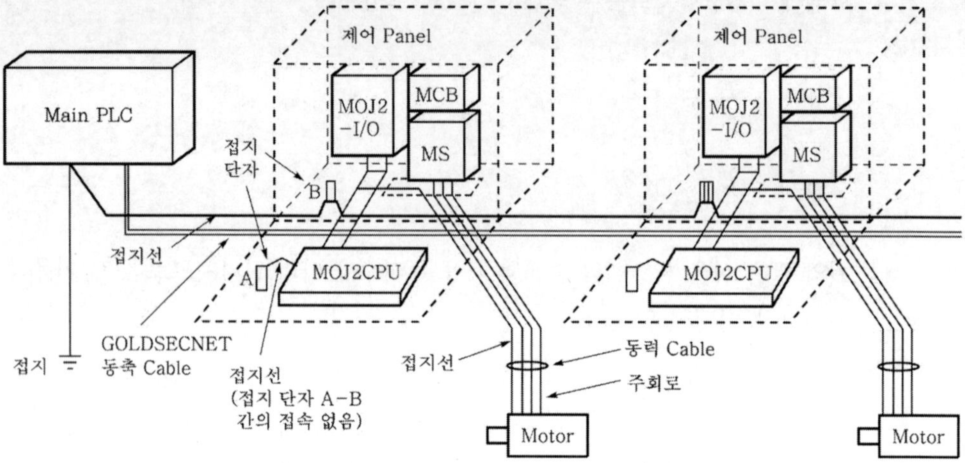

㉠ 이상 내용

- 동력용과 PLC 전원용의 접지선이 공용으로 되어 있어 Moter 운전 시 동력 Noise 유입에 의해 PLC가 오작동한다.
- 접지 단자 A-B 간은 Panel(철)에 접속되기 때문에 PLC의 접지선은 Impedance를 가지고 있다.
- 제어 Panel에서 동축 Cable과 동력 Cable이 배선 Duct 내에 함께 존재하고 있어 통신 장해를 일으켰다.

㉡ 개선 내용

- PLC 전원용 접지선과 동력용 접지선을 분리한다.
- PLC 전원용 접지선을 직접 PLC에 접속한다.
- 배선 Duct 내에서 동축 Cable과 동력 Cable을 분리한다.

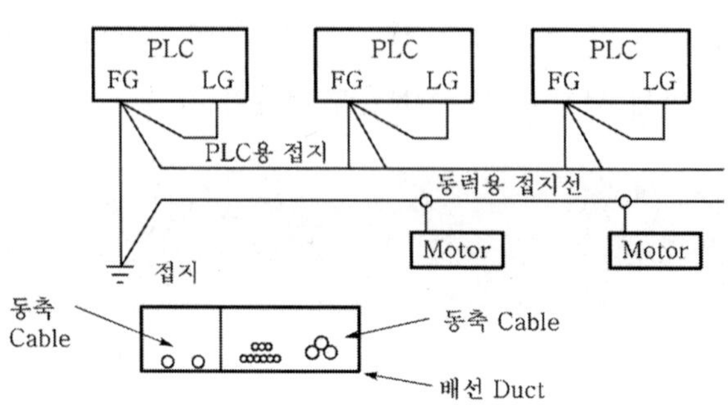

㉯ 신호 Cable의 Ground선 강화

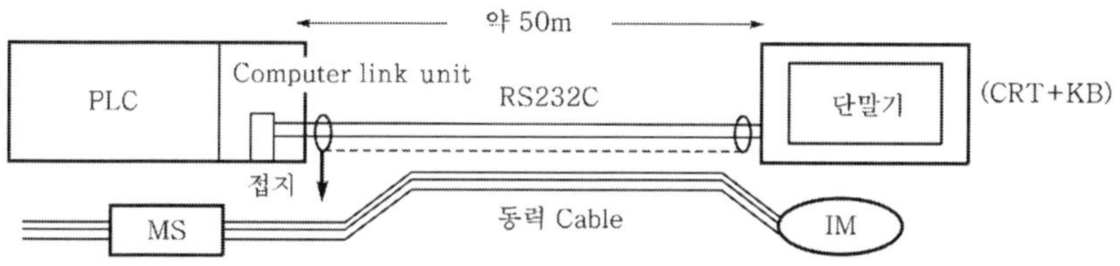

㉠ 이상 내용 : Motor 운전 시 RS232C선과 동력 Cable이 근접하여 단말기의 표시 이상이 발생했다(보통 RS232C선의 최대 거리는 15m이지만 미리 실험으로 확인한 후 채용했다).

㉡ 개선 내용 : 전 신호선과 SG선을 Twisted pair화하여 내 Noise성을 향상시키고, Ground(SG)선을 강화했다.

※ Encoder의 경우에도 신호선과 SG선의 Twisted pair화는 효과가 있다.

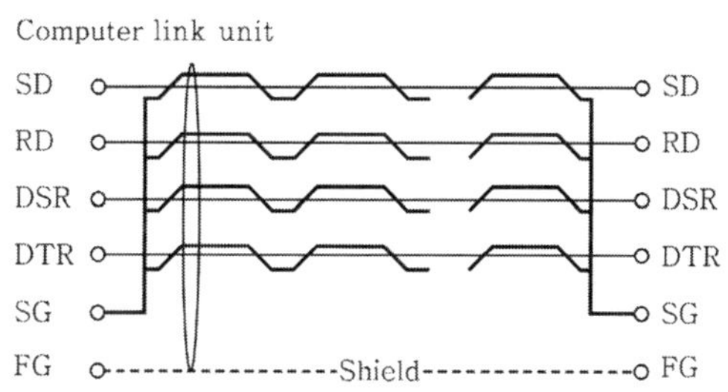

㉰ 전원 Noise filter의 1·2차선 분리

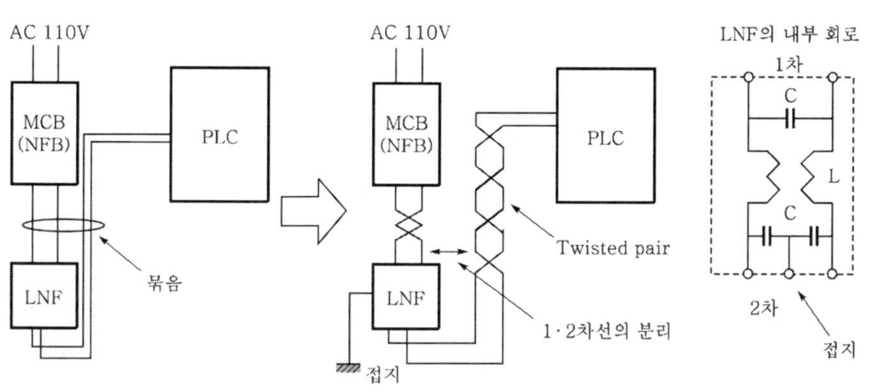

㉠ 이상 내용 : Noise filter(LNF)의 1·2차선을 함께 묶어 배선하였기 때문에 전원 Noise가 PLC에 침입했다. 또한, Noise filter를 접지하지 않았다.

㉡ 개선 내용

- Noise filter(LNF)의 1·2차선을 분리하고(약 10cm) 각각을 Twisted pair화 했다.
- Noise filter의 접지 단자를 접지했다.

㉣ 동력선과 제어선(cable)의 분리

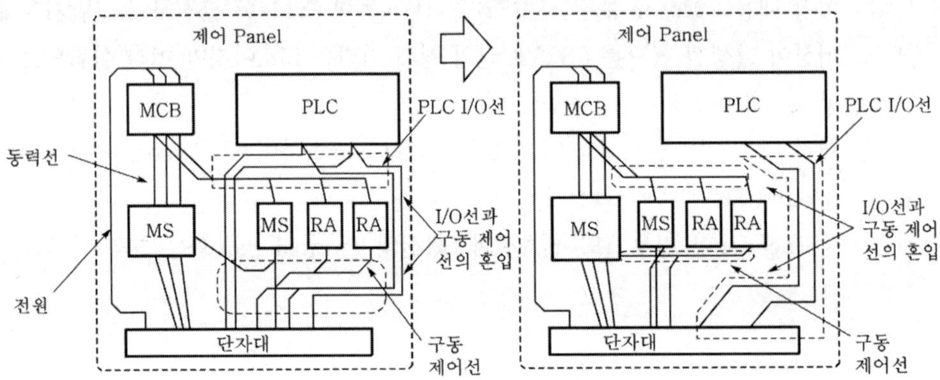

㉠ 이상 내용 : PLC I/O선과 구동 제어선, 동력선이 제어 Panel 배선 Duct 내에 혼입되 어 있어 전자 유도 Noise가 PLC I/O선을 통해 PLC에 침입하여 오작동을 발생시켰다.

㉡ 개선 내용 : PLC I/O선과 구동 제어선, 동력선의 배선 경로를 분리했다(10cm 이상 떨어뜨리거나 금속 차폐판을 설치했다).

㉤ 정전기 Noise의 대책

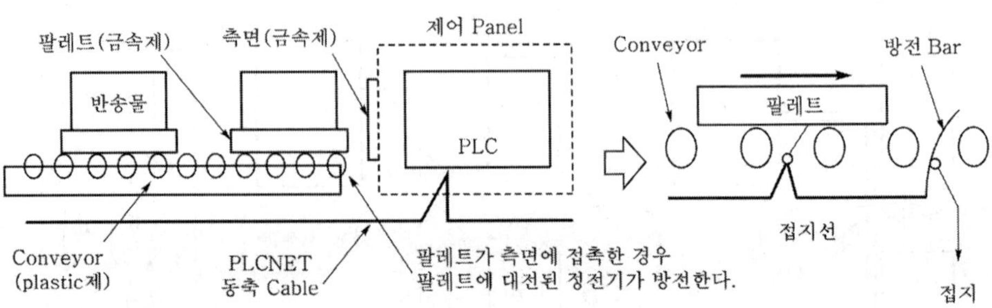

㉠ 이상 내용 : 팔레트에 대전된 정전기가 방전할 때 근접한 PLCNET 동축 Cable에 방전 Noise가 침입하여 CPU의 Stop과 통신 장해를 일으켰다.

㉡ 개선 내용

- Conveyor의 Roller 간에 방전 Bar를 설치하여 팔레트의 정전기 대전을 없앴다. 또한, 측면도 접지했다.
- Panel용 접지와 회로용 접지를 분리했다.
- 제어 Panel, PLC의 접지를 강화하고, 동시에 동축 Cable을 가능한 한 분리했다.

㉥ Noise 대책용 Shield 방법의 개선

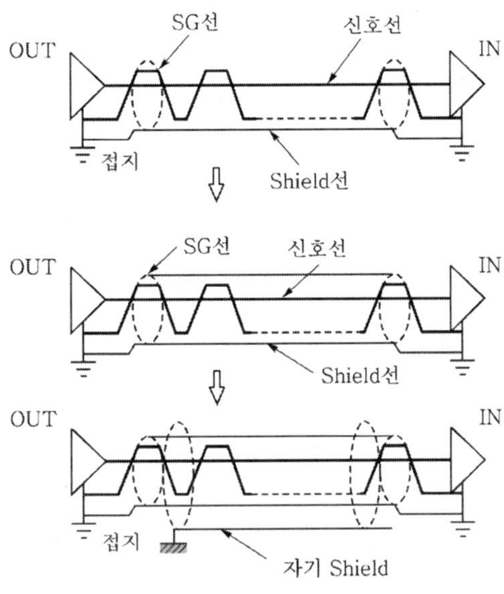

㉠ 이상 내용

- 근접한 제어선으로부터 Relay noise가 침투하여 입력 신호가 오작동했다.
- 똑같이 근접한 주회로 Cable로부터 동력 Noise를 받아 입력 신호가 오작동했다.

㉡ 개선 내용

- Shield선의 접지를 한점 접지로 했다.
- 신호 Cable을 자기 Shield가 있는 Cable로 했다.

㉳ Noise의 대책에 대한 접지 기술

㉠ 접지의 종류

분 류		목 적	내 용
대지 접지		· 인체에 대한 위험 방지 · 신호의 유도성 방해 방지	· 전위의 기준으로서 채용하고, 전자기기의 기준점에 접속 · 접지 공사의 종류(제 1, 2, 3종 및 특별 3종) · 떨어진 2점 간의 대지 전위가 다른 경우는 그 2점 간의 접속을 피하는 것이 원칙
전자 기기의 접지	LG	전원 측으로부터의 Noise 방지	· AC line filter의 중점 접지 · Noise 전류의 Return으로서 대지 접지에 접속
	FG	· 인체에 대한 위험 방지 · 신호의 유도성 방해 방지	· 전자기기의 외함, Shield 접지 · 보통 대지 접지에 접속
	SG	신호의 유도성 방해 방지	· 회로 전위의 기준점 · 보통 DC common을 대지 접지에 접속
신호 회로의 접지 회로		신호 전류의 귀환 회로 (신호 return)	신호 Retrun측은 신호 전류와 같은 전류가 흐르므로 다른 것과 Impedance를 가지지 않도록 SG에 접속

㉡ 접지 기술 및 Noise 대책

· 기기 간 접지 접속의 기본 : 공통 Impedance를 적게 하여 전위를 일치시킨다.

접지 방법의 종류
- 한 점 접지 : System 접지의 기본
- 다점 접지 : 고주파 기기의 접지
- 혼성 접지 : 대지 접지에 전위차가 있는 경우

· PLC system과 다른 기기와의 접지 방법
- 동력 접지와 PLC system의 접지는 별도로 한 점 접지한다(공통 impedance를 적게 한다).
- (a)의 방법이 가장 좋으며, (c)의 방법은 가능한 한 피한다.

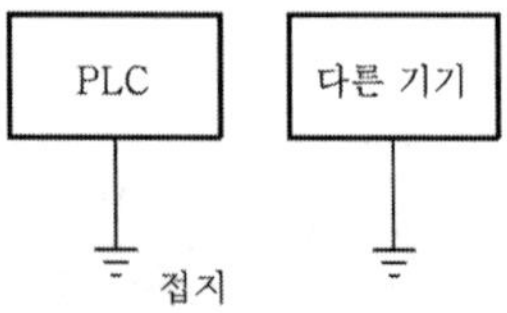

(a) 전용(개별) 접지

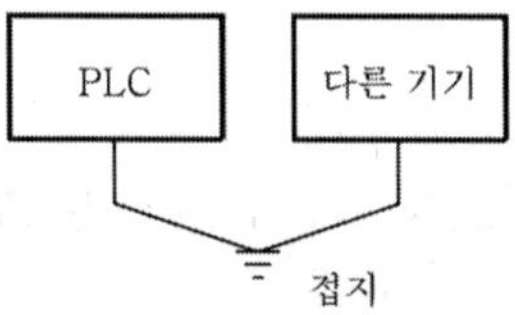

(b) 공용 접지 Ⅰ

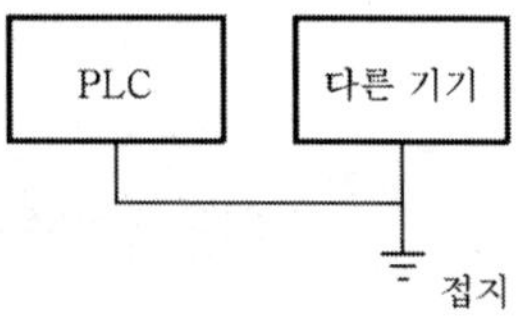

(c) 공용 접지 Ⅱ

• PLC 접지 단자의 접속 방법 : 그림 (a)의 방법이 가장 좋으나 접지 환경에 따라 (b), (c), (d)를 선택할 수도 있다.

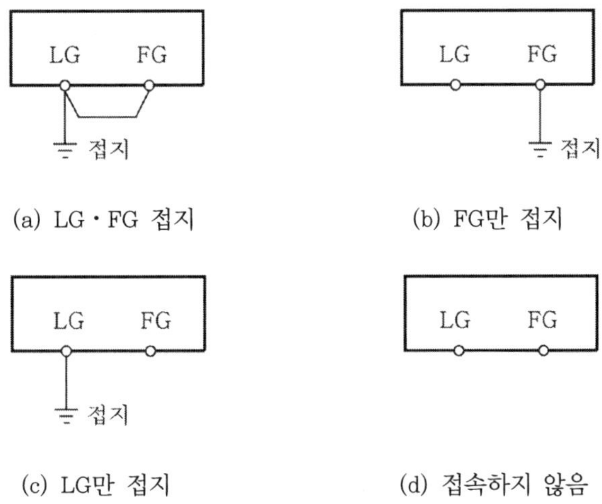

• 이동 기계의 접지 방법
 - 대차나 크레인 등의 이동 기계에는 대지 접지를 실시할 수 없으므로 기계 설비 자체를 대지로 간주하여 접지 회로를 구성한다.
 - 기계 설비 Main frame의 1점을 접지점으로 한다.
 - 동력용과 PLC용의 접지선을 별개로 접지점에 접속한다.

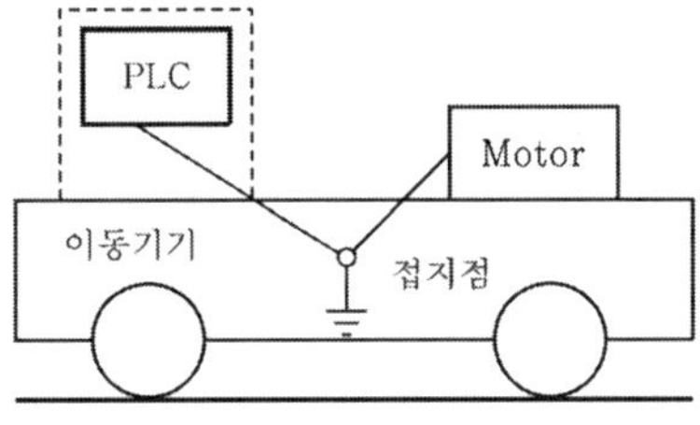

㉳ 전원부의 Noise 대책

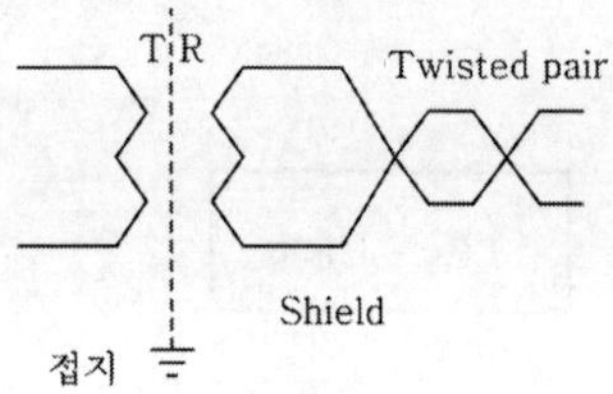

(a) Shield trans

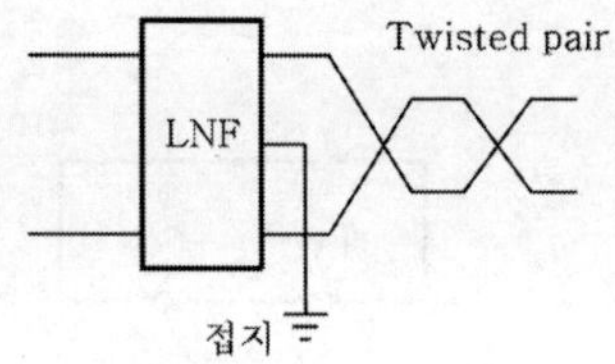

(b) Noise filter

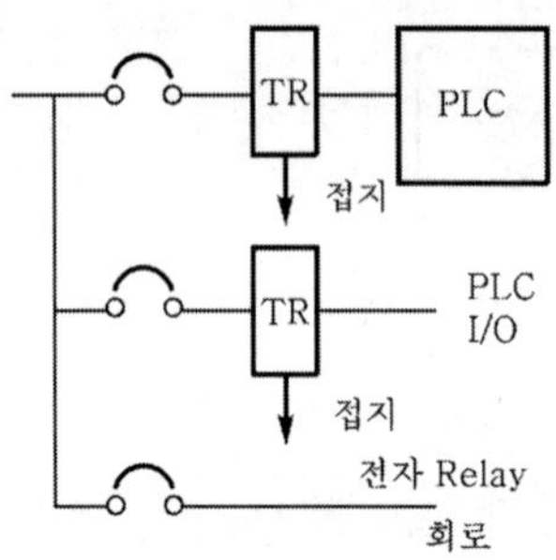

(c) Trans/Noise filter 겸용

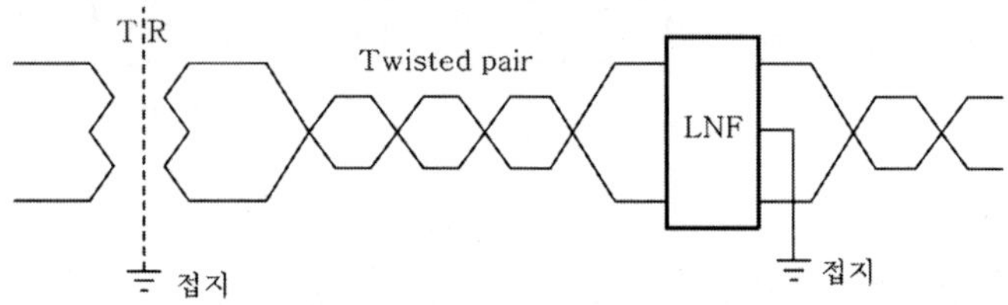

(d) 회로 분리

㉴ 입·출력 기기에 대한 Noise 대책

㉠ 입력 회로의 Noise, Surge 대책

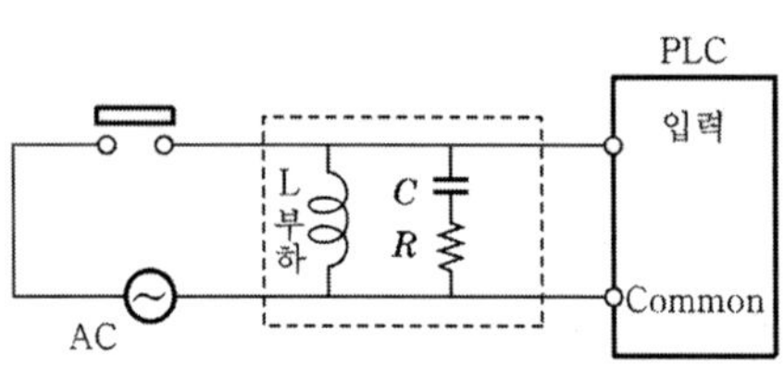

• CR: Surge killer

(a) AC 입력의 'L' 대책

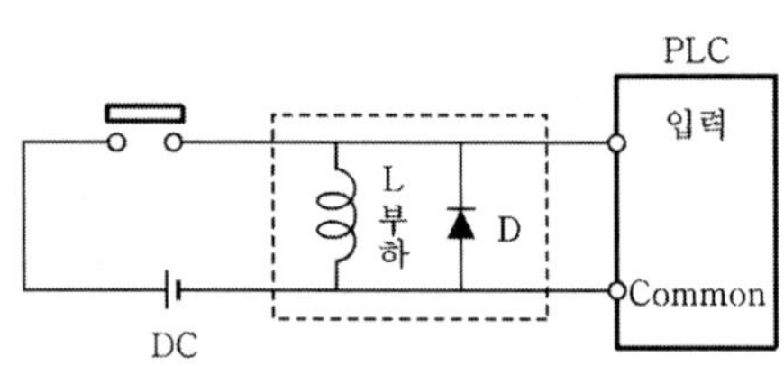

• D: Flywheel diode

(b) DC 입력의 'L' 대책

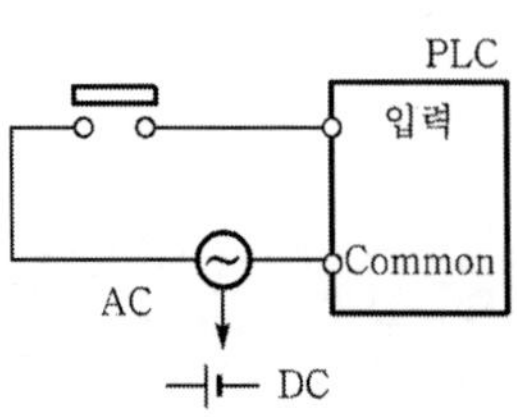

(c) 입력 전원의 직류화

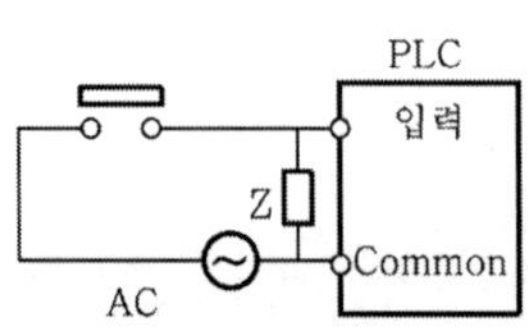

• Z: Dummy 저항
또는 CR Surge killer

(d) Surge killer 접속

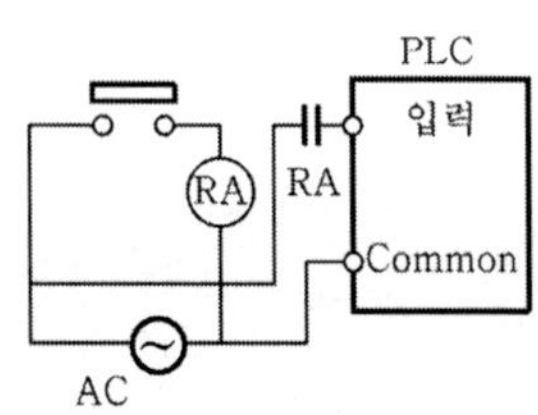

• RA: 보조 Relay

(e) 릴레이 중계 방식

㉡ 출력기기의 Noise 대책

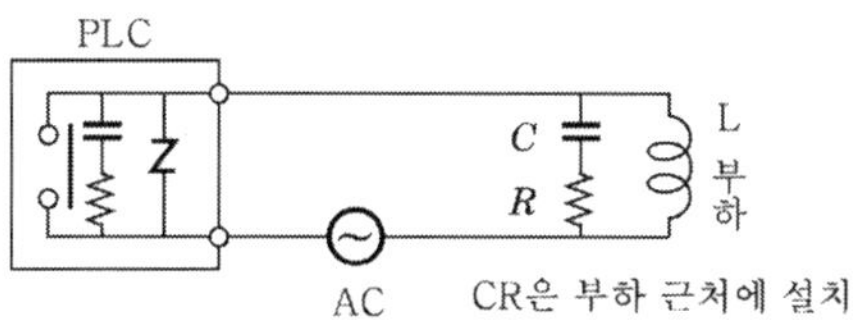

(a) AC 부하

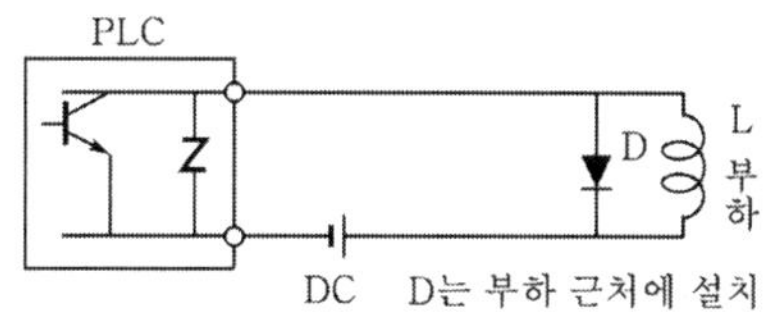

(b) DC 부하

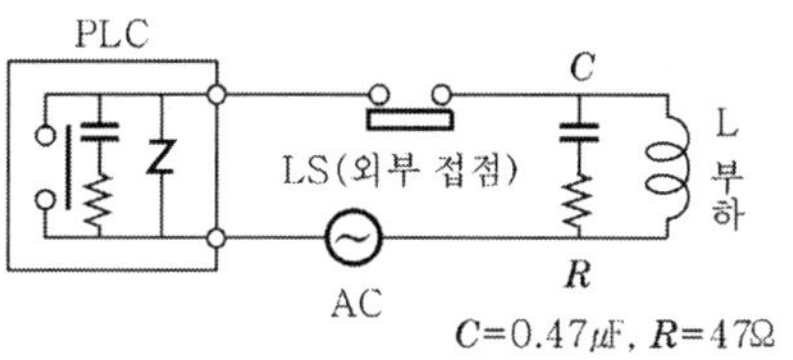

(c) 부하를 외부 접점에서 개폐할 경우(AC)

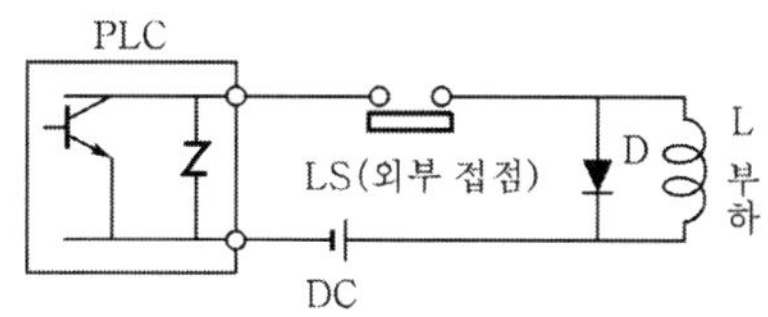

(d) 부하를 외부 접점에서 개폐할 경우(DC)

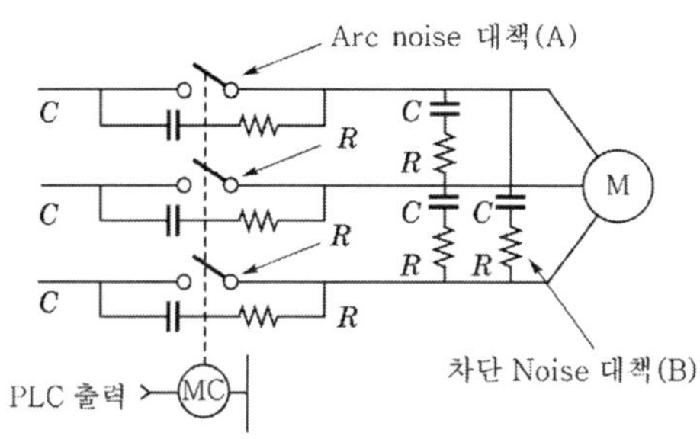

(e) 대용량 부하

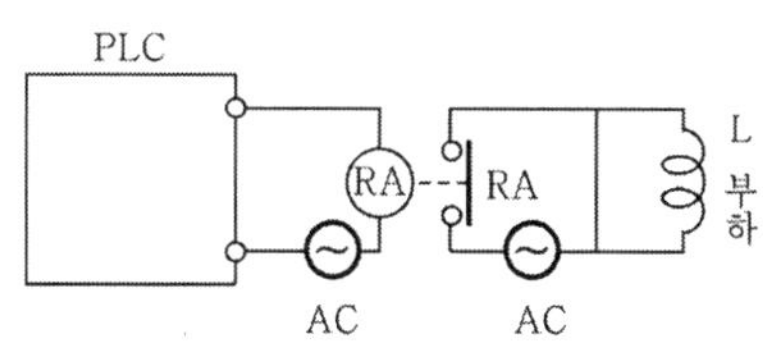

(f) Relay 중계에 의한 부하 구동

㉧ 배선용 Cable noise 차례 효과 비교

Cable의 종류	Cable의 형상	Digital 신호	Analog 신호
평행 2선	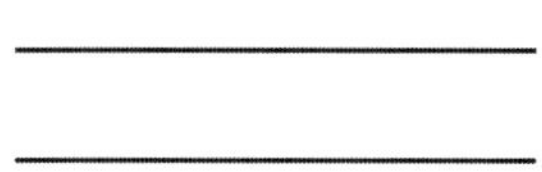	접점 등 비교적 Noise에 강한 신호를 단거리로 보낼 경우에 사용하고 Cross torque가 크다.	Noise에 의해 오차가 발생하므로 사용하지 않는다.
Shiled 부착 평행 2선	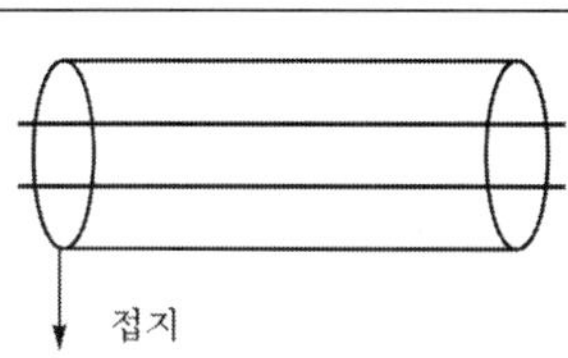	다심화한 Type이 Process에서의 Digital 신호에 사용된다(단, shield twisted pair calbe의 쪽이 noise 특성 양호).	높은 Level의 신호에는 사용하지 않는다.

Cable의 종류	Cable의 형상	Digital 신호	Analog 신호
Twisted pair cable	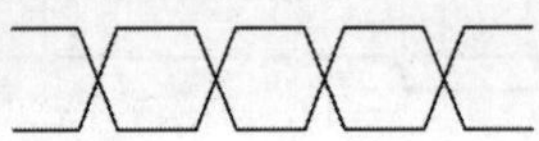	자계에 대해 특히 효과가 있고 Twisted pair pitch가 짧은 만큼 효과가 크다. 비교적 싼 가격으로 어느 정 도의 고속 신호도 가능하므로 비교적 Noise가 작은 장소에 잘 사용된다.	Analog 신호는 입력 Impe-dance가 커서 Noise에 대한 효과가 작기 때문에 거의 사용하지 않는다.
동축 Cable	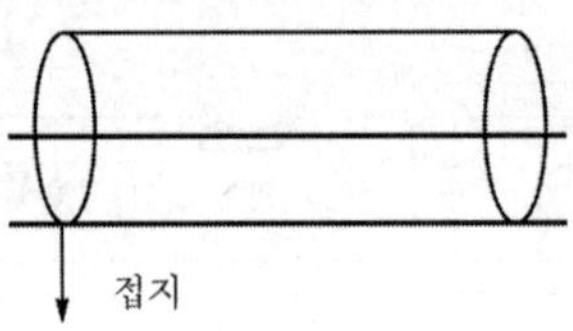	전계, 자계 양방향에 효과가 있고 고속 신호의 전송에도 적당하다. Shield가 신호 Return과 공통이므로 접지 전위가 다른 System에서는 신호의 절연이 필요하다.	높은 Level 신호에 잘 사용된다. Common mode 특성을 높이는 데는 다음 Shiled twised pair cable의 방법이 좋다.
Shiled twisted pair calbe	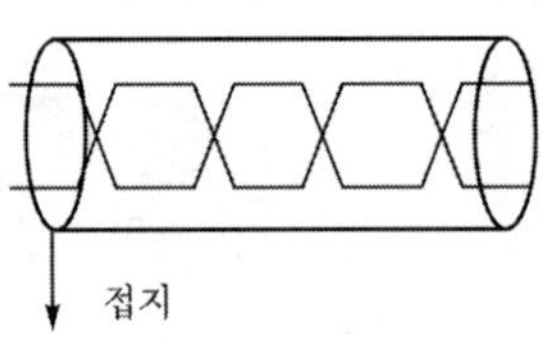	Noise에 대한 특성이 양호하다. Process에서의 Digital 신호에 대해 경제성을 고려하여 Twisted pair cable을 다심 화한 것이 잘 사용된다. 고속 신호의 전송에는 부적당하다.	Noise에 대한 특성 및 정측, 부측의 균형 특성이 좋으므로 고정도의 Data 통신에는 보통 이 Cable을 사용한다.
2중 Shield 동축 Cable	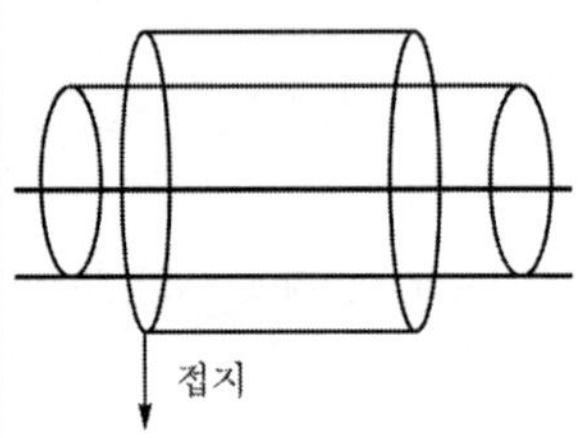	Noise 특성, 고속 전송 특성이 좋아 이상적이나 가격이 비싼 것이 단점이다.	고가이지만 Noise에 대한 특성이 좋으므로 Noise 환경이 나쁜 경우에 사용된다.

㉪ 제어반함 내에서 Noise 대책

㉠ 제어반 내의 기기 배치와 배선

- 구동 제어 및 동력 회로(동력용 주회로 제어회로)와 I/O 회로(PLC용 I/O, 통신 unit)용의 기기를 Block으로 나눈다.
- 위에 맞추어 구동 제어회로와 I/O 회로를 각각 나누어 배선한다(거리를 띄운다).
- 기기의 배치, 단자대의 배치, 배선 루트의 구분은 다음 표에 따른다.

〈표 8-1〉 용도에 따른 분리 기준

<table>
<tr><th colspan="2">구동 제어선</th><th colspan="5">I/O선</th></tr>
<tr><td>동력선</td><td colspan="5">제어선</td><td rowspan="4">통신선 Network
Analog IC</td></tr>
<tr><td rowspan="3">주회로</td><td rowspan="3">MS Coil Relay
솔레노이드</td><td colspan="4">PLC-I/O</td></tr>
<tr><td colspan="2">AC 110V</td><td colspan="2">DC 24V</td></tr>
<tr><td>입 력</td><td>출 력</td><td>입 력</td><td>출 력</td></tr>
</table>

- 기기 간 및 배선 간의 설치 간격은 경험적으로 10cm 이상 떨어뜨리거나 금속 차폐판을 설치한다(설치 간격의 설정은 noise 발생원이 되는 동력용 주회로 기기의 추천 거리를 참고).

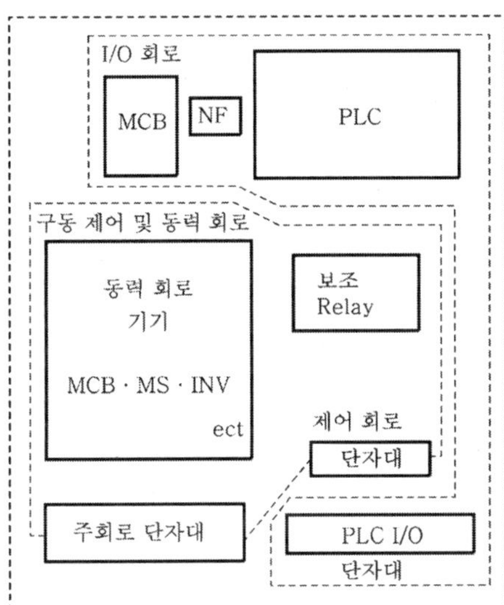

㉡ PLC unit의 배선(기준)

- 통신, 소전력(저전압, 소전류) 관련 Unit은 CPU의 근처에 설치한다.
- 고전압, 대전류를 취급(전자 제어회로와 I/F한다)하는 Unit은 CPU로부터 먼 측에 위치시킨다.
- I/O는 가능한 한 절연형을 사용한다.

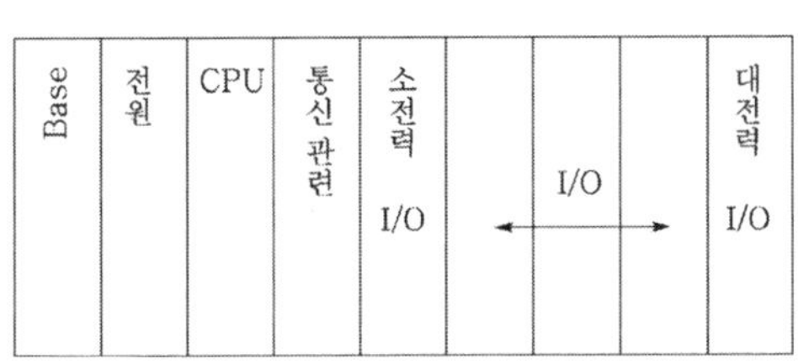

㉢ **접지 단자의 설치** : 제어반 내에서 각 기기의 접지선은 단자대까지 개별로 접속한다.

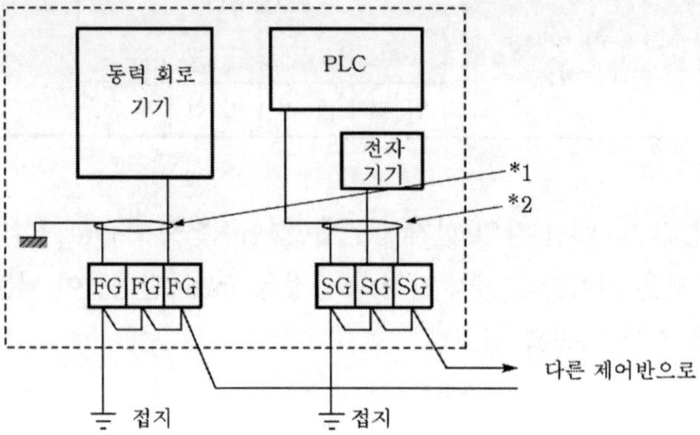

*1. 공통 Impedance를 갖게 하지 않는다.
*2. Noise trouble 발생 시 대응이 쉽다.

㉣ Shield 배선 처리

- Shield선을 PLC의 Unit까지 배선할 경우 : PLC의 Unit까지 다른 것으로부터 영향을 받게 하고 싶지 않은 경우
- Shield선을 외부 단자대에서 접지용 단자대에 접속 : 제어반 내에 외부 Noise를 입력하게 하고 싶지 않은 경우

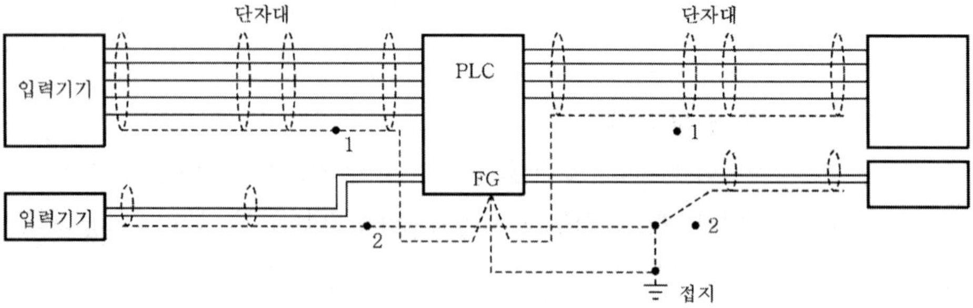

8.2 노이즈(noise) 장해 및 방지 대책

(1) 개요

근래에 고도 정보화 시대에 따라 다종다양한 OA 기기 등이 빌딩에 도입되고 있다. 전자, 통신 기기 등의 Electronics 기기는 거의가 반도체 부품으로 구성되어 있다. 그러나 반도체 기기 시스템은 뇌 서지, 개폐 서지나 노이즈에 약하여 특성의 열화, 손상, 오작동 등을 일으켜 신뢰도가 저하되고 있으며, 특히 종래의 진공관이나 전자 릴레이와는 다르게 반도체는 자기 회복성이 없어 영구 파괴가 되어 회로 기능의 정지 등으로 2차적 손실을 유발시키는 사고가 많아 정보화 기기의 효율적 운용과 고 신뢰성 확보의 중요도는 점점 높아지고 있다. 노이즈에 의해서 일어나는 트러블은 일반적으로 일관성 있게 재현을 하기 힘들기 때문에 그것을 알기까지 상당한 시간이 필요하다.

노이즈는 물리 현상이며 결코 논리에서 벗어난 현상은 아니다. 다만, 일반적으로 노이즈의 모습을 정확히 파악하거나 노이즈의 상태를 전량 판단할 수 있는 계측 데이터를 얻는데 그다지 익숙하지 못하기 때문에 재현성이 힘들고, 대책을 세운 효과의 확증을 얻기 힘든 현상에 대해서는 부득이 추측으로 판단하거나 경험이나 감(感)으로 대응하고 마는 경향이 있다.

따라서 본 장에서 앞 장의 내용보다 상세하게 노이즈 현상과 이러한 노이즈(잡음)에 따른 기기의 영향을 검토하고, 노이즈 저감 대책 및 대책의 실례(實例)를 소개하고자 한다.

(2) 전자파 장해 현상

우리의 현대 생활은 거의 모든 면에서 각종 전자파 사용에 전적으로 의존하고 있다. 늘 사용하는 컴퓨터, 라디오, TV 등의 가전제품 및 전화를 비롯한 각종 통신 분야는 물론 산업기기로부터 비행기나 선박의 항해, 우주 탐색에 이르기까지 그 어느 것 하나 전자파가 아니면 상상도 할 수 없는 것들이다.

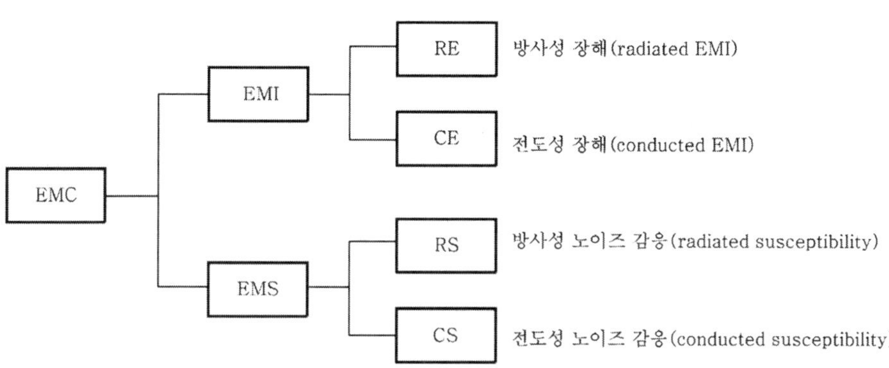

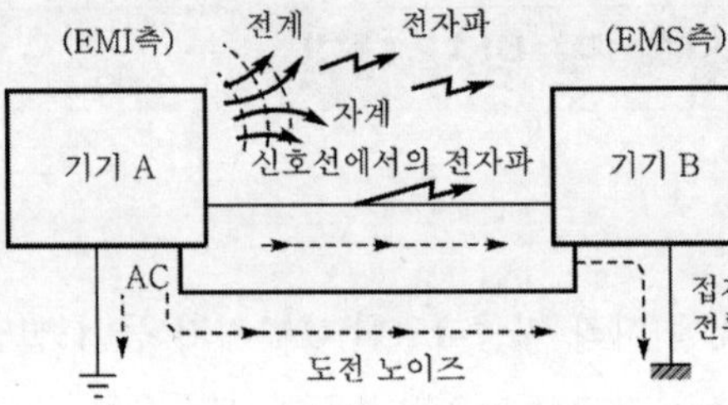

(a) 기기A가 노이즈를 발생할 경우의 시스템 동작

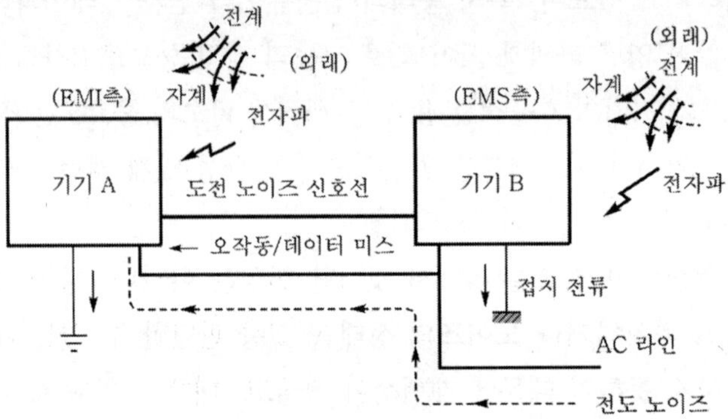

(b) 외래 노이즈에 의한 시스템 동작

〈그림 8-6〉 EMC의 개념도

전자기기 내부에서 노이즈 문제가 현저히 나타나는 부분은 전원이다. 전원 노이즈는 스위칭 회로의 기본파 노이즈, 고주파 노이즈 및 정류파형 노이즈와 같은 전원 회로 내에 자체 발생 노이즈뿐만 아니라 AC line에 의해 통과되는 전원 회로 통과 노이즈도 중요한 문제가 되며, 이러한 노이즈에 의해 출력 리플이 생기고 입력 라인의 전도 노이즈와 기기로부터의 방사 노이즈의 원인이 되고 있다.

EMC(Electro-Magnetic Compatibility)는 전자기적 양립성 또는 환경 전자공학이라 해석 하며, EMI(Electro-Magnetic Interference)는 전자 잡음 현상 또는 전자 간섭이라 한다.

즉, 다시 말해서 EMI는 전기·전자 기기나 장치의 동작에 장해를 주는 현상을 말하고, 반면에 EMC는 EMI를 제어하여 기기나 장치의 신뢰성을 확보하는 수단을 제공하는 것이라 할 수 있다. 대부분의 전기·전자 기기는 어느 정도의 노이즈를 발생시키며 이러한 노이즈는 전원선이나 공중을 통한 전자 복사의 형태로 전달된다.

또한, 전기·전자 기기는 다른 기기에서 방출되는 노이즈에 감수성 및 내인성을 지니고 있다. 노이즈에는 전도나 방사 형태의 전자 에너지를 방출하는 노이즈 원과 전자 에너지를 전달하는 전파 매개체 및 노이즈에 의하여 방해를 받는 피해기기 등 3가지 요소가 존재한다.

이러한 요소 중에서 어느 한 가지만 배제되어도 전자 장해 현상은 일어나지 않게 된다. 따라서 EMC는 노이즈 방출 레벨을 낮추거나 노이즈 전달 경로를 차단함으로써 또는 기기의 노이즈 내력을 높임으로써 가능해 진다.

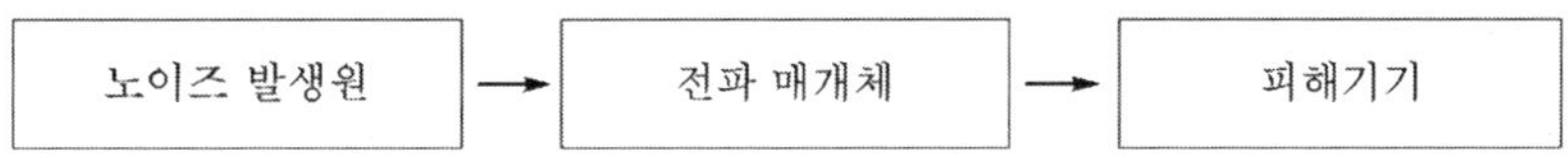

〈그림 8-7〉 노이즈 현상의 3요소

특정한 환경 하에서 특정한 종류의 노이즈와 같은 전자 방해(Electro-Magnetic Interference : EMI)에 한정시키면 그 방해에 대한 기기의 내성(耐性), 즉 이뮤니티(immunity)의 레벨과 그 기기의 동작 자체에서 생기는 그 방해의 발생(emission) 레벨에 EMC가 연결된다.

방해의 발생은 통계적인 편차를 가지고 있고, 기기가 발생하는 방해는 환경에 이미 존재하는 방해에 중첩되기 때문에 〈그림 8-8〉과 같은 관계의 발생 레벨과 이뮤니티 레벨이 있다.

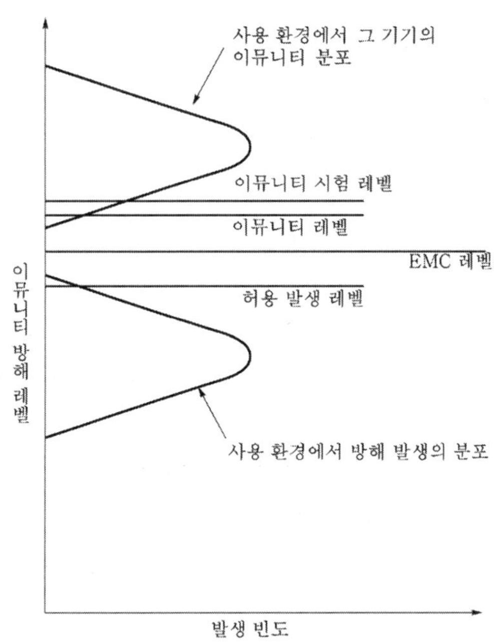

〈그림 8-8〉 EMC에 관계되는 상호관계

기기 설계에서 말하자면 허용 발생 레벨이 높고, 이뮤니티 레벨이 낮은 편이 EMC에 대한 대책을 필요로 하지 않으므로 용이하지만, 허용 발생 레벨이 높으면 그 환경에서의 방해가 커지기 때문에 다른 기기에 영향을 준다. 양자의 밸런스를 취하는 의미에서 일반적인 환경에서의 EMC 레벨이 설정된다.

(3) 노이즈의 종류

① 외부 노이즈와 내부 노이즈

㉮ 외부 노이즈

㉠ 정전기 방전(인체에서의 방전)

㉡ 접점 개폐(유 접점 회로 개폐에 대한 것)

㉢ 반도체 스위칭

㉣ 전력 계통의 개폐(고장 시의 과도 진동 전압)

㉤ 뇌 방전(뇌 방전에 기인한 것)

㉯ 내부 발생 노이즈

㉠ 물성적(열 잡음, 섀도 잡음, 접촉 잡음) 노이즈

㉡ 회로적(반사 크로스 토크) 노이즈

특히 전원 노이즈의 관점은 뇌 서지, 개폐 서지가 주 원인인 경우가 많다. 노이즈는 공간을 전파하여 도체를 전도해 전자·통신 기기에 침입한다.

② 노이즈 성질에 따른 분류

㉮ **전자파 노이즈** : 전자파란 전계와 자계가 서로 겹쳐서 진행하는 파(波)의 성질을 가진 것으로써, 그 속도는 광속과 같다. 바꾸어 말하면 전기의 흐름이 공중으로 튀어 나간 것으로 생각하면 된다.

그 주파수 대역은 대단히 폭이 넓으며, 우리들과 친숙한 전자파의 대표적인 것이다. 이 전자파가 OA 기기에 혼입함으로써 장해를 일으킨다.

일반적으로 수십 [kHz] 이상의 높은 주파수대에 들어가는 노이즈를 고주파 노이즈라고 한다. 그 발생 원인은 OA 기기 내부에서 만들어지는 고주파 신호나 내부 잡음이 전자파가 되어 외부로 튀어나가는 것이다.

㉯ **유도 노이즈** : 전선에 전류가 흐르면 그 주위에 자속이 생긴다. 이 교류 자속에 의해 다른 전선에 기전력(노이즈)을 발생시키는 것으로서, 전자 유도라고 불린다.

그리고 근접하는 2개의 전선이 있는 경우 그 사이에는 미소한 정전 용량(C)이 존재한다. 〈그림 8-9〉를 참고한다.

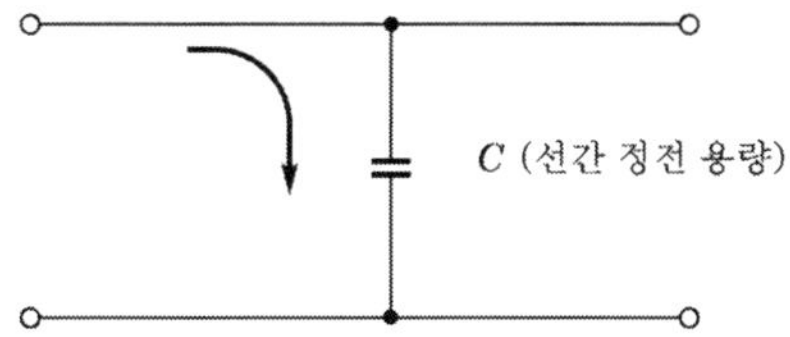

(a) 정전 용량 결합

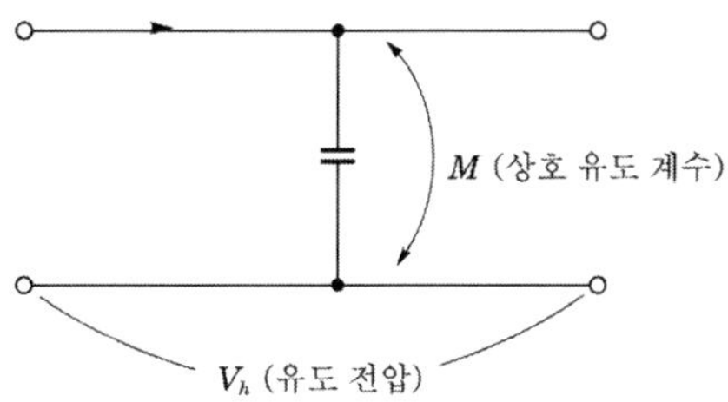

(b) 전자 유도

〈그림 8-9〉 유도 노이즈의 전달 방식

이 정전 용량의 임피던스 Z는 $Z = 1/j\omega C$(단, $\omega = 2\pi f$)이므로 주파수 f가 커지면 2선 간의 저항은 작아지고 전류가 흘러 노이즈가 된다. 이것을 정전 용량에 의한 결합이라고 한다.

이 두 가지는 유도 노이즈라고 하는 것으로, 전자파만큼 멀리까지 전파하지는 않지만 공중을 이동하는 성질은 동일하다.

㈐ **전원 노이즈** : 최근의 OA 기기는 그 대부분이 내부에 고주파수의 발진 회로 등 노이즈의 발생원이 될 수 있는 것을 가지고 있으며, 기기 내부에서 전원 측으로 복귀해 오는 것이 입력 귀환 노이즈, 즉 전원 노이즈이다.

이것이 동일한 AC 전원을 사용하고 있는 다른 기기에 침입하여 장해를 야기하는 것으로, 전원 노이즈의 대표적인 것은 스위칭 노이즈이다.

OA 기기 전원부는 반도체를 사용하여 고속으로 스위칭함으로써 기기의 생전력화와 소형, 경량화가 도모되고 있다. 그런데 전원을 ON/OFF하는 경우 〈그림 8-10〉과 같은 역기전력 V_L(노이즈)은 커지게 된다.

전자 회로는 고속으로 작동하기 때문에 그 전원도 안정적으로 공급되므로 고속으로 부하 변동에 대응하여야 한다. 이것이 전원 측에 노이즈가 되어 실리는 것이다.

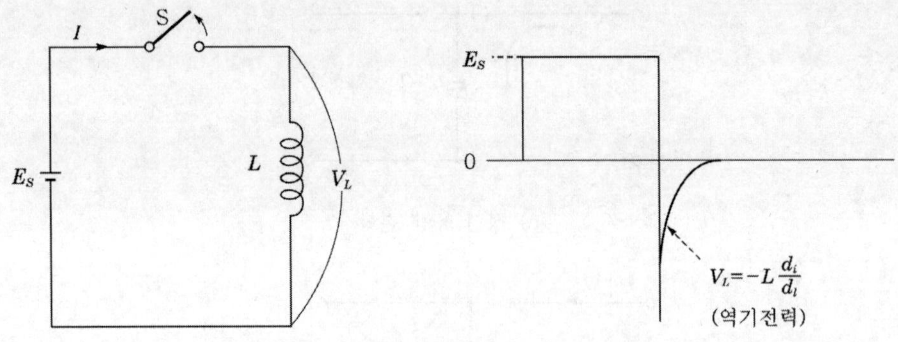

〈그림 8-10〉 스위칭에 의한 역기전력

③ Common mode 노이즈와 Normal mode 노이즈

전기 신호와 노이즈를 전도하는 전송 선로는 평행한 왕복 2선인 경우가 많다. 전도 노이즈를 취급할 때는 보통 〈그림 8-11〉처럼 왕복 2선 사이에 발생하는 선간 성분과 대지(또는 접지와 같은 공통 전위가 되는 것)와 각 2선과의 사이에 발생하는 대지 성분으로 구분하여 생각할 필요가 있다. 이것은 두 성분의 전송 선로의 임피던스 특성이 다르기 때문이다.

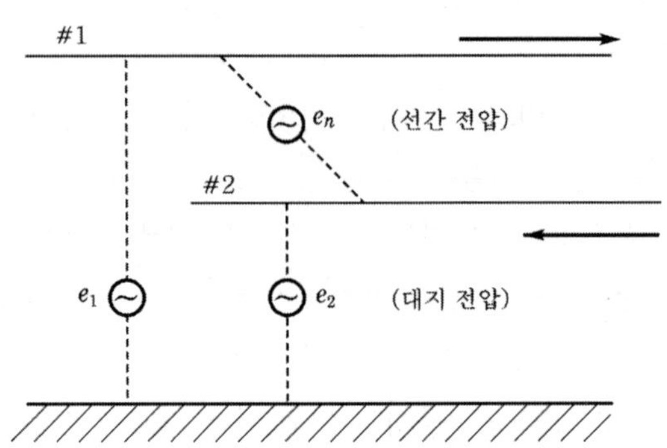

〈그림 8-11〉 선간 전압과 대지 전압

대지 성분 노이즈는 두 선에 대하여 동일위상으로 전달되며 Common mode(동상) 노이즈, 비대칭 노이즈라고도 한다. 이것에 대해 선간 성분 노이즈는 선간 신호와 같이 서로 다른 위상으로 전달되며 Normal mode(차동) 노이즈, 대칭 노이즈라고도 한다.
전도 노이즈가 선로 상을 진행해 갈 때 두 선로의 임피던스가 완전 대칭이면 Common mode 성분과 Normal mode 성분을 독립적으로 취급해도 좋지만, 실제로는 선로의 임피던스가 완전하게 대칭되기가 불가능하므로 선로 상을 진행하는 과정에서 Mode의 변환이 일어나 서로의 성분에 대해 방해를 주게 된다.

(4) 노이즈의 전달 경로

노이즈 발생기기에서 발생한 노이즈는 전달 경로를 통해서 피해기기에 영향을 미치게 되는데, 경로에 따라 노이즈를 분류하면 〈그림 8-12〉와 같이 전원선, 신호선, 어스선 및 대지 등의 전송 선로를 통해 전달되는 노이즈와 공간을 전달 경로로 해서 전달하는 공간 노이즈가 있다.

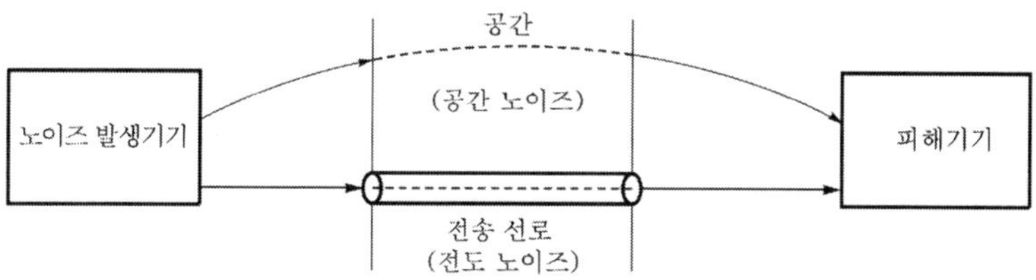

〈그림 8-12〉 노이즈의 전달 경로(원거리의 경우)

그러나 이러한 노이즈는 독립하여 전달되는 것이 아니라 〈그림 8-13〉과 같이 전달 과정에서 복잡하게 조합된 복합 형태의 노이즈로서 나타나게 된다.

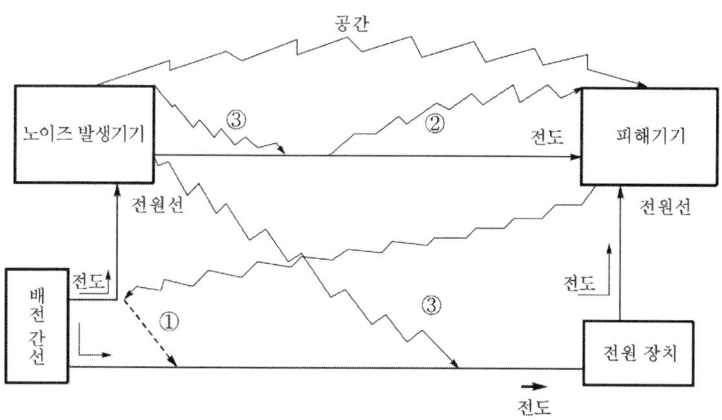

〈그림 8-13〉 복합 노이즈의 전달 경로

〈그림 8-13〉에서 노이즈의 전달 경로는 ①의 경로와 같이 노이즈 발생기기의 전송 선로가 피해기기의 전송 선로의 부근을 통과함에 따른 '전도 → 공간 → 전도' 노이즈, ②의 경로와 같이 노이즈 발생기기의 전송 선로가 안테나가 되는 '전도 → 공간' 노이즈, ③의 경로와 같이 전송 선로가 안테나가 되는 '공간 → 전도' 노이즈의 형태 등이 있다.
또한, 노이즈는 발생기기 내부 및 피해기기에서도 여러 경로를 통해 전달되는데, 이를 그림으로 나타내면 〈그림 8-14〉와 같다.

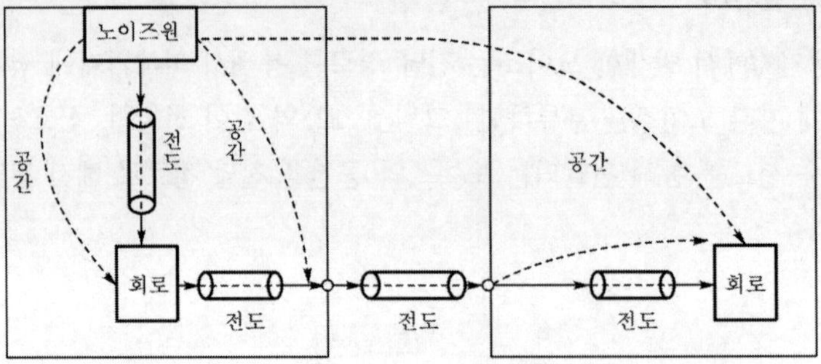

〈그림 8-14〉 기기 내부 및 외부에서의 노이즈 전달 경로

통상 기기 내부에 대해서는 전달보다는 '결합'이라는 용어를 사용하며, 노이즈에 의해 기기가 오작동 또는 파괴되는 장해 현상을 〈그림 8-15〉와 같은 관계로 나타내면 이해하기 쉽다.

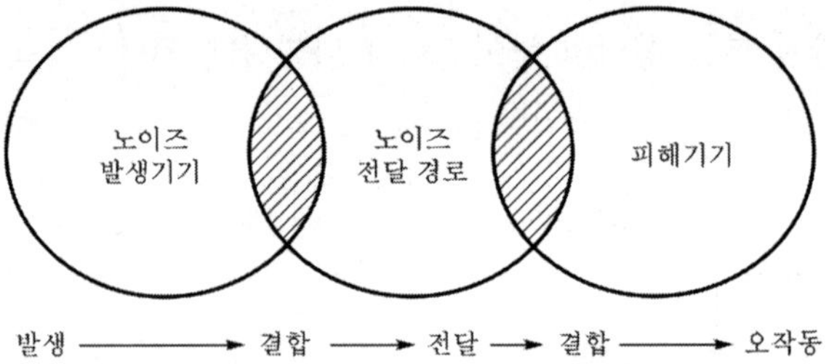

〈그림 8-15〉 기기 내부의 노이즈 전달 경로

(5) 노이즈의 영향

① 수동 소자에 의한 노이즈의 영향

수동 소자에 의한 노이즈 레벨은 작지만 저 레벨 신호계에는 보통 증폭기가 있기 때문에 노이즈의 영향이 크게 되는 경우가 있다.

㉮ **열 잡음** : 수동 소자에 의한 노이즈 중에서 가장 문제가 되는 것이 열 잡음이다. 이것은 도 체 속에서 자유전자의 불규칙 운동에 의해 발생되며, 온도에 비례한 요동 전류가 생긴다. 도체 중의 평균 전류는 0이지만 불규칙 요동에 의해 회로 단자 잡음 전압을 발생시킨다고 할 수 있다.

일반적으로 열잡음은 V 이하로 작게 나타나지만 회로 소자의 내부에서 물리적으로 발생되는 것도 있으므로 제거하기가 곤란하다.

㉯ **과잉 잡음** : 비교적 높은 저항 값을 가지는 탄소 피막 저항과 Thermit 저항에 직류 전압을 인가하면 0.01~1Hz 정도의 낮은 주파 성분을 가진 노이즈가 발행한다. 이

노이즈의 크기도 보통 V 이하이지만 열잡음보다 훨씬 큰 경우도 있다.

㉰ **열 기전력** : 서로 다른 금속이 접촉하는 저항기, 콘덴서 및 스위치 등의 접촉점에서 온도 분포가 일정하지 않으면 열 기전력이 생겨 직류 전압 회로에서는 이것이 문제가 된다. 따라서 전자 부품의 접속 리드 선에는 열 기전력이 생기는 경우도 있으므로 주의해야 한다.

㉱ **콘덴서의 누설 전류** : 알루미늄 전해 콘덴서와 같이 누설 전류가 비교적 큰 경우 그것이 노이즈로 되는 경우가 있다. 특히 역극성의 전압이 인가되면 누설 전류는 온도와 함께 크게 되어 트랜지스터의 Burst 잡음에 가까운 노이즈를 발생시킨다.
역극성 전압이 인가되는 경우는 반드시 과도현상뿐 만이 아니고 저주파 교류를 전달할 때 등에도 해당되므로 주의해야 한다.

㉲ **변압기 및 변류기의 누설 자계** : 변압기 및 변류기에서 누설 자계가 변화하면 그 부근 의 리드선 등에 잡음 전류를 유기하는 경우가 있다. 즉, 변류기의 누설 자계에 의해 1차 측의 리드선에 유도 전류가 노이즈로 중첩되어 출력 전류에 오차를 발생시킨다.
또한, 변압기의 권선이 구조상의 문제로 진동을 일으키면 철심에 뒤틀림이 가해지게 되고, 이것이 1・2차 권선 간에 정전 용량을 변화시키게 되어 노이즈의 요인으로 되는 경우도 있다.

② **능동 소자에 의한 노이즈의 영향**

트랜지스터, IC 등의 능동 소자가 발생하는 노이즈는 주로 열 잡음, Shock 잡음 및 $1/f$ 잡음이다.

이 가운데 저주파 회로에서 특히 문제가 되는 것은 $1/f$ 잡음(저주파)인데 트랜지스터 등에서는 컬렉터 전류가 크게 되면 증가하는 경향이 있다.

또한, 일반적으로 트랜지스터보다 연산 증폭기 등의 IC쪽에서 노이즈가 많이 발생되며, 보통 $1/f$ 잡음은 Shock 잡음에 비해 $\sqrt{2}$ 배 이상 크게 나타나지만 능동 소자에서 발생되는 노이즈 레벨은 [μV] 정도 이하로 낮다.

㉮ **Shock 잡음** : 반도체 다이오드, 트랜지스터 등에서는 캐리어의 확산에 의한 불규칙 요동으로 Shock 잡음 전류가 발생한다.

㉯ **$1/f$ 잡음** : 서로 다른 두 종류의 도체가 접촉한 부분에서 $1/f$ 잡음이 발생하는데, 저주파 신호를 취급하는 트랜지스터 및 집적 회로에서 영향이 가장 크다. 이 잡음은 소자의 제조 방법과 표면 처리 등에 의해서 어느 정도 감소시킬 수 있다.
Power spectrum이 주파수 f에 반비례하는 형태를 나타내는 이 잡음을 Flicker 잡음, Contact 잡음이라고도 한다.

③ **스위치 회로에 의한 노이즈의 영향**

회로 소자에 의해 발생하는 노이즈보다 기계식 릴레이 또는 반도체 스위치 등으로 구성된 스위칭 회로에서 발생한 노이즈의 영향이 더 크게 나타난다. 이러한 스위칭 회로에 의한 노이즈는 과도현상에 의해 생기는 것으로, 스위칭 시의 전압과 전류의 크기, 스위칭 속도 및 회로의 부하 상태 등에 의해서 결정된다.

일반적으로 전압, 전류가 크고 스위칭 속도가 빠를수록, 또한 부하가 유도성일수록 스위칭 회로에서 발생되는 노이즈는 크다.

기계식의 릴레이 또는 스위치의 경우 접점 재료 및 접점 상태에 의해서도 노이즈 크기의 상태가 달라진다.

㉮ **스위칭 회로에서 발생하는 노이즈의 예**

㉠ 로터리(rotary) 스위치에 의해 유도성 부하를 개폐할 때 : 로터리 스위치에 의해 변압기의 탭(tap)을 전환시킬 때 불과 10V 정도의 전압 개폐에서도 200V 이상의 펄스성 노이즈가 발생하는 경우가 있다.

㉡ 스냅(snap) 스위치에 의해 단권 변압기의 1차 측을 개폐할 때 : 스위치가 있는 전원 전압 조정용 슬라이드 트랜스의 경우 1차 측의 개폐에 의해 2차 측에 30배 이상의 펄스성 노이즈가 발생되어 이것에 접속된 기기에 노이즈의 영향을 준다.

㉢ 리드 릴레이로써 저항 부하를 개폐할 때 : 저항 부하일 때 스위칭 시에 노이즈는 발생 되지 않지만 릴레이 접점의 채터링(chattering) 등에 의해 노이즈가 발생되는 경우가 있다.

㉣ 아날로그 스위치 IC로써 용량성 부하의 회로를 개폐할 때 : 아날로그 스위치가 가진 임피던스에 의해 저항 부하에서도 임펄스성 노이즈가 발생하여 부하가 용량성이면 그 정전 용량에 노이즈가 흡수되는 경우가 생긴다.

㉯ **스위칭 회로에 의한 노이즈의 영향** : 스위칭 회로에 의한 노이즈의 영향은 크게 세 가지로 나눌 수 있다.

㉠ 회로 소자의 손상

㉡ 디지털적 오차 신호

㉢ 아날로그적 오차 신호

④ **노이즈의 트러블 실태**

㉮ **생산 현장에서의 노이즈 장해**

㉠ 생산 현장과 노이즈 장해 : 기업 간의 경쟁 속에서 생산 현장에서의 Trouble 발생은 곧 품질의 저하, 설비의 손상, 종업원의 안전상 불안, 담당자의 고대한 부담 등을 초래하며, 또한 이것만으로 그치지 않고 제품의 납기 지연, 생산 효율의 저하, 신뢰의 상실 등 기업 활동 전체에 파급되는 정도가 크다. 다음의 〈표 8-2〉는 생산 현장에서의 장해 사례를 나타낸 것이다.

〈표 8-2〉 생산 현장의 노이즈 장해 사례

발생 현장	장해를 받은 장치	내 용
단조 공장	산업용 로봇	무인화를 위해 채용한 로봇이 빈번하게 정지하여 그때마다 사람이 대신 설비를 조작하는 등 자동화의 장점이 없다.
화학 공장	하역 로봇	월 수회 정도로 하역 로봇이 폭주하여 하물을 옮기는 도중에 떨어뜨리는 등 위험한 사고가 발생하였다.
중전기기 공장	머시닝 센터	공구 교환 시에 오작동하여 지정한 것과 다른 공구를 취급하여 공구가 절단되는 사고가 발생하였다.
수지 가공 공장	레이저 가공기	레이저 빔의 컨트롤러가 빈번하게 오작동하여 여러 불량품을 다량으로 출하시키는 경우가 있어서 사람이 감시, 재 체크하였다.
제판 공장	식판 제조기	온도 컨트롤러가 오작동하여 대량의 재료가 쓸모없게 되었고, 출하가 중지되어 고객에 대한 신뢰가 떨어졌다.
자동차 공장	자동차 조립 라인	제조 라인의 시퀀스가 장시간 다운되어 공장 전체의 기능이 마비됨에 따라 다액의 손해가 발생하였다.
약품 공장	병조림 자동기	고주파 용접기의 동작에 의해 자동 계량 장치가 오작동하여 가공했을 때의 원료에 대한 제품의 비율이 현저하게 떨어졌다.
금형 공장	방전 가공기	X-Y 테이블이 오작동하여 장시간 가공한 고가의 금형이 순식간에 불량품으로 되는 사고가 빈발하였다.
음향기기 공장	환경 시험 장치	시험 중에 조건 설정이 변동하고 시험이 정지되어 제품의 데이터 제출이 지연되었다.

㉡ 생산 현장에서 노이즈 장해의 경향 : 생산 현장의 경우는 제한된 공간에 여러 종류의 기기·장치가 동시에 가동되고 대용량의 전력 설비가 있는 등 다음과 같은 경향이 있다.

- 대전력을 사용하므로 에너지가 큰 노이즈 발생원이 있는 경우가 많다.
- 다음의 〈표 8-3〉은 생산 현장에 많이 있는 노이즈 장해의 예를 나타낸 것이다.
- 피해 측의 내성을 높이기 위해 발생원보다 피해기기 측에서 대책을 세우는 경우가 많다.
- 노이즈의 동태와 Trouble의 발생 빈도가 랜덤하게 변하기 쉽다. 이것은 여러 종류의 기기가 분주하게 가동함으로써 다음과 같은 상황이 생기기 때문이다.
  - 배전 선로의 임피던스가 시시각각 크게 변화한다.
  - 많은 라인 노이즈가 발생되어 노이즈 위상이 합치게 되면 중첩되어 레벨이 급히 변화하는 경우가 있다.

〈표 8-3〉 생산 현장의 노이즈 발생기기

부대 전기 설비	전기 공작 설비
배전 모선	정류자 모터
역률 개선 장치	범용 인버터
누전 차단기	고주파 유도 가열로
형광등, 수은등	용접기
크레인	방전 가공기
엘리베이터	레이저 발생기
컴프레셔	플라스마 이용기기
공조기	정전 집진 장치
전화 교환기	사이리스터 이용기기
CVCF	초음파 발생기

㈏ **통신기기에서의 노이즈 장해** : 통신기기의 전자 환경 문제는 다음과 같이 나누어 생각할 수 있다.

㉠ 통신기기가 TV, 라디오 등의 다른 기기에 영향을 주는 방해파 문제

㉡ 고압 송전선, 방송 송신소 등의 외래 노이즈에 의한 통신기기의 전송 품질 열화, 오작동을 취급하는 Immunity 문제

㉢ 뇌 서지, 정전기 등에 의한 통신기기의 파괴를 취급하는 기기 파괴 문제

㉣ 통신기기 상호간의 노이즈 간섭 문제

통신기기는 미약한 신호를 전송하기 때문에 ㉡의 Immunity 문제가 종래부터 검토되어 왔으나 최근 ISDN(서비스 종합 디지털망)에 의해 통신기기의 디지털화가 이루어지면서 ㉡만이 아니고 ㉠에 대해서도 검토할 필요성이 생겼다.

㈐ **의료기기에서의 노이즈 장해**

㉠ 병원에서의 노이즈 문제의 특징 : 병원에서 노이즈 문제를 생각할 경우 다음 사실을 염두에 두어야 한다.

- 신호가 미소하다.
- 신호의 주파수대가 저주파 영역에 있다.
- 신호원 임피던스가 크다.
- 정밀기기와 강력 에너지 기기가 병용된다.
- 디지털계와 아날로그계가 간섭된다.
- 무선 텔레미터를 이용한다.
- 안전을 위해 입·출력 플로팅화한다.

〈표 8-4〉 생체 전기·물리 현상의 진폭과 주파수 성분

생체 현상	진 폭	주파수 성분
신전도	0.1~2mV	0.05~100Hz
뇌파	1~50μV	0.5~70Hz
근(筋)전도	0.1~10mV	10~10,000Hz
혈류	1~100μV	DC~100Hz
혈압	1~100mV	DC~100Hz

㉡ **노이즈 장해 사례** : ME 기기를 중심으로 한 상호 간섭은 〈그림 8-16〉처럼 생각할 수 있다. 또한, 노이즈 장해의 원인을 전자계 종류별로 나타내면 〈표 8-5〉와 같다.

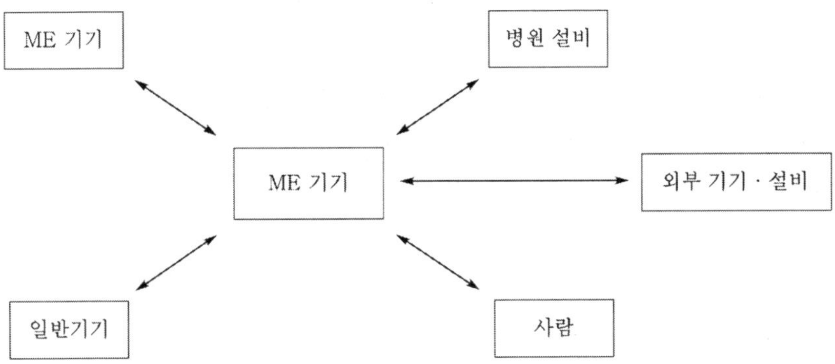

〈그림 8-16〉 ME 기기의 상호 간섭

〈표 8-5〉 노이즈 종류와 영향 예

노이즈의 종류	영향 예
고주파 노이즈	전기 메스, 텔레미터 등 라디오, 텔레비전, 무선국 등
저주파 노이즈	상용 교류 장해(hum) 등
초저주파 노이즈	드리프트, 기선(基線) 동요 등
임펄스 노이즈	방전 노이즈, 과도현상 등 디지털 기기, 컴퓨터 등
정전기 노이즈	플로팅 기기
자기 노이즈	교류 장해(모터) 정자계(靜磁界)
전원 저하·순간 정전	컴퓨터 내장기기 등

특히 병원의 ME 기기로서 최대의 노이즈원은 전기 메스이다. 전기 메스는

500kHz~ 10MHz, 500W 정도의 강력 고주파 발진기이다. 또한, 펄스성 발진 때문에 광대역 노이즈를 발생시킨다. 더욱이 출력파형 포락선이 전원 회로의 리플로서 변조되고 있기 때문에 고감도 증폭기는 입력이 포화하여 비선형성으로 검파되면 저주파 노이즈가 발생한다.

(6) 전력 계통의 EMI 현상

① ELF 전자계

전력 기술의 발전과 보급이 확대되고, 이에 따르는 전력 설비의 증가로 인하여 주변기기에 대한 전자파 간섭 현상은 물론 일반 대중 및 관련 직업 종사자들이 자계 및 전계에 단기간 혹은 장기간 노출될 가능성이 매우 커지고 있다.

특히 주변의 송・변전 설비 및 송전선 등 고압 전력 설비에서 발생하는 ELF(Extremely Low Frequency) 전자계는 우리의 생활과 뗄 수 없는 밀접한 관계를 가지고 있기 때문에 인체에 미치는 영향의 유무에 관해서 일반 국민 및 관련 직업 종사자들에게 지대한 관심을 받고, 더불어 상당한 논란의 대상이 되어 왔다.

전력 계통에서의 EMI 현상을 선로에 따라 분류해 보면 〈표 8-6〉과 같다.

사용되는 계통 전압에 따라 송전선, 배전선, 일반 수용가의 전등선으로 구분되며, 송전선은 발전소와 변전소 간, 배전선은 변전소와 주상 변압기 간, 전등선은 주상 변압기와 일반 수용가 간의 선로이다.

〈표 8-6〉 선로에 따른 전력 계통에서의 EMI 현상 분류

선로에 따른 전력 계통에서의 EMI 현상

송전선 (154, 345kV)	배전선 (22.9kV)	전등선 (220/110V)
• 정전 유도(인체의 유해성 문제) : 전자계의 생물학적 영향 • 전자 유도(송·배 전선 주변의 통신선 유도 문제) : 가공 송전선에 의한 통신선 유도 문제 • 초고압 송전 선로 코로나 방전에 의한 전자파 잡음(RI, TVI) • TV Ghost : 송전 선로가 TV 전파의 수평 편파에 미치는 영향	• 전자유도 : 지중 배전선에 의한 통신선 유도 문제 • 고조파(harmonic) : 계통에서의 고조파 문제	• 순시 정전 • 순시 전압 강하 • 주파수 변동 • 임펄스 현상 • 고주파 및 고주파 잡음 : 일반 전기, 전자기기에 의한 문제 • 전등선의 안테나 효과

② 정전 유도 현상

교류 송전선의 정전 유도는 송전선 주위에 있는 물체(인체, 동·식물, 자동차, 건물 등)에 작용하여 전압 및 전류를 발생시키는 현상을 말하며, 일반적으로 두 가지의 형태가 있다. 하나는 피유도 물체가 정해진 전위(통상 접지)에 있는 경우로 용량 결합에 의해서 유도된 전류 값이 문제가 되는 경우, 다른 하나는 피유도 물체가 절연되어 있어 정전기적으로 발생하는 유도 전압이 문제가 되는 경우이다.

일반적으로 전자 설비나 기기는 건물 내에서 사용되기 때문에 건물의 차폐 효과로 인하여 그 영향은 거의 없다고 알려져 있으며, 대부분 다음과 같은 경우에 문제가 된다.

㉮ 절연된 피유도 물체(예를 들면 자동차)에 접지된 인체가 접촉할 때의 Shock 및 유도 전류

㉯ 절연된 인체의 접지된 물체가 닿았을 때의 Shock

㉰ 전계의 인체 및 동·식물에의 영향

③ 전자 유도 현상

송전선의 전자 유도 현상은 주로 통신선과 같이 송전선에 근접한 긴 도체에서의 유도 전압이 문제가 되며, 유도 전압의 크기는 전력선과 통신선의 기하학적 배치 및 전자장에 영향을 주는 주위의 매질에 따라 결정된다. 이러한 유도 전압은 평상시에는 잡음 기전력으로 나타나서 통신에 장해를 주며, 지락 사고와 같은 사고 시에는 높은 위험 전압이 유기되는 때도 있기 때문에 이 문제는 전력 회사와 통신 회사가 협정에 의거해 처리하고 있다.

④ 전계 및 자계의 영향

송전 선로의 시설 증가 및 송전 전압의 초고압화와 더불어 규제나 권고의 차원에서 가장 관심을 끌고 있는 분야는 ELF(Extremely Low Frequency) 전계, 즉 50/60Hz의 전력 주파 전계이다. 그래서 국내·외의 규제 당국과 여러 과학 단체에서는 있을지도 모르는 인체 유해성에 관해 집중적으로 연구하고 있으나 아직 명확하게 규명된 것은 없다. 하지만 일부에서는 인체에 위험을 초래할지도 모른다는 막연한 생각으로 송전 설비 건설이 지연되거나 중단된 예가 있고, 여론을 불러 일으켜 규제를 해야 한다는 압력을 넣기도 하였다.

실험에 의하면 10kV/m의 전계 강도에서 인체에 유기되는 전류는 수십 [μA] 정도여서 단 기간 노출 시에는 별다른 문제가 없는 것으로 되어 있고, 기기에 유기되는 유도 전류는 기기에 따라 다르지만 자동차와 같이 큰 물체도 1kV/m당 최대 0.6mA 정도이기 때문에 일 반 전기, 전자기기에 유도되는 전류는 지극히 적다고 할 수 있다. 또한, 자계의 경우 대형 변압기 주위나 고압 전력선이 건물 내로 지나가는 곳에서 만약 자계 강도가 약 1A/m (12.5mG) 이상 될 때에는 CRT 화면이 진동하는 등의 영향을 나타내기도 하지만 가공 송전선에서 어느 정도 떨어진 곳에서는 이보다 작기 때문에 별다른 영향이 없는 것으로 알려져 있다.

⑤ 이상 전압 현상

전력선에 이상 전압이 발생하면 이에 따른 전원의 차단이나 과도 특성의 발생이 있게 되는데, 이것이 전자 방해의 원인으로 되는 경우가 있다. 이상 전압의 원인으로는 다음과 같은 것들이 있다.

㉮ 뇌(유도뢰, 직격뢰)

㉯ 선로 개폐 이상 전압

㉰ 고장 시의 과도 이상 전압

(7) 노이즈 장해 방지 대책

노이즈 장해 방지의 기본은 불요 전자파를 외부로 누출시키지 않도록 하는 것이지만 각종 전기·전자 기기를 사용할 때에는 거의 불가능하고, 일반적으로 노이즈를 전달 경로 및 피해 측에서 노이즈에 대한 대책을 세우는 경우가 많다.

또한, 외래 노이즈에 대한 기기의 내력을 향상시키기 위해서는 회로 설계 단계에서 사용 소자의 특성, 배선 방법과 사용선 및 커넥터의 종류, 그리고 접지 등의 종합적인 관계를 고려해야 한다.

노이즈 장해를 방지하기 위한 대책은 〈표 8-7〉과 같이 나눌 수 있다.

〈표 8-7〉 노이즈 장해 방지 대책

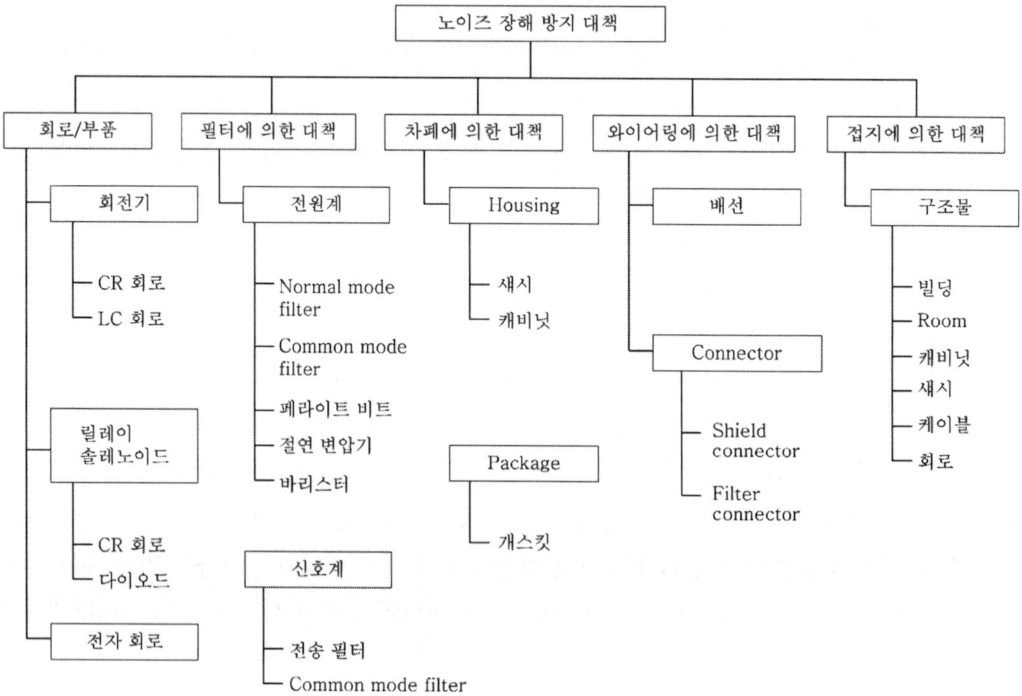

이와 같은 대책은 기본적인 개념으로써 구체적으로는 노이즈의 종류에 따라서 개개의 대책이 필요하다.

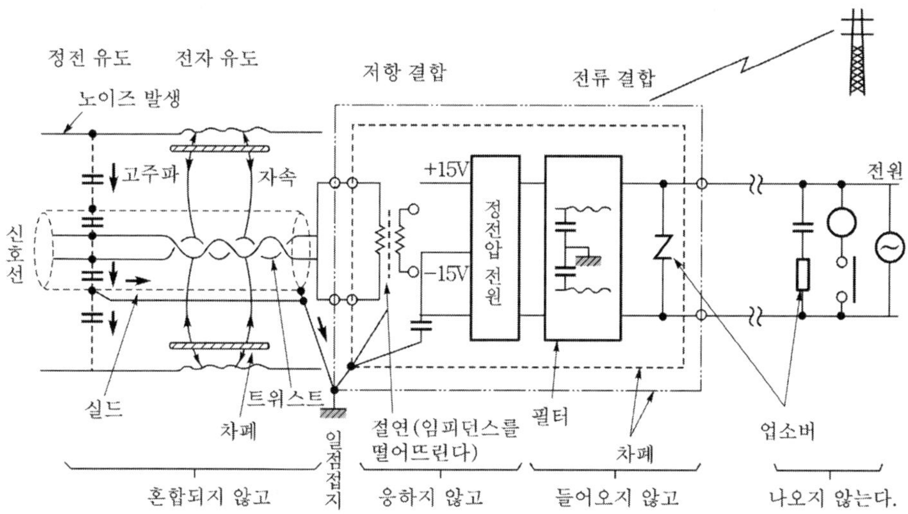

〈그림 8-17〉 노이즈 장해 방지 대책의 개념도

이렇게 함으로써 노이즈가 나오지도 않으며, 들어가지도 않고, 응하지도 않는 원칙을 충분히 지키는 것이 기본이다.

① Filtering

일반적으로 전원계, 신호계 모두 도체를 통해 전도되는 노이즈의 전달 mode는 Normal mode와 Common mode로 구분된다.

스위칭 소자와 개폐기, 모터 등 노이즈의 발생원 근처에는 Normal mode 구성의 필터를 설치하고, 외래 노이즈에 의한 오작동 방지용 또는 노이즈 발생원을 가진 기기의 AC 전원 케이블 근처에는 Common mode 구성의 필터를 설치하는 경우가 많다. 이것은 노이즈 발생원이 보통 Normal mode인 것에 대해 원거리에서 전달되는 노이즈는 Common mode인 경우가 많기 때문이다.

〈그림 8-18〉은 각 mode의 노이즈를 고려한 필터의 구성 회로를 나타낸 것이다.

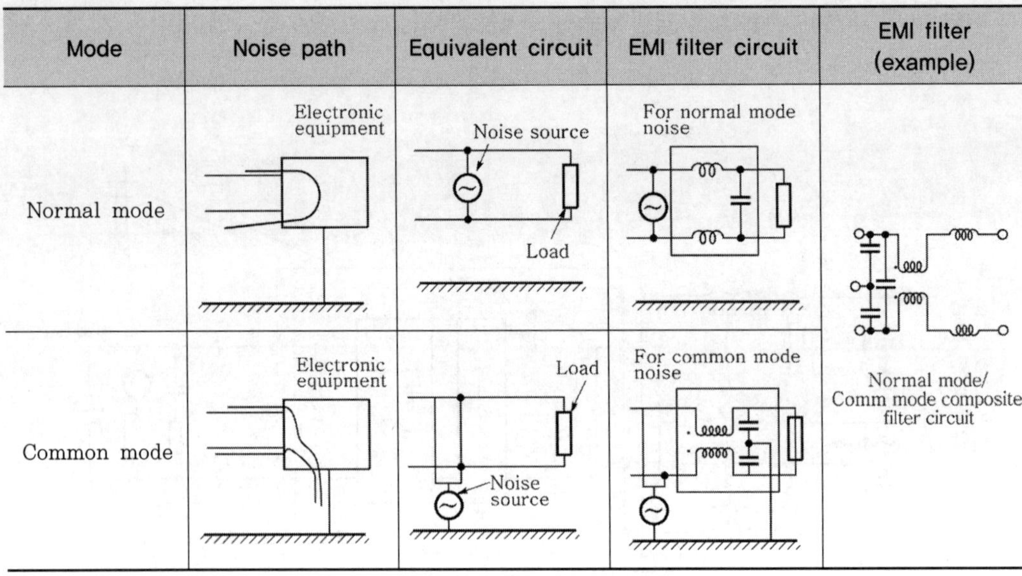

〈그림 8-18〉 필터의 구성 회로

㉮ **전원 라인 필터** : 전원 방해를 방지하기 위해 사용하는 필터는 보통 전원 주파수를 통과 대역으로 하고 고주파의 전원 방해를 제거하는 Low-pass 필터 특성을 가진다.

단상에 대한 필터의 기본 회로는 〈그림 8-19〉와 같다.

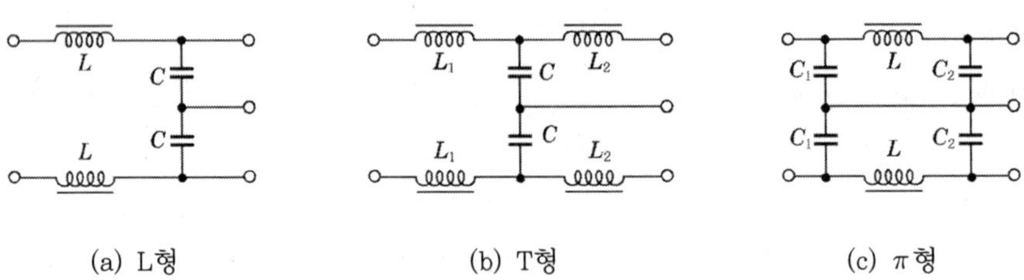

〈그림 8-19〉 전원 필터의 기본 회로

필터 회로를 구성할 때는 회로 임피던스 등의 여러 조건을 고려해야 한다. 예를 들면, 배전선의 대지 임피던스는 선간 임피던스보다 크므로 배전선과 접지 사이에 삽입하는 정전 용량은 적어도 좋지만 Normal mode 성분의 노이즈 제거에 대한 효과가 적게 되므로 선로 사이에 대용량의 콘덴서를 삽입하도록 한다.

〈표 8-8〉은 회로 임피던스에 적합한 필터 회로의 구성을 나타낸 것이다.

〈표 8-8〉 필터의 효과적 회로 구성과 회로 임피던스

Z_l / Z_s	Z_l이 작을수록 효과가 커지는 회로	Z_l이 클수록 효과가 커지는 회로
Z_s가 작을수록 효과가 커지는 회로	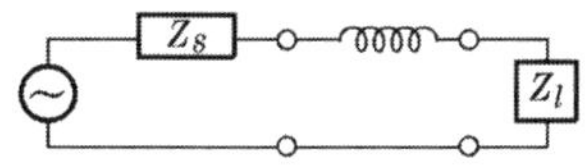	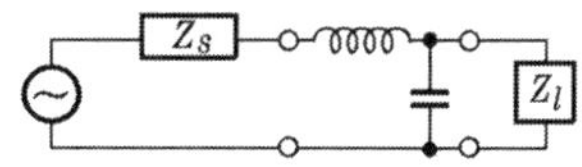
Z_s가 클수록 효과가 커지는 회로	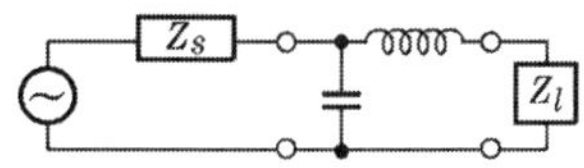	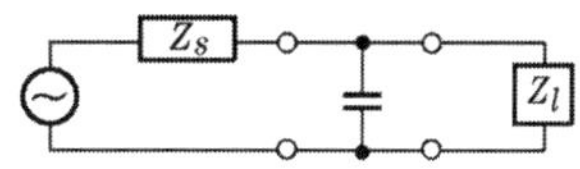

전원 필터에는 보통 차폐실용 필터와 일반 전자기기용 필터가 있는데, 차폐실용은 14kHz~10GHz에서 80~100dB 또는 100dB 이상의 감쇄 특성을 가지는 경우가 많다. 그러나 전자기기용 필터는 150kHz 이하의 노이즈에 대해서 각 기기의 방해 배제 능력이 크다.

또한, TTL 등과 같은 반도체 소자는 30MHz 이상에서는 감응하지 않기 때문에 보통 150kHz~30MHz의 주파수 대역에서 감쇄 특성을 가지는 필터가 많이 사용되고 있다.

㉯ 필터 설계 시 주의사항

㉠ 필터는 반드시 차폐된 구조로 하며, 필터의 케이스와 내부는 전기적으로 양호하게 접촉되도록 한다.

㉡ 콘덴서를 사용할 때 리드선은 가능한 한 짧게 한다.

㉢ 모든 배선을 접지 면에 가깝게 하여 상호간의 결합을 적게 하고 루프 구성이 되지 않도록 한다.

㉣ 필터의 단자는 전류 용량이 충분한 것을 사용하도록 한다.

㉰ 필터의 취급 방법

㉠ 〈그림 8-20〉과 같이 필터의 입력 측과 출력 측과의 배선 간에 전자기적 결합이 없도록 해야 한다.

㉡ 접지선은 고주파에 대해서 저 임피던스이어야 한다.

㉢ 필터 케이스를 기기 케이스에 직접 설치하고 저 저항으로 Bonding하도록 한다.

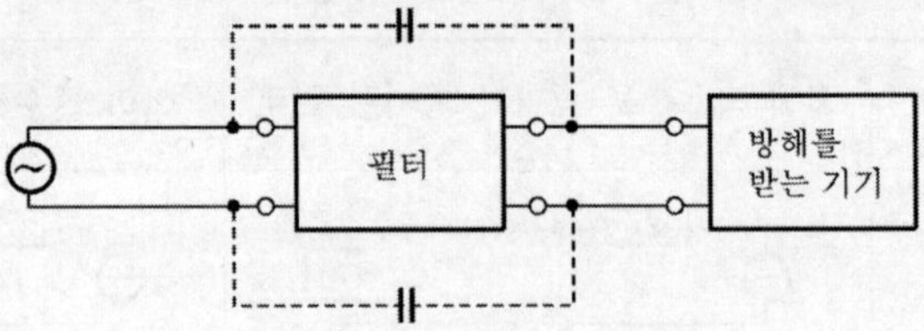

(a) 정전 결합에 의한 필터 효과의 손실

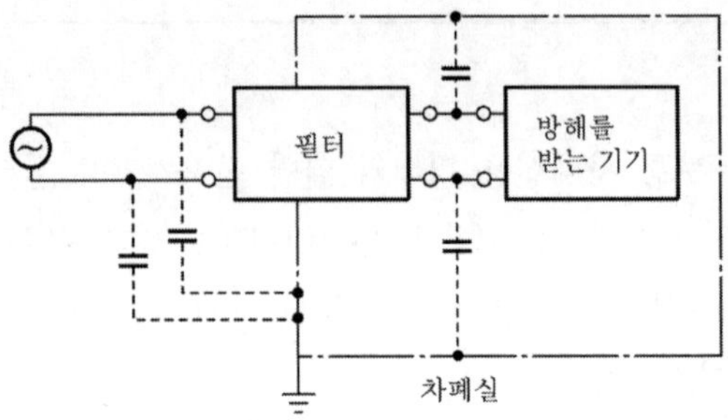

(b) 차폐실의 효과

〈그림 8-20〉 외부 결합을 방지하기 위한 필터의 취급 방법

② Shielding

노이즈 발생원과 노이즈의 영향을 받는 기기를 서로 차단하는 것을 차폐라고 하는데, 차폐 방식에는 〈표 8-9〉와 같이 노이즈가 있는 공간에서 노이즈가 없는 공간을 만드는 경우의 수동적 차폐와 노이즈원을 차폐시켜 노이즈가 없는 공간을 만드는 경우의 능동적 차폐 두 가지가 있다.

노이즈 발생원과 기기와의 결합에는 전장(電場)에 의한 정전 유도 결합과 자장(磁場)에 의한 전자 유도 결합이 있는데 이것에 대한 차폐 특성은 각각 다르다.

〈표 8-9〉 수동적 차폐와 능동적 차폐

구 분	수동적 차폐	능동적 차폐
개념도	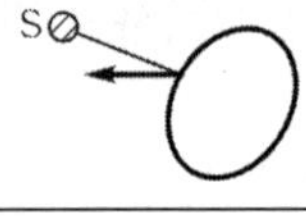	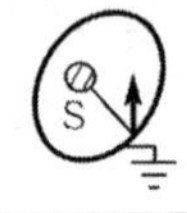
방해원	차폐체의 외부에 있다.	차폐체의 내부에 있다.
접지	차폐를 위해서는 필요 없다.	필요하다.
2중 차폐를 행할 경우	· 외측 : 동 · 내측 : 철	· 외측 : 철 · 내측 : 동

㉮ **정전 차폐** : 〈그림 8-21〉은 정전 유도 현상과 등가 회로를 나타낸 것이다. 등가 회로에 서 V_2를 감소시키기 위해서는 C_{12}를 작게 하도록 정전 차폐를 실시하면 된다. 즉, 〈그림 8-22〉와 같이 도체 1과 도체 2 사이에 접지된 도체를 삽입하여 C_{12}가 존재하지 않도록 한다.

따라서 회로 전체를 금속상으로 차폐하여 접지시키면 외부 노이즈로부터 회로를 보호할 수 있는 차폐 케이스가 된다.

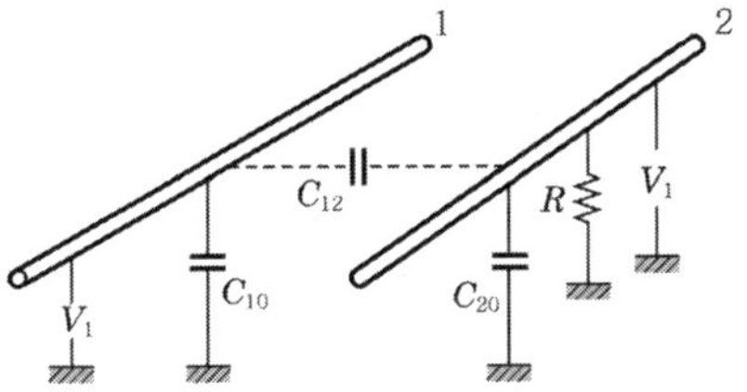

(a) 2개 도체 간의 정전 결합

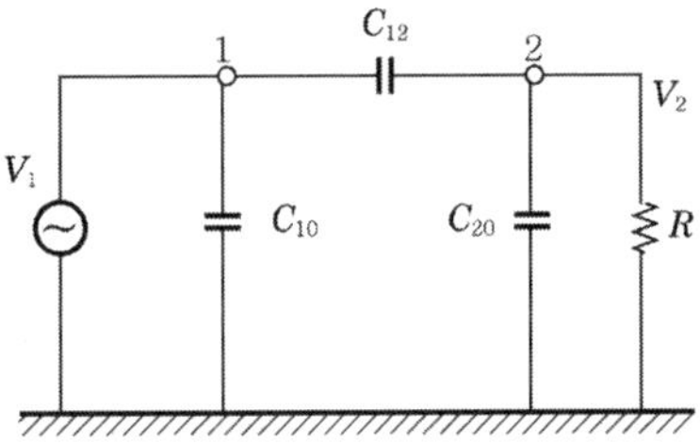

(b) 정전 결합의 등가 회로

〈그림 8-21〉 정전 결합

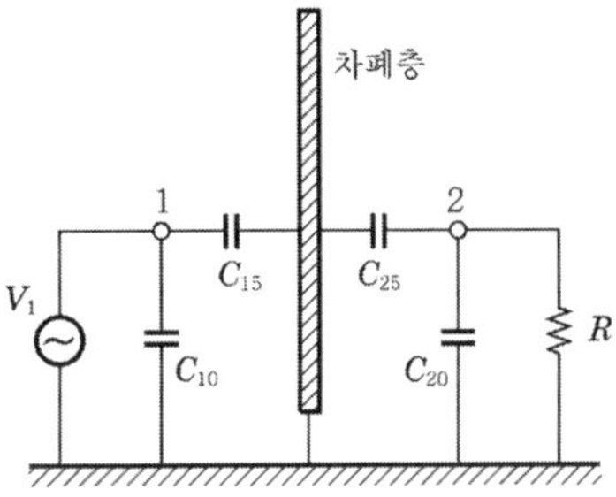

(a)

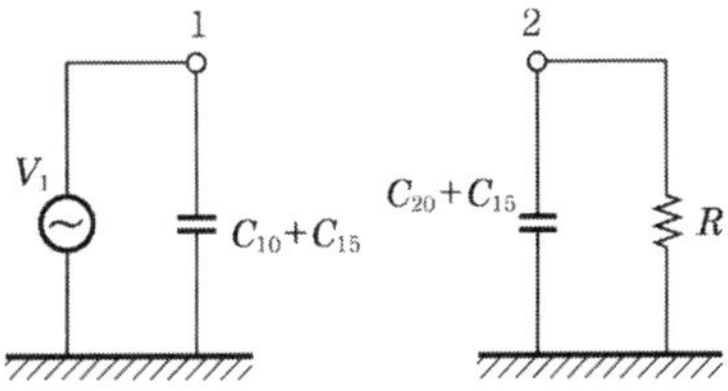

(b)

〈그림 8-22〉 정전 차폐

㉯ **전자 차폐** : 〈그림 8-23〉은 전자 유도 현상과 등가 회로를 나타낸 것이다. 이것을 방지 하지 위해서는 다른 경로를 구성하여 회로 1의 자속을 회로 2에 쇄교하지 않도록 하는 전자 차폐를 실시한다.

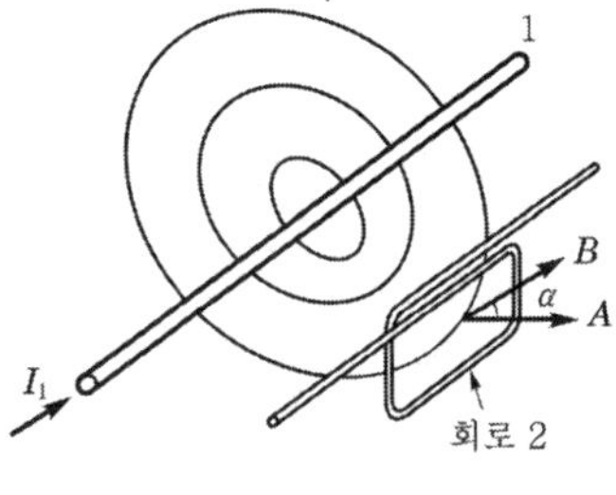

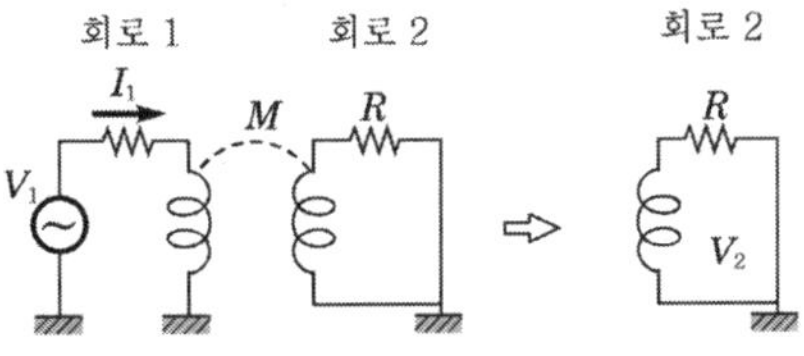

〈그림 8-23〉 전자 결합과 등가 회로

즉, 고투자율의 금속판을 두 회로의 중간에 삽입하면 자속은 공기에 비해서 투자율이 큰 자성 재료쪽으로 통과하므로 전자 결합이 감소된다. 따라서 외부 자속에 영향을 받기 쉬운 기기는 고투자율의 금속 케이스를 설치하면 내부로 자속이 침투하는 것을 막을 수 있다. 정전 차폐는 얇은 금속제의 케이스만으로도 가능하지만 전자 차폐는 차폐 물체의 모양에 의해 좌우된다. 또한, 전자 차폐 물체의 두께가 두꺼울수록 와전류가 생겨 이것에 의해 반자계(反磁界)가 발생됨으로써 차폐 효과가 있게 된다. 이 경우에는 고투자율의 재료가 쓰이지 않고 고도전율(비저항이 낮다)의 동판이나 알루미늄 판으로 대상물을 차폐시키는 것이며, 이때 차폐 물체를 접지시키면 정전 유도의 효과도 함께 나타난다.

고투자율 재료에 의한 차폐를 자기 차폐, 고도전율 재료에 의한 차폐를 전자 차폐라고 하는 경우도 있다. 자속과 회로와의 쇄교를 차단함으로써 차폐시키는 방법 외에 회로의 면적을 작게 함으로써 전자 유도를 차폐시키는 방법이 있다.

즉, 〈그림 8-24〉 (a)와 같은 경우는 도선간의 간격에 의해서 면적이 형성되어 자속이 통과함으로써 전자 유도 현상을 일으키게 되지만 〈그림 8-24〉 (b), (c)와 같이 전선을 꼬아 놓으면 면적이 작아질 뿐만 아니라 유도 전압이나 발생된 자속의 극성이 서로 반대가 되어 전체적인 유도가 감소된다.

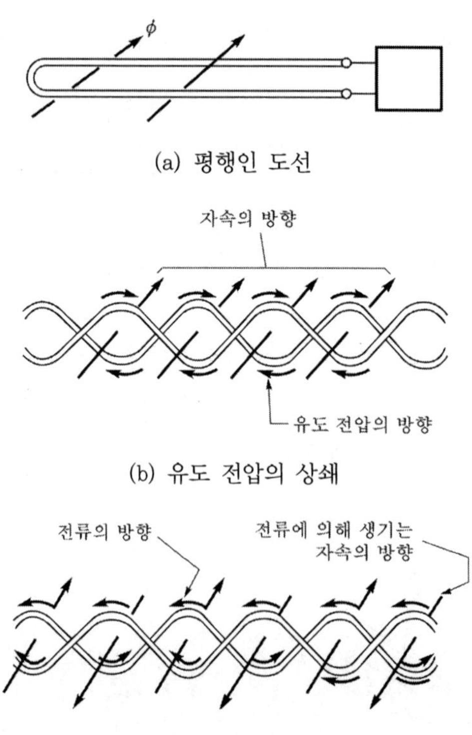

〈그림 8-24〉 꼬임선의 노이즈 저감 효과

③ Wiring

전자 장치의 배선에는 〈그림 8-25〉와 같이 내부의 논리 회로를 동작시키는 디지털 신호와 장치 외부와의 사이에 연결되어 있는 입·출력 신호선, 전력을 공급하는 전원 배선과 리드 선, 또한 접지를 연결하기 위한 그라운드선 등이 있으며 이들에 대한 배선 방법은 각각 다르다. 이것을 정리하면 다음과 같다.

〈그림 8-25〉 전자 장치의 구성

㉮ **부품과 부품의 접속** : 프린트 배선
㉯ **프린트 기판끼리의 접속** : 프린트 배선(back 배선)
㉰ **모듈간의 배선** : 절연 전선, 꼬임선(twist pair cable), 차폐선, 차폐되어 있는 꼬임선
㉱ **입·출력 신호 배선** : 절연 전선, 꼬임선, 차폐선, 차폐되어 있는 꼬임선, 동축 케이블
㉲ **전원에 관련되는 배선** : 절연 전선, 플레이트, 동판, Mini bus

각 배선에서 취급하는 주파수는 ㉮에서 ㉲로 갈수록 낮게 되고, 사용하는 전력은 크다고 할 수 있다. 주파수가 낮고 전력이 큰 경우에는 배선의 전류 용량만 주의하여 배선 재료와 방법을 결정한다.
배선 방법을 생각할 때는 다음의 사항을 염두에 두어야 한다. 즉, 배선 길이가 길고 짧음에 따라 이것을 집중 정수 회로 또는 분포 정수 회로로서 취급한다.

신호의 주파수를 f, 파장을 $\lambda = \frac{C}{f}$(단, C는 진공 중의 광속도), $\lambda = \frac{\nu}{f}$(단, ν는 도체 중의 전달 속도), 도선상의 전파 지연 시간을 T_0, 신호선의 길이를 l이라 하면 일반적으로 다음과 같이 나누어진다.

- $l \ll \frac{\lambda}{4}$: 집중 정수 회로로서 취급
- $l \gg \frac{\lambda}{4}$: 분포 정수 회로로서 취급

디지털 회로의 경우는 신호가 도선상을 한 번 왕복하는 시간이 펄스의 Rise-time보다 작은 범위에서는 집중 정수 회로로서 취급해도 좋다. 즉, 이때는 신호의 전달 지연 시간을 고려하지 않아도 상관없다.

④ Grounding

㉮ **접지의 목적** : Grounding은 접지 또는 어스라고 하며, 회로나 전자기기를 대지 전위와 같은 전위로 만들어 주는 것을 말한다. 접지의 목적을 크게 두 가지로 나누면 다음과 같다.

㉠ 회로의 기준 전위를 정해준다.

㉡ 감전 등의 사고로부터 인체를 보호한다.

전자 회로는 바르고 정확하게 접지함으로써 신호의 기준 전위가 정해지고 안정한 동작이 보장되며, 접지점의 전위가 변하면 노이즈가 발생한다고 할 수 있다.

㉯ **접지와 노이즈** : 회로의 기준 전위인 접지 전위가 변함으로써 노이즈가 발생하는 경우를 들면 다음과 같다.

㉠ 접지 회로에 신호 전류가 흐르는 경우 : 접지 회로의 임피던스에 의한 전압 강하로 접지전위가 변한다.

㉡ 여러 개의 접지점이 있어 접지 회로 간에 루프를 형성하는 경우 : 접지점 간 전위차와 루프에 의한 전자 유도로 루프 전류가 흘러 기준 전위가 변한다. 〈그림 8-26〉에 나타내었다.

- 접지점 G_1, G_2 사이의 전위차에 의해 전류가 흐른다.
- 접지 루프에 쇄교 자속으로 인한 전위차가 발생한다.

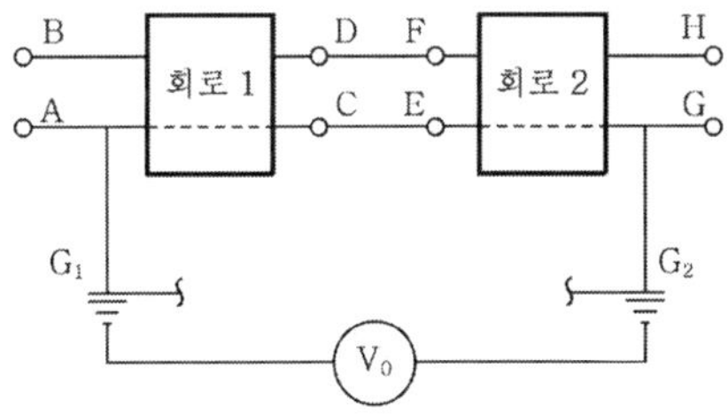

(a) 접지점 G_1, G_2 사이의 전위차에 의해 전류가 흐른다.

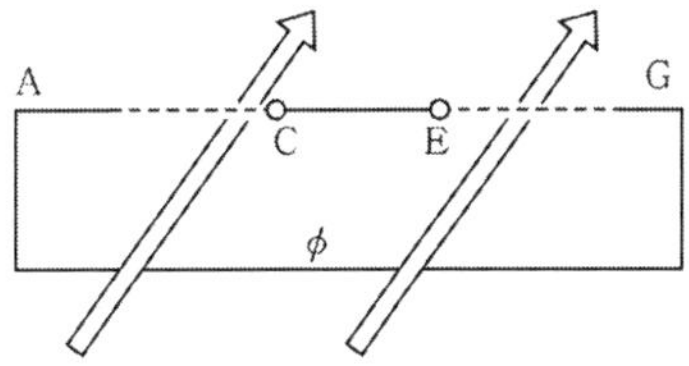

(b) 접지 루프에 쇄교 자속으로 인한 전위차가 발생한다.

〈그림 8-26〉 접지 루프

㉰ **접지 방식** : 회로를 접지하는 방식은 일점 접지 방식(single-point grounding connection)과 다점 접지 방식(multi-point grounding connection)으로 나눌 수 있으며, 〈그림 8-27〉과 같이 A, B, C, D 4개의 회로에 대해서 살펴보자.

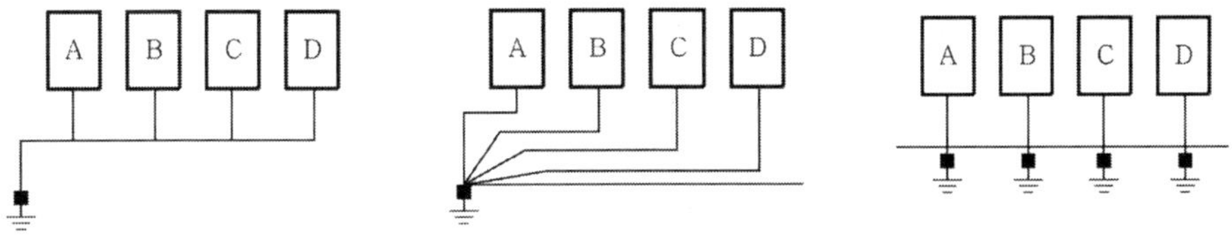

(a) 일점 직렬 접지 방식 (b) 일점 병렬 접지 방식 (c) 다점 접지 방식

〈그림 8-27〉 접지 방식

㉠ 일점 접지 방식 : 일점 접지 방식에는 직렬 방식과 병렬 방식이 있으며, 접지 도체에 전류가 흘러 도체에 존재하는 약간의 임피던스에 의한 영향에 대해 두 방식을 비교해 보면 다음과 같다. 이때 간략화하기 위해서 〈그림 8-28〉과 같이 A, B 2개만을 가진 회로를 생각해 보기로 한다.

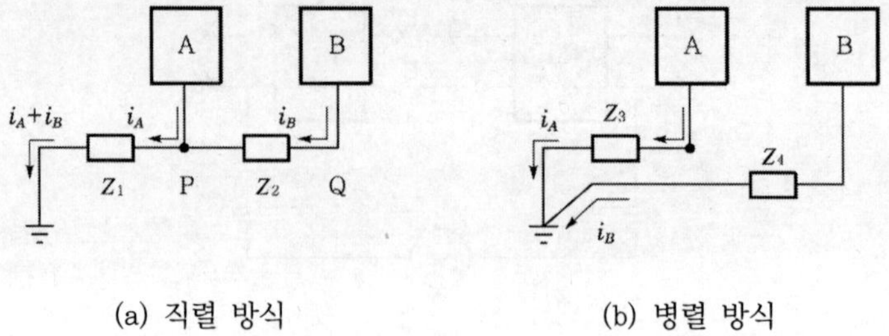

〈그림 8-28〉 일점 접지 방식

〈그림 8-28〉 (a)의 직렬 방식에서는 회로 A, B의 공통 임피던스인 Z_1에 의해서 P점의 전위는 $V_p=(i_A+i_B)Z_1$이 되고, Q점의 전위는 $V_Q=(i_A+i_B)Z_1+i_BZ_2$가 된다. 즉 A, B는 전위가 상호간에 의해서 영향을 주고받으며 $i_A \ll I_B$라면 A의 입력에 I_BZ_1의 영향이 노이즈로 나타나게 된다.

반면에 〈그림 8-28〉 (b)의 병렬 방식에서는 공통 임피던스가 존재하지 않으므로 회로 사이의 상호 간섭은 일어나지 않지만 회로 배선이 복잡해지는 단점이 있다. 실제적인 방법은 출력 전류를 흘리는 접지선과 기준 전위를 정하기 위한 접지선과 구분하고 후자에는 전류를 가능한 한 흘리지 않도록 한다. 또한, 안전을 위해 케이스를 접지하는 선로도 구분하여 이러한 3종류의 기능이 다른 접지선을 병렬 방식으로 일점 접지하도록 한다.

동일 기능을 가진 접지선은 회로 간에 연결하여도 저주파에서는 문제가 없으며, 〈그림 8-29〉와 같은 접지방식도 허용된다. 그러나 고주파에서는 접지선 임피던스의 영향이 크므로 다점 접지방식을 사용해야 한다.

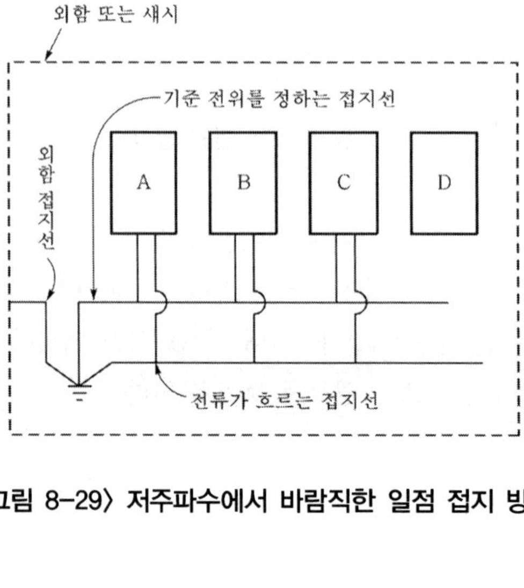

〈그림 8-29〉 저주파수에서 바람직한 일점 접지 방식

㉡ 다점 접지 방식 : 동작 주파수가 높은 회로에서는 접지선의 인덕턴스가 접지 임피던스를 증대시킴과 동시에 접지선 사이의 유도 결합이 일어나며, 또한 접지선 사이의 표유 용량에 의해서도 접지선 사이의 결합이 일어나는 경우도 많아진다. 따라서 접지 임피던스를 최소로 낮추고 결합에 의한 영향을 줄이기 위해 접지 면을 만들어 그 표면에 접지 단자를 최단거리로 접속하는 〈그림 8-27〉 (c)와 같은 다점 접지방식이 사용된다.

㉣ 고주파 노이즈에 대응한 접지

㉠ 접지 저항의 평가 : 접지 저항의 평가는 접지 전극에서 본 접지 저항의 값을 측정하여 이 값이 낮을수록 좋은 접지라고 되어 있다. 그리고 접지 저항의 측정은 10~100Hz의 저주파 교류를 전원으로 사용하여 측정한다. 즉, 이 측정법에서 얻어진 접지 저항 의 값은 비교적 낮은 주파수대의 전류(사용 전원의 기본파인 50Hz/60Hz, 혹은 그것들 의 고조파 정도)가 접지 전극에 흐른 경우의 저항값으로 노이즈와 같이 극히 주파수가 높은 고주파 전류가 흘렀을 경우의 저항값(임피던스)과는 결코 일치하지 않는다〈그림 8-30 참고〉.

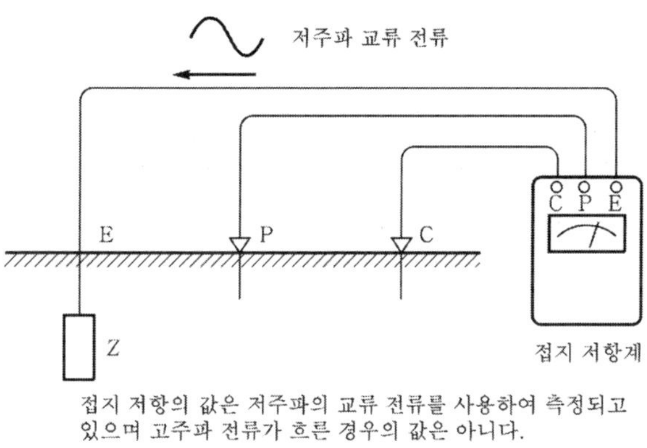

〈그림 8-30〉 접지 저항의 측정

㉡ 표피 효과 : 노이즈는 고주파이기 때문에 표피 효과가 강하고 주파수가 높은 전류는 접지선의 단면 전체에는 흐르지 않으며, 접지선의 표면 부근에만 흐를 수가 있다〈그림 8-31 참고〉.

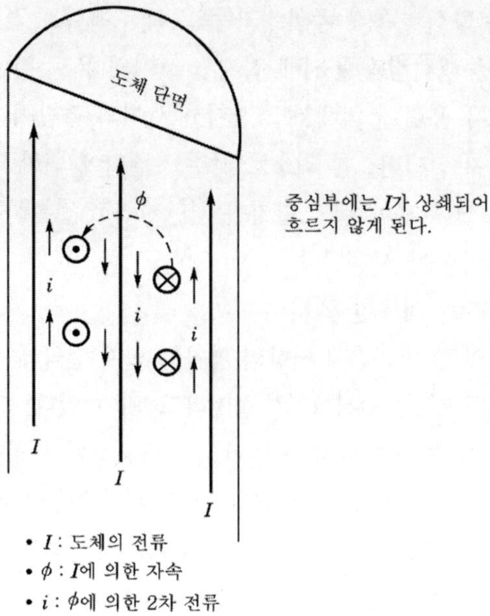

〈그림 8-31〉 도체 내를 흐르는 전류의 표피 효과

㉢ 접지선의 임피던스 : 빌딩의 고층화나 공장의 대형화에 수반하여 접지선이 길어지면 고주파 전류에 대해서는 접지선의 임피던스도 문제된다. 이것은 접지선이 길어질수록 동선이 갖는 도체 저항이 증가할 뿐만 아니라 인덕턴스도 증가(인덕턴스는 노이즈의 주파수에 비례하여 임피던스가 높아진다)하기 때문에 고주파 전류에 대하여 접지선에 전위차가 생기기 쉬우며, 좋은 접지라고 할 수 없다〈그림 8-32 참고〉.

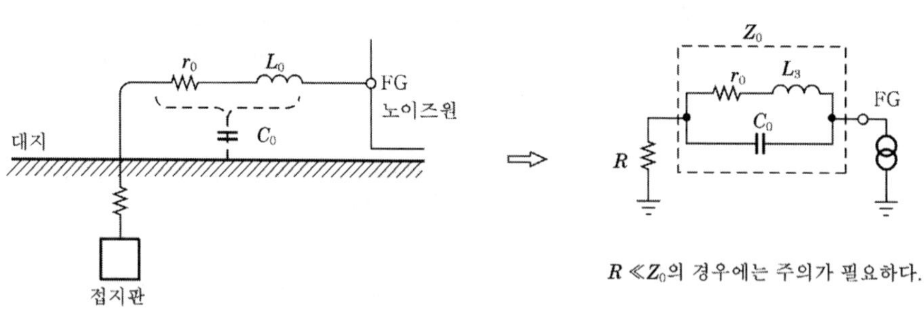

〈그림 8-32〉 고주파 노이즈에 대한 접지선의 등가 회로

㉣ 공통 임피던스 : 노이즈를 발생하는 기기의 접지선과 노이즈에 민감한 기기의 접지선을 공용하거나 또는 따로 따로 접지선을 설정하여도 그것이 같은 접지 전극에 접속되어 버리는 경우에는 노이즈를 발생하는 기기로부터 접지선에 누설되는 고주파의 전류가 접지선이나 접지 전극의 공통 임피던스에 의해서 전위차가 발생하고 접지선을 공유하고 있는 다른 기기의 그라운드 전위를 동요시킨다〈그림 8-33 참고〉.

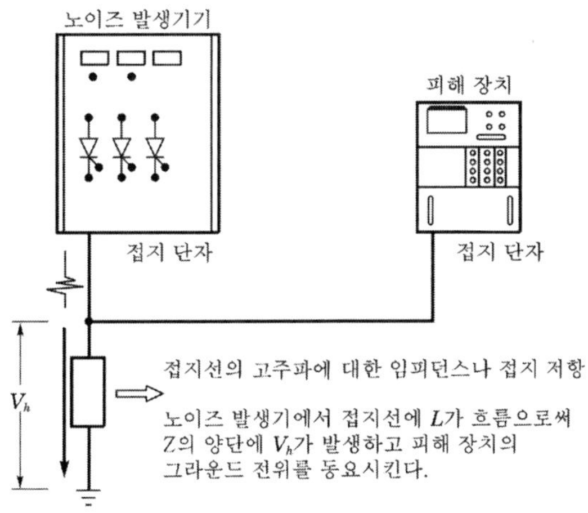

〈그림 8-33〉 공통 임피던스의 영향

㉤ 그라운드 루프 : 같은 제어계에 속하는 복수의 시스템이 동일한 접지 단자를 공유하여 접지되고 그것들의 시스템이 다시 금속 동체나 도전성의 구조체를 통하여 도통하는 경우에는 접지선에 의해 큰 그라운드 루프가 형성되어서 노이즈를 일으킬 우려가 있다〈그림 8-34 참고〉.

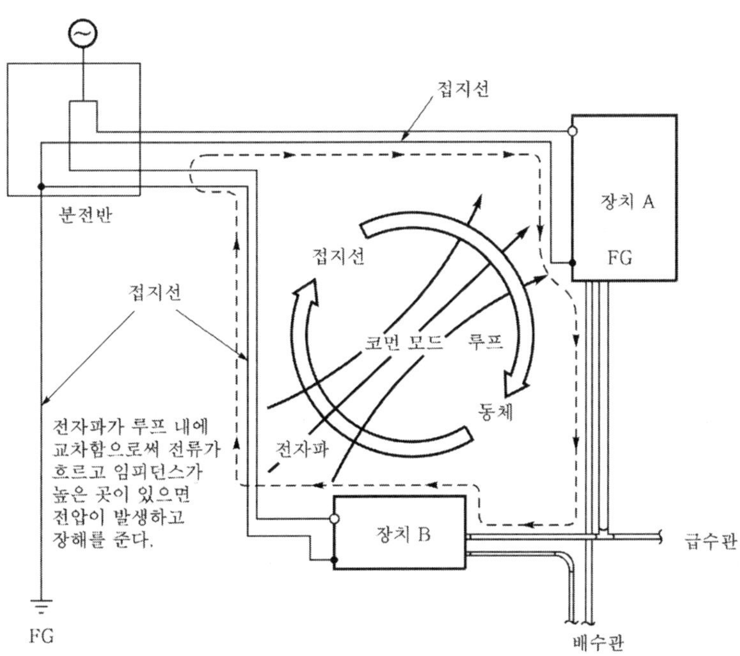

〈그림 8-34〉 접지선에 Common mode 루프의 발생

㉲ **뇌 서지 보호를 위한 등전위화** : 정보화기기의 뇌 서지 보호에 있어서 보호 장치는 기본적으로 접지되기 때문에 접지의 역할이 대단히 중요하며, 접지의 역할은 대지 전위 상승을 억제하는 것과 등전위화를 이루는 것으로 대별할 수 있다. 즉, 접지의 목적은 접지 시스템에 발생한 이상 전류를 대지로 방류하여 전위 상승을 억제하는 것과 접지 시스템 전위의 균등화를 도모하는 것이다.

따라서 정보화 기기의 전원 계통, 신호의 입·출력 회선, 접지 시스템을 등전위화하면 효과적으로 뇌 서지를 보호할 수 있다. 〈그림 8-35〉에 나타낸 바와 같이 부하기기의 가까이에 보호 장치를 설치하고, 그의 접지 단자와 기기의 외함을 공통으로 접지선에 접속한다. 따라서 접지선의 전위가 상승하여도 기기의 외함과 전원의 상대적 전위차는 보호 장치의 제한 전압만큼의 낮은 전위로 유지할 수 있다.

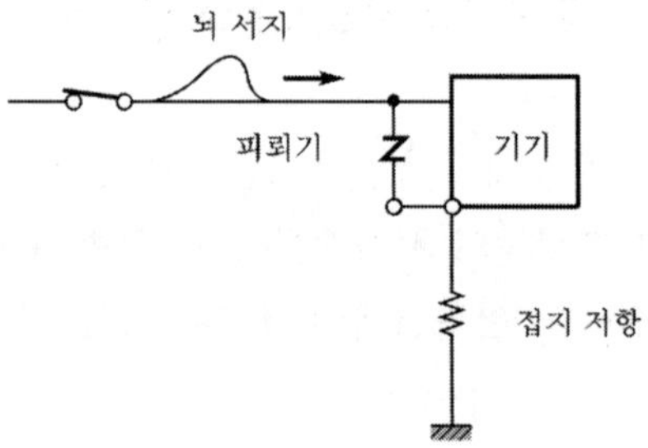

〈그림 8-35〉 등전위화

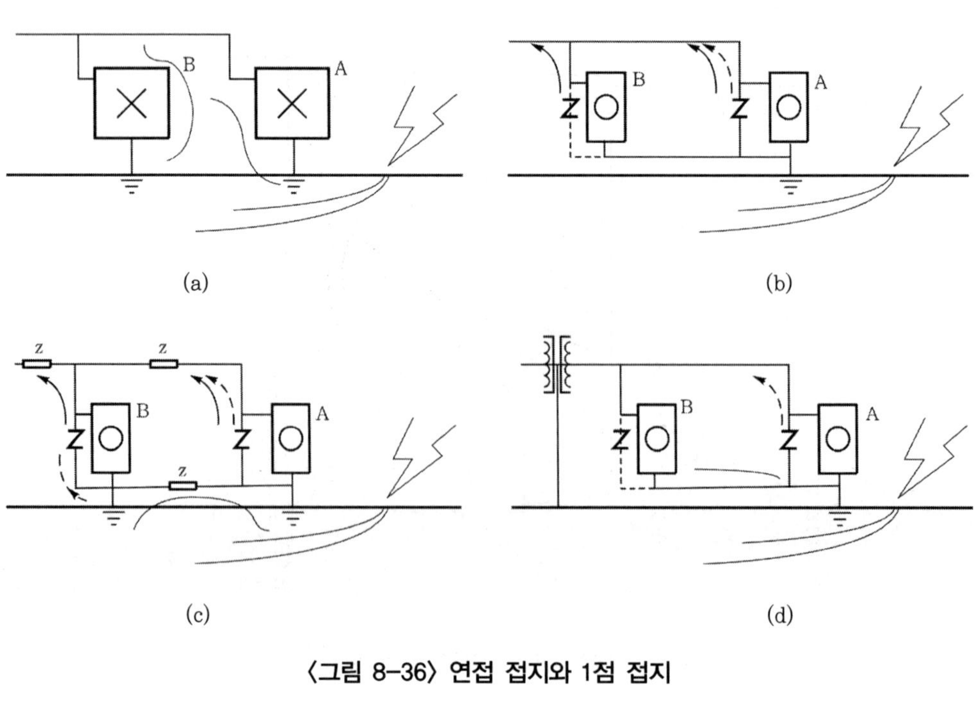

〈그림 8-36〉 연접 접지와 1점 접지

〈그림 8-36〉 (a)에 나타낸 바와 같이 각 장치에 독립한 접지를 설치한 때에는 A장치 외함의 전위가 높게 되고, 뇌 서지는 장치를 파괴한 후 전원으로 흘러 들어가 대지의 전위가 낮은 곳에 있는 B장치를 파괴하여 대지로 돌아가는 회로, 즉 뇌격 전류의 분류에 의하여 피해가 생긴다. 또한, 〈그림 8-36〉 (b)와 같이 접지한 장치에는 피뢰기를 부착하여 장치와 전원선의 등전위화를 도모한다. B장치의 외함과의 사이에 연접 접지를 접속하여 B장치에 있어서도 등전위화가 유지된다. 그러나 연접 접지선은 전원선과 동일 경로를 갖도록 하지 않으면 파두부에서 서지의 도착 시간차로 인하여 등전위화가 이루어지지 않아 손상을 일으키는 경우가 있다.

〈그림 8-36〉 (c)와 같이 양쪽 장치 공히 접지선을 접속한 때에는 A장치의 피뢰기 작용에 대해 전원선, 연접 접지선이 같은 전위로 서지가 진행하여도 B장치의 접지에 의해서 B장치의 외함 전위만이 저하하여 등전위화가 이루어지지 않아 피해가 발생한다. 보안상 B장치의 외함을 그 위치의 대지 전위로 유지할 필요가 있을 때는 반드시 파선으로 표시한 것과 같이 이곳에도 피뢰기를 설치하여 등전위화를 도모한다. 그림 (b)와 (c) 모두 A장치의 접지선에서 나타난 서지는 전원선 쪽에 보내지므로 이 전원선에 연결되어 있는 기기, 극단적인 경우는 옥외로 전달되어 다른 수용가 혹은 주변기기 등의 사고로 연결되는 경우도 있다.

다른 곳에 피해가 발생하며, 그 지락 전류는 A장치의 접지선에서 그 피뢰기를 통하여 공급되고, 그 파형은 뇌 전류의 분류이므로 파미장이 길어 피뢰기도 파괴한다.

〈그림 8-36〉 (d)는 도중에 실드 변압기를 넣어 다른 회선에서의 피해를 차단하고 A장치의 피뢰기 부담을 경감시켜 주는 것이 효과적이다. 연접 접지에 있어서 여기에 접지하지 않은 장치에는 피뢰기의 설치가 필요하다.

(8) 노이즈 대책 실례

① 노이즈 실태 파악과 대책 순서

㉮ 일반적으로 노이즈 대책은 발생원이 명확하면 발생원 측과 피해기 측의 어느 쪽에 대책을 세우는가를 다음과 같은 관점에서 검토할 수 있다.

㉠ 대책에 수반하는 실행적인 난이도 : 작업 스페이스나 부품을 추가하는 스페이스의 유무, 차폐를 한 경우의 상황 등

㉡ 대책의 성공률 : 시스템이 복잡하고, 거대해지면 그라운드의 임피던스 증가나 차폐 시공의 곤란 등으로 성공률은 저하한다.

㉢ 대책에 드는 코스트 : 예컨대, 라인 노이즈를 방지하는 데는 전류나 전압이 작고 혹은 소비 전력이 작으며 3상보다도 단상 쪽이 코스트가 적다.

㉣ 장래에 대한 장해 예측 : 발생원측에 대책을 세울 수 있다면 새로이 피해 장치가 생길 가능성은 작다.

㉤ 도의적 책임의 유무 : 트러블이 발생한 상황에도 따르지만 일반적으로 후에 도입된 장치가 도의적 책임을 지는 일이 많다.

㉯ 생산 현장에서의 노이즈 대책에 있어서도 학문적인 해석이 기초가 되는 것은 말할 필요가 없지만 이들을 하나하나 분석한다는 것은 매우 어려운 일이기 때문에 다음의 순서에 따라서 대책을 세우는 것이 바람직하다.

㉠ 문제가 되는 것은 노이즈뿐만 아니라 다른 외란의 동태를 파악하여 관측, 측정, 기록한다. 이때 간과하기 쉬운 전류에 주의한다.

㉡ ㉠에서 조사한 자료를 〈표 8-10〉에 따라서 정리한다.

㉢ 문제의 원인이 되는 전기, 자기, 특히 고주파 노이즈의 전파 경로를 정확하게 파악한다.

㉣ 노이즈 방지에 중요한 〈표 8-11〉의 3요소에 입각하여 대책을 세운다.

〈표 8-10〉 노이즈의 종류와 대책

노이즈	내 용	대 책
고주파 노이즈	수 kHz 이상의 노이즈	방사 노이즈는 차폐시키고 전도 노이즈는 방지 소자 사용
전원의 고조파	전력의 기본 주파수의 정수배에 해당하는 주파수 성분	필터, 자동 전압 조정기(AVR)
기본파 노이즈	· Surge : 이상 고전압이 반 사이클에서 수 사이클 동안 지속 · Sag : 이상 저전압이 반 사이클에서 수 사이클 동안 지속 · Flicker : 고 · 저 전압이 반복되는 현상	자동 전압 조정기(AVR)
순시 정전	반 사이클에서 수 사이클의 단주기 정전	CVCF

〈표 8-11〉 노이즈 방지의 3요소

<table>
<tr><td>1</td><td>차폐</td><td>방사 노이즈 방지</td><td rowspan="2">방사 노이즈 방지</td></tr>
<tr><td>2</td><td>접지</td><td>방사 및 전도 노이즈 모두에 중요</td></tr>
<tr><td>3</td><td>노이즈 방지 부품</td><td>전도 노이즈 방지</td><td>전도 노이즈 방지</td></tr>
</table>

② 생산 현장에서의 대책 실례

최근 생산 현장에서는 인건비 삭감과 작업의 합리화를 위해 컴퓨터에 의한 자동 생산 시스템이 도입되는 경우가 늘고 있다. 그러나 그 대부분은 순서 제어(sequence control)에 Relay를 사용해 온 생산 라인을 그대로 자동화하는 경우가 많아서 뜻밖의 사태가 발생하는 경우가 많다.

다음에 어떤 회사에서의 예를 들어보기로 한다.

㉮ **문제점** : 컴퓨터로 제어되는 고속 자동 수량 검사 장치를 생산 현장에 설치한 회사는 즉시 소비자로부터 표시된 수량이 틀린다는 항의를 계속 받았다고 한다. 클레임 건수는 출하량 중 약 100만 개당 40개 정도이지만 출하량이 많기 때문에 한 달에 약 40건에 달하여 회사 전체 신용에 크게 문제가 되었다고 한다.

㉯ 생산 현장 내의 환경

㉠ 컴프레서, 인버터, 솔레노이드 밸브 등 노이즈를 발생하는 기기류가 검사 장치 가까이 있었다.

㉡ 검사 장치까지의 배선이 가늘고 길기 때문에 라인 임피던스가 높고, 말단에서는 전압 변동이 심해서 방사 노이즈의 영향을 받기 쉬운 상태였다.

㉢ 신호선과 전력선이 함께 있어서 유도에 의한 노이즈가 발생되기 쉬운 상태였다.

㉣ 오실로스코프에는 여러 종류의 노이즈가 나타났고, 임펄스성 노이즈도 있었다.

㉰ 실시된 대책

㉠ 검사 장치의 전원 선을 옥내 배선용 F-cable 대신 연선 차폐 케이블로 사용하였다.

㉡ 말단에는 방사 방지용 분전반을 설치하였고 검사 장치는 모두 여기서 전용 급전선을 사용하였다.

㉢ 신호 선은 모두 차폐시켰다.

㉣ 전원선과 장치 간은 잡음 방지 트랜스(noise cut transformer)를 사용하여 분리 절연(isolation)시켰다.

㉤ $3.5mm^2$ 굵기의 전선을 $14mm^2$로 바꾸어 전압 변동을 줄였다.

㉱ **실시 결과** : 대책 수립 및 공사를 실시한 후 조사한 노이즈는 전보다 훨씬 감소되었고 새로운 제품이 출하된 뒤 약 3개월 동안 클레임 건수는 하나도 발생되지 않았다.

③ 노이즈 대책 실시 시 주의사항

㉮ **케이블 실드** : 〈그림 8-37〉과 같이 아래와 같은 경우는 실드가 실시되어 있어도 충분한 효과를 얻을 수 없다.

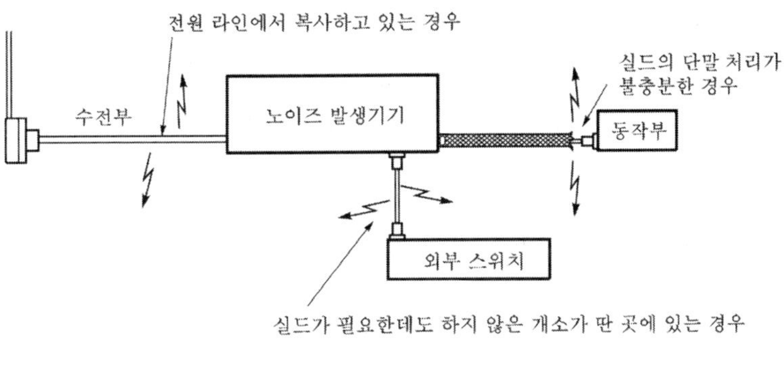

〈그림 8-37〉 충분한 실드 효과를 얻을 수 없는 요인

㉠ 실드 재질의 선정이나 처리 방법이 불충분한 경우
㉡ 노이즈가 복사에 의해서 공간에 누설되고 있는 개소가 다른 곳에도 있는 경우
㉢ 전원 라인에 노이즈가 누설되고 있는 경우

예를 들어 〈그림 8-38〉 (a)와 같이 출력선을 편조선으로 차폐하면 출력선에서 복사하고 있던 노이즈는 상당히 감소하나 실드를 실시할 때 단순히 편조선으로 케이블을 감싼 것만으로는 〈그림 8-39〉와 같이 복사 노이즈는 억제되지 않는 것이 확인되었다.
이때에는 〈그림 8-38〉 (b)와 같이 편조선을 메탈한 커넥터를 통하여 프레임 그라운드이고 차폐체인 동체에 튼튼하게 접속하지 않으면 효과가 없다.

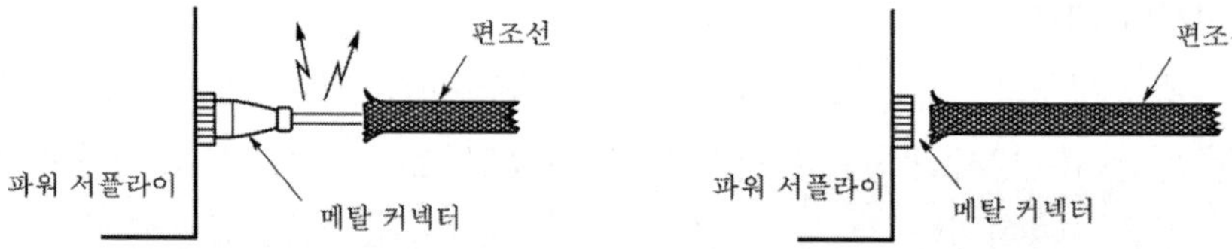

(a) 실드를 메탈 커넥터에서 떼어낸다.(×)　　(b) 실드를 메탈 커넥터에 입혀서 확실하게 조여 붙인다.(○)

〈그림 8-38〉 실드 케이블 처치 방법

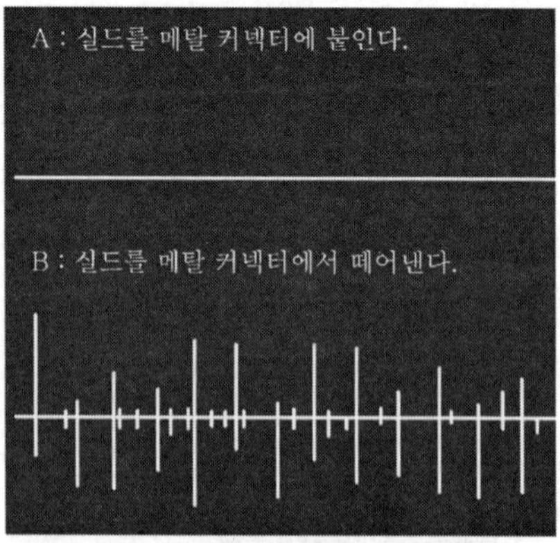

• X = 0.5ms/div　　• Y = 10V/div

〈그림 8-39〉 차폐 방법에 따른 복사 노이즈의 방지 효과 비교 파형

㉯ **실드 트랜스와 노이즈 컷 트랜스** : 실드 트랜스(electrostatic shielded transformer)는 절연 트랜스의 1차 코일과 2차 코일 간에 정전 차폐 판(실드)을 설정하고, 1·2차 간의 결합 스트레이 커패시턴스를 작게 한 트랜스로, 다음과 같은 효과를 얻지 못한다.

㉠ 노멀 모드를 방지할 수 없다. 트랜스에는 본래 전자 유도 작용(1차 도체 전류의 변화에 따라서 생긴 자속 변화가 그것과 쇄교하고 있는 2차 도체에 2차 전압을 유기하는 작용)이 있기 때문에 〈그림 8-40〉과 같이 고주파 노이즈의 노멀 모드 성분은 정전 차폐 판이 있어도 2차 측에 유도한다.

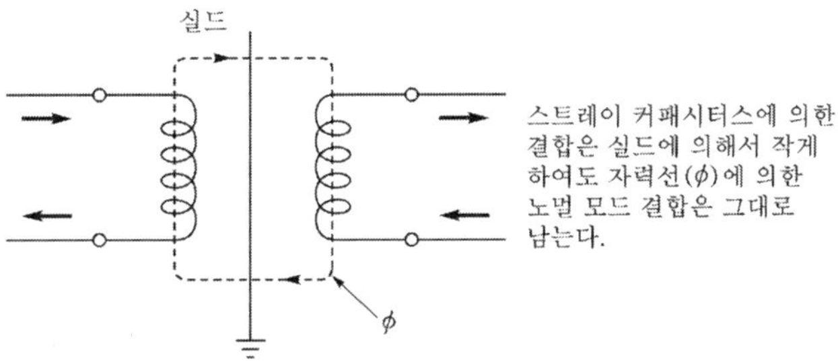

〈그림 8-40〉 실드 트랜스의 자기 결합

㉡ 코먼 모드도 충분한 효과를 얻지 못한다. 더욱이 코먼 모드 성분도 〈그림 8-41〉에 나타내듯이 코일의 양 끝에서 본 임피던스의 불평형에 의해 불균형이 생기고 그 차의 성분($I_u - I_v$)이 유도하여 변성되며, 2차 측에 노멀 모드 노이즈로 되어 발생한다. 즉, 노멀 모드 노이즈를 방지하지 못하는 실드 트랜스에서는 코먼 모드 노이즈에 있어서도 충분한 효과를 얻을 수가 없고, 따라서 고주파 노이즈 방지 소자로서는 불충분하게 된다〈그림 8-42 참고〉.

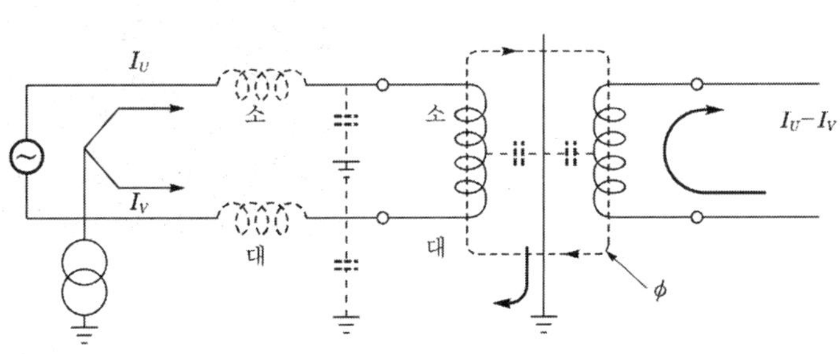

〈그림 8-41〉 코먼 모드 노이즈에 대한 실드 트랜스의 작용

노멀 모드 노이즈	• 상 : 1차측 전압 파형 (더티측) • 하 : 2차 전압 파형 (클린측) • Y=100V/div • X=1ms/div	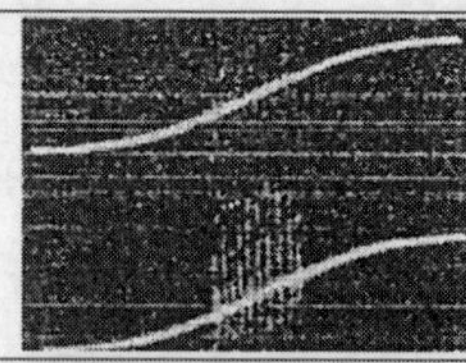
코먼 모드 노이즈	• 상 : 1차측 전압 파형 (더티측) • 하 : 2차 전압 파형 (클린측) • Y=100V/div • X=0.5ms/div	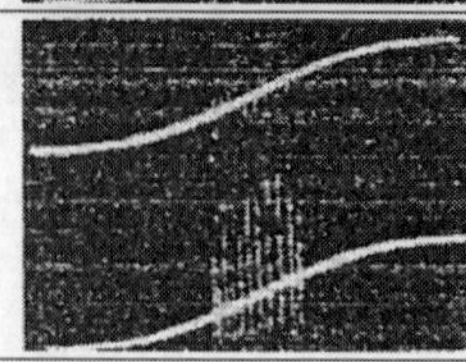

노멀 모드는 통과, 코먼 모드의 주파수가 낮은 부분은 방지되고 있지만 높은 부분은 통과

〈그림 8-42〉 릴레이에 의한 채터링 노이즈에 대한 실드 트랜스의 실제 효과

〈그림 8-43〉 노이즈 컷 트랜스(noise cut transformer)의 특성이 쌍방향으로 효과가 있기 때문에 노이즈를 발생하는 장치에 부착하고, 외부에 노이즈를 내지 않는 대책으로 사용하는 일도 가능하나, 전원 측에서 장치에 침입해 오는 라인 노이즈도 동시에 방지할 수 있기 때문에 이 장치가 외부에서 거꾸로 받는 노이즈 장해에도 도움이 된다. 따라서 전원 선에 노이즈 컷 트랜스를 장착하고 라인 노이즈를 차단하면 〈그림 8-44〉와 같이 제어 전원에서 발생하고 있던 노이즈를 감쇄시킬 수 있다는 것을 알 수 있다.

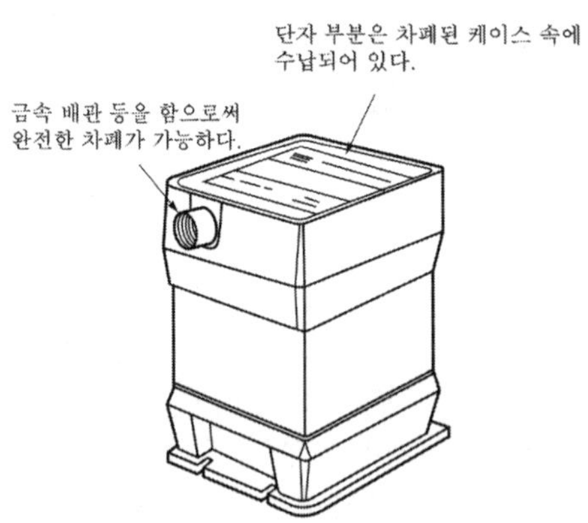

〈그림 8-43〉 노이즈 컷 트랜스

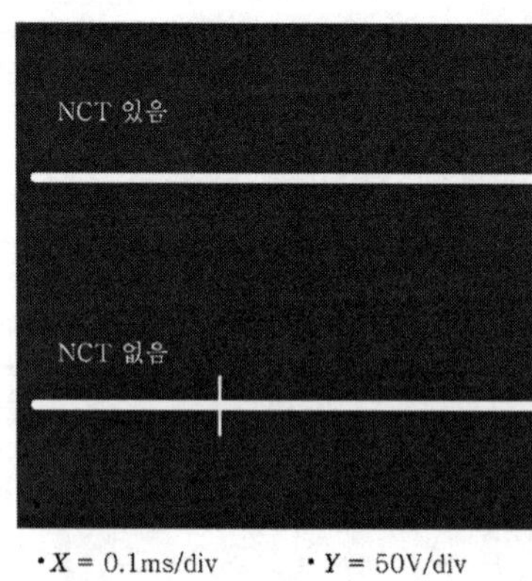

• X = 0.1ms/div • Y = 50V/div

〈그림 8-44〉 노이즈 컷 트랜스의 설치 효과

㊁ LC 필터 : 메이커 측 제품 속에 LC 필터가 원래 내장되어 있을 때 대책을 세우는 과정 에서 새로이 LC 필터를 추가한 것은 〈그림 8-45〉와 같이 2개의 필터를 직렬

로 접속하게 된다(캐스케이드 접속). 이와 같이 복수의 LC 필터가 조합되는 회로에서는 효과적으로 각각의 상수가 합성된 전혀 다른 필터가 생기며, 노이즈 방지 대책이 크게 바뀐다.

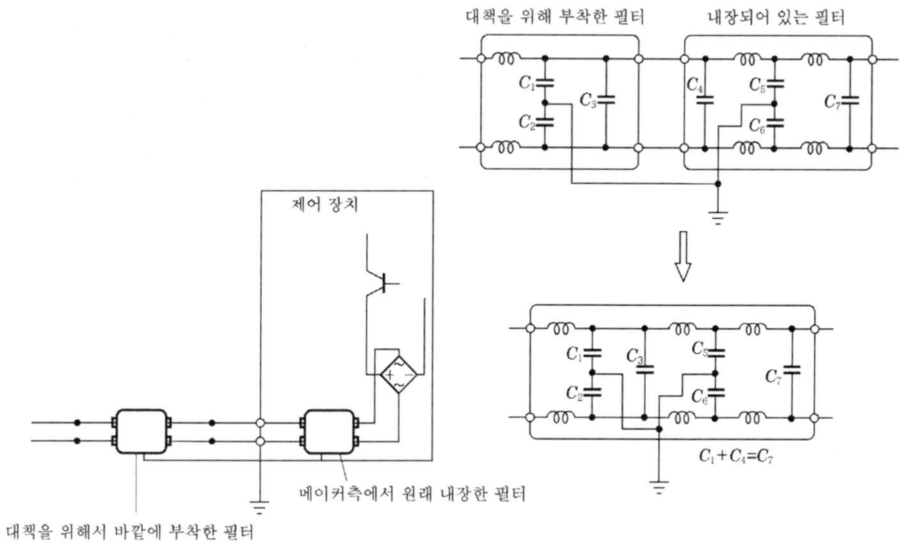

〈그림 8-45〉 필터를 기기 바깥에 부착한 때의 합성

또한, 〈그림 8-46〉과 같이 LC 필터를 외부에 부착할 때 도전부가 노출되어 있으면 전원에서 누설되는 노이즈가 전원 단자와 LC 필터 단자 간에 복사되어서 효과를 얻지 못하는 경우가 있다〈그림 8-47, 48 참고〉. 즉, 부득이 노이즈 방지 소자를 기기 외부에 부착하여 대책을 세우는 경우에는 동시에 복사 노이즈 대책(차폐 등)도 병용하면 실패가 적어진다.

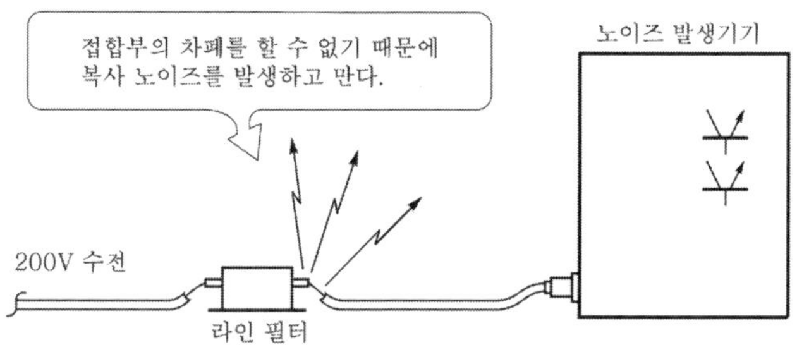

〈그림 8-46〉 기기 내장용 필터를 외부에 부착하여 사용하는 경우의 문제점

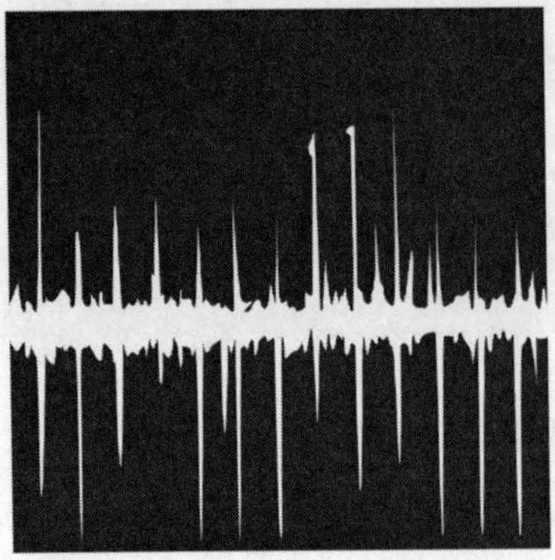

• X = 10㎲/div • Y = 5mV/div

〈그림 8-47〉 복사 노이즈의 예

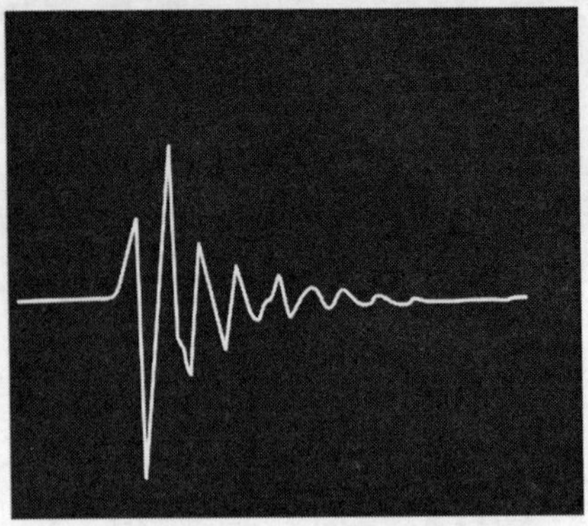

• X = 0.5㎲/div • Y = 20mV/div

〈그림 8-48〉 복사 노이즈의 확대

㉣ **접지** : 〈그림 8-49〉에 나타내듯이 코먼 모드 노이즈는 외부에 부착된 LC 필터에 의해서 콘덴서 C_2에 바이패스되어 접지선으로 인도된다. 그러나 접지는 제7항 ④ Grounding에서 설명한 바와 같이 가끔 접지선에 고주파 노이즈가 들어올 때 접지의 존재 방식에 따라서는 효과를 기대할 수 없게 된다.

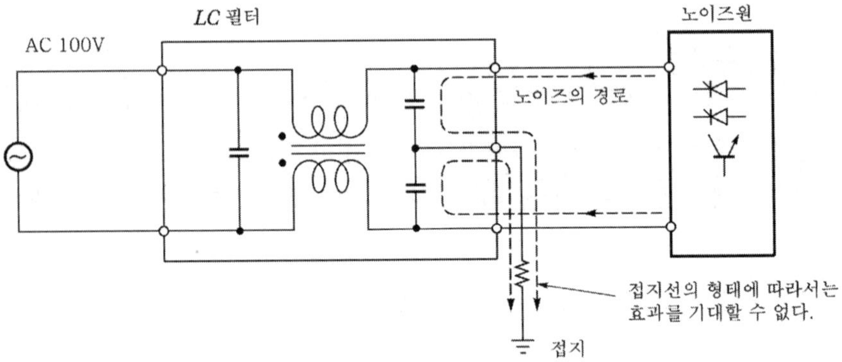

〈그림 8-49〉 접지의 문제

(9) 결론

반도체 기기를 이용한 정보화 시스템은 현대사회의 중추신경의 역할을 하고 있으며, 전자 기기는 뇌 서지나 노이즈에 약하여 특성의 열화, 손상, 오작동 등을 일으켜 신뢰도가 저하되고 있다. 정보화 기기의 합리적 운용과 고 신뢰성 확보는 현대사회의 산업 활동을 비롯하여 일상생활에 대단히 중요한 핵심 요소로 대두되고 있으며, 정보화 시스템의 고장과 일시적인 정지는 막대한 경제적 손실과 2차적 손실을 유발하게 되어 이에 대한 대책이 연구되고 있으나 사고의 원인 규명과 대책에 대하여 아직 해결되지 못한 내용이 많이 남아 있다.

실제로 EMI 연구의 최종 목표인 Noise 대책을 위해서는 먼저 충분한 설비를 갖추고 정확한 측정을 해야 하며, 노이즈의 최소화라는 관점에서 각종 규격으로 수동 및 능동적 규제를 시행하고, 시험 기관과 제조업체 간에 상호 유기적으로 원활히 연계되어 EMI 대책이 강구되어야만 비로소 소기의 목적이 달성되리라고 본다.

9장 PLC 고장 진단 및 보전 기술

Programmable Logic Controller

9.1 PLC 고장 진단 기술

(1) 입력 모듈의 LED 표시가 되지 않을 때의 점검 요소

① 입력기기 고장 확인

② 입력기기와 입력 모듈 간의 배선 확인

③ 입력기기와 릴레이 중계방식일 때 릴레이 고장 확인

④ 입력 모듈 전원 확인

위 네 가지 사항을 입력 모듈 단자에서 테스터에 의해서 확인이 가능하다. 네 가지 요소가 이상이 없을 때는 입력 모듈의 Bit가 고장이다.

(2) CPU 모듈에 Error LED가 점멸할 때의 점검 요소

① 메모리 이상(메모리 불량)

② Program 이상

③ WDT Error 발생

④ CPU 모듈 접촉 불량

⑤ CPU와 I/O 모듈 통신 불량

⑥ I/O 모듈 접촉 불량

⑦ 파라미터 설정 오류

⑧ I/O 모듈이 동기화가 안 되었을 때

CPU Error 진단은 온라인 메뉴 진단에서 PLC Error로 확인 가능하다.

(3) PLC가 간헐적으로 Down될 때의 점검 요소

① Noise 영향

㉮ PLC 전원과 Noise원 전원과 공용

㉯ Noise원 기기와 PLC 모듈이 근접되었는지 확인

㉰ PLC 접지 불량(PLC 접지를 떼어 본다)

② 순간 전압 변동

모터 전원과 전원이 공용인지 확인한다.

③ 환경적인 영향

온도, 먼지, 습기에 의하여 최초가 오작동한다.

④ WDT가 설정되었을 때 시스템이 일시 정지된다.

(4) PLC로 제어되는 출력기기가 제대로 제어되지 못하거나 오차가 발생할 때의 점검 요소

① 센서 불량 및 고장을 확인한다.

② 센서 Cable 배선 불량(다른 전력선과 근접되었는지 확인)을 확인한다.

③ Program data가 변경되었는지 확인한다.

④ 출력기기의 기계적 부분에 이상이 있는지 확인한다.

(5) 출력 모듈의 LED가 점등되지 않을 때의 점검 요소

① 입력기기가 제대로 작동하는지 입력 모듈의 해당 Bit 표시 LED를 확인한다.

② CPU 모듈에 Error가 발생했는지 확인한다.

③ ①, ②번에 이상이 없을 때는 출력 모듈의 Bit가 고장이다.

(6) 출력기기가 동작하지 않을 때의 점검 요소

① 출력 모듈의 출력 Bit 표시 LED가 점등되는지 확인한다.

② 출력기기 전원을 확인한다(fuse 용단 확인).

③ 출력기기가 릴레이 중계 방식일 때 릴레이 고장인지 확인한다(릴레이를 교체해 본다).

④ 출력 모듈과 출력기기 간의 배선 불량인지 확인한다.

⑤ 출력 모듈의 전원 확인 및 fuse 용단을 확인한다.

⑥ 출력 모듈의 해당 Bit가 정상적으로 동작하는지 테스터로 확인한다(출력 모듈의 Bit 고장이 자주 발생한다).

9.2 입력 회로의 트러블 유형 및 대책

<table>
<tr><th>현상</th><th>원인</th><th>대책</th></tr>
<tr><td>입력신호가 OFF되지 않음</td><td>외부기기의 누설 전류(근접 스위치 등으로 구동하는 경우)
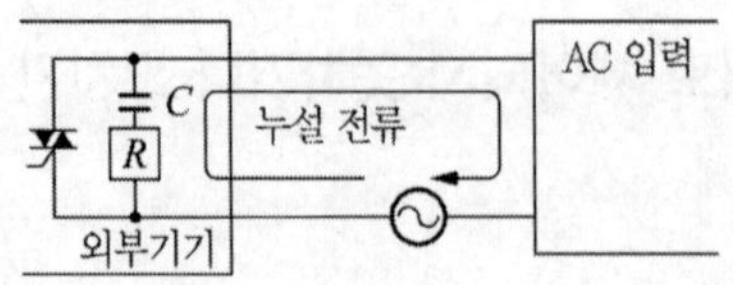</td><td>· 입력 모듈의 단자 사이 전압이 복귀 전압 값을 밑돌도록 적당한 저항 및 커패시터를 접속한다.
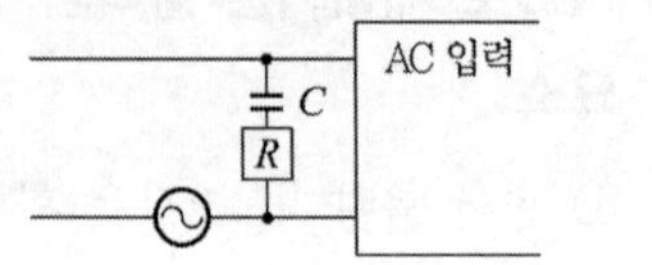</td></tr>
<tr><td>입력신호가 OFF되지 않음 (네온 램프가 점등한 상태로 있는 경우도 있음)</td><td>외부기기의 누설 전류(네온 램프가 붙은 리밋 스위치에 의해 구동)
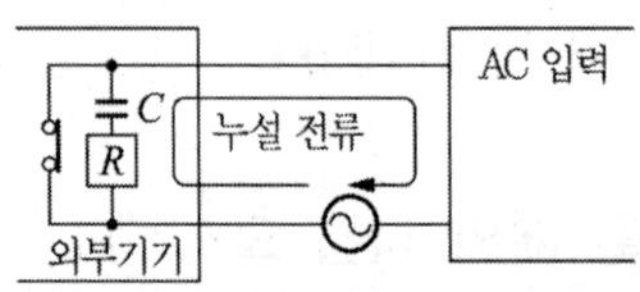</td><td>· CR 값은 누설 전류의 값에 따라 결정한다.
추천값 $C = 0.1 \sim 0.47$MF
$R = 47 \sim 120[\Omega](1/2[W])$
· 또는 완전하게 회로를 독립시켜 별도 표시 회로를 설치한다.</td></tr>
<tr><td>입력신호가 OFF되지 않음</td><td>배선 케이블의 전선 사이 용량에 의한 누설 전류
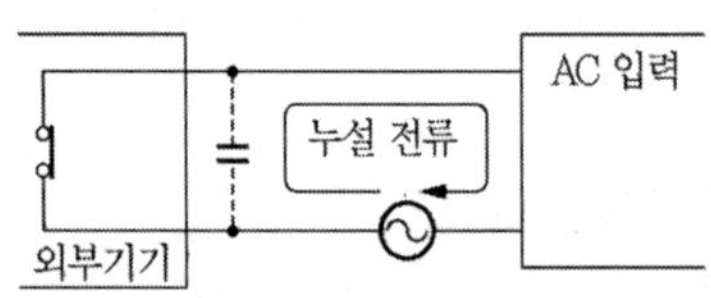</td><td>아래 그림과 같이 전원을 외부기기 측에 설치한다.
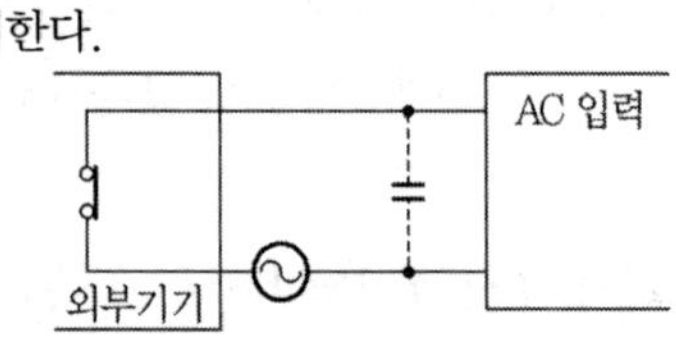</td></tr>
<tr><td>입력신호가 OFF되지 않음</td><td>외부기기의 누설 전류(LED 표시 붙은 스위치에 의한 구동)
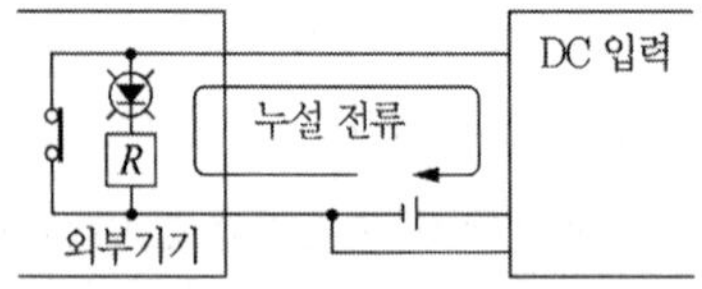</td><td>입력 모듈 단자와 코먼 단자 사이 전압이 OFF 전압을 상회하도록 적당한 저항을 아래 그림과 같이 접속한다.
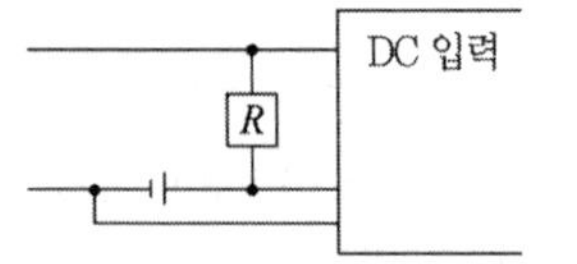</td></tr>
<tr><td>입력신호가 OFF되지 않음</td><td>· 서로 다른 복수의 전원 사용에 의한 순환 전류
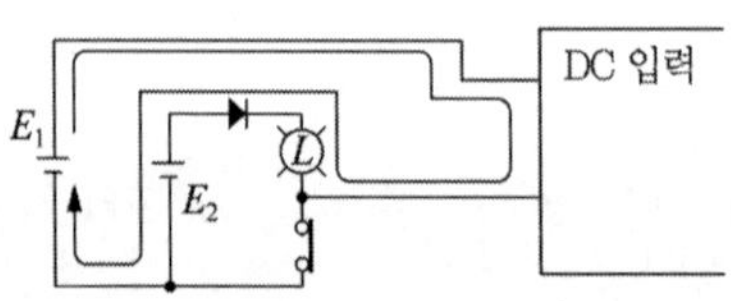· $E_1 > E_2$인 경우 순환됨</td><td>· 복수의 전원을 단일전원으로 한다.
· 순환 전류 방지 다이오드를 접속한다. (아래 그림)
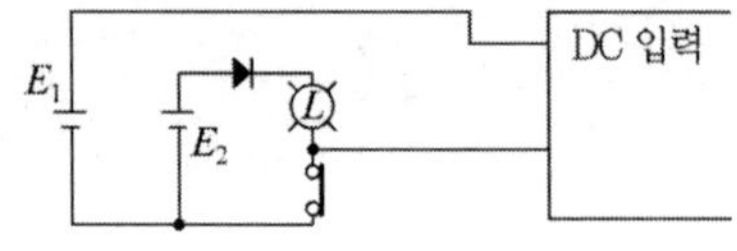</td></tr>
</table>

9.3 출력 회로의 트러블 유형 및 대책

현상	원인	대책
출력 접점 OFF 시 부하에 과대전압이 인가됨.	· 부하가 내부에서 반파 정류되어 있는 경우(솔레노이드 밸브에 이와 같은 경우가 발생함) · 전원 극성이 (+)의 경우 C는 충전되고, 극성(−) 때는 C에 충전된 전압+전원 전압이 다이오드(D)의 양단에 인가된다. 전압의 최댓값은 약 $2\sqrt{2}$ 이다. 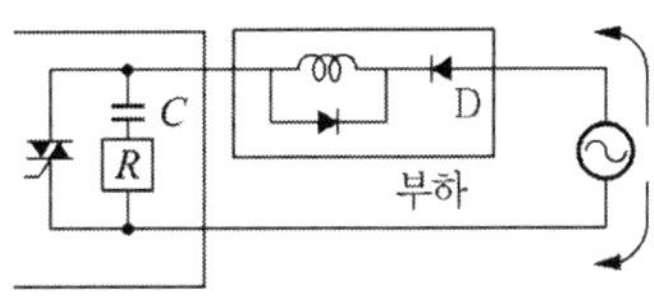 주) 이와 같이 사용하면 출력 소자는 문제가 되지 않지만 부하에 내장되어 있는 다이오드(D)의 성능이 저하되어 문제를 일으키는 경우가 있다.	부하에 병렬로 수십[kΩ]~수백[kΩ]의 저항을 접속한다. 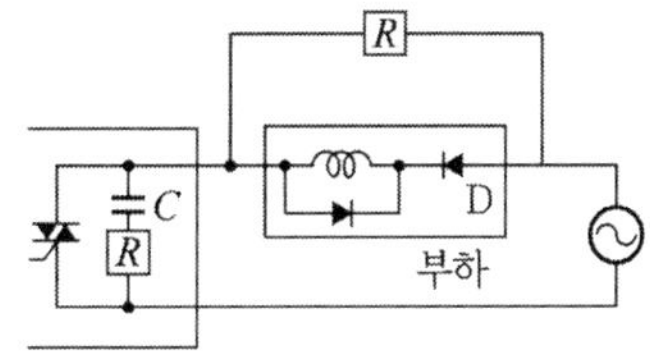
부하가 OFF되지 않음.	출력 소자와 병렬로 접속된 서지 흡수 회로에 의한 누설 전류 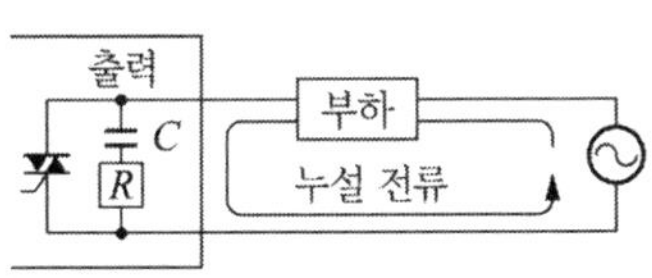 	부하에 병렬로 수십[kΩ] 정도의 저항이나 동등한 임피던스로 된 CR을 접속한다. 주) 출력 모듈로부터 부하까지의 배선 길이가 긴 경우에 선간 용량에 의한 누설전류도 있기 때문에 주의가 필요하다. 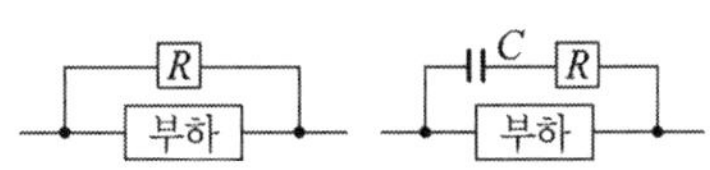
부하가 $C-R$식 타이머의 경우 시간 이상	출력 소자의 병렬로 접속된 서지 흡수 회로에 의한 누설 전류 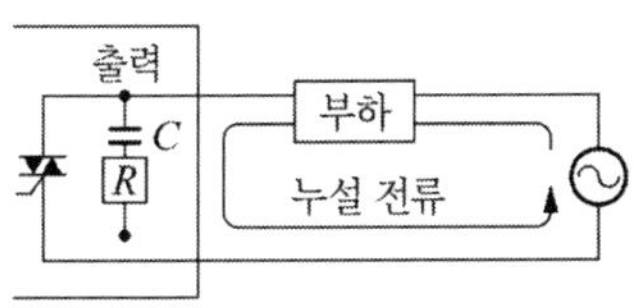 	· 릴레이로 중개하여 $C-R$식 타이머를 구동한다. · $C-R$식 타이머 이외의 것을 사용한다. 주) 타이머에 따라 내부 회로가 반파 정류인 것도 있으므로 주의가 필요하다. 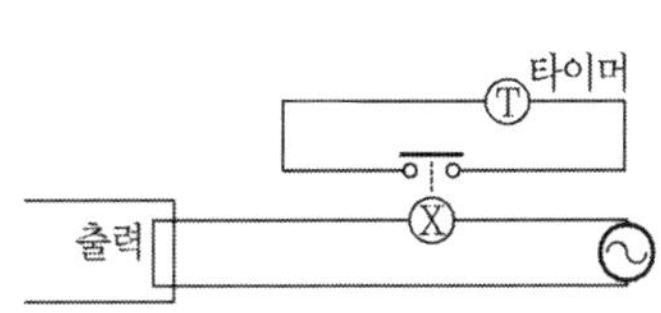

현상	원인	대책
부하가 OFF되지 않음(직류용).	· 서로 다른 2개의 전원 사용에 의한 순환 전류 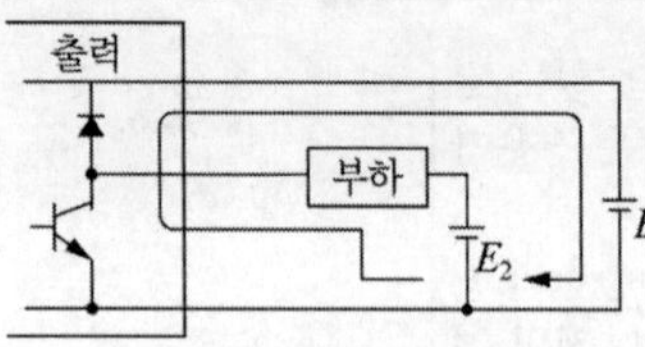 · $E_1 < E_2$인 경우 순환됨 · E_1이 OFF(E_2는 ON)인 경우에도 순환됨.	· 복수의 전원을 단일전원으로 한다. · 순환전류 방지 다이오드를 접속한다. 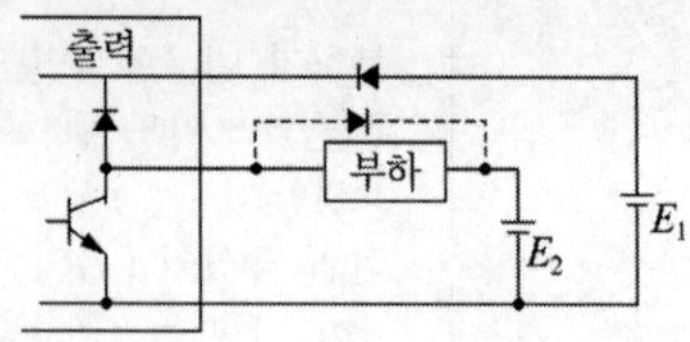 주) 부하가 릴레이 등인 경우에는 그림의 점선과 같이 역기전압 흡수용 다이오드를 접속할 필요가 있다.
부하의 OFF 응답 시간이 이상하게 길다.	· OFF 시의 과도전류[트랜지스터 출력으로 솔레노이드와 같은 큰 전류의 유동성 부하(시정수 L/R이 큰 것)를 직접 구동시킨 경우) 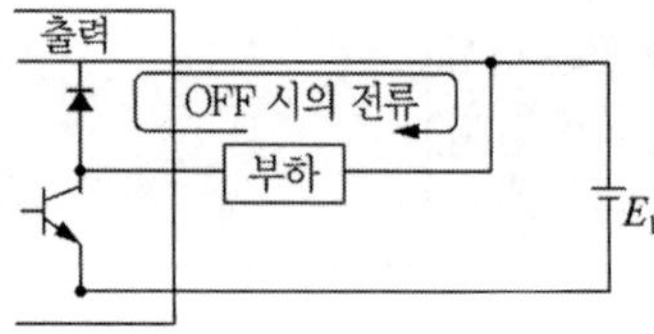 · 트랜지스터 출력의 OFF 순간 다이오드를 통해 전류가 흐르기 때문에 부하에 따라서는 1초 이상 지연되는 경우도 있음.	아래와 같이 시정수가 작은 마그네틱 콘택터 등을 넣어서 그 접점으로 부하를 구동시킨다. 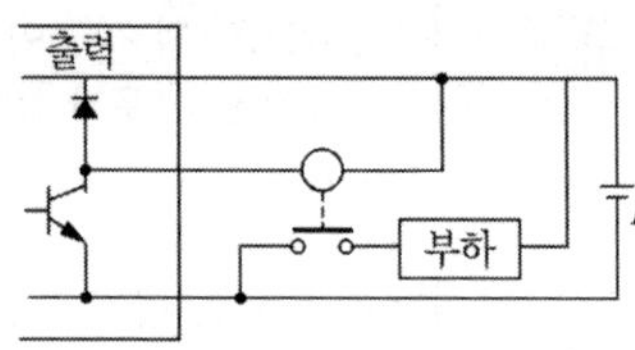
출력용 트랜지스터가 파괴된다.	백열전등의 돌입전류 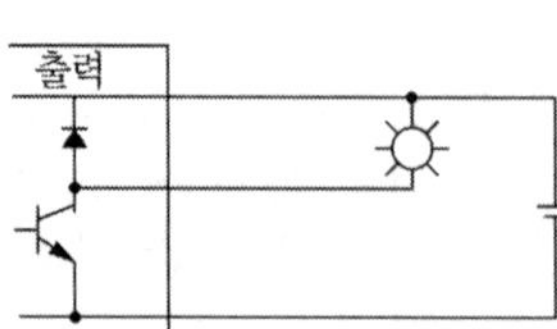 점등 순간 10배 이상의 돌입전류가 흐르는 경우가 있다.	· 릴레이로 중개하여 $C-R$식 타이머를 구동한다. · $C-R$식 타이머 이외의 것을 사용한다. 주) 타이머에 따라 내부 회로가 반파 정류인 것도 있으므로 주의가 필요하다. 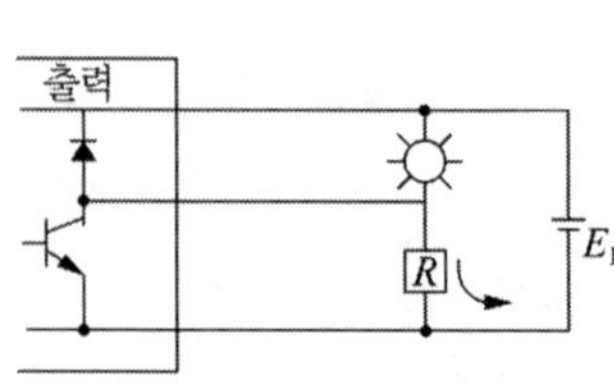 (a) 싱크형 트랜지스터 출력 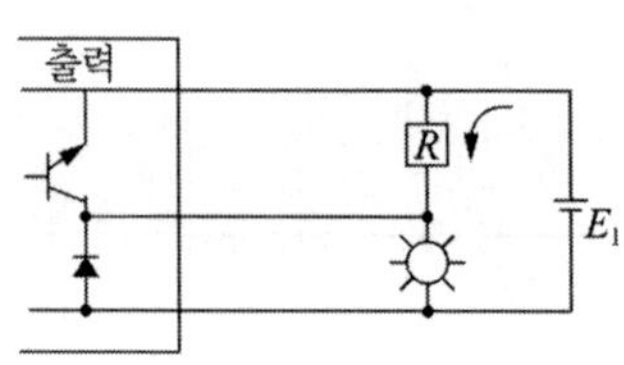 (b) 소스형 트랜지스터 출력

PLC 실무 제어 기술 및 Trouble 대책

발　행 / 2023년 2월 17일

저　자 / 최 완 호
펴 낸 이 / 정 창 희
펴 낸 곳 / 동일출판사
주　소 / 서울시 강서구 곰달래로31길7 (2층)
전　화 / (02) 2608-8250
팩　스 / (02) 2608-8265
등록번호 / 109-90-92166

ISBN 978-89-381-1554-6 93560

값 / 25,000원